智囊图书·建筑书系

全国土木工程类实用创新型规划教材

建筑装饰施工技术

JIANZHUZHUANGSHI SHIGONGJISHU

主　审　胡兴福
主　编　李振霞
副主编　宫宪祥　黄　锐　邱长乐
编　者　杨喜人　刘丽娟　王　漪
　　　　葛瑞成　王　舜　吴　彦
　　　　葛树成　李　斌　黄良辉

哈爾濱工業大學出版社
HITP

内容简介

本书打破传统建筑装饰施工技术的理论体系，以学生能力培养为主线，采用“任务驱动教学法”的教材编写思路，主要内容包括抹灰工程、门窗工程、玻璃工程、吊顶工程、隔墙工程、饰面工程、涂饰工程、裱糊和软包工程、细部工程、楼地面工程和幕墙工程。

本书以实用为主，突出反映了各种装饰装修工程的最新实用做法和质量要求，适用于普通高等学校建筑装饰工程技术专业及相关专业，也可作为相关工程技术人员的参考用书。

图书在版编目(CIP)数据

建筑装饰施工技术/李振霞主编. —哈尔滨：哈尔滨工业大学出版社，2014.3

ISBN 978-7-5603-4623-6

Ⅰ.①建… Ⅱ.①李… Ⅲ.①建筑装饰-工程施工-高等学校-教材 Ⅳ.①TU767

中国版本图书馆 CIP 数据核字(2014)第 032658 号

责任编辑　李广鑫
出版发行　哈尔滨工业大学出版社
社　　址　哈尔滨市南岗区复华四道街 10 号　邮编 150006
传　　真　0451-86414749
网　　址　http://hitpress.hit.edu.cn
印　　刷　北京市全海印刷厂
开　　本　850mm×1168mm　1/16　印张 18　字数 540 千字
版　　次　2014 年 3 月第 1 版　2014 年 3 月第 1 次印刷
书　　号　ISBN 978-7-5603-4623-6
定　　价　36.00 元

序言

改革开放以来，随着经济持续高速的发展，我国对基本建设也提出了巨大的需求。目前我国正进行着世界上最大规模的基本建设。建筑业的从业人口将近五千万，已成为国民经济的重要支柱产业。我国按传统建造的建筑物大多安全度设置水准不高，加上对耐久性重视不够，尚有几百亿平方米的既有建筑需要进行修复、加固和改造。所以说，虽然随着经济发展转型，新建工程将会逐渐减少，但建筑工程所处的重要地位仍然不会动摇。可以乐观地认为：我国的建筑业还将继续繁荣几十年甚至更久。

基本建设是复杂的系统工程，它需要不同专业、不同层次、不同特长的技术人员与之配合，尤其是对工程质量起决定性作用的建筑工程一线技术人员的需求更为迫切。目前以新材料、新工艺、新结构为代表的“三新技术”快速发展，建筑业正经历“产业化”的进程。传统“建造房屋”的做法将逐渐转化为“制造房屋”的方式；建筑构配件的商品化和装配程度也将不断提高。落实先进技术、保证工程质量的关键在于高素质一线技术人员的配合。近年来，我国建筑工程技术人才培养的规模不断扩大，每年都有大批热衷于建筑业的毕业生进入到基本建设的队伍中来，但这仍然难以满足大规模基本建设不断增长的需要。

最快捷的人才培养方式是专业教育。尽管知识来源于实践，但是完全依靠实践中的积累来直接获取知识是不现实的。学生在学校接受专业教育，通过教师授课的方式使学生从教科书中学习、消化、吸收前人积累的大量知识精华，这样学生就可以在短期内获得大量实用的专业知识。专业教学为培养大批工程急需的技术人才奠定了良好的基础。由全国土木工程类实用创新型规划教材编审委员会组织编写，哈尔滨工业大学出版社出版的这套教材，有针对性地按照教学规律、专业特点、学者的工作需要，聘请在相应领域内教学经验丰富的教师和实践单位的技术人员编写、审查，保证了教材的高质量和实用性。

通过教学吸收知识的方式，实际是“先理论，后实践”的认识过程。这就可能会使学习者对专业知识的真正掌握受到一定的限制，因此需要注意正确的学习方法。下面就对专业知识的学习提出一些建议，供学习者参考。

第一，要坚持“循序渐进”的学习—求知规律。任何专业知识都是在一定基础知识的平台上，根据相应专业的特点，经过探索和积累而发展起来的。对建筑工程而言，数学—力学基础、制图能力、建筑概念、结构常识等都是学好专业课程的必要基础。

第二，学习应该“重理解，会应用”。建筑工程技术专业的专业课程不像有些纯理论性基础课那样抽象，它一般都伴有非常实际的工程背景，学习的内容都很具体和实用，比较容易理解。但是，学习时应注意：不可一知半解，需要更进一步理解其中的原理和技术背景。不仅要“知其然”，而且要“知其所以然”。只有这样才算真正掌握了知识，才有可能灵活地运用学到的知识去解决各种复杂的具体工程问题。“理解原理”是“学会应用”的基础。

第三，灵活运用工程建设标准—规范体系。现在我国已经具有比较完整的工程建设标准—规范体系。标准规范总结了建筑工程的经验和成果，指导和控制了基本建设中重要的技术原则，是所有从业人员都应该遵循的行为准则。因此，在教科书中就必然会突出和强调标准—规范的作用。但是，标准—规范并不能解决所有的工程问题。从事实际工程的技术人员，还得根据对标准—规范原则的理解，结合工程的实际情况，通过思考和分析，采取恰当的技术措施解决实际问题。因此，学习期间的重点应放在理解标准—规范的原理和技术背景上，不必死扣规范条文，应灵活地应用规范的原则，正确地解决各种工程问题。

第四，创造性思维的培养。目前市场上还流行各种有关建筑工程的指南、手册、程序（软件）等。这些技术文件是基本理论和标准—规范的延伸和具体应用。作为商品和工具，其作用只是减少技术人员重复性的简单劳动，无法替代技术人员的创造性思维。因此在学习期间，最好摆脱对计算机软件等工具的依赖，所有的作业、练习等都应该通过自己的思考、分析、计算、绘图来完成。久而久之，通过这些必要的步骤真正牢固地掌握了知识，增长了技能。投身工作后，借助相关工具解决工程问题，也会变得熟练、有把握。

第五，对于在校学生而言，克服浮躁情绪，养成踏实、勤奋的学习习惯非常重要。不要指望通过一门课程的学习，掌握有关学科所有的必要知识和技能。学校的学习只是一个基础，工程实践中联系实际不断地巩固、掌握和更新知识才是最重要的考验。专业学习终生受益，通过在校期间的学习跨入专业知识的门槛只是第一步，真正的学习和锻炼还要靠学习者在长期的工程实践中的不断积累。

第六，学生应有意识地培养自己学习、求知的技能，教师也应主动地引导和培养学生这方面的能力。例如，实行“因材施教”；指定某些教学内容以自学、答疑的方式完成；介绍课外读物并撰写读书笔记；结合工程问题（甚至事故）进行讨论；聘请校外专家作专题报告或技术讲座……总之，让学生在掌握专业知识的同时，能够形成自主寻求知识的能力和更广阔的视野，这种形式的教学应该比教师直接讲授更有意义。这就是“授人以鱼（知识），不如授人渔（学习方法）”的道理。

第七，责任心的树立。建筑工程的产品——房屋为亿万人民提供了舒适的生活和工作环境。但是如果不能保证工程质量，当灾害来临时就会引起人民生命财产的重大损失。人民信任地将自己生命财产的安全托付给我们，保证建筑工程的安全是所有建筑工作者不可推卸的沉重责任。希望每一个从事建筑行业的技术人员，从学生时代起就树立起强烈的责任心，并在以后的工作中恪守职业道德，为我国的基本建设事业作出贡献。

中国建筑科学研究院　徐有邻

Preface
前 言

“建筑装饰施工技术”是建筑装饰工程技术专业的一门主要专业课程，对学生职业能力的培养和职业素养的养成起主要支撑作用。它研究的内容是学生毕业后从事建筑装饰施工行业必备的专业知识。通过本课程的学习，能使学生掌握各装饰施工项目的施工方法、材料要求、施工机具、施工工艺和质量要求等基本知识，能根据具体施工对象的特点、规模、环境、机具设备和材料供应等情况，选择合理的施工方案，具备从事一般装饰施工项目施工技术或管理的能力。

本书打破传统建筑装饰施工技术教材的理论体系，采用“任务驱动教学法”的教材编写思路，根据最新建筑装饰装修工程施工验收规范对装饰装修项目的划分，结合目前建筑装饰装修工程实际，选取了抹灰工程、门窗工程、玻璃工程、吊顶工程、隔墙工程、饰面工程、涂饰工程、裱糊和软包工程、细部工程、楼地面工程、幕墙工程 11 个模块（装饰装修项目）。每个模块都由实际工程案例导入，围绕解决实际装修过程中的问题展开基本知识介绍，包括对基层处理的要求和施工环境要求，材料要求，施工机具与施工基本方法，施工工艺及要点，质量标准和检验等。内容紧扣国家、行业制定的新的规范、标准和法规，充分结合当前装饰装修工程实际，汇集编者长期的专业教学和实践经验，具有较强的适用性、实用性、时代性和实践性。

本书的教学时数为：理论教学 66 课时＋实践教学 68 课时，共 134 课时，各模块内容及课时分配见下表：

模块序号	模块名称	课时	
		理论	实践
模块 1	绪　论	4	
模块 2	抹灰工程	4	4
模块 3	门窗工程	6	8
模块 4	玻璃工程	8	8
模块 5	吊顶工程	10	12
模块 6	隔墙工程	6	6
模块 7	饰面工程	4	6
模块 8	涂饰工程	4	4
模块 9	裱糊和软包工程	6	6
模块 10	细部工程	4	4
模块 11	楼地面工程	6	6
模块 12	幕墙工程	4	4

本书在编写过程中参考了大量文献资料，在此谨向原作者致以诚挚的谢意。由于编写时间仓促和编者水平有限，书中难免存在不足及疏漏之处，恳请读者批评指正。

编者

编审委员会

本书学习导航

模块 1 绪 论

模块概述

简要介绍本模块与整个工程项目的联系，在工程项目中的意义，或者与工程建设之间的关系等。

模块目标

包括学习目标和能力目标，列出了学生应了解与掌握的知识点。

工程导入

各模块开篇前导入实际工程，简要介绍工程项目中与本模块有关的知识和它与整个工程项目的联系及在工程项目中的意义，或者课程内容与工程需求的关系等。

课时建议

建议课时，供教师参考。

2.1 抹灰工程基本知识

技术提示

言简意赅地总结实际工作中容易犯的错误或者难点、要点等。

4.2 玻璃栏板的安装

【重点串联】

重点串联

用结构图将整个模块重点内容贯穿起来，给学生完整的模块概念和思路，便于复习总结。

知识拓展

对模块中相关问题进行专业拓展的指引，用于学生自学。

拓展与实训

包括职业能力训练、工程模拟训练和链接职考三部分，从不同角度考核学生对知识的掌握程度。

建筑装饰施工技术是建筑装饰工程技术专业的职业能力核心课程，其内容直接对应建筑装饰施工技术或装饰施工管理岗位的要求，培养的是在建筑装饰工程施工技术或管理岗位的核心能力。

建筑装饰施工技术在有效培养学生专业能力的同时，注重学生的可持续发展。教学内容中融入了装饰施工员、质检员、监理员、安全员等职业资格证书的考试知识，以及一、二级注册建造师，注册监理工程师等执业资格证的考试内容，为学生的就业及可持续发展奠定了基础。

1 有关执业资格考试介绍

本教材涉及装饰施工员证书考试的所有内容：抹灰工程、门窗工程、吊顶工程、轻质隔墙工程、饰面板（砖）工程、涂饰工程、裱糊和软包工程、楼地面工程、幕墙工程

考证及岗位要求

熟悉各装饰工种工程的材料要求和机具；掌握各装饰工种的施工基层处理要求和施工环境要求；掌握各装饰工种的施工方法和工艺；掌握各装饰做法的质量标准和和检验方法；会控制装饰施工过程的安全

对应岗位

装饰施工员

对应项目

模块 2、3、5、6、7、8、9、11、12

2 有关执业资格考试介绍

本教材涉及装饰质检员证书考试的所有内容：抹灰工程、门窗工程、玻璃工程、吊顶工程、轻质隔墙工程、饰面板（砖）工程、涂饰工程、裱糊和软包工程、细部工程、楼地面工程、幕墙工程

考证及岗位要求

掌握各装饰工种工程的质量标准和检验方法

对应岗位

装饰质检员

对应项目

模块 2、3、4、5、6、7、8、9、10、11、12

3 有关执业资格考试介绍

本教材涉及装饰监理员证书考试的所有内容：抹灰工程、门窗工程、玻璃工程、吊顶工程、轻质隔墙工程、饰面板（砖）工程、涂饰工程、裱糊和软包工程、细部工程、楼地面工程、幕墙工程

考证及岗位要求

掌握各装饰工种工程的质量标准和检验方法

对应岗位	对应项目
监理员 注册监理工程师	模块2、3、4、5、6、7、8、9、10、11、12

4 有关执业资格考试介绍

本教材涉及安全装饰员证书考试内容：抹灰工程、吊顶工程、幕墙工程

考证及岗位要求

会控制抹灰工程、吊顶工程、幕墙工程施工过程中的安全

对应岗位	对应项目
安全员	模块2、5、12

5 有关执业资格考试介绍

本教材涉及一、二级注册建造师的考试内容：抹灰工程、轻质隔墙、饰面板（砖）工程（瓷砖饰面、石材干挂、石材湿挂、金属饰面板）、幕墙工程（玻璃幕墙、金属幕墙、石材幕墙）、裱糊和软包工程、吊顶工程、楼地面工程、饰面工程的基层要求、施工环境要求、材料技术要求及施工工艺和质量标准

考证及岗位要求

掌握各装饰工种的施工基层处理和施工环境要求；掌握各装饰工种的施工方法和施工工艺；掌握各装饰做法的质量标准和检验方法

对应岗位	对应项目
一、二级注册建造师	模块2、3、5、6、7、8、9、11、12

目录 Contents

模块6 隔墙工程

模块7 饰面工程

模块8 涂饰工程

模块9 裱糊和软包工程

模块10 细部工程

模块11 楼地面工程

模块 12 幕墙工程

模块 1

绪　论

【模块概述】

建筑装饰施工是建筑工程施工的一个重要组成部分，其任务就是按照现行的规范和有关行业标准，依据设计图纸和建设单位要求，采用合理的构造措施，选用合乎规定要求的装饰材料，运用适当的施工工艺，采取安全有效的施工手段和保证工程质量的施工组织计划，精心组织施工，确保装饰工程实现设计意图，达到建筑物的使用功能要求，确保装饰工程验收合格。

【学习目标】

1. 建筑装饰工程及建筑装饰施工的特点。
2. 建筑装饰工程的施工范围。
3. 建筑装饰工程质量验收的基本规定。
4. 本课程的特点及学习方法。

【能力目标】

1. 知道建筑装饰施工的作用、特点和基本要求。
2. 知道建筑装饰工程的施工范围。
3. 明确建筑装饰工程质量验收的基本规定。
4. 熟悉本课程的特点及学习方法。

【学习重点】

建筑装饰工程质量验收的基本规定；本课程的学习任务；本课程的特点及学习要求。

【课时建议】

理论 4 课时

1.1 建筑装饰装修的作用、特点和基本要求

1.1.1 建筑装饰装修的作用

1. 保护建筑结构主体，延长建筑物的使用寿命

通过建筑物的装饰装修，对建筑物结构主体表面进行包裹和构造处理，避免了风雨雪霜冻等有害介质的侵袭（如抹灰层），同时减弱了外界机械力等因素的伤害（如勒脚），从而起到保护建筑结构主体、延长建筑物的使用寿命的作用。

2. 美化建筑空间，改善使用环境

建筑物发展到今天，已经不仅仅是用来遮风避雨，供人们生产生活使用的了，更是作为一种城市的景观，甚至地标出现在人们的面前。可以说，建筑空间本身就是一件艺术品，被形容为“凝固的音乐”，而要实现这一切，依靠的就是建筑物的装饰装修。通过对建筑物的装饰装修，使建筑空间得以分解、整合，体现出节奏和序列的变化，并通过比例、尺度、质感、色调、线型、图案、风格的表现手法，结合绘画、雕塑、工艺美术、灯光及现代科技手段，给人们以视觉的冲击；在美化建筑空间的同时，也美化了建筑环境，增加了建筑的美感，使建筑使用功能得到延伸，起到改善环境的作用。

3. 对建筑物进行综合处理，使之协调有序

建筑物是一个复杂的系统，建筑装饰装修施工可以根据不同建筑物的使用功能和美观需求，协调处理各种水电暖消防等设备管线布置和各种设施布置之间的矛盾，使其布局更加合理，主次及隐蔽有序，达到既方便实用又满足美观的要求，同时对设备管线等也能起到一定的保护作用。

4. 激活建筑市场，带动经济发展

建筑装饰装修需要大量的装饰装修材料，也需要大批的施工队伍和机具设备，这必然会带动建材、机械机电、化工、轻工等行业的发展，增加农村剩余劳动力的就业机会，从而推动国民经济的发展。

1.1.2 建筑装饰装修施工的特点

1. 劳动量大，手工作业多

建筑装饰施工中很难使用大型机械进行机械化施工，施工机械化程度低，施工主要靠工人采用小型机具手工作业完成，劳动量约占整个工程劳动总量的30%～40%，劳动量大。

2. 施工工期长，成品保护困难

建筑装饰施工涵盖自工程主体验收后至工程竣工验收的所有时间；约占整个工程工期的一半以上甚至更多，工期长；装饰工程施工过程中及完工后，由于工程交叉作业多，装饰装修成品半成品容易被损坏，必须采取措施加强成品保护。

3. 工程造价高

由于经济的不断发展和人们生活水平的提高，人们对建筑装饰装修的要求也越来越多，装饰装修档次也越来越高，造成装饰装修工程的投资越来越大，工程造价也越来越高，一般工程装饰装修部分占工程总造价的30%左右，高级装修工程则可达到50%以上。

4. 规范性、专业性强

建筑装饰装修施工作为建筑工程的重要分部工程，其施工过程的一切工艺操作、材料选择和设

施施工以及设备安装，都必须按照国家颁布的规范组织施工和验收。从装饰装修设计到招标、施工、工程监理、验收等一系列程序，必须按照国家和地方规定的法规、规范操作运行。建筑装饰装修施工是一个复杂而又技术性强的生产过程，这就必然要求从业者经过一定的劳动技能培训，使之具备必要的专业技能，同时具有一定的审美能力和严格执行国家法律法规及规范的意识，规范性和专业性强。

5. 突显技术性、艺术性

建筑装饰装修施工本身是一种工程技术活动，但其美化建筑空间和环境的功能又使其具有一定的艺术性，可以这样说，建筑空间是建筑技术和艺术有机结合的整体。建筑装饰装修施工既是一项技术工作，也是一个艺术创造的过程，是艺术和技术完美结合的过程。

1.1.3 建筑装饰装修施工的基本要求

1. 严格执行《建筑装饰装修工程质量验收规范》(GB 50210—2001) 和相关行业标准

建筑装饰装修施工依法需要施工许可的，必须到建设规划行政主管部门办理报批备案手续，领取施工许可证。

所有建筑装饰装修材料必须按照当地建设行政主管部门的具体要求送检，施工过程中接受工程监理和地方质监站的监督管理。

施工完成后，必须按照相应程序进行工程验收和相关检测，确保工程质量。

2. 确保建筑主体结构的安全性不受影响

建筑装饰装修施工不得擅自改动原建筑的主体承重结构，不得随意在承重墙上开洞，更不得拆除承重墙、柱等，不得在楼面上随意增加荷载，当增加荷载时，应经有资质的设计单位或原设计单位同意并提出设计方案后，方可施工。

3. 确保装饰装修工程满足环保要求

建筑装饰装修施工中所用材料种类繁多，既有天然石材、瓷砖等无机材料，这类材料的辐射指数必须符合国家的规定；也有许多纺织织物和化学材料，这些材料往往含有一些诸如苯、甲醛等对人体和环境具有极大影响的有害物质，因此对建筑装饰装修材料，必须严格把关，保证有害物质含量符合国家标准。

4. 确保施工过程中和使用后的安全性

建筑装饰装修施工过程中不同工种交叉作业多、相互影响大，施工中必须注意协调，防止出现安全事故；由于施工中机具机械多，乱拉乱扯电线现象严重，必须注意用电安全；施工中采用易燃易爆材料多，必须注意防火。

建筑装饰装修施工中各种构造做法必须与结构或基层结合牢固，如幕墙工程、外墙镶贴工程等，严防使用过程中脱落伤人；吊顶或大型灯具吊扇等必须安装牢固，保证安全。

1.2 建筑装饰装修工程的范围

建筑装饰装修工程是建筑工程的一部分，是建筑工程施工的分部工程。按照国家标准《建筑工程质量验收统一标准》(GB 50300—2001) 的规定，建筑装饰装修工程范围见表 1.1。

表 1.1 建筑装饰装修工程范围

总称	分部工程	子分部工程	分项工程
建筑工程	建筑装饰装修工程	地面	整体、板块、塑料板、活动地板、地毯及竹木、实木和复合地板面层
		抹灰	一般抹灰、装饰抹灰、清水砌体勾缝
		门窗	木、金属、塑料、门窗、特种门制作与安装，门窗玻璃安装
		轻质隔墙	板材隔墙、骨架隔墙、活动隔墙、玻璃隔墙
		饰面板砖	饰面板安装，饰面砖安装
		幕墙涂饰	玻璃幕墙、金属板幕墙、石材幕墙、复合板幕墙 水性涂料涂饰、溶剂型涂料涂饰、美术涂饰
		裱糊和软包	裱糊壁纸、墙布、织物、软包
		吊顶	暗龙骨吊顶、明龙骨吊顶
		细部	橱柜、门窗套、窗帘盒、护栏、扶手、花饰及散热器罩等的制作和安装

1.3 建筑装饰装修工程质量验收的基本规定

1.3.1 建筑装饰装修设计的基本规定

建筑装饰装修工程必须委托具有相应资质的设计单位设计；装饰装修设计必须满足国家和地方的有关规范规定要求，同时符合城市规划、消防、环保、节能等有关规定；建筑装饰装修工程的防火、防雷和抗震设计必须符合现行国家标准的规定；建筑装饰装修设计必须同时考虑施工的可行性和经济性，并满足隔声、防冻、防水、防结露等要求；建筑装饰装修设计深度必须满足施工的要求，并出具完整的施工图设计文件；建筑装饰装修设计文件需要进行图纸审查，审查合格后方可按照图纸进行施工。

1.3.2 建筑装饰装修工程所用材料的基本规定

建筑装饰装修工程所用材料的品种、规格和质量必须符合设计文件的要求，同时符合国家现行标准的规定，严禁使用国家明令淘汰的材料；建筑装饰装修工程所用材料的燃烧性能必须符合现行国家标准规范的要求；建筑装饰装修工程所用材料必须符合国家有关装饰装修工程材料有害物质限量标准的规定；建筑装饰装修工程所用材料进场时应对品种、规格、外观、尺寸等进行验收，同时合格证书、说明书、性能检测报告应完整，需复检的材料必须按照检验批的要求抽样进行复检，必要时进行见证取样检测；建筑装饰装修工程所用材料在运输、存储以及施工过程中应注意保护，并按照不同材料的相应规定储运和使用，同时注意防火、防腐和防虫处理。

1.3.3 建筑装饰装修工程施工的基本规定

承担建筑装饰装修工程施工的单位必须具有相应的资质，施工企业必须编制施工组织设计并应经过审查批准；从事建筑装饰装修工程施工的人员必须经过培训并具有相应岗位的资格证书；建筑装饰装修工程施工质量应符合设计的要求和规范的规定，由于违反设计文件和规范规定施工造成的质量问题应由施工单位负责；建筑装饰装修工程施工中，严禁擅自改动建筑主体、承重结构，严禁改变原建筑的使用功能，严禁擅自拆改水、电、暖、燃气、通信、消防等配套设施；施工过程中应注意遵守有关环境保护的要求，注意施工安全、劳动保护、防火、防毒等；建筑装饰装修工程施工应注意各个环节的交接验收和隐蔽工程验收，验收必须按照规定的程序进行，验收不合格不得进行下道工序施工；建筑装饰装修工程施工中要注意和管道、线路安装及设备调试的配合，不得违反安全规定；建筑装饰装修工程施工的环境和条件应满足施工工艺的要求，注意环境温度、湿度是否满足施工要求；施工过程中要注意成品和半成品的保护，竣工验收前应将施工现场清理干净。

1.4 本课程的特点和学习方法

1.4.1 本课程的特点

1. 综合性强，交叉学科多

本课程涉及其他学科多，是典型的学科交叉性课程，相关的课程有（装饰装修）制图、装饰装修设计，本身又涉及材料、构造、施工、验收等多个方面的学科知识，学科综合性强。

2. 实践性、经验性强

本课程的知识大多源于实践，许多知识都是他人的经验和实践，案例更是来源于工程实际，要看懂本教材的图样和文字并不难，但要真正融会贯通，需要学生根据教材提供的知识、案例和设计的作业及实训内容，反复琢磨、反复练习、反复实践，才有可能真正掌握本课程的知识。本课程有个非常有利的条件，就是整个社会都是我们学习的场所，只要随时留意我们的周围环境，如商场、饭店、影院、车站、住宅、办公场所等，所有现实环境中的场景都是学习和增加知识和经验的对象，可以根据我们所学的知识分析他们的优劣，琢磨他们的选材，探究他们的构造，思考他们施工的方法，这样就可以极大地丰富我们的实践经验。通过不断地积累和学习，理论知识和实践经验才能转化为我们今后在工作中的能力。

3. 记忆性与创新性

本课程涉及大量的图样和专业术语，一些施工工艺流程、质量标准规定、验收方法等都需要记忆，本课程讲解的往往都是一些典型的案例和方法，而在工程实际中的情况却是千差万别的，这就要求我们在工程实际中利用所学知识的基本原理和方法，进行创造性的劳动，更要随着时代的进步和科学技术的发展，去探索、创新一些新的工艺和材料、构造，从而让我们的建筑更安全，更具有艺术性。

1.4.2 本课程的学习方法

学好本课程要做到下面六个“多”。

1. 多观察、多思考

尽可能多地接触装饰施工工地，观察每个模块内容从开始到结束的全过程，每个工序都是如何完成的。多看已经完工的工程实例，思考他们的设计、构造、选择材料、施工方法等各个环节，形成自己的想法，这样才能在实际工作中学以致用。

2. 多阅读、多借鉴

多阅读课外资料，如设计规范、标准图集、工程施工图、工程实例分析等，开阔自己的视野，丰富自己的知识，学习别人的好的做法和工艺，取人之长，为我所用，才能更好地胜任今后的本职工作。

3. 多动手、多实践

本课程的特点决定了要想真正掌握本课程的知识就必须理论联系实际，只有多实践才能变抽象的知识为实际的能力，只有多动手才能提高自己的绘图识图和制定施工方案的能力，才能在以后的工作中游刃有余。

1.5　本课程涉及的常用的规范、标准、规程、法规

1. 中华人民共和国建筑法（2011 修正）[20110422]
2. 建筑工程施工质量验收统一标准（GB 50300—2001）
3. 建筑工程质量管理条例（2010 年）
4. 建筑装饰装修工程施工质量验收规范（GB 50210—2001）
5. 建筑内部装修设计防火规范（GB 50222—1995）
6. 建筑设计防火规范（GB 50016—2006）
7. 高层民用建筑设计防火规范（GB 50045—1995）
8. 建筑工程施工现场消防安全技术规范（GB 50720—2011）
9. 住宅装饰装修工程施工规范（GB 5024—2002）
10. 民用建筑工程室内环境污染控制规范（GB 50325—2010）
11. 建筑地面工程施工质量验收规范（GB 5029—2010）
12. 金属与石材幕墙工程技术规范（JGJ 133—2001）
13. 玻璃幕墙工程技术规范（JGJ 102—2003）
14. 建筑涂饰工程施工及验收规程（JGJ/T 29—2003）

模块 2

抹灰工程

【模块概述】

抹灰工程是将抹面砂浆涂抹在基底材料的表面，形成一个连续均匀的膜层。抹灰工程是最基本的装饰工程，既能作为独立完整的装饰层，又可以作为其他中高级装饰做法的底层和中层。

作为独立装饰层次的抹灰工程根据其施工工艺和装饰效果不同，分为一般抹灰和装饰抹灰两大类。目前装饰抹灰在工程实际中已较少应用，故本模块主要介绍一般抹灰的基本知识，包括抹灰工程的分类、组成，抹灰工程常用材料及技术要求，抹灰工程施工环境要求及基层处理要求。对抹灰工程的施工质量验收标准也做了一般性介绍。

【学习目标】

1. 抹灰工程组成和分类。
2. 抹灰工程材料的技术要求和施工环境要求。
3. 抹灰工程基层处理的要求。
4. 内墙一般抹灰施工工艺及质量通病产生原因。
5. 外墙、顶棚抹灰施工要点。

【能力目标】

1. 能够正确选用和使用各种抹灰材料。
2. 能清楚抹灰工程对施工环境的要求。
3. 会对抹灰工程基层进行正确恰当的处理。
3. 掌握一般抹灰施工工艺。
4. 会分析产生各种抹灰工程质量问题的原因并会防治。
5. 会检验抹灰工程质量。

【学习重点】

抹灰工程基层处理的要求，一般抹灰施工工艺及质量通病防治。

【课时建议】

理论 4 课时＋实践 4 课时

工程导入

某工程顶棚抹灰层于施工后1周内普遍开裂，不规则裂缝宽度0.2～0.6 mm不等，裂缝间距约40～60 cm，且有通长裂缝。施工后不到1个月，出现大面积空鼓、脱落。空鼓区用小锤轻击，抹灰层即可脱落。脱落区边缘用手指便可剥离基层。脱落的水泥砂浆层与结构的结合面光滑平整，未见其他异常。楼层层高4 m，抹灰层大块脱落，幸未伤及人员。为什么会出现上述情况呢？希望通过本模块的学习能让你找出原因，并在工程实际避免所施工的抹灰工程发生各种质量问题。

2.1 抹灰工程基本知识

2.1.1 抹灰工程的分类、组成

1. 抹灰工程的分类

(1) 抹灰工程的概念。

将抹面材料涂抹在基底材料的表面，形成连续均匀保护膜层的过程叫抹灰工程。

抹灰工程主要有三大功能：一是防护功能，保护基层不受雨、雪、风的侵蚀；二是完善功能，能增加基体防潮、防风化、隔热保温、隔声等性能并能改善室内卫生条件；三是美化功能，能美化室内、外环境，提高居住舒适度。

(2) 抹灰工程的分类。

根据施工工艺和装饰效果不同，抹灰工程分为一般抹灰和装饰抹灰两类。

一般抹灰是用石灰砂浆、水泥砂浆、水泥混合砂浆、聚合物水泥砂浆和麻刀石灰浆、纸筋石灰浆、石膏灰浆等材料涂抹在建筑结构表面。

装饰抹灰主要是指水刷石、干黏石、斩假石、假面砖等装饰做法。一般其底层、中层采用一般抹灰的高级抹灰标准施工，然后用涂抹的方法将水泥石子浆（或黏结底层砂浆）等材料涂抹在基层上，待达到一定条件后用水刷、斧剁、划痕等工艺进行二次处理，形成类似彩色粒石、天然石材或面砖等装饰效果。

(3) 一般抹灰工程的分类。

根据施工工序和质量要求的不同，一般抹灰分为普通抹灰和高级抹灰两个等级。抹灰等级由设计单位在施工图纸中注明。当设计无要求时，按普通抹灰施工。

高级抹灰要求做一层底层、数层中层和一层面层。主要工序是阴阳角找方，设置标筋，分层赶平，修整和表面压光。表面质量要求：表面应光滑、洁净、颜色均匀、无抹纹，分格缝和灰线应清晰美观。

普通抹灰要求做一层底层、一层中层和一层面层。主要工序是阳角找方，设置标筋，分层赶平，修整和表面压光。表面质量要求：表面应光滑、洁净、接槎平整，分格缝应清晰。

一般抹灰工程根据抹灰砂浆材料不同，分为石灰砂浆、水泥砂浆、水泥混合砂浆、聚合物砂浆和麻刀石灰浆、纸筋石灰浆、石膏灰浆等。

2. 抹灰工程的组成

为了保证抹灰层的质量，抹灰应分层操作并控制每层的厚度以及抹灰层的总厚度。一般分为底层、中层和面层三个层次，如图2.1所示。

底层为黏结层，主要起到加强与基层的黏结作用，同时起到初步找平作用。中层是找平层，作用是找平，根据施工质量要求可以抹一遍，也可以抹数遍。面层是装饰层，作用是美化环境。

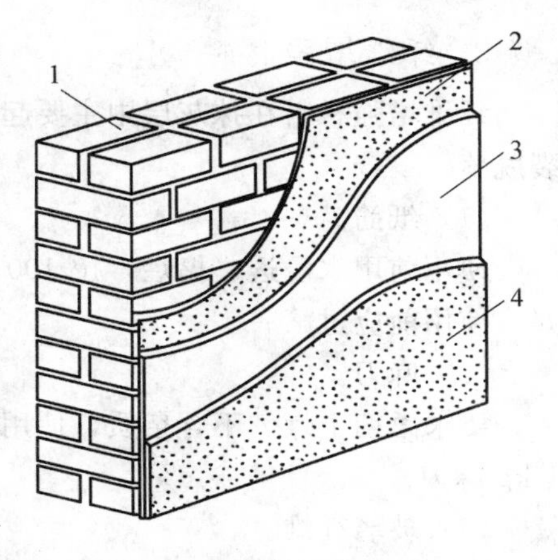

图 2.1　抹灰层的组成

1—砖墙；2—基层；3—中层；4—面层

【知识拓展】

严格控制抹灰层的厚度不仅是为了取得较好的技术经济效益，更主要是为了保证抹灰层的质量。抹灰层过薄达不到预期的装饰和使用效果，过厚则使抹灰层自重增大，容易脱落。

抹灰层的厚度根据基层的材料、抹灰砂浆的种类、抹灰基体的平整度和抹灰质量要求以及气候情况等因素而定，一般水泥砂浆，每遍厚度为 5～7 mm；石灰砂浆和混合砂浆，每遍厚度为 7～9 mm；面层抹灰经抹平压实后的厚度：麻刀灰厚度不得大于 3 mm；纸筋灰、石膏灰厚度不得大于 2 mm。

抹灰层的总厚度视抹灰部位、抹灰基层和抹灰等级而定：内墙普通抹灰，总厚度不超过 20 mm，高级抹灰，总厚度不超过 25 mm；外墙抹灰厚度不超过 20 mm（勒脚及突出墙面部分为 25 mm）；石墙的抹灰厚度不应超过 35 mm。

2.1.2　抹灰工程常用材料及技术要求

1. 胶凝材料

(1) 水泥。

一般抹灰可采用普通硅酸盐水泥、矿渣硅酸盐水泥、火山灰硅酸盐水泥、粉煤灰硅酸盐水泥，强度等级应不低于 32.5 MPa，装饰抹灰可以用白水泥和彩色水泥。不同品种、强度等级的水泥不得混用，水泥应存放在仓库内，防止受潮，受潮后结块的水泥应过筛试验后使用。

(2) 石灰。

抹灰用的石灰膏：熟化期不应少于 15 d，用于罩面时熟化期不少于 30 d。石灰膏不得含有未熟化的颗粒，不得使用已冻结或风干结硬的石灰膏。

抹灰用的磨细生石灰粉：细度通过 0.125 mm 的方孔筛，累计筛余量不大于 13%，使用前熟化期不少于 3 d。

(3) 石膏。

一般用建筑石膏，应磨成细粉，不得有杂质，凝结时间不迟于 30 min。

2. 骨料

(1) 砂。

抹灰宜选用中砂，细砂也可以使用，但特细砂不宜使用。砂使用前应用孔径不大于 5 mm 的筛子过筛，并不得含有杂质。

(2) 石料。

石料主要用石渣，又称石粒、石米等，由天然大理石、白云石、花岗石、方解石等经破碎加工而成，有多种颜色。一般在装饰抹灰的面层中掺入。石渣要求颗粒坚硬、整齐、粒径均匀、颜色一致，不含黏土等杂质和有害物质。石渣的规格、级配应符合要求。一般大八厘为 6～8 cm，中八厘为 4～6 cm，小八厘为 2～4 cm。石渣使用前应按不同规格、颜色用清水洗净，分别晾干后堆放盖好。用彩色石渣时，要求采用同一品种、同一产地的产品，宜一次进货备足用量，以避免色差。

3. 纤维增强材料

纤维增强材料在抹灰层中主要起增强抗裂性作用，同时也能减轻抹灰层自重，使抹灰层不易开裂脱落。

(1) 纸筋。

使用前用水浸透、捣烂，按 100 kg 石灰膏掺 2.75 kg 纸筋的比例在使用前四五天与石灰膏调好。使用前应过筛。

(2) 麻刀。

要求柔韧干燥、不含杂质，使用前先剪成 20～30 mm 长，敲打松散，每 100 kg 石灰膏大约掺 1 kg 麻刀。

(3) 玻璃纤维。

玻璃纤维要切成 1 cm 左右的短段，每 100 kg 石灰膏掺入 50～65 kg 玻璃纤维，搅拌均匀。

4. 颜料

应用耐碱、耐光的矿物颜料。常用品种有：氧化铁黄、铬黄（铅铬黄）、氧化铁红、甲苯胺红、群青、铬蓝、钛青蓝、钴蓝、铬绿、群青与氧化铁黄配用、氧化铁棕、氧化铁紫、氧化铁黑、炭黑、梦黑、松烟、钛白粉等。选用时应根据砂浆种类、抹灰部位、结合造价等因素综合考虑。

5. 有机聚合物

在灰浆中掺入适量的有机聚合物既便于施工又能改善涂层的性能：能提高抹灰层强度和黏结性能，不易粉酥、爆皮、剥落；能增加涂层的柔韧性，减少开裂；能使抹灰层颜色均匀，增加美观性。抹灰工程常用有机聚合物有：

(1) 108 胶。

108 胶是一种无色水溶性胶，为绿色无毒建筑胶黏剂，是一般抹灰工程中比较经济适用的胶。一般固体含量 10%～20%，比密度 1.05，pH 值 7～8。

(2) 聚醋酸乙烯乳液。

聚醋酸乙烯乳液是以 44%的聚醋酸乙烯和 4%左右的分散剂聚乙烯醇以及增韧剂、消泡剂、乳化剂、引发剂等聚合而成。

(3) 甲基硅醇钠。

甲基硅醇钠是一种分散剂，用于砂浆中能提高抹灰层的防水、防污染和抗风化性能，能提高抹灰层的耐久性。

(4) 木质素磺酸钙。

木质素磺酸钙掺入砂浆中能减少拌合用水量，同时还具有分散剂的作用，在常温下施工能有效避免抹灰层颜色不均的现象。

【知识拓展】

砂浆的种类、配合比应符合设计要求。

砂浆的种类取决于抹灰的部位和基层材料，一般内外墙砌体基层上的底层和中层抹灰可采用水泥砂浆和水泥混合砂浆，外墙面层可采用水泥砂浆，内墙面层根据装饰要求可采用麻刀石灰浆、纸筋石灰浆（现均少采用）或水泥砂浆（再刮腻子做涂饰层或裱糊等高级装饰做法）。

砂浆的稠度要求：一般抹灰的稠度符合规范的要求：底层 10～12 mm，中层 7～8 mm，面层 10 mm。

2.1.3 抹灰工程施工环境要求

(1) 抹灰工程进行前，主体工程必须经有关部门验收合格。

(2) 一般抹灰工程宜在门窗框安装完成、门窗扇安装前进行，抹灰前要检查门窗框及需要埋设的配电管、接线盒、管道套管等是否固定牢固，连接缝隙处要先用 1∶3的水泥砂浆分层嵌塞密实，门窗框保护膜层要完好。

(3) 混凝土构件、门窗过梁、梁垫、圈梁、组合柱等基体表面的凸出部分要剔平，对有蜂窝、麻面、露筋的混凝土表面要剔凿到密实处，刷素水泥浆一道，然后用 1∶2.5 的水泥砂浆分层补平捣实，外露的钢筋和铁丝要剔除至低于表面，脚手眼、窗台板、内隔墙与楼板的交接处、内隔墙与梁底的交接处应封堵严实或补砌整齐。

(4) 窗帘钩、通风篦子、吊柜和吊扇预埋件或螺栓等要按照设计要求的位置和标高准确设置，并要做好防腐和防锈处理。

(5) 混凝土和砖砌体基层表面的灰尘、油污要清除干净，并浇水湿润。

(6) 搭设好抹灰用脚手架，架子离墙 200～300 mm，要有足够的强度、刚度和稳定性，宽度要便于操作。

(7) 室内抹灰宜在屋面防水工作完成后进行。若在屋面防水之前进行，则应有防止雨水渗漏的措施。

(8) 室内外抹灰施工的环境温度一般不应低于 5 ℃，当必须在低于 5 ℃的气温下施工时，应采取保证工程质量的有效措施。

2.1.4 抹灰工程基层处理要求

基体或基层的质量是影响建筑装饰装修工程质量的一个重要因素。基体或基层表面有灰尘、油污，会使抹灰层与基体或基层黏结不牢，引起抹灰层空鼓、开裂、脱落；基体或基层不牢固，有松动部分如黏附的砂浆颗粒、松动的水泥浆层等也会使抹灰层与基体基层黏结不牢而剥落，甚至因抹灰层坠落伤人而造成严重后果；基体或基层太光滑或湿润不够都会使抹灰层不能与基层很好黏结而影响抹灰质量，对抹灰基体或基层处理的根本要求是：牢固、平整、干净、粗糙、湿润。对不同基层基体处理的具体做法分述如下：

1. 砖砌体

(1) 补洞嵌缝。

墙面和楼板上的孔洞（包括脚手眼）、剔槽，墙体与门窗框交接处的缝隙应在预先冲洗湿润但无积水的前提下用 1∶3 水泥砂浆分层嵌塞密实或堵砌好。

(2) 灰缝处理。

灰缝砂浆凸出墙面部分要清除，最好处理成凹缝式，能使抹灰砂浆嵌入灰缝内与基体黏结牢固。

(3) 浇水湿润。

一般应在抹灰前一天浇水两遍，使湿润浸透深度达到 8～10 cm 为宜。灰砂砖和粉煤灰砖砌体，还应在湿润的基体表面刷一道掺 TG 胶的水泥浆。

2. 现浇混凝土基体

一般平整光滑的混凝土表面可不抹灰，用刮腻子处理。如需抹灰时应做以下处理：

(1) 清除油污。

混凝土表面如有隔离剂等油污，应用清洗剂清洗干净。

(2) 局部处理。

见 2.1.3 中第 (3) 条。

(3) 凿毛或甩毛。

因混凝土表面较光滑，不利于抹灰层与基层黏结，应进行凿毛或划痕，如施工困难可在清洗干净并湿润的基体上刷水泥浆一道或甩（喷）一道水泥砂浆颗粒层。

(4) 浇水湿润。

混凝土基体宜在抹灰前一天浇水，使水渗入混凝土表面 2～3 mm 为宜。

3. 轻质混凝土表面以下几种做法可单用或并用

(1) 开始抹灰前 24 h 在墙面浇水 2～3 遍，抹灰前 1 h 再浇水 1～2 遍，紧接着刷水泥浆一道。

(2) 在基层清扫干净并湿润后，钉一道网孔为 1 cm 的钢丝网，然后再抹灰。

(3) 浇水一遍冲去浮渣灰尘后刷一道界面处理剂（刷掺聚合物胶的水泥浆）以加强黏结。

(4) 浇水一遍冲去浮渣灰尘后，刷一道水泥浆，随即用 1：3或 1：2.5 的水泥砂浆在基面上做刮糙处理，厚度 5 mm 左右，刮糙面积占基面的 70%～80%。

4. 不同基体材料相接处

除按上述做法处理至牢固、平整、干净、粗糙、湿润外，还应铺钉金属网，金属网与各基层的搭接宽度不应小于 100 mm，金属网应绷紧钉牢，如图 2.2 所示。

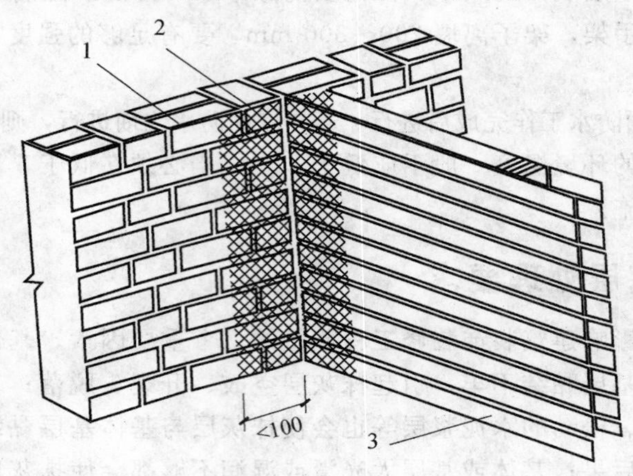

图 2.2 砖木交接处基层处理

1—砖墙；2—金属网；3—板条墙

技术提示

工程实践中，人们往往更关注抹灰表面（即面层）的质量，但抹灰层与基层之间以及各抹灰层之间的黏结牢固并控制抹灰层厚度是保证抹灰层无空鼓、脱层和裂缝的关键。

为使抹灰层与基层及各层之间黏结牢固，除按规定做好基层处理外，还要保证面层与中层的黏结力不大于中层与底层，中层与底层的黏结力不大于底层与基层的黏结力，故规范规定：水泥砂浆不能抹在石灰砂浆基层上；罩面石膏灰不能抹在水泥砂浆层上（石膏中的硫酸钙会和水泥中的水化铝酸钙发生化学反应生成体积膨大的水泥杆菌而使抹灰层脱落）。

2.2 一般抹灰施工工艺

一般抹灰随抹灰部位和等级不同，工序虽略有不同，但施工工艺流程大致相同，内墙抹灰的施工工艺为：交验—基层处理—吊垂直、套方、找规矩—抹灰饼—墙面冲筋—分层抹灰—保护成品。

前两个环节属于施工前的准备工作，前面已经介绍，在此不再赘述。

1. 做灰饼

为了有效控制抹灰层的厚度、垂直度和平整度，抹灰层施工前应根据设计要求的抹灰等级和基层表面平整度、垂直度情况确定抹灰层厚度，并做灰饼，冲灰筋，以此作为控制抹灰层厚度的标准。具体做法如下：

（1）吊垂直，套方，找规矩。

先用托线板检查基层的平整度和垂直度，然后将房间找方或找正（房间面积较大或有柱网时，应先在地面弹出十字中心线）。然后根据实际检查的墙面平整度和垂直度情况和抹灰总厚度的规定，与找方线比较，确定抹灰层的厚度（最薄处一般不小于7 mm），在地面上弹出墙角线，随后在距墙阴角 100 mm 处吊垂线并弹出铅垂线，接着再从地面上弹出的墙角线往墙上上翻引出阴角两面墙上的抹灰厚度控制线，作为抹灰饼、冲灰筋的依据。

（2）做灰饼（标志块）。

先做两个上灰饼。上灰饼距顶棚约 200 mm，距阴角边 100～200 mm，一般为边长 50 mm 的四方形，用水泥砂浆或混合砂浆制作。灰饼的厚度等于抹灰层底层加中层的厚度。再做两个下灰饼。下灰饼的位置一般在踢脚线上方 200 mm 处。以上下四个灰饼为依据，在两个灰饼之间拉通线（用钉子钉在两个灰饼附件墙缝里，拴上准线），每隔 1.2～1.5 m 做一个灰饼，如图 2.3 所示。

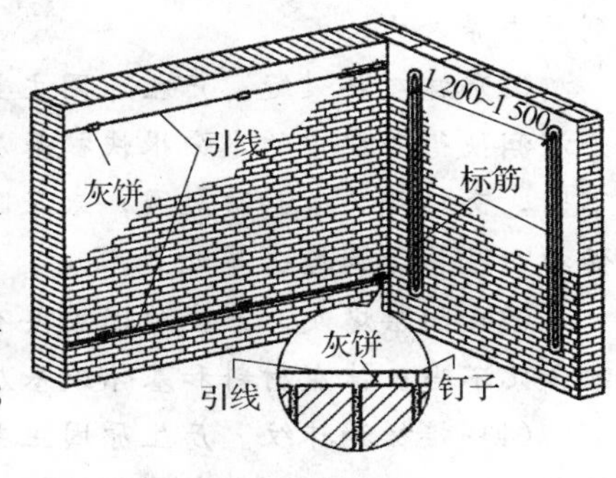

图 2.3　挂线做标志块及标筋

2. 冲灰筋

当灰饼砂浆达到七八成干时，用与底层抹灰砂浆成分相同的砂浆在两个灰饼之间抹出一条梯形灰梗（标筋）。灰筋底部宽度一般为 50 mm（与灰饼宽度相同），顶部宽度为 10 mm 左右。一般分两遍抹，第二遍要比灰饼高出 5～10 mm，然后用木杠紧贴灰饼左右上下搓动，直至把灰筋搓得与灰饼一样平齐，最后用刮尺将灰筋两边修成斜面。灰筋充好后要检查其垂直平整度，误差大于 0.5 mm的必须修整。

一般当墙面高度小于 3.5 m 时宜做立筋（垂直标筋），大于 3.5 m 时宜做横筋（水平标筋）。

同一墙面上的各个高度的水平标筋应在同一垂直面内。灰筋通过墙面阴角时，可用带垂球的阴角尺靠在阴角处上下搓动，直至上下两条灰筋形成标高相同且角顶在同一垂直线上的阴角。同样，阳角可用长阳角尺合在上下两条灰筋的阳角处上下搓动，形成角顶在同一垂直线上的标筋阳角。水平标筋可使墙体在阴、阳角处的交线顺直，并垂直于地面，避免出现阴、阳角交线扭曲不直的缺陷。同时，做水平标筋时，因有标筋控制，可使门窗框处的墙面与框面接合平整。

3. 分层抹灰

当灰筋稍干后即可抹底层灰。方法是将砂浆涂抹于两条灰筋之间，由上往下抹，底层灰的厚度要低于灰筋。

用水泥砂浆和水泥混合砂浆抹灰时，待前一层凝结后方可抹后一层；用石灰砂浆抹灰时，待前一层七八成干（发白）后方可抹后一层。抹中层灰时，根据灰筋厚度装满砂浆，使砂浆面略高于灰筋，然后用木杠刮平。凹陷处补抹砂浆，然后再刮，直到与灰筋平齐。紧接着用木抹子搓磨一遍，使抹灰表面平整密实。

面层抹灰应在中层灰稍干后进行。近几年来，有很多地方内墙不抹罩面灰，用刮腻子取代。优点是操作简单、节约用工，能很好地与涂饰层衔接。面层刮大白腻子，要在中层砂浆干透、表面坚硬成灰白色，用铲刀刻划显白印时进行。常用大白腻子配合比是：大白粉：滑石粉：聚醋酸乙烯乳液：羟甲基纤维素溶液（浓度 5%，质量比）＝60：40：（2～4）：75（质量比）。

面层刮大白腻子一般不少于两遍，总厚度 1 mm 左右。使用钢片或橡胶刮板，每遍按同一方向往返刮。

在基层修补过的部位进行局部找平并干燥、打磨后刮头遍腻子，头遍腻子干透后，用 0 号砂纸打磨平整，扫净浮灰后再刮第二遍腻子。

【知识拓展】

质量通病防治

(1) 抹灰层空鼓、脱层。产生原因主要有：结构变形，基层处理不好（有松散层、灰尘或油污）或未湿润，底层灰品种或配合比不当，与基层黏结力差；抹灰操作时未分层抹灰，或每层厚度过厚，或两层抹灰的时间间隔不合适；抹灰面积太大而没有设置分格缝；未做好成品保护，过早受到撞击等外力。

(2) 抹灰层裂缝。产生原因主要有：抹灰砂浆配合比不当；抹灰层过厚；基层处理不好，未充分湿润使得砂浆中的水分很快被基层吸收，影响了砂浆的正常硬化；不同材料的基体热胀冷缩系数不同，交接处又未黏防裂网；未及时充分养护，使得抹灰层干燥过快而产生干缩裂缝；未做好成品保护，过早受到撞击等外力。

(3) 面层爆灰。产生原因主要有：石灰膏或石灰粉未充分熟化，存在过火石灰颗粒；面层砂浆配合比不当；抹灰材料和基体或基层材料产生化学反应（如石膏抹灰直接抹在水泥基体或基层上)。

(4) 接槎和抹纹。产生原因主要有：罩面灰施工时留槎随意性大，不按规定留直槎或踏步槎，乱甩槎；工人操作不当或不熟练，没有做到精工细作。

2.3 外墙、顶棚抹灰的施工要点

2.3.1 外墙抹灰

1. 抹灰材料要求

外墙抹灰要求有耐水、耐污染和一定的耐久性，常采用水泥砂浆或水泥混合砂浆。混合砂浆配合比为水泥：石灰膏：砂＝1：1：6；水泥砂浆配合比为水泥：砂＝1：3。

2. 施工工艺要点

外墙抹灰施工工艺流程为：交验—基层处理—找规矩挂线—做灰饼—冲灰筋—抹底层灰—抹中层灰—弹线粘分格条—抹面层灰—勾缝。

(1) 找规矩。

基本与内墙抹灰相同，但在两个相邻抹灰面相交处要挂垂线。

(2) 挂线、做灰饼。

(3) 外墙抹灰。

外墙抹灰必须从上往下一步架一步架地退着抹。找规矩时要在四角挂好由上至下的垂直通线。垂直吊好后，根据确定的抹灰层厚度，每步架大角两侧最好弹出控制线，拉水平通线，然后根据控制线和水平线做灰饼，充灰筋。

(4) 弹线、粘分隔条。

因外墙抹灰面积往往较大，为避免砂浆产生收缩裂缝及因大面积热膨胀而空鼓脱落，同时也为了增加墙面美观，一般要设置分格缝。设分格缝要粘分格条（图 2.4)。分格条常用塑料条，规格有 20 mm、25 mm、30 mm 等几种，粘贴时可在水泥浆中掺加一些胶以便使黏结更牢固。

(5) 抹灰。

抹灰时用木杠、木抹子刮平压实、扫毛，浇水养护。底层砂浆凝固具有一定强度后再抹中层。抹面层时先用 1：2.5 水泥砂浆薄薄刮一遍，抹第二遍中层灰时将砂浆装满分格条，然后按分格条厚度刮平、搓实、压光或用木抹子搓成毛面。最后用刷子蘸水按同一方向轻刷一遍，以达到颜色均匀一致，同时清刷分格条上的砂浆。

另外，在窗台、雨篷、阳台、檐口等有排水要求的部位应做滴水线或滴水槽。滴水线（槽）应整齐顺直，滴水线应内高外低，滴水槽的深度和宽度均不小于 10 mm。

（6）养护和成品保护。

水泥砂浆和水泥混合砂浆完成 12 h 后要进行洒水养护，宜保持湿润 7 d 以上。养护期间要避免受到撞击等外力。

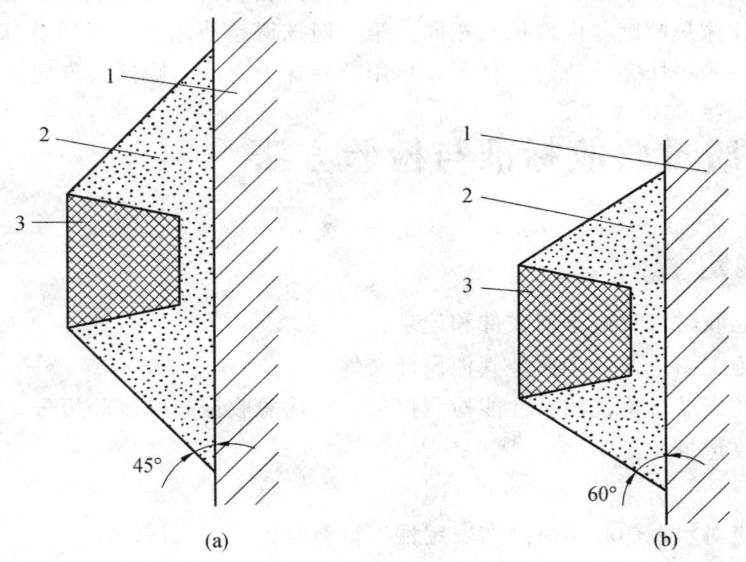

图 2.4 粘贴分格条

1—基层；2—水泥浆；3—分格条

技术提示

抹灰时，底层的抹灰层强度不得低于面层抹灰层强度。水泥砂浆拌好后，应在初凝前用完，结硬砂浆不得使用。

抹灰层与基层之间及各抹灰层之间必须黏结牢固，抹灰层无脱层、空鼓，面层应无爆灰和裂缝。

2.3.2 顶棚抹灰

1. 抹灰材料要求

顶棚抹灰因其位置的特殊性，要求抹灰层的黏结力更高，自重要小，厚度要薄而均匀。所以一般用水泥混合砂浆。底层砂浆配合比一般为水泥：石灰膏：砂＝1：0.5：1，厚度为 2 mm。中层砂浆配合比为水泥：石灰膏：砂＝1：3：9，厚度为 6 mm 左右。

2. 施工工艺要点

顶棚抹灰的施工工艺流程为：交验—基层处理—找规矩—抹底层、中层灰—抹面层灰。前两个步骤基本与内墙抹灰相同。

（1）找规矩。

顶棚抹灰一般不做灰饼和灰筋，用目测方法控制平整度。抹灰前先确定抹灰层厚度，然后在墙面四周与顶棚交接处弹出水平线，作为控制抹灰层厚度和水平的标准。

（2）底层、中层抹灰。

底层抹灰前基层要充分湿润并最好刷一道基层处理剂以加强抹灰层与基层的黏结。抹灰的顺序一般是由前往后退，底层抹灰的方向要与基体的缝隙（混凝土板缝、板条缝隙等）方向垂直，以使砂浆更容易挤入缝隙与基底牢固结合。抹灰时厚度要掌握好，用软刮尺赶平。如平整度欠佳可再补抹赶平，但不宜多次修补以免搅动底灰而引起掉灰。顶棚与墙面的交接处，一般是在墙面抹灰做完后再补做。底层砂浆凝固且具有一定强度后再抹中层灰。抹后用软刮尺赶平刮匀，随即用长毛刷将抹印扫平，再用木抹子搓平。管道周围用小工具顺平。

(3) 面层抹灰。

待中层灰六七成干（用手按压不软但有指印）时抹面层灰。如用纸筋灰或麻刀灰时，一般抹两遍成活。抹灰方法及抹灰厚度与内墙抹灰相同。第一遍抹得越薄越好，紧跟着抹第二遍。抹第二遍时，抹子要稍微平一些，抹完后待灰浆稍干，再用塑料抹子或压子顺抹纹方向压实压光。

2.4 质量验收标准与检验方法

2.4.1 一般规定

(1) 抹灰工程验收时应检查下列文件和记录：

①抹灰工程的施工图、设计说明及其他设计文件。

②抹灰用材料的产品合格证明、性能检测报告、进场验收记录和复验报告。

③隐蔽工程验收记录。

④施工记录。

(2) 抹灰工程应对水泥的凝结时间和安定性进行验收。

(3) 抹灰工程应对下列隐蔽工程项目进行验收：

①抹灰总厚度大于或等于 35 mm 时的加强措施。

②不同材料基体交接处的加强措施。

(4) 各分项工程的检验批应按下列规定划分：

①相同材料、工艺和施工条件的室外抹灰工程每 500～1 000 m^2 应划分为一个检验批，不足 500 m^2 也应划分为一个检验批。

②相同材料、工艺和施工条件的室内抹灰工程每 50 个自然间（大面积房间和走廊按抹灰面积 30 m^2 为一间）应划分为一个检验批，不足 50 间也应划分为一个检验批。

(5) 检查数量应符合下列规定：

①室内每个检验批应至少抽查 10%，并不得少于 3 间；不足 3 间时应全数检查。

②室外每个检验批每 100 m^2 应至少抽查一处，每处不得小于 10 m^2。

(6) 其他方面：

①外墙抹灰工程施工前应先安装钢木门窗框、护栏等，并应将墙上的施工孔洞堵塞密实。

②抹灰用的石灰膏的熟化期不应少于 15 d；罩面用的磨细石灰粉的熟化期不应少于 3 d。

③室内墙面、柱面和门洞口的阳角做法应符合设计要求。设计无要求时应采用 1∶2水泥砂浆做暗护角，其高度不应低于 2 m，每侧宽度不应小于 50 mm。

④当要求抹灰层具有防水、防潮功能时应采用防水砂浆。

⑤各种砂浆抹灰层在凝结前应防止快干、水冲、撞击、振动和受冻，在凝结后应采取措施防止沾污和损坏。水泥砂浆抹灰层应在湿润条件下养护。

⑥外墙和顶棚的抹灰层与基层之间及各抹灰层之间必须黏结牢固。

2.4.2 一般抹灰工程质量验收标准

本节适用于石灰砂浆、水泥砂浆、水泥混合砂浆、聚合物水泥砂浆和麻刀石灰、纸筋石灰、石膏灰等一般抹灰工程的质量验收。一般抹灰工程分为普通抹灰和高级抹灰，当设计无要求时按普通抹灰验收。

1. 主控项目

(1) 抹灰前基层表面的尘土、污垢、油渍等应清除干净并应洒水润湿。

检验方法：检查施工记录。

(2) 一般抹灰所用材料的品种和性能应符合设计要求。水泥的凝结时间和安定性复验应合格。砂浆的配合比应符合设计要求。

检验方法：检查产品合格证书、进场验收记录、复验报告和施工记录。

(3) 抹灰工程应分层进行。当抹灰总厚度大于或等于 35 mm 时应采取加强措施。不同材料基体交接处表面的抹灰，应采取防止开裂的加强措施。当采用加强网时，加强网与各基体的搭接宽度不应小于 100 mm。

检验方法：检查隐蔽工程验收记录和施工记录。

(4) 抹灰层与基层之间及各抹灰层之间必须黏结牢固，抹灰层应无脱层、空鼓，面层应无爆灰和裂缝。

检验方法：观察，用小锤轻击检查，检查施工记录。

2. 一般项目

(1) 一般抹灰工程的表面质量应符合下列规定：

①普通抹灰表面应光滑、洁净、接槎平整，分格缝应清晰。

②高级抹灰表面应光滑、洁净、颜色均匀、无抹纹，分格缝和灰线应清晰美观。

检验方法：观察，手摸检查。

(2) 护角、孔洞、槽、盒周围的抹灰表面应整齐、光滑；管道后面的抹灰表面应整齐。

检验方法：观察。

(3) 抹灰层的总厚度应符合设计要求。水泥砂浆不得抹在石灰砂浆层上；罩面石膏灰不得抹在水泥砂浆层上。

检验方法：检查施工记录。

(4) 抹灰分格缝的设置应符合设计要求，宽度和深度应均匀，表面应光滑，棱角应整齐。

检验方法：观察，尺量检查。

(5) 有排水要求的部位应做滴水线（槽）。滴水线（槽）应整齐顺直，滴水线应内高外低，滴水槽的宽度和深度均不应小于 10 mm。

检验方法：观察，尺量检查。

一般抹灰工程质量的允许偏差和检验方法应符合表 2.1 的规定。

表 2.1 一般抹灰工程质量的允许偏差和检验方法

项次	项目	允许偏差/mm		检验方法
		普通抹灰	高级抹灰	
1	立面垂直度	4	3	用 2 m 垂直检测尺检查
2	表面平整度	4	3	用 2 m 靠尺和塞尺检查
3	阴阳角方正	4	3	用直角检测尺检查
4	分格条（缝）直线度	4	3	拉 5 m 线，不足 5 m 拉通线，用钢直尺检查
5	墙裙、勒脚上口直线度	4	3	拉 5 m 线，不足 5 m 拉通线，用钢直尺检查

注：①普通抹灰，本表第 3 项阴阳角方正可不检查；

②顶棚抹灰，本表第 2 项表面平整度可不检查，但应平顺。

【重点串联】

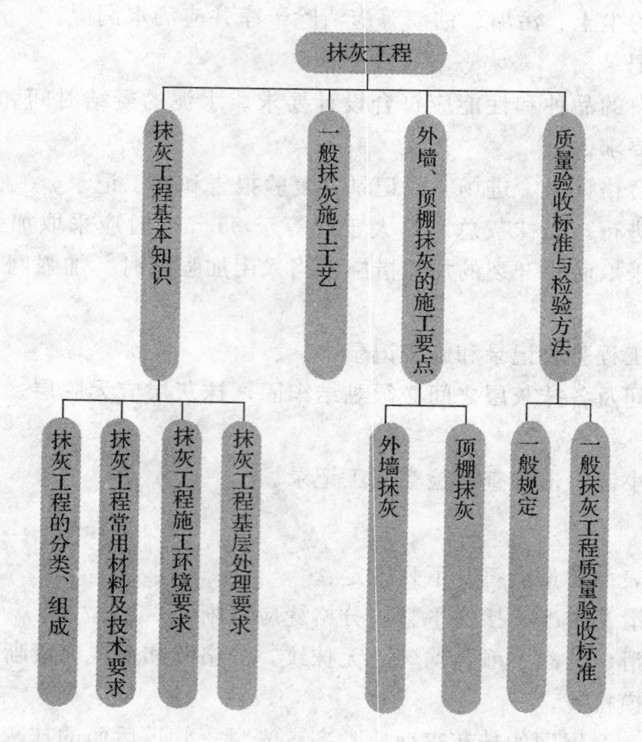

拓展与实训

职业能力训练

一、填空题

1. 一般抹灰分为________和________两类。

2. 抹灰工程应对水泥的________和________进行验收。

3. 不同材料基体交接处表面的抹灰，应采取防止开裂的加强措施。当采用加强网时，加强网与各基体的搭接宽度不应小于________。

4. 内墙抹灰时上灰饼距顶棚约________。

二、单项选择题

1. 抹灰总厚度大于或等于（　　）mm 时应采取加强措施。

A. 10　　B. 25　　C. 35　　D. 40

2. 灰饼的厚度等于（　　）的厚度。

A. 底层灰　　B. 中层灰
C. 底层灰加中层灰　　D. 底层灰加中层灰加面层灰

3. 抹灰用的石灰膏的熟化期不应少于（　　）d。

A. 3　　B. 7　　C. 15　　D. 30

4. 室内外抹灰施工的环境温度一般不应低于（　　）℃。

A. −5　　B. 0　　C. 5　　D. 10

三、简答题

1. 说明基层处理的意义和要求。

2. 说出砖砌体抹灰前基层处理的具体做法。

3. 抹灰工程验收时应检查哪些文件和记录？

4. 抹灰为什么要分层操作？分几个层次？各层的作用是什么？

工程模拟训练

1. 通过分析外墙抹灰层脱落、表面开裂的原因提出防治措施。

2. 提出防治顶棚抹灰层脱落的措施。

3. 怎样防治内墙抹灰面爆灰？

链接职考

建造师考试历年真题

【2011 年真题】可能造成外墙装修层脱落、表面开裂的原因有（　　）。

A. 结构发生变形　　B. 黏结不好　　C. 结构材料与装修材料的变形不一致

D. 装修材料弹性过大　E. 结构材料的强度偏高

【2009 年真题】下列关于抹灰工程的说法符合《建筑装饰装修工程质量验收规范》(GB 50210－2001)规定的是（　　）。

A. 当抹灰厚度大于 25 mm 时，应采取加强措施

B. 不同材料基体交接处表面的抹灰，采用加强网防裂时，加强网与各基层搭接宽度不应小于 50 mm

C. 室内墙面、地面和门洞口的阳角，当设计无要求时，应做 1∶2 水泥砂浆暗护角

D. 抹灰工程应对水泥的抗压强度进行复验

【2011 年真题】背景资料

某施工单位承建两栋 15 层的框架结构工程。合同约定：

(1) 钢筋由建设单位供应；

(2) 工程质量保修按国务院 279 号令执行。开工前施工单位编制了单位工程施工组织设计，并通过审批。施工过程中，发生下列事件：分部工程验收时，监理工程师检查发现某墙体抹灰约有 1.0 m^2 的空鼓区域，责令限期整改。

问题：

写出事件中墙体抹灰空鼓的修补程序（至少列出 4 项）。

【2008 年真题】工程防止抹灰开裂的加强网与各基体的搭接宽度，不应小于(　　) mm。

A. 50　　B. 100　　C. 150　　D. 200

【2007 年真题】场景：某高层办公楼进行装修改造，主要施工项目有：吊顶，地面（石材、地砖、木地板），门窗安装，墙面等。墙面为墙纸、乳胶漆；卫生间墙面为瓷砖，外立面采用玻璃幕墙及干挂石材；大厅中空高度为 12 m，回廊采用玻璃护栏；门窗工程、吊顶工程、细部工程等采用人造木板和饰面人造木板。

合同要求：质量符合国家验收标准。

施工已进入木装修、石材铺贴阶段。施工过程中，质检人员发现存在以下质量问题：

在不同材料基体交接处墙面抹灰产生了开裂现象。

根据场景资料作答以下题目：

本工程中，不同材料基体交接处表面的抹灰，应采取防止开裂的加强措施，当采用加强措施时，加强网与各基体的搭接宽度不应小于（　　）mm。

A. 50　　B. 100　　C. 150　　D. 200

模块 3
门窗工程

【模块概述】

门是人们进出建筑物的通道口，窗是室内采光通风的主要洞口，因此门窗是建筑工程的重要组成部分，也是建筑装饰工程中的重点。门窗在建筑立面造型、比例尺度、虚实变化、颜色等方面，对建筑内外表面的装饰效果有较大影响。

门窗的具体要求应根据不同的地区、不同的建筑特点、不同的建筑等级等详细具体的规定，在不同的情况下，对门窗的分隔、保温、隔声、防水、防火、防风沙等有着不同的要求。门窗工程一般分为两个部分，即门窗的制作和门窗的安装，门窗的制作和安装都应该严格按照设计尺寸进行。本模块主要介绍门窗的作用，制作与安装门窗的要求，门窗的性能，重点掌握铝合金门窗、塑料门窗、自动门等门窗工程的制作和安装方法及施工要点。同时也对门窗工程的施工质量验收标准做了介绍。

【学习目标】

1. 门窗工程的作用和分类。
2. 门窗工程制作及安装的要求。
3. 铝合金门窗安装施工工艺与施工要点。
4. 塑料门窗安装施工工艺与施工要点。
5. 特殊门窗安装施工要点。
6. 在掌握施工工艺的基础上，使学生领会门窗工程质量验收标准。

【能力目标】

1. 能描述门、窗的分类。
2. 能清楚铝合金门窗的基本构造。
3. 能清楚塑料门窗的基本构造。
4. 会分析产生各种门窗工程质量问题的原因并会防治。
5. 会检验门窗工程质量。
6. 能合理地组织施工，以达到保证工程质量的目的，培养学生解决现场施工常见工程质量问题的能力。

【学习重点】

门窗工程制作与门窗安装的要求、施工工艺，门窗工程的质量验收标准。

【课时建议】

理论 6 课时＋实践 8 课时

工程导入

某小区住宅交工后，部分业主在对房屋进行验收时，发现门窗与墙基结合部的处理不太平整，有缺棱掉角现象；窗框和阳台门的密封性较差，能感觉到有气流穿过，关上门窗后明显感觉户外声响被缩小；开关时有异响，部分窗户密封胶条严重变形，窗框外的平台坡度倒置。通过学习本章，希望同学们能分析原因，能在施工过程中控制门窗工程质量，施工后及时找出工程缺陷并加以解决。

3.1 门窗的基本知识

3.1.1 门窗的作用与分类

1. 门窗的作用

(1) 门的作用。

①通行与疏散作用。门是内外联系的出入口，供人通行，联系室内外和各房间；如有事故发生，可紧急疏散。

②围护作用。在北方寒冷地区，外门应起到保温防雨作用；门要经常开启，是外界声音的传入途径，关闭后能起到一定的隔声作用；此外，门还起到防风沙的作用。

③美化作用。作为建筑内外墙重要组成部分的门，其造型、质地、色彩、构造方式等，对建筑的立面及室内装修效果影响很大。

(2) 窗的作用。

①采光。各类不同的房间，都必须满足一定的照度要求。在一般情况下，窗口采光面积是否恰当，是以窗口面积与房间地面净面积之比来确定的，各类建筑物的使用要求不同，采光标准也不相同。

②通风。为确保室内外空气流通，在确定窗的位置、面积大小及开启方式时，应尽量考虑窗的通风功能。

2. 门窗的分类

(1) 按不同材质分类。

门窗按不同材质分类，可以分为木门窗、铝合金门窗、钢门窗、塑料门窗、全玻璃门窗、复合门窗和特殊门窗等。钢门窗又有普通钢窗、彩板钢窗和渗铝钢窗三种。

(2) 按不同功能分类。

门窗按不同功能分类，可以分为普通门窗、保温门窗、隔声门窗、防火门窗、防盗门窗、防爆门窗、装饰门窗、安全门窗和自动门窗等。

(3) 按不同结构分类。

门窗按不同结构分类，可以分为推拉门窗、平开门窗、弹簧门窗、旋转门窗、折叠门窗、卷帘门窗和自动门窗等。

(4) 按不同镶嵌材料分类。

窗按不同镶嵌材料分类，可分为玻璃窗、纱窗、百叶窗、保温窗和防风沙窗等。

3. 门、窗的开启方式

门、窗的开启方式如图 3.1，图 3.2 所示。

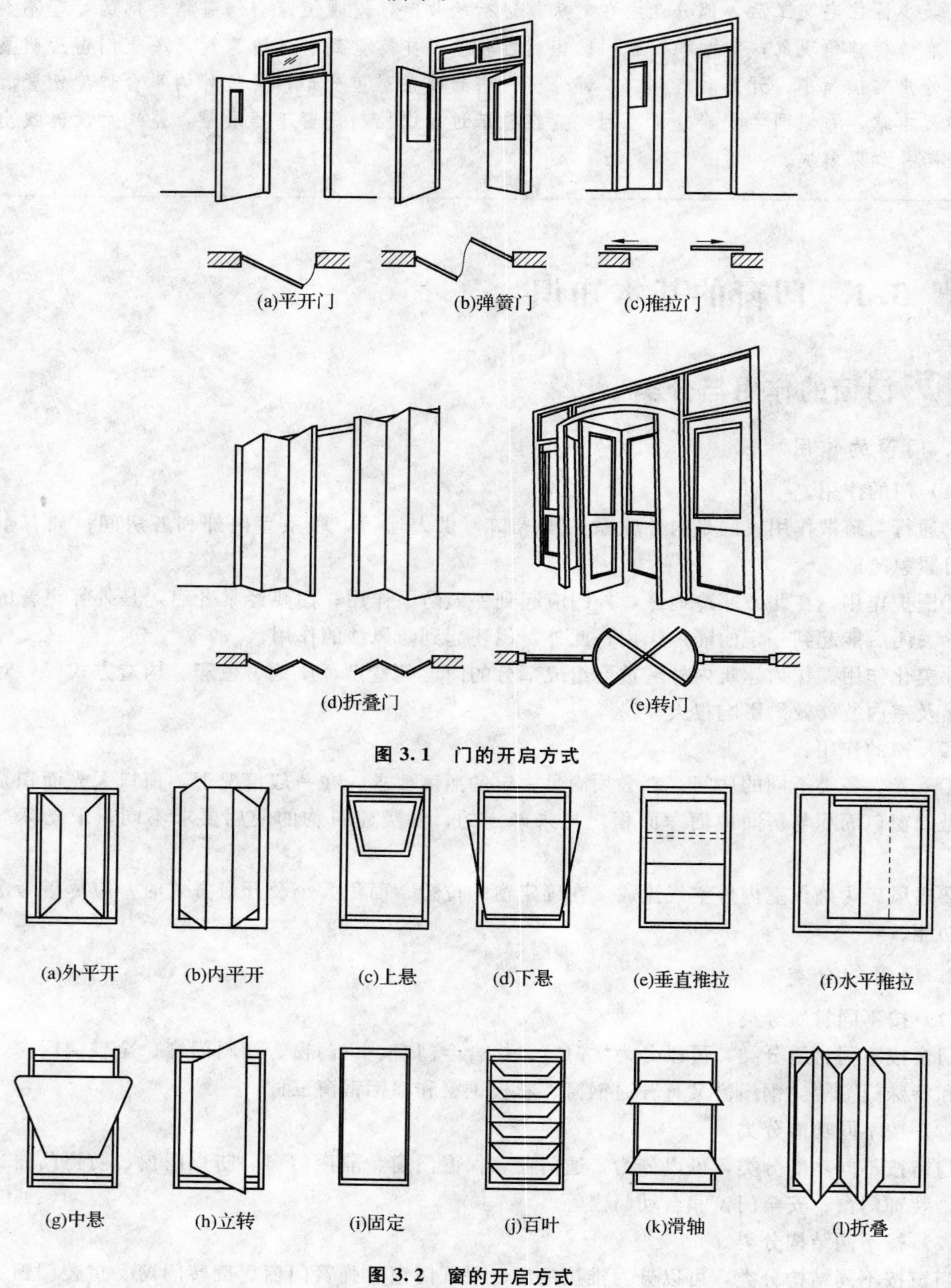

图 3.1 门的开启方式

图 3.2 窗的开启方式

3.1.2 门窗制作安装的基本要求

1. 门窗的制作

在门窗的制作过程中，关键在于掌握好门窗框和扇的制作，应当把握好以下两个方面：

(1) 下料原则。对于矩形门窗，要掌握纵向通长、横向截断的原则；对于其他形状的门窗，一般需要放大样，所有杆件应留足加工余量。

(2) 组装要点。保证各杆件在一个平面内，矩形对角线相等，其他形状应与大样重合。要切实保证各杆件的连接强度，留好扇与框之间的配合余量和框与洞的间隙余量。

2. 门窗的安装

门窗的安装是其能否正常发挥作用的关键，也是对门窗制作质量的检验，对于门窗的安装速度和质量均有较大的影响，是门窗施工的重点。因此，门窗安装必须把握下列要点：

(1) 门窗所有构件要确保在一个平面内安装，而且同一立面上的门窗也必须在同一个平面内，特别是外立面，如果不在同一个平面内，则会形成出进不一、颜色不一致、立面失去美观的效果。

(2) 确保连接要求。框与洞口墙体之间的连接必须牢固，且框不得产生变形，这也是密封的保证。框与扇之间的连接必须保证开启灵活、密封，搭接量不小于设计的 80%。

3. 门窗制作、安装的注意事项

(1) 在门窗安装前，应根据设计和厂方提供的门窗节点图、结构图进行全面检查。主要核对门窗的品种、规格与开启形式是否符合设计要求，零件、附件、组合杆件是否齐全，所有部件是否有出厂合格证书等。

(2) 门窗在运输和存放时，底部均需垫 200 mm×200 mm 的方枕木，其间距 500 mm，同时枕木应保持水平、表面光洁，并应有可靠的刚性支撑，以保证门窗在运输和存放过程中不受损伤和变形。

(3) 金属门窗的存放处不得有酸碱等腐蚀物质，特别不得有易挥发性的酸，如盐酸、硝酸等，并要求有良好的通风条件，以防止门窗被酸碱等物质腐蚀。

(4) 塑料门窗在运输和存放时，不能平堆码放，应竖直排放，樘与樘之间用非金属软质材料（如玻璃丝毡片、粗麻编织物、泡沫塑料等）隔开，并固定牢靠。由于塑料门窗是由聚氯乙烯塑料型材组装而成的，属于高分子热塑性材料，所以存放处应远离热源，以防止产生变形。塑料门窗型材是中空的，在组装成门窗时虽然插装轻钢骨架，但这些骨架未经铆固或焊接，其整体刚性比较差，不能经受外力的强烈碰撞和挤压。

(5) 门窗在设计和生产时，由于未考虑作为受力构件使用，仅考虑了门窗本身和使用过程中的承载能力。如果在门窗框和扇上安放脚手架或悬挂重物，轻者可能引起门窗的变形，重者可能会引起门窗的损坏。因此，金属门窗与塑料门窗在安装过程中，都不得作为受力构件使用，不得在门窗框和扇上安放脚手架或悬挂重物。

(6) 要切实注意保护铝合金门窗和涂色镀锌钢板门窗的表面。铝合金表面的氧化膜、彩色镀锌钢板表面的涂膜，都有保护金属不受腐蚀的作用，一旦薄膜被破坏，就失去了保护作用，使金属产生锈蚀，不仅影响门窗的装饰效果，而且影响门窗的使用寿命。

(7) 塑料门窗成品表面平整光滑，具有较好的装饰效果，如果在施工中不注意加以保护，很容易磨损或擦伤其表面，从而影响门窗的美观。为保护门窗不受损伤，塑料门窗在搬、吊、运时，应用非金属软质材料衬垫和非金属绳索捆绑。

(8) 为了保证门窗的安装质量和使用效果，对金属门窗和塑料门窗的安装，必须采用预留洞口后安装的方法，严禁采用边安装边砌洞口或先安装后砌洞口的做法。金属门窗表面都有一层保护装饰膜或防锈涂层，如果这层薄膜被磨损，是很难修复的。防锈层磨损后不及时修补，也会失去防锈的作用。

(9) 门窗固定可以采用焊接、膨胀螺栓或射钉等方式。但砖墙不能用射钉，因砖受到冲击力后易碎。在门窗的固定中，普遍对地脚的固定重视不够，而是将门窗直接卡在洞口内，用砂浆挤压密实就算固定，这种做法非常错误且十分危险。门窗安装固定工作十分重要，是关系到使用安全的大问题，必须要有安装隐蔽工程记录，并应进行手扳检查，以确保安装质量。

(10) 门窗在安装过程中，应及时用布或棉丝清理黏在门窗表面的砂浆和密封膏液，以免其凝固干燥后黏附在门窗的表面，影响门窗的表面美观。

技术提示

门窗的防水处理，应先加强缝隙的密封，然后再打防水胶防水，阻断渗水的通路；同时做好排水通路，以防在长期静水的渗透压力作用下而破坏密封防水材料。门窗框与墙体是两种不同材料的连接，必须做好缓冲防变形的处理，以免产生裂缝而渗水。一般须在门窗框与墙体之间填充缓冲材料，材料要做好防腐蚀处理。

3.2 铝合金门窗的制作与安装

3.2.1 铝合金门窗的特点、类型、性能指标

1. 铝合金门窗的特点

与普通木门窗和钢门窗相比，铝合金门窗的特点具有以下特点：①轻质高强；②密封性好；③变形小；④表面美观；⑤耐蚀性好；⑥使用价值高；⑦实现工业化。

2. 铝合金门窗的类型

根据结构与开启形式的不同，铝合金门窗可分为推拉门、推拉窗、平开门、平开窗、固定窗、悬挂窗、回转门、回转窗等。按门窗型材截面的宽度尺寸的不同，可分为许多系列，常用的有25、40、45、50、55、60、65、70、80、90、100、135、140、155、170系列等。铝合金门窗虽然已经系列化，但对于门窗料的壁厚还没有硬性规定，板壁太薄易使表面受损或变形，一般建筑装饰所用的窗料板壁不宜小于1.6 mm，门壁厚度不宜小于2.0 mm。如图3.3所示为90系列铝合金推拉窗的断面。

3. 铝合金门窗的性能

铝合金门窗的性能主要包括气密性、水密性、抗风压强度、保温性能和隔声性能等。

(1) 气密性。

气密性也称空气渗透性能，指空气透过处于关闭状态下门窗的能力。与门窗气密性有关的气候因素，主要是室外的风速和温度。在没有机械通风的条件下，门窗的渗透换气量起着重要作用。不同地区气候条件不同，建筑物内部热压阻力和楼层层数不同，致使门窗受到的风压相差很大。另外，空调房间又要求尽量减少外窗空气渗透量，于是就提出了不同气密等级门窗的要求。

(2) 水密性。

水密性也称雨水渗透性能，指在风雨同时作用下，雨水透过处于关闭状态下门窗的能力。我国大部分地区对水密性要求不十分严格，对水密性要求较高的地区，主要以台风地区为主。

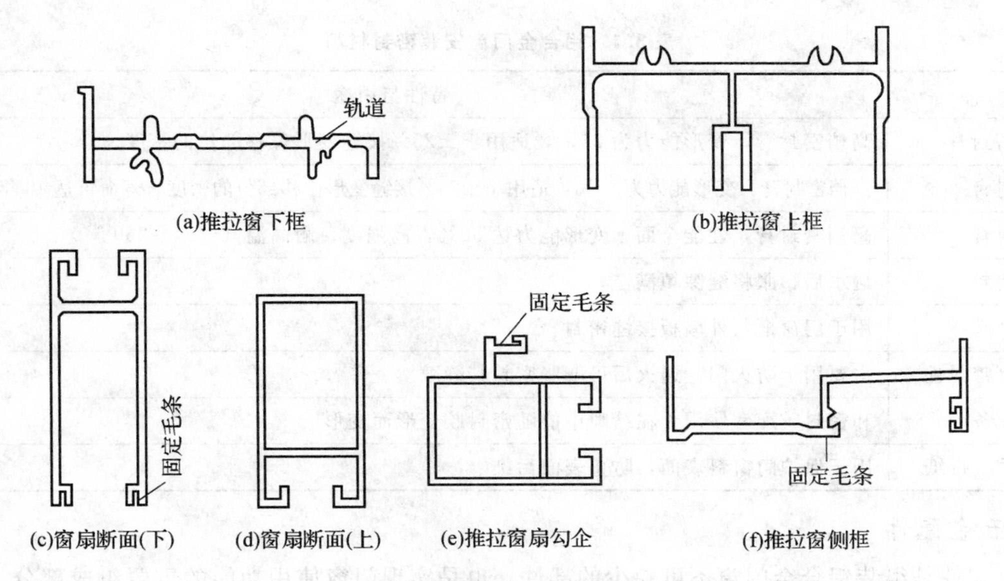

图 3.3　90 系列铝合金推拉窗的断面

(3) 抗风压强度。

抗风压强度指门窗抵抗风压的能力。门窗是一种围护构件，因此既需要考虑长期使用过程中，在平均风压作用下，保证其正常功能不受影响，又必须注意到在台风袭击下不遭受破坏，以免发生安全事故。

(4) 保温性能。

保温性能是指窗户两侧在空气存在温差条件下，从高温一侧向低温一侧传热的能力。要求保温性能较高的门窗，传热的速度应非常缓慢。

(5) 隔声性能。

隔声性能是指隔绝空气中声波的能力。这是评价门窗质量好坏的重要指标，优良的门窗其隔声性能也是良好的。

3.2.2 铝合金门窗的组成

1. 型材

铝合金型材是铝合金门窗的骨架，其质量如何关系到门窗的质量。除必须满足铝合金的元素组成外，型材的表面质量应满足下列要求：

(1) 铝合金型材表面应当清洁，无裂纹、起皮和腐蚀现象，在铝合金的装饰面上不允许有气泡。

(2) 普通精度型材装饰面上碰伤、擦伤和划伤，其深度不得超过 0.2 mm；由模具造成的纵向挤压痕深度不得超过 0.1 mm。对于高精度型材的表面缺陷深度，装饰面应不大于 0.1 mm，非装饰面应不大于 0.25 mm。

(3) 型材经过表面处理后，其表面应有一层氧化膜保护层。在一般情况下，氧化膜厚度应不小于 20 μm，并应色泽均匀一致。

2. 密封材料

铝合金门窗安装密封材料品种很多，其特性和用途也各不相同。铝合金门窗安装密封材料品种、特性与用途见表 3.1。

表 3.1　铝合金门窗安装密封材料

品　种	特性与用途
聚氯酯密封膏	高档密封膏，变形能力为 25%，适用于±25%接缝变形位移部位的密度。
聚硫密封膏	高档密封膏，变形能力为 25%，适用于±25%接缝变形位移部位的密度。寿命可达 10 年以上
硅酮密封膏	高档密封膏，性能全面，变形能力达 50%，高强度、耐高温（－54～260 ℃）
水膨胀密封膏	遇水后膨胀将缝隙填满
密封垫	用于门窗框与外墙板接缝密封
膨胀防火密封件	主要用于防火门，遇火后可膨胀密封其缝隙
底衬泡沫条	和密封胶配套使用，在缝隙中能随密封胶变形而变形
防污纸质胶带纸	用于保护门窗料表面，防止表面污染

3. 五金配件

五金配件是组装铝合金门窗不可缺少的部件，也是实现门窗使用功能的重要组成部分。铝合金门窗五金配件见表 3.2。

表 3.2　铝合金门窗五金配件

品　名		用　途
门锁（双头通用门锁）		配有暗藏式弹子锁，可以内外启闭，适用于铝合金平开门
勾锁（推拉门锁）		有单面和双面两种，可做推拉门、窗的拉手和锁闭器使用
暗掖锁		适用于双扇铝合金地弹簧门
滚轮（滑轮）		适用于推拉门窗（70、90、55 系列）
滑撑铰链		能保持窗扇在 0°～60°或 0°～90°开启位置自行定位
执手	铝合金平开窗执手	适用于平开窗、上悬式铝合金窗开启和闭锁
执手	联动执手	适用于密闭型平开窗的启闭，在窗上下两处联动扣紧
执手	推拉窗执手（半月形执手）	有左右两种形式，适用于推拉窗的启闭
地弹簧		装于铝合金门下部，铝合金门可以缓速自动闭门，也可在一定开启角度定位

3.2.3 铝合金门的制作与安装

铝合金门的制作施工比较简单，其工艺主要包括：选料—断料—钻孔—组装—保护或包装。

1. 料具的准备

(1) 材料的准备。

主要准备制作铝合金门的所有型材、配件等，如铝合金型材、门锁、滑轮、不锈钢、螺钉、铝制拉铆钉、连接铁板、地弹簧、玻璃尼龙毛刷、压条、橡皮条、玻璃胶和木楔子等。

(2) 工具的准备。

主要准备制作和安装中所用的工具，如曲线刷、切割机、手电锯、扳手、半步扳手、角尺、吊线锤、打胶筒、锤子、水平尺和玻璃吸盘等。

2. 门扇的制作

(1) 选料与下料。

在进行选料与下料时，应当注意以下几个问题：

①选料时要充分考虑到铝合金型材的表面色彩、壁的厚度等因素，以保证符合设计要求的刚

度、强度和装饰性。

②每一种铝合金型材都有其特点和使用部位，如推拉、开启的自动门等所用的型材规格是不相同的。在确认材料规格及其使用部位后，要按设计的尺寸进行下料。

③在一般建筑装饰工程中，铝合金门窗无详图设计，仅仅给出洞口尺寸和门扇划分尺寸。在门扇下料时，要注意在门洞口尺寸中减去安装缝、门框尺寸。要先计算，画简图，然后再按图下料。

④切割时，切割机安装合金锯片，严格按下料尺寸切割。

(2) 门扇的组装。

在组装门扇时，应当按照以下工序进行：

①竖梃钻孔。

在上竖梃拟安装横档部位用手电钻进行钻孔，用钢筋螺栓连接钻孔，孔径应大于钢筋的直径。角铝连接部位靠上或靠下，视角铝规格而定，角铝规格可用 22 mm×22 mm，钻孔可在上下 10 mm 处，钻孔直径小于自攻螺栓。两边框的钻孔部位应一致，否则将使横档不平。

②门扇节点固定。

上、下横档（上冒头、下冒头）一般用套螺纹的钢筋固定，中横档（中冒头）用角铝自攻螺栓固定。先将角铝用自攻螺栓连接在两边梃上，上、下冒头中穿入套扣钢筋；套扣钢筋从钻孔中深入边梃，中横档套在角铝上。用半步扳手将上冒头和下冒头用螺母拧紧，中横档再用手电钻上下钻孔，用自攻螺栓拧紧。

③锁孔和拉手安装。

在拟安装的门锁部位用手电钻钻孔，再伸入曲线锯切割成锁孔形状，在门边梃上，门锁两侧要对正，为了保证安装精度，一般在门窗安装后再装门锁。

3. 门框的制作

(1) 选料与下料。

视门的大小选用 50 mm×70 mm、50 mm×100 mm 等铝合金型材作为门框料，并按设计尺寸下料。具体做法与门扇的制作相同。

(2) 门框钻孔组装。

在安装门的上框和中框部位的边框上，钻孔安装角铝，方法与安装门扇相同。然后将中框和上框套在角铝上，用自攻螺栓固定。

(3) 设置连接件。

在门框上，左右设置扁铁连接件，扁铁连接件与门框用自攻螺栓拧紧，安装间距为 150～200 mm，具体视门料与墙体类型而定。遍体连接件做成平的，一般为“⌒”形，连接方法视墙体内埋件情况而定。

4. 铝合金门的安装

铝合金门的安装，主要工序包括：安框—塞缝—装扇—装玻璃—打胶清理。

(1) 安装门框。

将组装好的门框在抹灰前立于门口处，用吊线锤吊直，然后再卡方正，以两条对角线相等为标准。在认定门框水平、垂直均符合要求后，用射钉枪将射钉打入柱、墙、梁上，将连接件与门框固定在墙、梁、柱上。门框的下部要埋入地下，埋入深度为 30～150 mm。

(2) 填塞缝隙。

门框固定好以后，应进一步复查其平整度和垂直度，确认无误后，清扫边框处的浮土，洒水湿润基层，用 1∶2 的水泥砂浆将门口与门框间的缝隙分层填实。待填灰达到一定强度后，再除掉固定用的木楔，抹平其表面。

(3) 安装门扇。

开启扇为内外平开门、弹簧门、推拉门和自动推拉门。内外平开门在门上框钻孔伸入门轴，门下地里埋设地脚、装置门轴。弹簧门上部做法与平开门相同，而在下部埋地弹簧，要把地弹簧的转轴用扳手拧至门扇开启的位置，然后将门扇下横料内地弹簧连杆套在转轴上，再将上横料内的转动定位销用调节螺钉调出一些，待定位销孔与锁吻合后，再将定位销完全调出并插入定位销孔中。

(4) 安装玻璃。

根据门框的规格、色彩和总体装饰效果选用适宜的玻璃，一般选用 5～10 mm 厚普通玻璃或彩色玻璃及 10～20 mm 厚中空玻璃。首先，按照门扇的内口实际尺寸合理计划用料，尽量减少玻璃的边角废料，裁割时应比实际尺寸少 2～3 mm，这样有利于顺利安装，对于小面积玻璃，可以随裁割随安装。安装时撕去门框上的保护胶纸，在型材安装玻璃部位塞入胶带，用玻璃吸收安入玻璃，前后应垫实，缝隙应一致，然后再塞入橡胶条密封，或用铝压条拧十字圆头螺丝固定。

(5) 打胶清理。

大片玻璃与框扇接缝处，要用玻璃胶筒打入玻璃胶，整个门安装好后，以干净抹布擦洗表面，清理干净后交付使用。

5. 安装拉手

用双手螺杆将门拉手上在门扇边框两侧，安装铝合金的关键是主要保持上、下两个转动部分在同一轴线上。

3.2.4 铝合金窗的制作与安装

装饰工程中，使用铝合金型材制作窗较为普遍。目前，常用的铝型材有 90 系列推拉窗铝材和 38 系列平开窗铝材。

1. 组成材料

铝合金窗主要分为推拉窗和平开窗两类。所使用的铝合金型材规格完全不同，所采用的五金配件也完全不同。

(1) 推拉窗的组成材料。

推拉窗由窗框、窗扇、五金件、连接件、玻璃和密封材料组成。

①窗框由上滑道、下滑道和两侧边封组成，这三部分均为铝合金型材。

②窗扇由上横、下横、边框和带钩的边框组成，这四部分均为铝合金型材，另外在密封边上有毛条。

③五金件主要包括装于窗扇下横之中的导轨滚轮，装于窗扇边框上的窗扇钩锁。

④连接件主要用于窗框与窗扇的连接，有厚度 2 mm 的铝角型材及 M4×15 的自攻螺丝。

⑤窗扇玻璃通常用 5 mm 厚的茶色玻璃、普通透明玻璃等，一般古铜色铝合金型材配茶色玻璃，银白色铝合金型材配透明玻璃、宝石蓝和海水绿玻璃。

⑥窗扇与玻璃的密封材料有塔形橡胶封条和玻璃胶两种。

(2) 平开窗的组成材料。

平开窗的组成材料与推拉窗大同小异。

①窗框：用于窗框四周的框边型铝合金型材，用于窗框中间的工字形窗料型材。

②窗扇：有窗扇框料、玻璃压条以及密封玻璃用的橡胶压条。

③五金件：平开窗常用的五金件主要有窗扇拉手、风撑和窗扇扣紧件。

④连接件：窗框与窗扇的连接件有 2 mm 厚的铝角型材，以及 M4×15 的自攻螺钉。

⑤玻璃：窗扇通常采用 5 mm 厚的玻璃。

2. 施工机具

铝合金窗的制作与安装所用的施工机具，主要有铝合金切割机、手电钻、ϕ8 圆锉刀、R20 半圆锉刀、十字螺丝刀、划针、铁脚圆规、钢尺和铁角尺等。

3. 施工准备

铝合金窗施工前的主要准备工作有：检查复核窗的尺寸、样式和数量—检查铝合金型材的规格与数量—检查铝合金窗五金件的规格与数量。

4. 推拉窗的制作与安装

推拉窗有带上窗及不带上窗之分。下面以带上窗的铝合金推拉窗为例，介绍其制作方法。

(1) 按图下料。

下料是铝合金窗制作的第一道工序，也是非常重要、最关键的工序。尺寸必须准确，误差值应控制在 2 mm 范围内，否则会造成尺寸误差，使组装困难，甚至无法安装而成为废品。

(2) 连接组装。

①上窗连接组装。上窗部分的扁方管型材，通常采用铝角码和自攻螺钉进行连接，如图 3.4 所示。

两条扁方管在用铝角码固定连接时，应先用一小截同规格的扁方管做模子，长 20 mm 左右。在横向扁方管上要衔接的部位用模子定好位，将角码放在模子内并用手捏紧，用手电钻将角码与横向扁方管一并钻孔，再用自攻螺丝或抽芯铝铆钉固定，如图 3.5 所示。

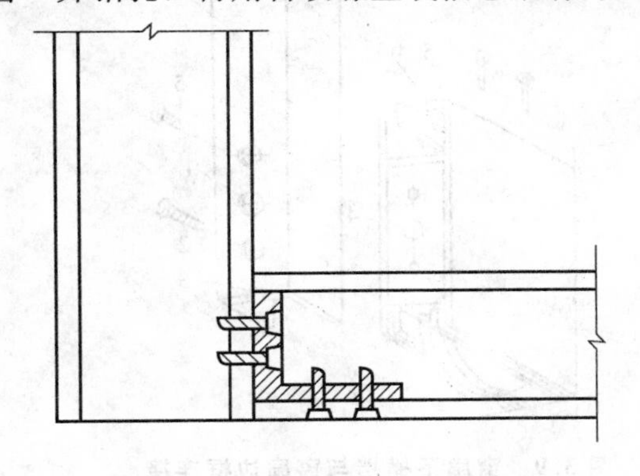

图 3.4　窗扇方管连接

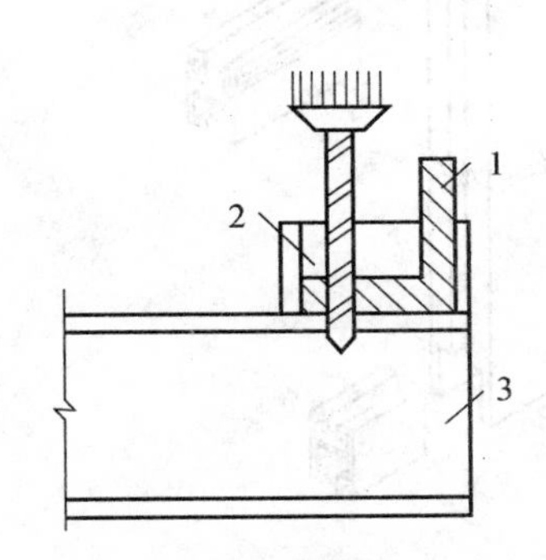

图 3.5　安装前的钻孔方法

1—角码；2—模子；3—横向扁方管

②窗框连接。首先测量出在上滑道上面两条固紧槽孔距侧边的距离和高低位置尺寸，然后按这个尺寸在窗框边封上部衔接处划线打孔，孔径在 ϕ5 mm 左右。钻好孔后，用专用的碰口胶垫，放在边封的槽口内，再将 M4×35 的自攻螺丝，穿过边封上打出的孔和碰口胶垫上的孔，旋进上滑道下面的固紧槽孔内，如图 3.6 所示。

按同样的方法先测量出下划道下面的固紧槽孔距、侧边距离和其距上边的高低位置尺寸。然后按这三个尺寸在窗框边封下部衔接处划线打孔，孔径在 ϕ5 mm 左右。钻好孔后，用专用的碰口胶垫，放在边封的槽口内，再将 M4×35 的自攻螺丝，穿过边封上打出的孔和碰口胶垫上的孔，旋进下滑道下面的固紧槽孔内，如图 3.7 所示。

③窗扇的连接：窗扇的连接分为 5 个步骤。

a. 在连接装拼窗扇前，要先在窗框的边框和带钩边框上、下两端处进行切口处理，以便将上、下横档插入其切口内进行固定。上端开切长 51 mm，下端开切长 76.5 mm，如图 3.8 所示。

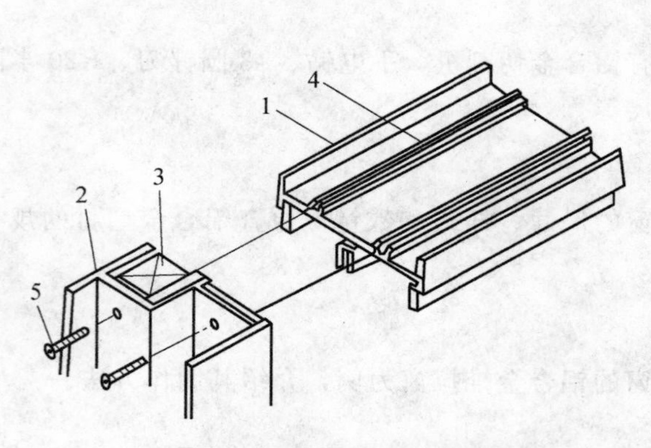

图 3.6　窗框上滑部分的连接安装

1—上滑道；2—边封；3—碰口胶垫；
4—上滑道上的固紧槽；5—自攻螺钉

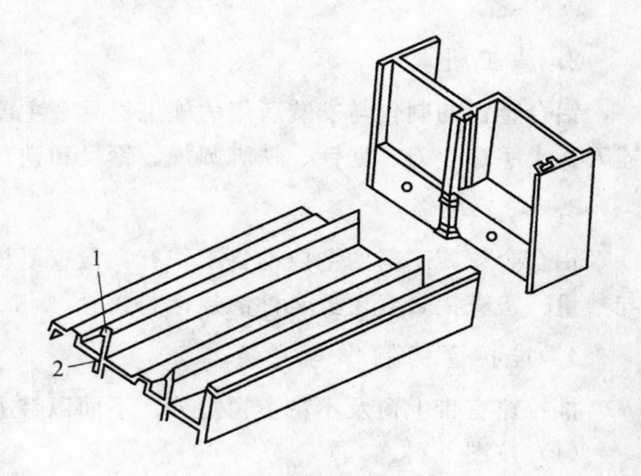

图 3.7　窗框下滑部分的连接安装

1—下滑道的滑轨；2—下滑道的固紧槽孔

b. 在下横档的底槽中安装滑轮，每条下横档的两端各装一只滑轮。

c. 在窗扇边框和带钩边框与下横档衔接端划线打孔。窗扇下横档与窗扇边框的连接如图 3.9 所示。

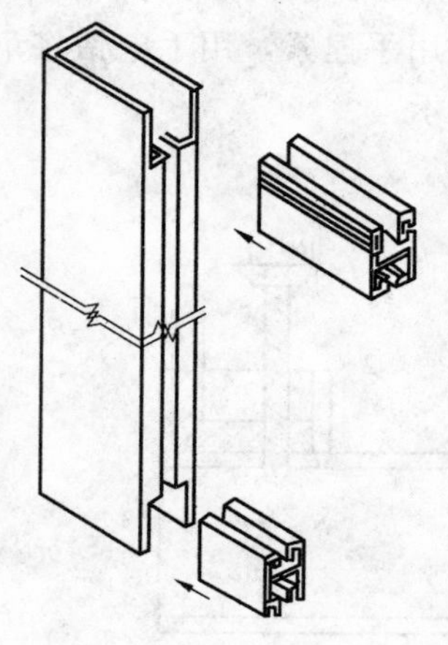

图 3.8　窗扇的连接

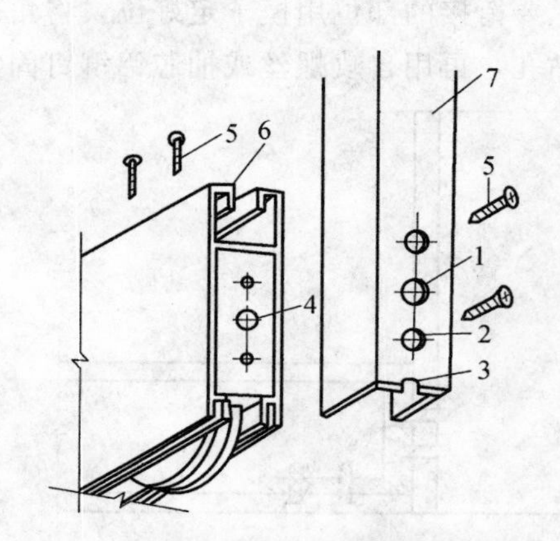

图 3.9　窗扇下横档与窗扇边框连接

1—调节滑轮；2—固定孔；3—半圆槽；4—调节螺丝；
5—滑轮固定螺丝；6—下横档；7—边框

需要说明的是，旋转滑轮上的调节螺丝，不仅能改变滑轮从下横档中外伸的高低尺寸，而且能改变下横档内两个滑轮之间的距离。

d. 安装上横档角码和窗扇钩锁。其基本方法是截取两个铝角码，将角码放入横档的两头，使一个面与上横档端头面平齐，并钻两个孔（角码与上横档一并钻通），用 M4 自攻螺钉将角码固定在上横档内。再在角码另一面的中间打一个孔，根据此孔的上下左右尺寸位置，在扇的边框与带钩锁框上打孔并划窝，以便用螺丝将边框与上横档固定，其安装方式如图 3.10 所示。注意所打的孔一定要与自攻螺丝相配。

开锁口的方法是：先按钩锁可装入部分的尺寸，在边框上划线，用手电钻在划线框内的角位打孔，或在框内沿线打孔，再把多余的部分取下，用平锉修平即可。然后，在边框侧面再挖一个直径 25 mm 左右的锁钩插入孔，孔的位置应正对内钩之处，最后把锁身放入长形口内。

e. 上密封毛条及安装窗扇玻璃。窗扇上的密封毛条有两种：一种是长毛条，另一种是短毛条。长毛条装于上横档顶边的槽内和下横档底边的槽内，而短毛条是装于带钩边框的钩部槽内。在安装窗扇玻璃时，要先检查复核玻璃的尺寸。通常，玻璃尺寸长宽方向均比窗扇内侧长宽尺寸大

25 mm。然后，从窗扇一侧将玻璃装入窗扇内侧的槽内，并紧固连接好边框，其安装方法如图 3.11 所示。

最后，在玻璃与窗扇槽之间用塔形橡胶条或玻璃胶进行密封，如图 3.12 所示。

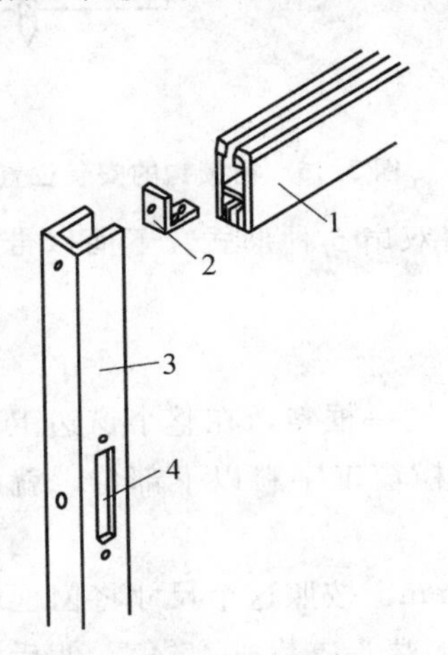

图 3.10 窗扇上横档安装

1—上横档；2—角码；3—窗扇边框；4—窗锁洞

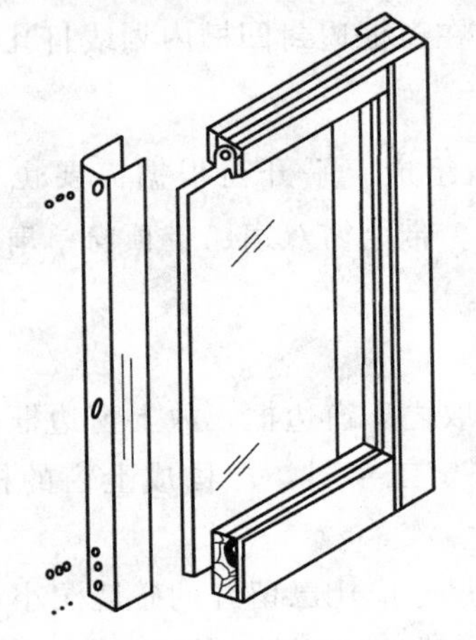

图 3.11 安装窗扇玻璃

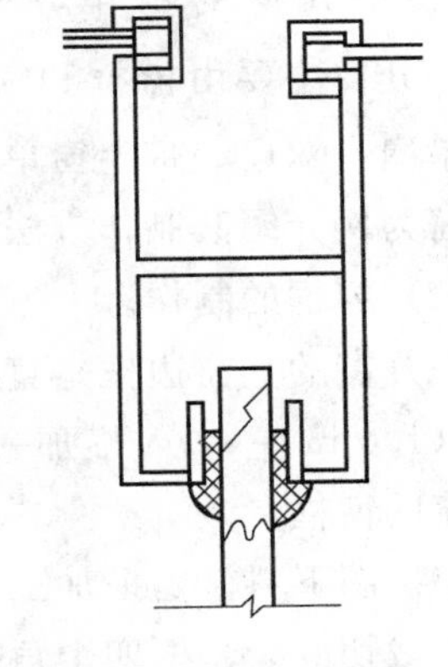

图 3.12 玻璃与窗扇槽的密封

④上窗与窗框的组装。先切两小块 12 mm 的厘米板，将其放在窗框上滑的顶面，再将口字形上窗框放在上滑道的顶面，并将两者前后左右的边对正。然后，从上滑道向下打孔，把两者一并钻通，用自攻螺丝将上滑道与上窗框扁方管连接起来，如图 3.13 所示。

（3）推拉窗的安装。

推拉窗常安装于砖墙中，一般是先将窗框部分安装固定在砖墙洞内，再安装窗扇与上窗玻璃。

①窗框安装。砖墙的洞口先用水泥修平整，窗洞尺寸要比铝合金窗框尺寸稍大些，一般四周各边均大 25～35 mm。在铝合金窗框安装角码或木块，每条边上各安装两个，角码需要用水泥钉钉固在窗洞墙内，如图 3.14 所示。

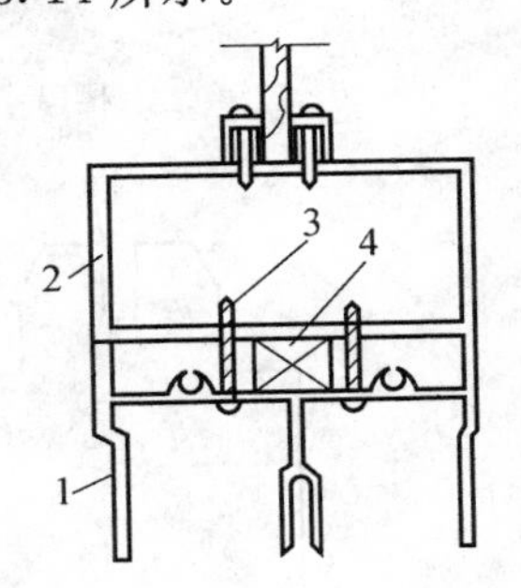

图 3.13 上窗与窗框的连接

1—上滑道；2—上窗扁方管；3—自攻螺丝；4—木垫块

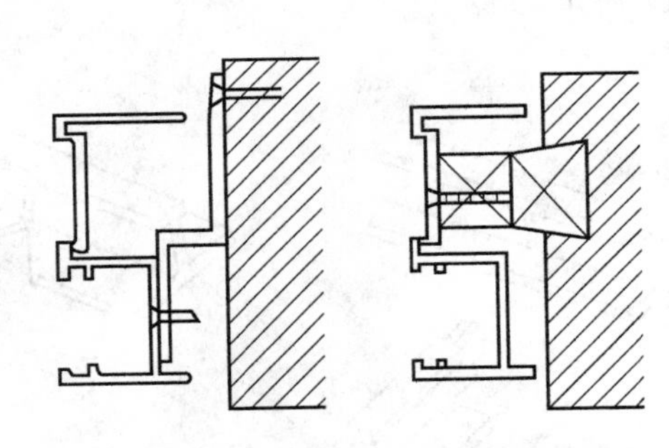

图 3.14 窗框与砖墙的连接安装

②窗扇的安装。窗扇安装前，先检查一下窗扇上的各条密封条，是否有少装或脱落现象。然后用螺丝刀拧旋边框侧的滑轮调节螺丝，使滑轮向下横档内回缩。其顶部插入窗框的上滑槽中，滑轮卡在下滑道的滑轮轨道上，再拧旋滑轮调节螺丝，使滑轮从下横档内外伸。

③上窗玻璃安装。上窗玻璃尺寸必须比上窗内框尺寸小 5 mm 左右，不能与内框相接触。因为在阳光的照射下，会因受热而产生体积膨胀。如果玻璃与窗框接触，受热膨胀后往往造成玻璃开裂。

④窗锁钩挂钩的安装。窗锁钩的挂钩安装于窗框的边封凹槽内，如图3.15所示。挂钩的安装位置尺寸要与窗扇上挂钩锁洞的位置相对应。挂钩的钩平面一般可位于锁洞孔的中心线处。根据这个对应位置，在窗框边封凹槽内划线打孔。

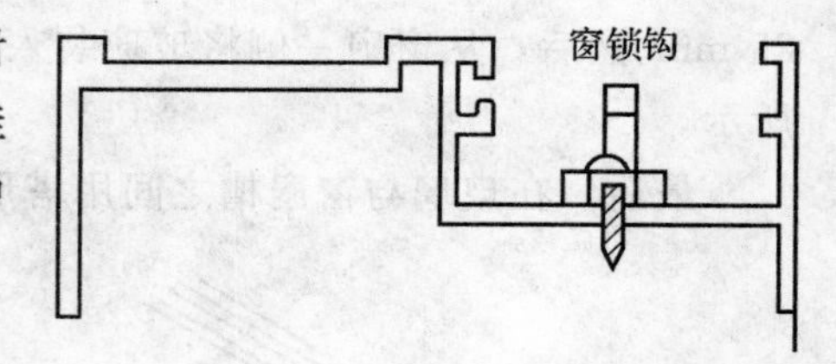

图3.15 窗锁钩的安装位置

5. 平开窗的制作与安装

平开窗主要由窗框和窗扇组成。平开窗根据需要也可以制成单扇、双扇、带上窗单扇、带上窗双扇、带顶窗单扇和带顶窗双扇6种形式。下面以带顶双扇平开窗为例介绍其制作方法。

(1) 窗框的制作。

平开窗的上窗边框是直接取之于窗边框，故上窗边框和窗框为同一框料，在整个窗边上部适当位置（1.0 m左右），横加一条窗工字料，即构成上窗的框架，而横窗工字料以下部位，就构成了平开窗的窗框。

①按图下料。窗框加工的尺寸应比已留好的砖墙洞小20～30 mm。按照这个尺寸将窗框的宽与高方向裁切好。窗框四个角按45°对接方式，故在裁切时四条框料的端头应裁成45°角。然后，再按窗框宽尺寸，将横窗工字料截下来，竖窗工字料的尺寸应按窗扇高度加上20 mm左右榫头尺寸截取。

②窗框连接。横窗工字料之间的连接，采用榫接方法。榫接方法有两种：一种是平榫肩方式，另一种是斜角榫肩方式，如图3.16所示。

横窗工字料与竖窗工字料连接前，先在横窗工字料的长度中间处开一个长条形榫眼孔，其长度为20 mm左右，宽度略大于工字料的壁厚。如果是斜角榫肩结合需在榫眼所对的工字料上横档和下横档的一侧开裁出90°角的缺口。

竖窗工字料的端头应先裁出凸字形榫头，榫头长度为8～10 mm左右，宽度比榫眼长度大0.5～1.0 mm,并在凸字榫头两侧倒出一点斜口，在榫头顶端中间开一个5 mm深的槽口，如图3.17所示。

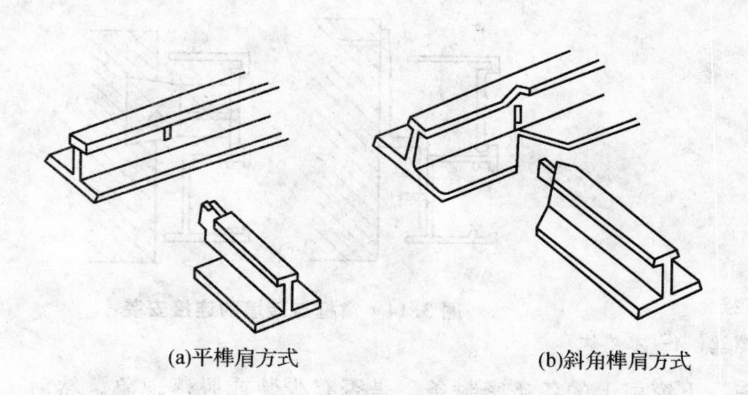

图3.16 横竖窗工字的连接

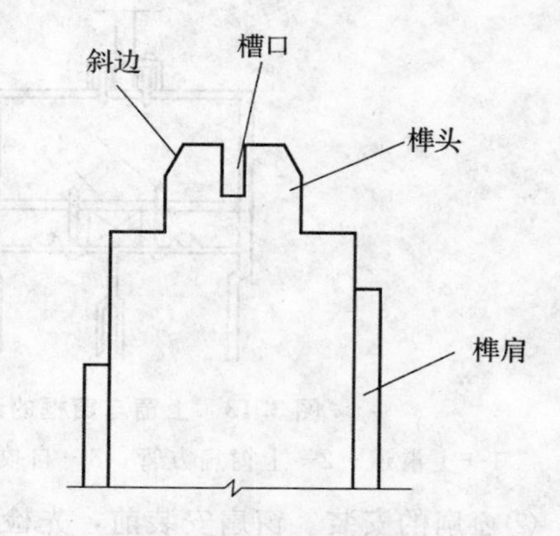

图3.17 竖窗工字料凸字形榫头做法

然后，再裁切出与横窗工字料上相对的榫肩部分，并用细锉将榫肩部分修平整。需要注意的是，榫头、榫眼、榫肩这三者之间的尺寸应准确，加工要细致。

(2) 平开窗扇的制作。

制作平开窗扇的型材有3种：窗扇框、窗玻璃压条和连接铝角。

①按图下料。窗扇横向框料尺寸要按窗框中心竖向工字料中间至窗框边框料外边的宽度尺寸来切割。窗扇竖向框料要按窗框上部横向工字料中间至窗框边框料外边的高度尺寸来切割，使得窗扇组装后，其侧边的密封胶条能压在窗框架的外边。

②窗扇连接。连接时的铝角安装方法有两种：一种是自攻螺丝固定法，另一种是撞角法。其具体安装方法与窗框铝角安装方法相同。

(3) 安装固定窗框。

①安装平开窗的砖墙窗洞，首先用水泥浆修平，窗洞尺寸大于铝合金平开窗框 30 mm 左右。然后，在铝合金平开窗框的四周安装镀锌锚固板，每边至少两边，应根据其长度和宽度确定。

②对装入窗洞中的铝合金窗框，进行水平度和垂直度的校正，并用木楔块把窗框临时固紧在墙的窗洞中，再用水泥钉将锚固板固定在窗洞的墙边，如图 3.18 所示。

③铝合金窗框边贴好保护胶带纸，然后再进行周边水泥浆塞口和修平，待水泥浆固结后再撕去保护胶带纸。

(4) 平开窗的组装。

①上窗安装。如果上窗是固定的，可将玻璃直接安放在窗框的横向工字形铝合金上，然后用玻璃压线条固定玻璃，并用塔形橡胶条或玻璃胶进行密封。如果上窗是可以开启的一扇窗，可按窗扇的安装方法先装好窗扇，再在上窗顶部装两个铰链，下部装一个风撑和一个拉手即可。

②装执手和风撑基座。执手是用于将窗扇关闭时的扣紧装置，风撑则是起到窗扇的铰链和决定窗扇开闭角度的重要配件，风撑有 90°和 60°两种规格。

③窗扇与风撑连接。窗扇与风撑连接有两处：一处是与风撑连接的小滑块，一处是风撑的支杆。窗扇的开启位置如图 3.19 所示。

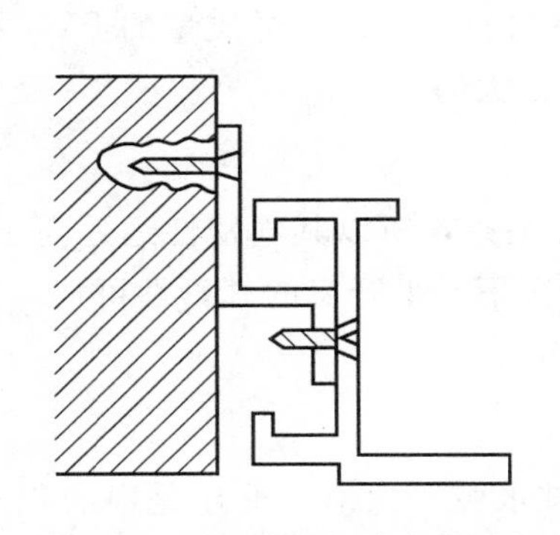

图 3.18 平开窗框与墙身的固定

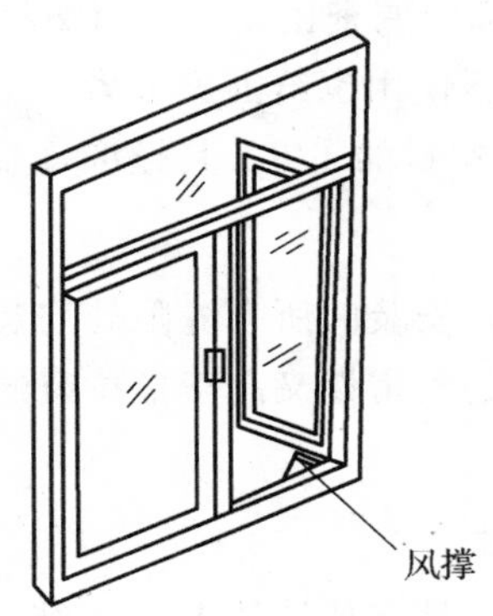

图 3.19 窗扇与风撑的连接安装

④装拉手及玻璃。拉手是安装在窗扇框的竖向边框中部，装拉手前先在窗扇竖向边框中部，用锉刀或铣刀把边框上压线条的槽锉一个缺口，再把装在该处的玻璃压线条切成一个缺口，缺口大小按拉手尺寸而定。然后，钻孔用自攻螺丝将把手固定在窗扇边框上。

玻璃的尺寸应小于窗扇框内尺寸 15 mm 左右，将裁好的玻璃放入窗扇框内边，角度准确，加工细致。如果在窗框、扇框连接后，仍然有些角位对口不密合，可用与铝合金相同颜色的玻璃胶补缝。

(5) 门窗扇的安装。

安装门窗扇前，要检查门窗框上、中、下三部分风缝是否一样宽，如果相差超过 2 mm，就必须修整。另外要核对门窗扇的开启方向，并做记号。

先量出门窗框口的净尺寸，考虑风缝的大小，再确定扇的宽度和高度，并进行修刨。修刨时，高度方向上主要修刨冒头边，宽度方向上的修刨，应将门扇立于门窗框中，检查扇与门窗框配合的松紧度。

一般门扇对口处竖缝留 1.5～2.5 mm，窗扇竖缝留 2 mm，并按此尺寸进行修刨。

门窗扇安装时，合页安装位置距上、下边的距离宜为门窗扇高度的 1/10。

剔好合页槽后，放入合页进行固定。上下合页先各拧一颗螺丝钉把扇挂上，检查缝隙是否符合要求，扇与框是否齐平，窗扇能否闭合。检查合格后，再把螺丝钉全部上齐。

【知识拓展】

安装门窗框有先立口和后塞口两种方法。

先立口，就是在砌墙前把门窗框按图纸位置立直找正后固定好。因其存在很多的弊端，所以现在很少采用这种安装方法。

后塞口，在墙体施工时，门窗洞口预先按图纸上的位置和尺寸留出，洞口比门口每边大15～20 mm。砌墙时，洞口两侧按规定砌入木砖，每边2～3块，间距不应大于1.2 m。安装门窗框时，先把门窗框塞进洞口，用木楔临时固定，用线坠和水平尺校正。校正后，用钉子把门窗框钉牢在木砖上，每个木砖上最少应钉两颗钉子，钉帽打扁冲入梃内。

3.3 塑料门窗的制作与安装

3.3.1 塑料门窗的特点

1. 保温节能性

塑料型材多腔式结构，具有良好的隔热性能，传热系数较小，仅为钢材的1/357，铝材的1/1 250,有关部门调查比较：使用塑料门窗比使用木窗的房间，冬季室内温度提高4～5 ℃；另外，塑料门窗的广泛使用也给国家节省了大量的木、铝、钢材料，生产同样质量的PVC型材的能耗是钢材的1/45，铝材的1/8，其经济效益和社会效益都是巨大的。

2. 气密性

塑料门窗在安装时所有缝隙处均装有橡塑密封条和毛条，所以其气密性远远高于铝合金门窗。而塑料平开窗的气密性又高于推拉窗的气密性，一般情况下，平开窗的气密性可达一级，推拉窗可达二级至三级。

3. 水密性

因塑料型材具有独特的多腔式结构，均有独立的排水腔，无论是框还是扇的积水都能有效排出。塑料平开窗的水密性又远高于推拉窗，一般情况下，平开窗的水密性可达到二级，推拉窗可达到三级。

4. 抗风压性

在独立的塑料型腔内，可添加2～3 mm厚的钢材，可根据当地的风压值、建筑物的高度、洞口大小、窗型设计来选择加强筋的厚度及型材系列，以保证建筑对门窗的要求。一般高层建筑可选择大断面推拉窗或内平开窗，抗风压强度可达一级或特一级；低层建筑可选用外平开窗或小断面推拉窗，抗风压强度一般为三级。

5. 隔音性

塑料型材本身具有良好的隔音效果，如采用双玻结构其隔音效果更理想，特别适用于闹市区噪声干扰严重需要安静的场所，如医院、学校、宾馆、写字楼等。

6. 耐腐蚀性

塑料异型材具有独特的配方；具有良好的耐腐蚀性，因此塑料门窗的耐腐蚀性能主要取决于五金件的选择，如防腐五金件、不锈钢材料，其使用寿命是钢窗的10倍左右。

7. 耐候性

塑料异型材采用独特的配方，提高了其耐寒性。塑料门窗可长期使用于温差较大的环境中

(－50～70 ℃),烈日暴晒、潮湿都不会使其出现变质、老化、脆化等现象，最早的塑料门窗已使用30年，其材质完好如初，按此推算，正常环境条件下塑料门窗使用寿命可达50年以上。

8. 防火性

塑料门窗不易燃、不助燃、能自熄，安全可靠，经辽宁省消防器材产品质量监督检验站检测氧指数为42.3，符合《门窗框用硬聚氯乙烯（U-PVC）型材》（GB 8814—1998）中规定的氧指数不低于38的要求。

9. 绝缘性

塑料门窗使用的塑料型材为优良的电绝缘材料，不导电，安全系数高。

10. 成品尺寸精度高，不变形

塑料型材材质均匀、表面光洁，无需进行表面特殊处理，易加工、易切割，焊接加工后成品长、宽及对角线公差均能控制在2 mm以内；加工精度高，焊角强度可达3 500 N以上，同时焊接处经清角除去焊瘤，型材焊接处表面平整、美观。

11. 容易防护

塑料门窗不受侵蚀，又不会变黄褪色，不受灰、水泥及黏合剂影响，几乎不必保养，脏污时，可用任何清洗剂，清洗后洁白如初。

12. 防盗性

塑料门窗的玻璃压条都朝室内，玻璃破损易于更换，塑料型材强度高、韧性大，不易破坏，有良好的防盗性。

13. 价格适中

与达到同等性能的铝窗、木窗、钢窗相比，塑料门窗的价格较经济实惠。

3.3.2 塑料门窗的制作与安装

1. 塑料门窗的制作

塑料门窗的制作一般都是在专门的工厂进行的，很少在施工工地现场组装。

2. 安装施工准备工作

(1) 安装材料。

①塑料门窗：框、窗多为工厂制作的成品，并有齐全的五金配件。

②其他材料：主要有木螺丝、平头机螺丝、塑料胀管螺丝、自攻螺钉、钢钉、木楔、密封条和密封膏等。

(2) 安装机具。

塑料门窗在安装时所用的主要机具有：冲击钻、射钉枪、螺丝刀、锤子、吊线锤、钢尺和灰线包等。

(3) 现场准备。

①门窗洞口质量检查。若无具体的设计要求，一般应满足下列规定：门洞口宽度为门框宽加50 mm,门洞口高度为门框高加20 mm；窗洞口宽度为窗框宽加40 mm，窗洞口高度为窗框高加40 mm。

门窗洞口尺寸的允许偏差值为：洞口表面平整度允许偏差3 mm；洞口正、侧面垂直度允许偏差3 mm；洞口对角线允许偏差3 mm。

②检查洞口的位置、标高与设计要求是否相符。

③检查洞口内预埋木砖的位置、数量是否准确。

④按设计要求弹好门窗安装位置线，并根据需要准备好安装用的脚手架。

3. 塑料门窗的安装方法

塑料门窗安装施工工艺流程为：门窗洞口处理—找规矩—弹线—安装连接件—塑料门窗安装—门窗四周嵌缝—安装五金配件—清理。其主要的施工要点如下：

(1) 门窗框与墙体的连接。

①连接件法。其做法是：先将塑料门窗放入门窗洞口内，找平对中后用木楔临时固定。然后，将固定在门窗框型材靠墙一面的锚固铁件用螺钉或膨胀螺钉固定在墙上，如图 3.20 所示。

②直接固定法。在砌筑墙体时，先将木砖预埋于门窗洞口设计位置处，当塑料门窗安入洞口并定位后，用木螺钉直接穿过门窗框与预埋木砖进行连接，从而将门窗框直接固定于墙体上，如图 3.21 所示。

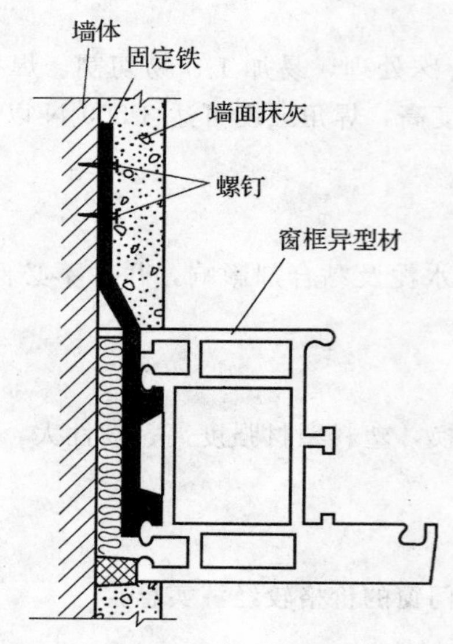

图 3.20 框墙间连接件固定法

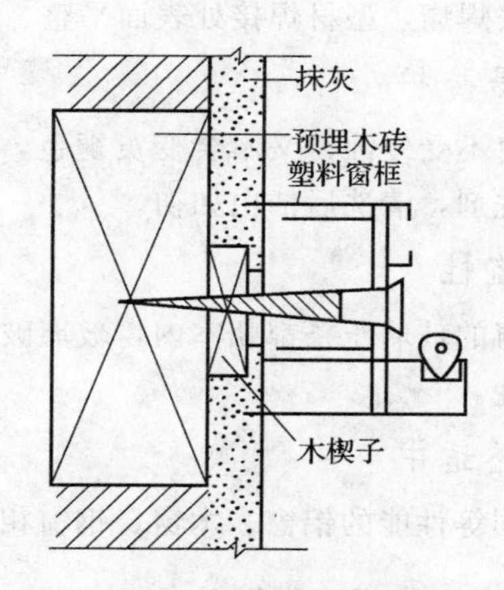

图 3.21 框墙间直接固定法

③假框法。先在门窗洞口内安装一个与塑料门窗框配套的镀锌铁皮金属框，或者当木门窗换成塑料门窗时，将原来的木门窗框保留不动，待抹灰装饰完成后，再将塑料门窗框直接固定在原来的框上，最后再用盖口条对接缝及边缘部分进行装饰，如图 3.22 所示。

(2) 连接点位置的确定。

在确定塑料门窗框与墙体之间的连接点的位置和数量时，应主要从力的传递和 PVC 窗的伸缩变形需要两个方面来考虑，如图 3.23 所示。

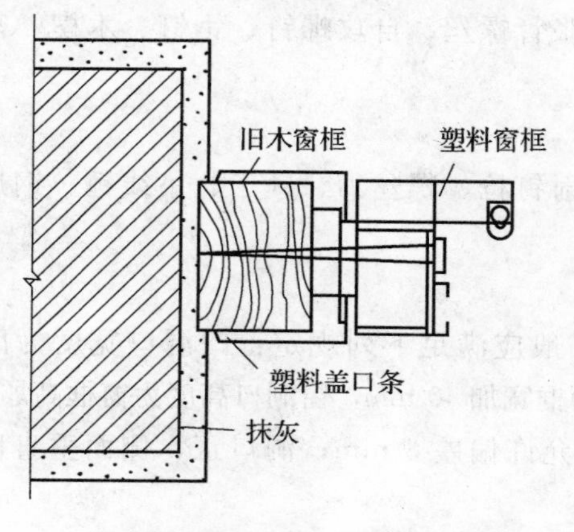

图 3.22 框墙间假框固定法

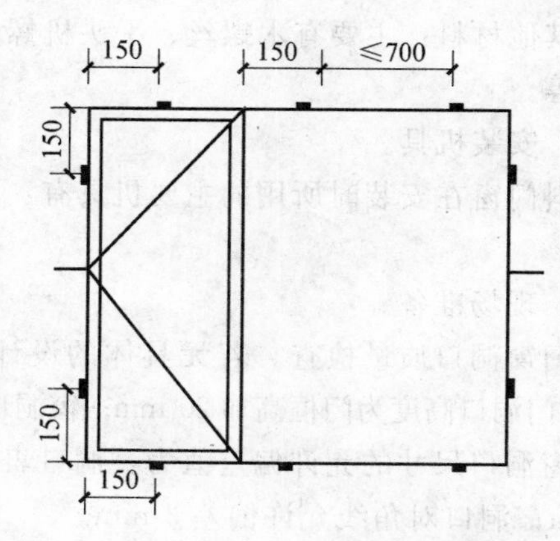

图 3.23 框墙连接点布置图

①在确定连接点的位置时，首先应考虑能使门窗扇通过合页作用于门窗框的力，尽可能直接传递给墙体。

②在确定连接点的数量时，必须考虑防止塑料门窗在温度应力、风压及其他静荷载作用下可能产生的变形。

③连接点的位置和数量，还必须适应塑料门窗变形较大的特点，保证在塑料门窗与墙体之间微小的位移，不至于影响门窗的使用功能及连接本身。

④在合页的位置应设连接点，相邻两个连接点的距离不应大于 700 mm。在横档或竖框的地方不宜设连接点，相邻的连接点应在距其 150 mm 处。

(3) 框与墙间缝隙的处理。

①由于塑料的膨胀系数较大，所以要求塑料门窗与墙体间应留出一定宽度的缝隙，以适应塑料伸缩变形。

②框与墙间的缝隙宽度，可根据总跨度、膨胀系数、年最大温差计算出最大膨胀量，再乘以要求的安全系数求得，一般可取 10～20 mm。

③框与墙间的缝隙，应用泡沫塑料条或油毡卷条填塞，填塞不宜过紧，以免框架发生变形。门窗框四周的内外接缝缝隙应用密封材料嵌填严密，也可用硅橡胶嵌缝条，但不能采用嵌填水泥砂浆的做法。

④不论采用何种填缝方法，均要做到以下两点：

a. 嵌填封缝材料应当能承受墙体与框间的相对运动，并且保持其密封性能，雨水不能由嵌填封缝材料处渗入。

b. 嵌填封缝材料不应对塑料门窗有腐蚀、软化作用，尤其是沥青类材料对塑料有不利作用，不宜采用。

⑤嵌填密封完成后，则可进行墙面抹灰。当工程有较高要求时，最后还需加装塑料盖口条。

(4) 五金配件的安装。

塑料门窗安装五金件时，必须先在杆件上进行钻孔，然后用自攻螺丝拧入，严禁在杆件上直接锤击钉入。

(5) 安装完毕后的清洁。

门窗洞口进行粉刷时，应将门窗表面贴纸保护。粉刷时如果框扇沾上水泥浆，应立即用软质抹布擦洗干净，切勿使用金属工具擦刮。

【知识拓展】

塑料门窗材料质量要求

(1) 塑料门窗采用的塑料异型材、密封条等原材料，应符合现行的国家标准《门窗框用聚氯乙烯型材》(GB 8814) 和《塑料门窗用密封条》(GB 12002) 的有关规定。

(2) 紧固件、五金件、增强型钢、金属衬板及固定片等，应进行表面防腐处理。

(3) 五金件的型号、规格和性能，均应符合国家现行标准的有关规定；滑撑铰链不得使用铝合金材料。

(4) 全防腐型塑料门窗，应采用相应的防腐型五金件及紧固件。

(5) 固定片的厚度应不小于 1.5 mm，最小宽度应不小于 15 mm，其材质应采用 Q235-A 冷轧钢板，其表面应进行镀锌处理。

(6) 组合窗及连窗门的拼樘料，应采用与其内腔紧密吻合的增强型钢作为内衬，型钢两端应比拼樘长出 10～15 mm。外窗的拼樘料截面尺寸及型钢形状、壁厚，应能使组合窗承受瞬时风压值。

(7) 玻璃的安装尺寸，应比相应的框、扇（梃）内口尺寸小 4～6 mm，以便于安装并确保阳光照射膨胀不开裂。

(8) 玻璃垫块应选用邵氏硬度为70～90（A）的硬橡胶或塑料，不得使用硫化再生橡胶、木片或其他吸水性材料；其长度宜为80～150 mm，厚度应按框、扇（梃）与玻璃的间隙确定，一般宜为2～6 mm。

(9) 与聚氯乙烯型材直接接触的五金件、紧固件、密封条、玻璃垫块、嵌缝膏等材料，其性能与PVC塑料具有相容性。

3.4 自动门的安装

3.4.1 自动门的种类、特点及应用

自动门广泛用于各类高级公共建筑的门厅。自动门按门体材料不同，分为铝合金自动门、无框全玻璃自动门及异型薄壁钢管自动门等；按门扇类型分类，有双扇型、四扇型和六扇型等；按探测传感器不同分类，有超声波传感器自动门、红外线探头自动门、微波探头自动门等。目前我国国产自动门的主要类型及特点见表3.3。

表3.3 我国国产自动门的特点及应用

品种	特点	应用
铝合金推拉自动门	结构精巧，布局紧凑，运行噪声小，启闭平稳且兼有手动功能	适用于有空调采暖的宾馆、医院、机场及计算机房的节能用门；也可用作化工、制药、喷漆等工业用房和有毒有味介质的隔离门
中分式微波自动门	传感系统采用微波感应方式，有快、慢两种速度自动变换，使启动、运行、停止等动作达到良好的协调状态，同时确保门扇之间的柔性接缝。安全可靠，轻巧灵活	适用于宾馆、大厦、机场、医院手术间、高级净化车间、计算机房等建筑

3.4.2 中分式微波自动门的安装

以某厂生产的ZM-E_2型微波自动门为例，微波自动门体结构分类见表3.4。

表3.4 ZM-E_2型微波自动门门体结构分类

门体材料	表面处理（颜色）	
铝合金	银白色	古铜色（茶色）
无框全玻璃门	白色全玻璃	茶色全玻璃
异型薄壁钢管	镀锌	油漆

微波自动门一般多为中分式，标准立面主要分为两扇型、四扇型、六扇型等，如图3.24所示。

1. 微波自动门的安装施工

(1) 地面导向轨道安装。

微波自动门在安装时可埋设下轨道，下轨道长度为开门宽的2倍。图3.25为自动门下轨道埋设示意图。

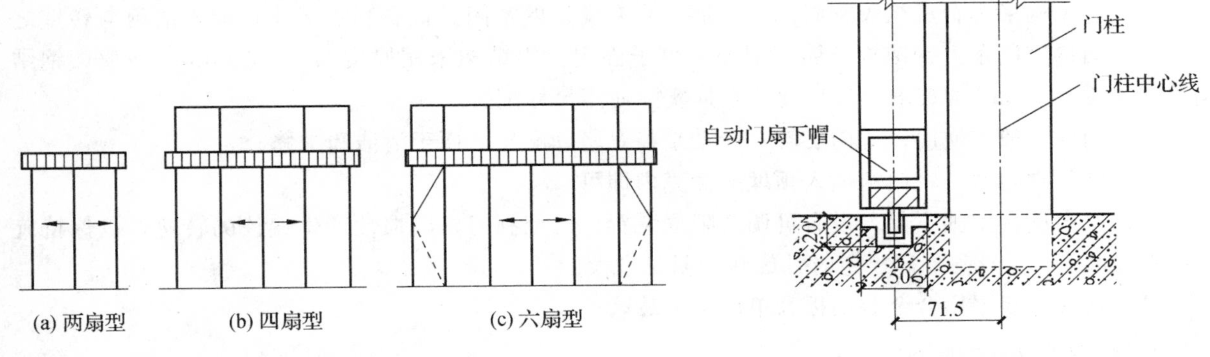

图 3.24　自动门标准立面示意图

图 3.25　自动门下轨道埋设示意图

（2）微波自动门横梁安装。

自动门上部机箱层主梁是安装中的重要环节。由于机箱内装有机械及电控装置，因此对支撑横梁的土建支撑结构有一定的强度及稳定性要求。常用的两种支撑节点如图 3.26 所示，一般砖砌体结构宜采用图 3.26（a）形式，混凝土结构宜采用图 3.26（b）形式。

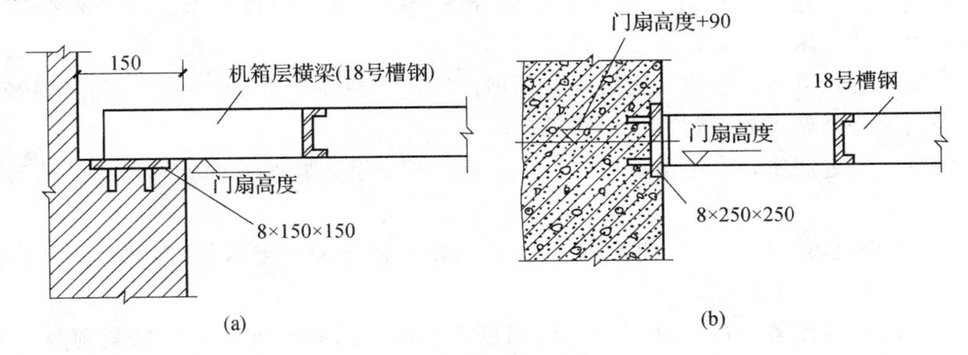

图 3.26　机箱横梁支撑节点

（3）微波自动门使用与维修。

①门扇地面滑行轨道应经常进行清洗，槽内不得留有异物。结冰季节要严格防止有水流进下轨道，以免卡阻活动门扇。

②微波传感器及控制箱等一旦调试正常，就不能再任意变动各种旋钮的位置，以防止失去最佳工作状态，而达不到应有的技术性能。

③铝合金门框、门扇及装饰板等，是经过表面化学防腐氧化处理的，产品运抵施工现场后应妥善保管，并注意门体不得与石灰、水泥及其他酸、碱性化学物品接触。

④对使用比较频繁的自动门，要定期检查传动部分装配紧固零件是否有松动、缺损等现象。对机械活动部位要定期加油，以保证门扇运行润滑、平稳。

3.5　金属转门的特点、应用及安装

3.5.1　金属转门的特点及应用

1. 金属转门的特点

金属转门有铝质、钢质两种类型材结构。铝结构是采用铝镁硅合金挤压型材，经阳极氧化成银白、古铜等色，外形美观，并耐大气腐蚀。钢结构采用 20 号碳素结构钢无缝异型管，选用YB 431－64 标准，冷拉成各种类型转门、转壁框架，然后喷涂各种油漆而成。金属转门的特点如下：

(1) 铝结构采用合成橡胶密封固定玻璃，具有良好的密闭、抗震和耐老化性能，活扇与转壁之间采用聚丙烯毛刷条，钢结构玻璃采用油面腻子固定。铝结构采用厚度为5～6 mm的玻璃，钢结构采用厚度为6 mm的玻璃，玻璃规格根据实际使用尺寸配装。

(2) 门扇一般按逆时针方向旋转，转动平稳，坚固耐用，便于清洁和维修。

(3) 转门常闭时，将门扇插入预埋的插壳内即可。

(4) 门扇旋转主轴下部，设有可调节阻尼装置，以控制门扇因惯性产生偏快的转速，以保持旋转体平稳状态。4只调节螺栓逆时针旋转为阻尼增大。

(5) 转壁分双层铝合金装饰板和单层弧形玻璃。

2. 金属转门的应用

金属转门一般适用于宾馆、机场、商场等中、高级民用、公共建筑设施的启闭，可起到控制人流量和保持室内温度的作用。

3.5.2 金属转门的安装

(1) 在金属转门开箱后，检查各类零部件是否齐全、正常，门樘外形尺寸是否符合门洞口尺寸，以及转门壁位置要求，预埋件位置和数量。

(2) 木桁架按洞口左右、前后位置尺寸与预埋件固定，并保持水平，一般转门与弹簧门、铰链门或其他固定扇组合，就可先安装其他组合部分。

(3) 装转轴，固定底座，底座下要垫实，不允许出现下沉，临时点焊上轴承座，使转轴垂直于地平面。

(4) 装圆转门顶与转门壁，转门壁不允许预先固定，便于调整与活扇之间隙，装门扇保持90°夹角，旋转转门，保证上下间隙。

(5) 调整转门壁的位置，以保证门扇与转门壁之间隙。门扇高度与旋转松紧调节，如图3.27所示。

(6) 先焊上轴承座，用混凝土固定底座，埋插销下壳，固定门壁。

(7) 安装门扇上的玻璃，一定要安装牢固，不准有松动现象。

(8) 若用钢质结构的转门，在安装完毕后，对其还应喷涂油漆。

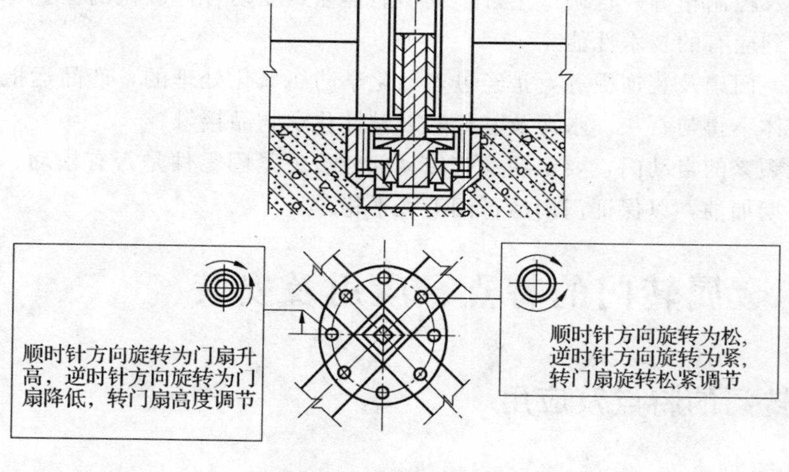

图3.27 转门调节示意图

3.6 全玻璃门的特点、应用及安装

3.6.1 全玻璃门的特点及应用

全玻璃门是一种特殊性质的门种，其特征和作用主要取决于玻璃自身的特性。根据使用场所的特点和需求可以采用钢化通透的玻璃增强采光，也可以使用磨砂压花等艺术玻璃起到视线阻隔作用。有的设有金属边扇框，有的活动门扇除玻璃之外，只有局部的金属边条。玻璃常采用钢化玻璃、防弹玻璃、夹丝玻璃和夹层玻璃。采光好，易清洗，机械强度高，热稳定性好，碎裂后不飞散，不易伤人。并且有一定的防抢、防盗、防火作用。广泛应用在商场店面、餐厅、医院、银行、写字楼、办公室、酒店和娱乐场所等。全玻璃装饰门的形式示例如图 3.28 所示。

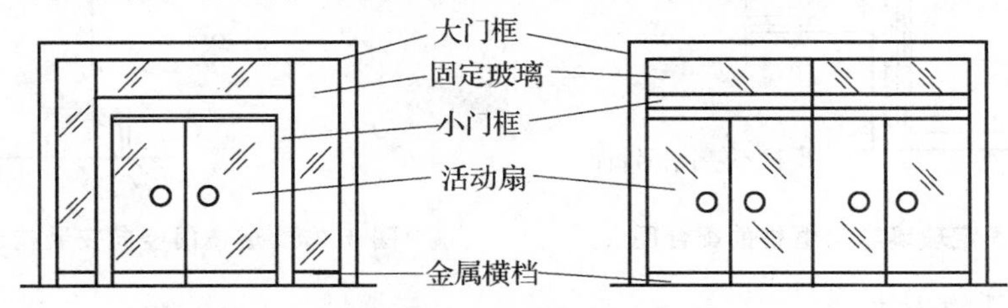

图 3.28 全玻璃装饰门的形式示例

3.6.2 全玻璃门的安装

1. 施工准备工作

在正式安装玻璃之前，地面的饰面施工应已完成，门框的不锈钢或其他饰面包覆安装也应完成。门框顶部的玻璃限位槽已经留出，其槽宽应大于玻璃厚度 2～4 mm，槽深为 10～20 mm，如图 3.29 所示。

不锈钢、黄铜或铝合金饰面的木底托，可采用木方条首先钉固于地面安装位置，然后再用黏结剂将金属板饰面黏结卡在木方上，如图 3.30 所示。如果采用铝合金方管，可采用木螺丝将方管拧固于木底托上，也可采用角铝连接件将铝合金方管固定在框柱上。

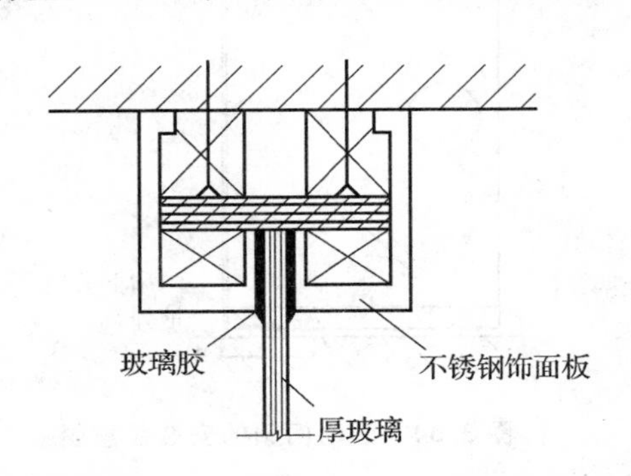

图 3.29 顶部门框玻璃限位槽构造图

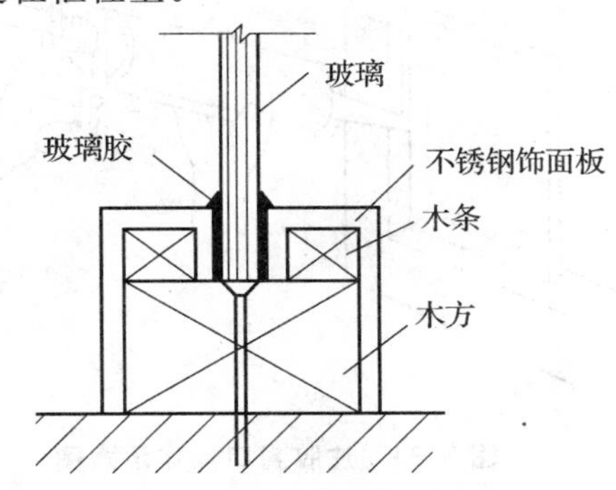

图 3.30 固定玻璃扇下部底托做法

2. 安装固定玻璃板

用玻璃吸盘将玻璃板吸起，由 2～3 人合力将其抬至安装位置，先将上部插入门顶框限位槽内，下部落于底托之上，而后校正安装位置，使玻璃板的边部正好封住侧框柱的金属板饰面对缝口，如图 3.31 所示。玻璃门竖向安装构造如图 3.32 所示。

3. 注胶封口

在玻璃准确就位后，在顶部限位槽处和底托固定处，以及玻璃板与框柱的对缝处，均注入玻璃密封胶，如图 3.33 所示。

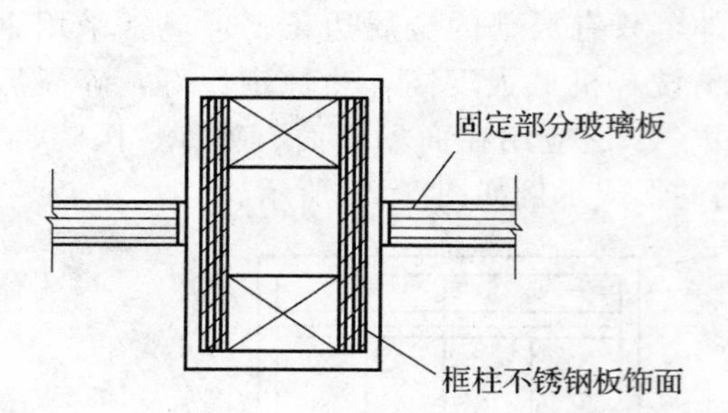

图 3.31　固定玻璃扇与框柱的配合图

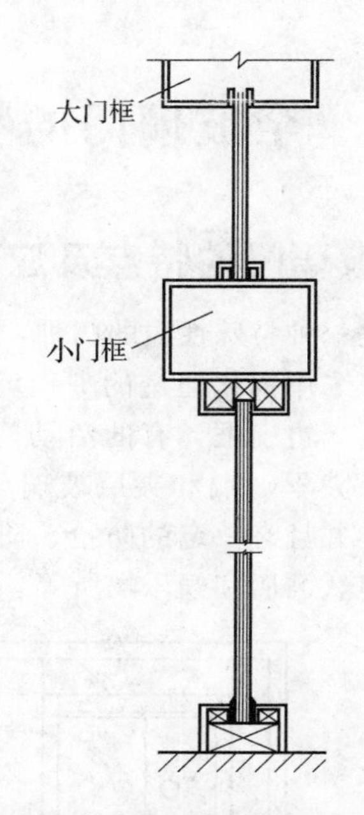

图 3.32　玻璃门竖向安装构造示意图

4. 玻璃板之间的对接

门上固定部分的玻璃需要对接时，其对接缝应有 2～4 mm 的宽度，玻璃板的边部都要进行倒角处理。当玻璃块留缝定位并安装稳固后，即将玻璃胶注入其对接的缝隙，用塑料片在玻璃板对缝的两边把胶刮平，用棉布将胶迹擦干净。

5. 玻璃活动门扇的安装

玻璃活动门扇的结构是不设门扇框，活动门扇的启闭由地弹簧进行控制。地弹簧同时又与门扇的上部、下部金属横档进行铰接，如图 3.34 所示。

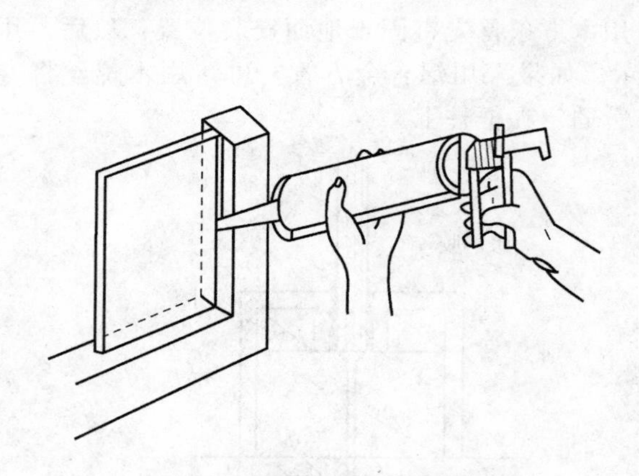

图 3.33　注胶封口操作示意图

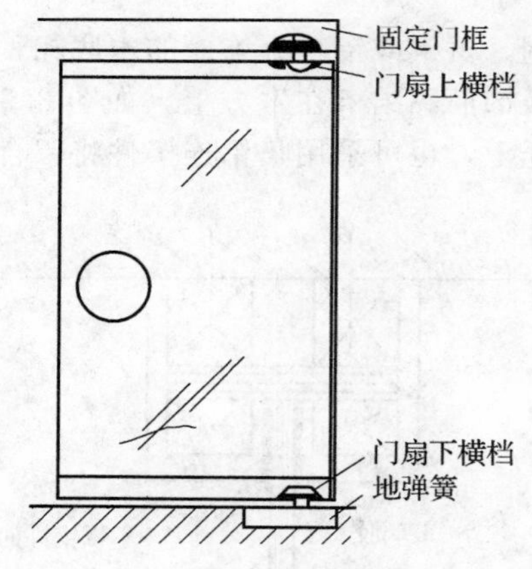

图 3.34　活动门扇的安装示意图

玻璃门扇的安装方法与步骤如下：

(1) 活动门扇在安装前，应先将地面上的地弹簧和门扇顶面横梁上的定位销安装固定完毕，两者必须在同一轴线上，安装时应用吊锤进行检查，做到准确无误，地弹簧转轴与定位销为同一中心线。

(2) 在玻璃门扇的上、下金属横档内划线，按线固定转动销的销孔板和地弹簧的转动轴连接板。具体操作可参照地弹簧产品安装说明书。

(3) 玻璃门扇的高度尺寸，在裁割玻璃时应注意包括插入上、下横档的安装部分。一般情况下，玻璃高度尺寸应小于实测尺寸 3～5 mm，以便安装时进行定位调节。

(4) 把上、下横档（多采用镜面不锈钢成型材料）分别装在厚玻璃门扇的上下端，并进行门扇高度的测量。如果门扇高度不足，即其上下边距门横及地面的缝隙超过规定值，可在上下横档内加垫胶合板条进行调节，如图 3.35 所示。如果门扇高度超过安装尺寸，只能由专业玻璃工将门扇多余部分切割下去，但要特别小心加工。

（5）门扇高度确定后，即可固定上下横档，在玻璃板与金属横档内的两侧空隙处，由两边同时插入小木条，轻敲稳实，然后在小木条、门扇玻璃及横档之间形成的缝隙中注入玻璃胶，如图 3.36 所示。

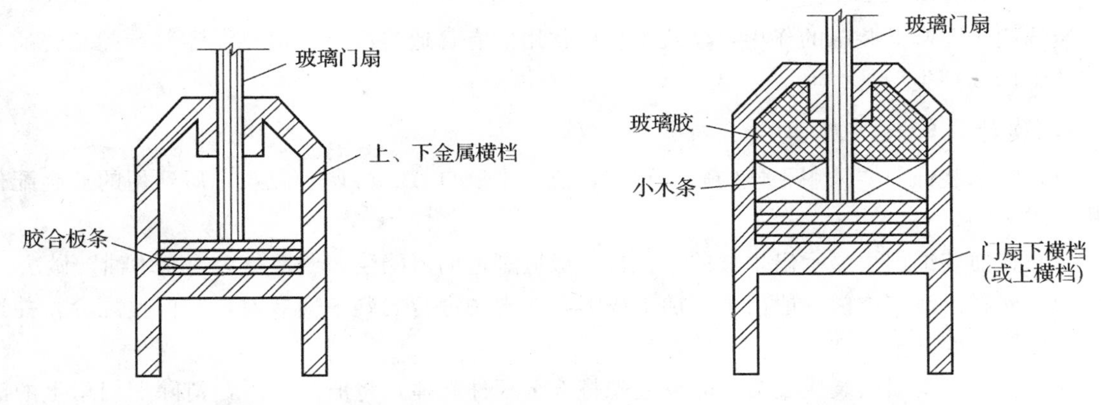

图 3.35　加垫胶合板条调节玻璃门扇高度尺寸　　图 3.36　门扇玻璃与金属横档的固定

（6）进行门扇定位的安装。先将门框横梁上定位销本身的调节螺钉调出横梁平面 1～2 mm，再将玻璃门扇竖起来，把门扇下横档内的转动销连接件的孔位对准地弹簧的转动销轴，转动门扇将孔位套在销轴上。然后把门扇转动 90°使之与门框横梁成直角，把门扇上横档中的转动连接件的孔对准门框横梁上的定位销，将定位销插入孔内 15 mm 左右（调动定位销上的调节螺钉），如图 3.37 所示。

（7）安装门拉手。

全玻璃门扇上扇拉手孔洞一般是事先订购时就加工好的，拉手连接部分插入孔洞时不能太紧，应当略有松动。安装前在拉手插入玻璃的部分涂少量的玻璃胶；如若插入过松可在插入部分裹上软质胶带。在拉手组装时，其根部与玻璃贴靠紧密后再拧紧螺钉，如图 3.38 所示。

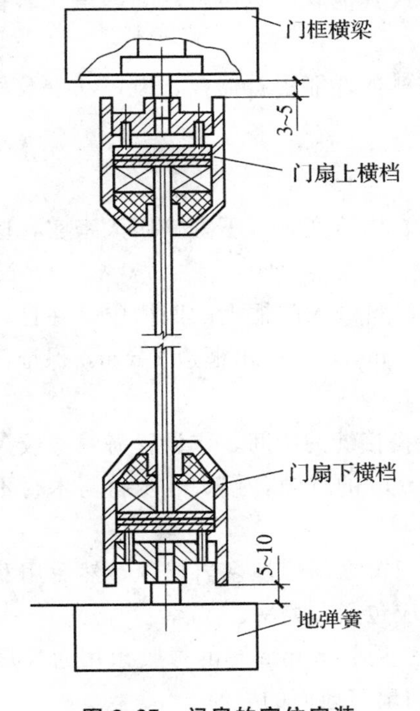

图 3.37　门扇的定位安装

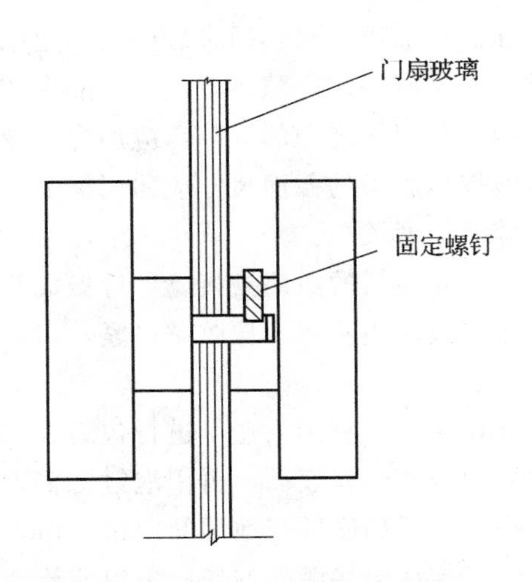

图 3.38　玻璃门拉手安装示意图

3.7 特殊门的安装

3.7.1 装饰门

1. 装饰门的类型

装饰门主要起着装饰的作用，建筑工程中常用的有普通装饰门、塑料浮雕装饰门和普通木板门改装装饰门3种类型。

2. 装饰门的安装施工

(1) 实木装饰门要采用干燥的硬木制作，要求木纹自然、协调、美观，所选用的五金配件应与门相适应。

(2) 普通装饰门要显示出木材的本色，一般应刷透明聚酯漆，通常称为“靠木油”做法。

(3) 塑料浮雕装饰门一般由工厂加工成形，在现场进行安装。安装时，与门框配套，并选用与其色调相适应的五金配件。

(4) 将普通木门改装成装饰门时，应先将五金配件卸掉，将旧门拆下，清除旧门扇上的涂料或油漆。如有压条时，应将其刨平。如新改装的装饰门较厚，则需重新调整合页的位置，使其与旧门框配套。为了确保美观，在旧门框两侧需要用胶合板镶包平齐，使其与门扇配套、协调。

3.7.2 隔声门

1. 隔声门的类型

隔声门主要起隔音作用，常用于声像室、广播室、会议室等有隔声要求的房间。隔声门要求用吸声材料做成门扇，门缝用海绵橡胶条等具有弹性的材料封严。常见的隔声门主要有下列3种：

(1) 填芯隔声门。用玻璃棉丝或岩棉填充在门扇芯内，门扇缝口处用海绵橡胶条封严。

(2) 外包隔声门。在普通木门扇外面包裹一层人造革或其他软质吸声材料，内填充岩棉，并将通长压条用泡钉钉牢，四周缝隙用海绵橡胶条嵌牢封严。

(3) 隔声防火门。在门扇木框架中嵌填岩棉等吸声材料，外部用石棉板、镀锌铁皮及耐火纤维板镶包，四周缝隙用海绵橡胶条嵌牢封严。

2. 隔声门的施工

(1) 在制作隔声门时，门扇芯内应用超细玻璃棉丝或岩棉填塞，但不宜挤压太密实，应保持其不太松动，而又有一定空隙，以确保其隔声效果。

(2) 门扇与门框之间的缝隙，应用海绵橡胶条等弹性材料嵌入门框上的凹槽中，并且一定要黏牢卡紧。海绵橡胶条的截面尺寸应比门框上的凹槽宽度大1 mm，并凸出框边2 mm，保证门扇关闭后能将缝隙处挤紧关严。

(3) 双扇隔声门的门扇搭接缝，应做成双L形缝。在搭接缝的中间，应设置海绵橡胶条。门扇关闭时，搭接缝两边将海绵橡胶条挤紧，门扇之间应留2 mm的缝隙，接头处木材与木材不应直接接触。

(4) 外包隔声门宜用人造革进行包裹。在人造革与木门窗之间应填塞岩棉毯，然后用双层人造革压条规则地压在门扇表面，再用泡钉钉牢，人造革表面应包紧、绷平。

(5) 在隔声门扇底部与地面间应留5 mm宽的缝隙，然后将3 mm厚的橡胶条用通长扁铁压钉在门扇下部。与地面接触处的橡胶条应伸长5 mm，封闭门扇与地面的缝隙。

(6) 有防火要求的隔声防火门，门扇可用耐火纤维板制作，两面各镶钉5 mm厚的石棉板，再用 26 号镀锌铁皮满包，外露的门框部分亦应包裹镀锌铁皮。

(7) 隔声门的五金，应与隔声门的功能相适应，如合页应选用无声合页等。

3.7.3 防火门

1. 根据耐火极限不同分类

根据国际标准（ISO），防火门可分为甲、乙、丙 3 个等级。

(1) 甲级防火门。

甲级防火门以防止扩大火灾为主要目的，它的耐火极限为 1.2 h，一般为全钢板门，无玻璃窗。

(2) 乙级防火门。

乙级防火门以防止开口部火灾蔓延为主要目的，它的耐火极限为 0.9 h，一般为全钢板门，在门上开一个小玻璃窗，玻璃选用 5 mm 厚的夹丝玻璃或耐火玻璃。性能较好的木质防火门也可以达到乙级防火门标准。

(3) 丙级防火门。

丙级防火门的耐火极限为 0.6 h，为全钢板门，在门上开一小玻璃窗，玻璃选用 5 mm 厚夹丝玻璃或耐火玻璃。大多数木质防火门都在这一范围内。

2. 根据门的材质不同分类

根据防火门的材质不同，可以分为木质防火门和钢质防火门两种。

(1) 木质防火门。

木质防火门即在木质门表面涂以耐火涂料，或用装饰防火胶板贴面，以达防火要求。其防火性能要稍差一些。

(2) 钢质防火门。

钢质防火门即采用普通钢板制作，在门扇夹层中填入岩棉等耐火材料，以达到防火要求。

3. 防火门的特点

防火门具有表面平整光滑、美观大方、开启灵活、坚固耐用、使用方便、安全可靠等特点。

4. 防火门的施工

(1) 划线。按设计要求尺寸、标高，画出门框框口位置线。

(2) 立门框。先拆掉门框下部的固定板，凡框内高度比门扇的高度大于 30 mm 者，洞两侧地面须设预留凹槽。门框一般埋入±0.000 标高以下 20 mm，须保证框口上下尺寸相同，允许误差小于 1.5 mm，对角线允许误差小于 2 mm。将门框用木楔临时固定在洞内，经校正合格后，固定木楔，门框铁脚与预埋铁板件焊牢。

(3) 安装门扇及附件。门框周边缝隙，用 1∶2 的水泥砂浆或强度不低于 10 MPa 的细石混凝土嵌塞牢固，应保证与墙体连接成整体；经养护凝固后，再粉刷洞口及墙体。

5. 防火门注意事项

(1) 为了防止火灾蔓延和扩大，防火门必须在构造上设计隔断装置，即装设保险丝，一旦火灾发生，热量使保险丝熔断，自动关锁装置就开始启动进行隔断，达到防火目的。

(2) 金属防火门，由于火灾时的温度使其膨胀，可能不好关闭；或是因为门框阻止门膨胀而产生翘曲，从而引起间隙；或是使门框破坏。必须在构造上采取措施，不使这类现象产生，这是很重要的。

3.7.4 卷帘防火、防盗窗

1. 卷帘门窗的类型

（1）根据传动方式的不同，卷帘门窗可分为电动卷帘门窗、遥控电动卷帘门窗、手动卷帘门窗和电动手动卷帘门窗4种。

（2）根据外形的不同，卷帘门窗可分为全鳞网状卷帘门窗、真管横格卷帘门窗、帘板卷帘门窗和压花帘卷帘门窗4种。

（3）根据材质的不同，卷帘门窗可分为铝合金卷帘门窗、电化铝合金卷帘门窗、镀锌铁板卷帘门窗、不锈钢钢板卷帘门窗和钢管及钢筋卷帘门窗5种。

（4）根据门扇结构的不同，卷帘门可分为以下两种。

帘板结构卷帘门窗：其门扇由若干帘板组成，根据门扇帘板的形状，卷帘门的型号有所不同。

通花结构卷帘门窗：其门扇由若干圆钢、钢管或扁钢组成。

（5）根据性能的不同，卷帘门窗可分为普通型、防火型卷帘门窗和抗风型卷帘门窗3种。

2. 防火卷帘门的构造

防火卷帘门由帘板、卷筒体、导轨、电气传动等部分组成。帘板为1.5 mm厚的冷轧带钢轧制成C型板重叠联锁，具有刚度好、密封性能优的特点。亦可采用钢质r型串联式组合结构。另配温感、烟感、光感报警系统，水幕喷淋系统，遇有火情自动报警，自动喷淋，门体自控下降，定点延时关闭，使受灾区域人员得以疏散。全系统防火综合性能显著。

3. 防火卷帘门的安装

防火卷帘门的安装与配试是比较复杂的，一般应按如下顺序进行：

（1）按照设计型号，查阅产品说明书；检查产品零部件是否齐全；量测产品各部位的基本尺寸；检查门洞口是否与卷帘门尺寸相符；检查导轨、支架的预埋件位置和数量是否正确。

（2）测量洞口的标高，弹出两导轨的垂线及卷帘卷筒的中心线。

（3）将垫板电焊在预埋铁板上，用螺丝固定卷筒的左右支架，安装卷筒。卷筒安装完毕后，应检查其是否转动灵活。

（4）安装减速器和传动系统；安装电气控制系统。安装完毕后进行空载试车。

（5）将事先装配好的帘板安装在卷筒上。

（6）安装导轨。按施工图规定位置，将两侧及上方导轨焊牢于墙体预埋件上，并焊成一体，各导轨应在同一垂直面上。

（7）安装水幕喷淋系统，并与总控制系统连接。

（8）试车。先用手动方法进行试运行，再用电动机启动数次。全部调试完毕，安装防护罩，调整至无卡住、阻滞及异常噪声即可。

（9）安装防护罩。卷筒上的防护罩可做成方形，也可做成半圆形。护罩的尺寸大小应与门的宽度和门条板卷起后的直径相适应，保证卷筒将门条板卷满后与护罩仍保持一定的距离，不相互碰撞，经检查无误后，再与护罩预埋件焊牢。

（10）粉刷或镶砌导轨墙体的装饰面层。

3.8 质量标准及检验方法

根据国家标准《建筑装饰装修工程质量验收规范》（GB 50210—2001）中的规定，木门窗、铝合金门窗、塑料门窗和特种门窗安装工程质量验收应当符合下列标准。

3.8.1 一般规定

本小节适用于木门窗制作与安装、金属门窗安装、塑料门窗安装、特种门安装、门窗玻璃安装等分项工程的质量验收。

1. 门窗工程验收时应检查下列文件和记录

（1）门窗工程的施工图、设计说明及其他设计文件。

（2）材料的产品合格证书、性能检测报告、进场验收记录和复验报告。

（3）特种门及其附件的生产许可文件。

（4）隐蔽工程验收记录。

（5）施工记录。

2. 门窗工程应对下列材料及其他性能指标进行复验

（1）人造木板的甲醛含量。

（2）建筑外墙金属窗、塑料窗的抗风压性能、空气渗透性能和雨水渗漏性能。

3. 门窗工程应对下列隐蔽工程项目进行验收

（1）预埋件和锚固件。

（2）隐蔽部位的防腐、填嵌处理。

4. 各分项工程的检验批应按下列规定

（1）同一品种、类型和规格的木门窗、金属门窗、塑料门窗及门窗玻璃每 100 樘应划分为一个检验批。

（2）同一品种、类型和规格的特种门每 50 樘应划分为一个检验批，不足 50 樘也应划分为一个检验批。

5. 检查数量应符合下列规定

（1）木门窗、金属门窗、塑料门窗及门窗玻璃，每个检验批应至少抽查 5%，并不得少于 3 樘，不足 3 樘时应全数检查；高层建筑的外窗，每个检验批应至少抽查 10%，并不得少于 6 樘，少于 6 樘时应全数检查。

（2）特种门每个检验批应至少抽查 50%，并不得少于 10 樘，不足 10 樘时应全数检查。

6. 其他规定

（1）门窗安装前，应对门窗洞口尺寸进行检验。

（2）金属门窗和塑料门窗安装应采用预留洞口的方法施工，不得采用边安装边砌口或先安装后砌口的方法施工。

（3）木门窗与砖石砌体、混凝土或抹灰层接触处应进行防腐处理。

（4）当金属窗或塑料窗组合时，其拼樘料的尺寸、规格、壁厚应符合设计要求。

（5）建筑外门窗的安装必须牢固。在砌体上安装门窗严禁用射针固定。

（6）特种门安装除应符合设计要求和本规范规定外，还应符合有关专业标准和主管部门的规定。

3.8.2 木门窗制作与安装工程

1. 主控项目

（1）木门窗的木材品种、材质等级、规格、尺寸、杠记的线型及人造木板的甲醛含量应符合设计要求。设计未规定材质等级时，所用木材的质量应符合本规范附录 A 的规定。

检验方法：观察；检查材料进场验收记录和复验报告。

（2）木门窗应采用烘干的木材，含水率应符合《建筑木门、木窗》（JG/T 122）的规定。

检验方法：检查材料进场验收记录。

（3）木门窗的防火、防腐、防虫处理应符合设计要求。

检验方法：观察；检查材料进场验收记录。

（4）木门窗的结合处和安装配件处不得有木节或已填补的木节。木门窗如有允许限值以内的死节及直径较大的虫眼时，应用同一材质的木塞加胶填补。对于清漆制口，木塞的木纹和色泽应与制口一致。

检验方法：观察。

（5）门窗框和厚度大于 50 mm 的门窗扇应用双榫连接。榫槽应采用胶料严密嵌和，并应用胶楔加紧。

检验方法：观察；手扳检查。

（6）胶合板门、纤维板门和模压门不得脱胶。胶合板不得刨透表层单板，不得有戗槎。制作胶合板门、纤维板门时，边框和横楞应在同一平面上，面层、边框及横楞应加压胶结。横楞和上、下冒头应各钻两个以上的透气孔，透气孔应通畅。

检验方法：观察。

（7）木门窗的品种、类型、规格、开启方向、安装位置及连接方式应符合设计要求。

检验方法：观察；尺量检查；检查成品门的产品合格证书。

（8）木门窗框的安装必须牢固。预埋木砖的防腐处理，木门窗框固定点的数量、位置及固定方法应符合设计要求。

检验方法：观察；手扳检查；检查隐蔽工程验收记录和施工记录。

（9）木门窗必须安装牢固，并应开关灵活，关守严密，无倒翘。

检验方法：观察；开启和关闭检查；手扳检查。

（10）木门窗配件的型号、规格、数量应符合设计要求，安装应牢固，位置应正确，功能应满足使用要求。

检验方法：观察；手扳检查；检查隐蔽工程验收记录和施工记录。

2. 一般项目

（1）木门窗表面应洁净，不得有刨痕、锤印。

检验方法：观察。

（2）木门窗的割角、拼缝应严密平整。门窗框、扇裁口应顺直，刨面应平整。

检验方法：观察。

（3）木门窗上的槽、孔应边缘整齐，无毛刺。

检验方法：观察。

（4）木门窗与墙体间缝隙的填嵌材料应符合设计要求，填嵌应饱满。寒冷地区外门窗（或门窗框）与砌体间的空隙应该填充保温材料。

检验方法：轻敲门窗框检查；检查隐蔽工程验收记录和施工记录。

（5）木门窗批水、盖口条、压缝条、密封条的安装应顺直，与门窗结合应牢固、严密。

检验方法：观察；手扳检查。

（6）木门窗制作的允许偏差和检验方法应符合表 3.5 的规定。

（7）木门窗安装的留缝限值、允许偏差和检验方法应符合表 3.6 的规定。

表 3.5　木门窗制作的允许偏差和检验方法

项次	项目	构件名称	允许偏差/mm		检验方法
			普通	高级	
1	翘曲	框	3	2	将框、扇平放在检查平台上，用塞尺检查
		扇	2	2	
2	对角线长度差	框、扇	3	2	用钢尺检查，框量裁口里角，扇量外角
3	表面平整度	扇	2	2	用 1 m 靠尺和塞尺检查
4	高度、宽度	框	0；−2	0；−1	用钢尺检查，框量裁口里角，扇量外角
		扇	+2；0	+1；0	
5	裁口、线条结合处高低差	框、扇	1	0.5	用钢直尺和塞尺检查
6	相邻棂子两端间距	扇	2	1	用钢直尺检查

表 3.6　木门窗安装的留缝限值、允许偏差和检验方法

项次	项目		留缝限值/mm		允许偏差/mm		检验方法
			普通	高级	普通	高级	
1	门窗槽口对角线长度差		—	—	3	2	用钢尺检查
2	门窗框的正、侧面垂直度		—	—	2	1	用 1 m 垂直检测尺检查
3	框与扇、扇与扇接缝高低差		—	—	2	1	用钢直尺和塞尺检查
4	门窗扇对口缝		1～2.5	1.5～2	—	—	用塞尺检查
5	工业厂房双扇大门对口缝		2～5	1～1.5	—	—	用塞尺检查
6	门窗扇与上框间留缝		1～2	1～1.5	—	—	
7	门窗扇与侧框间留缝		1～2.5	1～1.5	—	—	
8	窗扇与下框间留缝		2～3	2～2.5	—	—	
9	门扇与下框间留缝		3～5	3～4	—	—	
10	双层门窗内外框间距		—	—	4	3	用钢尺检查
11	无下框时门扇与地面间留缝	外门	4～7	5～6	—	—	用塞尺检查
		内门	5～8	6～7	—	—	
		卫生间门	8～12	8～10	—	—	
		厂房大门	10～20	—	—	—	

3.8.3 金属门窗安装工程

1. 主控项目

（1）金属门窗的品种、类型、规格、尺寸、性能、开启方向、安装位置、连接方式及铝合金门窗的型材壁厚应符合设计要求。金属门窗的防腐处理及填嵌、密封处理应符合设计要求。

检验方法：观察；尺量检查；检查产品合格证书、性能检测报告、进场验收记录和复验报告；检查隐蔽工程验收记录。

（2）金属门窗框和副框的安装必须牢固。预埋件的数量、位置、埋设方式、与框的连接方式必须符合设计要求。

检验方法：手扳检查；检查隐蔽工程验收记录。

(3) 金属门窗扇必须安装牢固，并应开关灵活、关闭严密，无倒翘。推拉门窗扇必须有防脱落措施。

检验方法：观察；开启和关闭检查；手扳检查。

(4) 金属门窗配件的型号、规格、数量应符合设计要求，安装应牢固，位置应正确，功能应满足使用要求。

检验方法：观察；开启和关闭检查；手扳检查。

2. 一般项目

(1) 金属门窗表面应洁净、平整、光滑、色泽一致，无锈蚀。大面应无划痕、碰伤。漆膜或保护层应连续。

检验方法：观察。

(2) 铝合金门窗推拉门窗扇开关力应不大于 100 N。

检验方法：用弹簧秤检查。

(3) 金属门窗框与墙体之间的缝隙应填嵌饱满，并采用密封胶密封。密封胶表面应光滑、顺直，无裂纹。

检验方法：观察；轻敲门窗框检查；检查隐蔽工程难以记录。

(4) 金属门窗扇的橡胶密封条或毛毡密封条应安装完好，不得脱槽。

检验方法：观察；开启和关闭检查。

(5) 有排水孔的金属门窗，排水孔应畅通，位置、数量应符合设计要求。

检验方法：观察。

(6) 钢门窗安装的留缝限值、允许偏差和检验方法应符合表 3.7 的规定。

(7) 铝合金门窗安装的允许偏差和检验方法应符合表 3.8 的规定。

(8) 涂色镀锌钢板门窗安装的允许偏差和检验方法应符合表 3.9 的规定。

表 3.7　钢门窗安装的留缝限值、允许偏差和检验方法

项次	项目		留缝限值/mm	允许偏差/mm	检验方法
1	门窗槽口宽度、高度	≤1 500 mm	—	2.5	用钢尺检查
		>1 500 mm	—	3.5	
2	门窗槽对角线长度差	≤2 000 mm	—	5	用钢尺检查
		>2 000 mm	—	6	
3	门窗框的正、侧面垂直度		—	3	用 1 m 垂直检测尺检查
4	门窗横框的水平度		—	3	用 1 m 水平尺和塞尺检查
5	门窗横框标高		—	5	用钢尺检查
6	门窗竖向偏离中心		—		用钢尺检查
7	双层门窗内外框间距		—		用钢尺检查
8	门窗框、扇配合间隙		≤2	—	用钢尺检查
9	无下框时门扇与地面间留缝		4～8	—	用钢尺检查

表 3.8 铝合金门窗安装的允许偏差和检验方法

项次	项目		允许偏差/mm	检验方法
1	门窗槽口宽度、高度	≤1 500 mm	1.5	用钢尺检查
		>1 500 mm	2	
2	门窗槽对角线长度差	≤2 000 mm	3	用钢尺检查
		>2 000 mm	4	
3	门窗框的正、侧面垂直度		2.5	用 1 m 垂直检测尺检查
4	门窗横框的水平度		2	用 1 m 水平尺和塞尺检查
5	门窗横框标高		5	用钢尺检查
6	门窗竖向偏离中心		5	用钢尺检查
7	双层门窗内外框间距		4	用钢尺检查
8	推拉门窗扇与框搭接量		1.5	用钢尺检查

表 3.9 涂色镀锌钢板门窗安装的允许偏差和检验方法

项次	项目		允许偏差/mm	检验方法
1	门窗槽口宽度、高度	≤1 500 mm	2	用钢尺检查
		>1 500 mm	3	
2	门窗槽对角线长度差	≤2 000 mm	4	用钢尺检查
		>2 000 mm	5	
3	门窗框的正、侧面垂直度		3	用 1 m 垂直检测尺检查
4	门窗横框的水平度		3	用 1 m 水平尺和塞尺检查
5	门窗横框标高		5	用钢尺检查
6	门窗竖向偏离中心		5	用钢尺检查
7	双层门窗内外框间距		4	用钢尺检查
8	推拉门窗扇与框搭接量		2	用钢尺检查

3.8.4 塑料门窗工程安装工程的质量验收

1. 主控项目

(1) 塑料门窗的品种、类型、规格、尺寸、开启方向、安装位置、连接方式及填嵌密封处理应符合设计要求，内衬增强型钢的壁厚及设置应符合国家现行产品标准的质量要求。

检验方法：观察；尺量检查；检查产品合格证书、性能检测报告、进场验收记录和复验报告；检查隐蔽工程验收记录。

(2) 塑料门窗框、副框和扇的安装必须牢固。固定片或膨胀螺栓的数量与位置应正确，连接方式应符合设计要求。固定点应距窗角、中横框、中竖框 150～200 mm，固定点间距应不大于 600 mm。

检验方法：观察；手扳检查；检查隐蔽工程验收记录。

(3) 塑料门窗拼料内衬增强型钢的规格、壁厚必须符合设计要求，型钢应与型材内腔紧密吻合，其两端必须与洞口固定牢固。窗框必须与拼樘料连接紧密，固定点间距应不大于 600 mm。

检验方法：观察；手扳检查；尺量检查；检查进场验收记录。

(4) 塑料门窗扇应开关灵活、关闭严密，无倒翘。推拉门窗扇必须有防脱落措施。

检验方法：观察；开启和关闭检查；手扳检查。

（5）塑料门窗配件的型号、规格、数量应符合设计要求，安装应牢固，位置应正确，功能应满足使用要求。

检验方法：观察；手扳检查；尺量检查。

（6）塑料门窗框与墙体间缝隙应采用闭孔弹性材料填嵌饱满，表面应采用密封胶密封。密封胶应黏结牢固，表面应光滑、顺直、无裂纹。

检验方法：观察；检查隐蔽工程验收记录。

2．一般项目

（1）塑料门窗表面应洁净、平整、光滑，大面应无划痕、碰伤。

检验方法：观察。

（2）塑料门窗扇的密封条不得脱槽。旋转窗间隙应基本均匀。

（3）塑料门窗扇的开关力应符合下列规定：

①平开门窗扇平交链的开关力不应大于 80 N；滑撑铰链的开关力应不大于 80 N，并不小于 30N。

②推拉门窗的开关力应不大于 100 N。

检验方法：观察；用弹簧秤检查。

（4）玻璃密封条与玻璃及玻璃槽口的接缝应平整，不得卷边、脱槽。

检验方法：观察。

（5）排水孔应畅通，位置和数量应符合设计要求。

检验方法：观察。

（6）塑料门窗安装的允许偏差和检验方法应符合表 3.10 的规定。

表 3.10　塑料门窗安装的允许偏差和检验方法

项次	项目		允许偏差/mm	检验方法
1	门窗槽口宽度、高度	≤1 500 mm	2	用钢尺检查
		＞1 500 mm	3	
2	门窗槽对角线长度差	≤2 000 mm	3	用钢尺检查
		＞2 000 mm	3	
3	门窗框的正、侧面垂直度		5	用 1 m 垂直检测尺检查
4	门窗横框的水平度		3	用 1 m 水平尺和塞尺检查
5	门窗横框标高		3	用钢尺检查
6	门窗竖向偏离中心		5	用钢直尺检查
7	双层门窗内外框间距		4	用钢尺检查
8	同樘平开门窗相邻扇高度差		2	用钢尺检查
9	平开门窗铰链部位配合间隙		＋2；－1	用钢尺检查
10	推拉门窗扇与框搭接量		＋1.5；－2.5	用钢尺检查
11	推拉门窗扇与竖框平行		2	用 1 m 水平尺和塞尺检查

3.8.5 特种门安装工程

本节适用于防火门、防盗门、自动门、全玻璃门、旋转门、金属卷帘门等特种门安装工程的质量验收。

1. 主控项目

(1) 特种门的质量和各项性能应符合设计要求。检验方法：检查生产许可证、产品合格证书和性能检测报告。

(2) 特种门的品种、类型、规格、尺寸、开启方向、安装位置及防腐处理符合设计要求。

(3) 带有机械装置、自动装置或智能化装置的特种门，其机械装置、自动装置或智能化装置的功能应符合设计要求和有关标准的规定。

检验方法：启动机械装置、自动装置或智能化装置，观察。

(4) 特种门的安装必须牢固。预埋件的数量、位置、埋设方式、与框的连接方式必须符合设计要求。

检验方法：观察；手扳检查；检查隐蔽工程验收记录。

(5) 特种门的配件应齐全，位置应正确，安装应牢固，功能应满足使用要求和特种门的各项性能要求。

检验方法：观察；手扳检查；检查产品合格证书、性能检测报告和进场验收记录。

2. 一般项目

(1) 特种门的表面装饰应符合设计要求。

检验方法：观察。

(2) 特种门的表面应洁净，无划痕、碰伤。

检验方法：观察。

(3) 推拉自动门安装的留缝限值、允许偏差和检验方法应符合表 3.11 的规定。

(4) 推拉自动门的感应时间限值和检验方法应符合表 3.12 的规定。

(5) 旋转门安装的允许偏差和检验方法应符合表 3.13 的规定。

表 3.11　推拉自动门安装的留缝限值、允许偏差和检验方法

项次	项目		留缝限值/mm	允许偏差/mm	检验方法
1	门窗槽口宽度、高度	≤1 500 mm	—	1.5	用钢尺检查
		>1 500 mm	—	2	
2	门窗槽对角线长度差	≤2 000 mm	—	2	用钢尺检查
		>2 000 mm	—	2.5	
3	门窗框的正、侧面垂直度		—	1	用 1 m 垂直检测尺检查
4	门构件的装配间歇		—	0.3	用塞尺检查
5	门梁横框标高		—	1	用钢尺检查
6	下导轨与门梁导轨平行度		—	1.5	用钢尺检查
7	门扇与侧框间留缝		1.2~1.8	—	用塞尺检查
8	门扇对口缝		1.2~1.8	—	用塞尺检查

表 3.12 推拉自动门的感应时间限值和检验方法

项次	项目	感应时间限值/s	检验方法
1	开门响应时间	≤0.5	用秒表检查
2	堵门保护延时	16～20	用秒表检查
3	门扇全开启后保持时间	13～17	用秒表检查

表 3.13 旋转门安装的允许偏差和检验方法

项次	项目	允许偏差/mm		检验方法
		金属框架玻璃旋转门	木质旋转门	
1	门扇正、侧面垂直度	1.5	1.5	用1 m垂直检测尺检查
2	门扇对角线长度差	1.5	1.5	用钢尺检查
3	相邻扇高度差	1	1	用钢尺检查
4	扇与圆弧边留缝	1.5	2	用塞尺检查
5	扇与上顶间留缝	2	2.5	用塞尺检查
6	扇与地面间留缝	2	2.5	用塞尺检查

3.8.6 门窗玻璃安装工程

1. 主控项目

(1) 玻璃的品种、规格、尺寸、色彩、图案和涂膜朝身应符合设计要求。单块玻璃大于1.5 m时应使用安全玻璃。

检验方法：观察；检查产品合格证书、性能检测报告和进场验收记录。

(2) 门窗玻璃裁割尺寸应正确。安装后的玻璃应牢固，不得有裂纹、损伤和松动。

检验方法：观察；轻敲检查。

(3) 玻璃的安装方法应符合设计要求。固定玻璃的钉子或钢丝卡的数量、规格应保证玻璃安装牢固。

检验方法：观察；检查施工记录。

(4) 镶钉木压条接触玻璃处，应与裁口边缘平齐。木压条应互相紧密连接，并与裁口边缘紧贴，割角应整齐。

检验方法：观察。

(5) 密封条与玻璃、玻璃槽口的接触应紧密、平整。密封胶与玻璃、玻璃槽口的边缘应黏结牢固、接缝平齐。

检验方法：观察。

(6) 带密封条的玻璃压条，其密封条必须与玻璃全部贴紧，压条与型材之间应无明显缝隙，压条接缝应不大于0.5 mm。

检验方法：观察；尺量检查。

2. 一般项目

(1) 玻璃表面应洁净，不得有腻子、密封胶、涂料等污渍。中空玻璃内外表面均应洁净，玻璃中空层内不得有灰尘和水蒸气。

检验方法：观察。

(2) 门窗玻璃不应直接接触型材。单面镀膜玻璃的镀膜层及磨砂玻璃的磨砂面应朝向室内。中空玻璃的单面镀膜玻璃应在最外层，镀膜层应朝向室内。

检验方法：观察。

(3) 腻子应填抹饱满、黏结牢固；腻子边缘与裁口应平齐。固定玻璃的卡子不应在腻子表面显露。

检验方法：观察。

【重点串联】

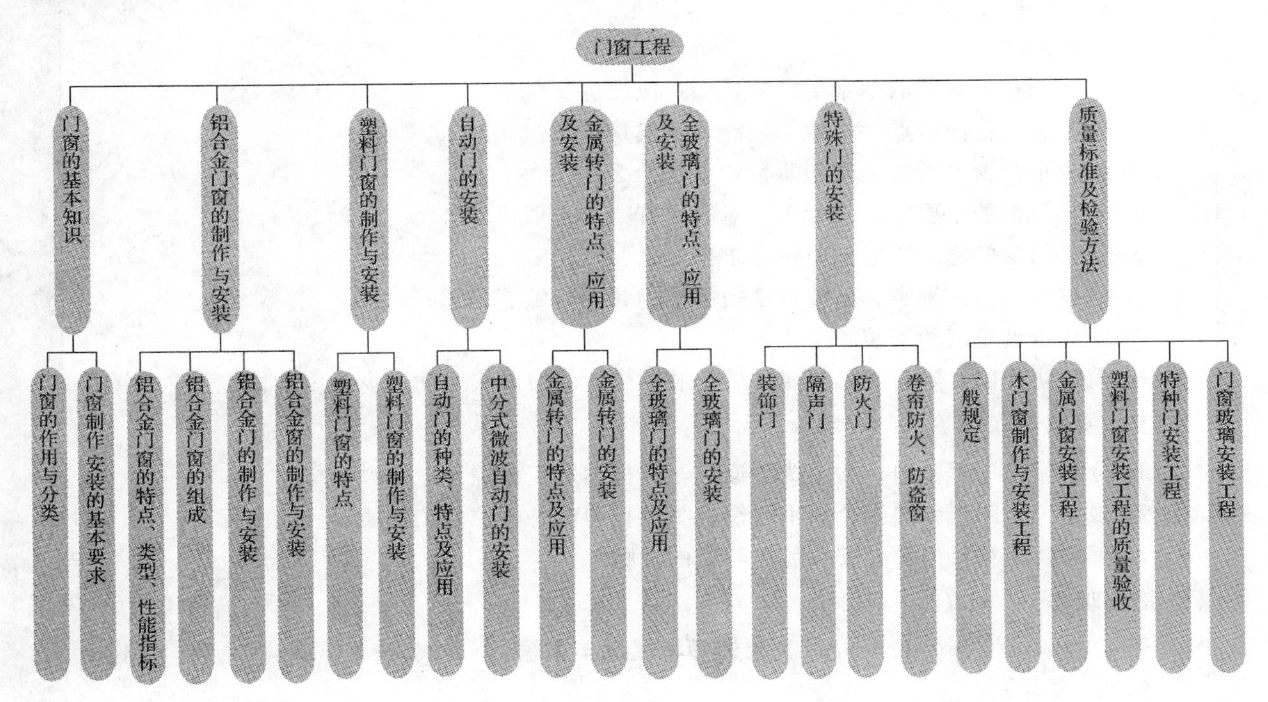

拓展与实训

职业能力训练

一、填空题

1. 门窗框有两种安装方法，分别是________和________。
2. 门的作用有________、________和________。
3. 窗的作用有________、________。
4. 门窗洞口框墙间隙密封材料应有________和________特性。

二、单项选择题

1. 上、下冒头上设置转轴的窗应是(　　)。

A. 推拉窗　　B. 立体转窗

C. 上悬、下悬窗　　D. 平开窗

2. 铝合金门安装顺序正确的是(　　)。

A. 安装门框—安装门扇—安装玻璃—填塞缝隙

B. 安装门框—安装门扇—填塞缝隙—安装玻璃

C. 安装门扇—安装玻璃—安装门框—填塞缝隙

D. 安装门框—填塞缝隙—安装门扇—安装玻璃

3. 窗的洞口尺寸允许偏差为(　　)。

A. 2 mm　　B. 3 mm　　C. 4 mm　　D. 5 mm

4. 与水泥砂浆接触的铝合金框应进行(　　)处理。

A. 防腐　　B. 成品保护

C. 防锈　　D. 安全检查

三、简答题

1. 门窗制作与安装的基本要求是什么？应注意哪些事项？
2. 铝合金门窗的特点、类型、性能和组成是什么？
3. 铝合金门窗的安装工艺和质量要求是什么？
4. 塑料门窗的主要优点是什么？对材料有哪些质量要求？
5. 塑料门窗的施工工艺和质量要求是什么？
6. 简述自动门的种类、微波自动门的结构和安装施工工艺。
7. 简述全玻璃门的安装施工工艺。
8. 简述防火门、隔声门、金属转门、装饰门、卷帘防火与防盗窗的安装施工工艺。

工程模拟训练

1. 分析门窗工程坠扇、关不拢的原因，并提出矫正措施。
2. 根据工程图纸叙述铝合金平开窗施工过程中应怎样控制工程质量。
3. 怎样防治塑料门窗在安装后框与墙的缝隙？

链接职考

建造师考试历年真题

【2011 真题】

1. 根据相关规范，门窗工程中不需要进行性能复测的项目是（　　）。

A. 人造木门窗复验氨的含量

B. 外墙塑料窗复验抗风压性能

C. 外墙金属窗复验雨水渗漏性能

D. 外墙金属窗复验空气渗透性能

2. 铝合金门窗工程设计应符合建筑物所在地的气候、环境和建筑物的功能及（　　）等要求。

A. 结构　　B. 构造　　C. 装饰　　D. 规范

3. 推拉门窗扇意外脱落容易造成安全方面伤害，对高层建筑情况更为严重，故规定推拉门窗必须设有（　　）措施。

A. 保护　　B. 安全　　C. 防雷　　D. 防脱落

4. 穿条工艺的复合铝型材其隔热材料应使用（　　）材料。

A. PVC　　B. 66％聚酰胺加 25％玻璃纤维

C. 玻璃纤维　　D. 聚酰胺

模块 4

玻璃工程

【模块概述】

随着人民生活水平的日益提高，居住条件的逐步改善，人们对新居的装修要求越来越高，居室中装饰的艺术化、个性化和实用性就成为人们向往和追求的目标。玻璃的艺术装饰以其剔透明亮的空间表现力，早已成为整个装修装饰领域中不可缺少，甚至成为主导的重要组成部分。

目前常用的各种玻璃幕墙、玻璃饰面、光亮透明的玻璃家具、艺术玻璃门、玻璃艺术品等，均达到了理想的装饰效果。

【学习目标】

1. 玻璃装饰工程的基本知识。
2. 玻璃栏板安装。
3. 装饰玻璃板饰面。
4. 质量标准及检验方法。

【能力目标】

1. 了解玻璃加工和玻璃安装的基本知识。
2. 掌握玻璃栏板安装的固定方法和施工注意事项。
3. 掌握装饰玻璃板饰面的做法。
4. 掌握玻璃工程的质量标准及检验方法。

【学习重点】

玻璃栏板安装，装饰玻璃板饰面施工技术。

【课时建议】

理论 8 课时＋实践 8 课时

工程导入

某商场在营业时间，三楼中庭回廊的玻璃栏板被购物车金属边框猛烈撞击后突然开裂，霎时空降“玻璃雨”，幸未伤及人员。事后调查发现，该栏板采用单片10 mm钢化玻璃，栏杆高度为1.05 m，立柱间距为1.3 m，压顶与玻璃栏杆垂直。

为什么会出现上述情况呢？希望通过本模块的学习能使你分析出原因，并在实际工程中避免发生各种玻璃施工质量问题。

4.1 玻璃装饰工程的基础知识

4.1.1 玻璃加工的基础知识

1. 玻璃裁割与打孔

(1) 裁割原理。

玻璃是均质连续的脆性材料，特别是表面非常均匀连续，当其受到非连续破坏时，在外力作用下，其内应力会在其破坏部位集中，这就是应力集中原理，而我们正是利用这一原理使玻璃在破坏处产生集中的拉应力，从而使玻璃发生脆性破坏，达到裁割目的。

(2) 裁割方法。

玻璃裁割应根据不同的玻璃品种、厚度、外形尺寸采用不同的操作方法。

①平板玻璃裁割。薄玻璃，可用12 mm×12 mm细木条直尺，量出裁割尺寸，再在直尺上定出所划尺寸，要考虑留3 mm空挡和2 mm刀口。操作时将直尺上的小钉紧靠玻璃一端，玻璃刀紧靠直尺的另一端，一手握小钉按住玻璃边口使之不松动，另一手握刀笔直向后退划，然后扳开。若为厚玻璃，需要在裁口上刷煤油，一可防滑，二可使划口渗油，容易产生应力集中，易于裁开。

②夹丝玻璃裁割。夹丝玻璃因高低不平，裁割时刀口容易滑倒难以掌握，因此要认清刀口，握稳刀头，用力比裁割一般玻璃要大，速度相应要快，这样才不致出现弯曲不直。裁割后双手紧握玻璃，同时用力向下扳，使玻璃沿裁口线裂开。如有夹丝未断，可在玻璃缝口内夹一细长木条，再用力往下扳，夹丝即可扳断。然后用钳子将夹丝压平，以免搬运时划破手掌。裁割边缘上宜刷防锈涂料。

③压花玻璃裁割。裁割压花玻璃时，压花面应向下，裁割方法与夹丝玻璃相同。

④磨砂玻璃裁割。裁割磨砂玻璃时，毛面应向下，裁割方法与平板玻璃同，但向下扳时用力要大、要均匀。

(3) 玻璃打孔。

玻璃打孔按所打孔径大小，一般采用两种方法：一种是台钻钻孔，一种是玻璃刀划孔。玻璃裁内圆的方法是利用应力集中原理和微分化整为零的思路，将内外圆要裁部分化整为零。

①玻璃刀划孔。当孔径较大时，采用玻璃刀划孔，先划出圆的边缘线，然后从背后敲出边缘裂痕，然后利用微分化整为零的思路，将内圆用玻璃刀横竖排列划成小方块，越小越好，从背面先敲出一小块，逐渐敲完，最后用磨边机磨边修圆，这是玻璃取内圆。当要裁圆形玻璃时，将圆外的部分去掉，方法同样。

②钻孔。利用台钻和金刚砂或玻璃钻头直接在玻璃上钻孔，方法如下：

a. 研磨法。先定出圆心并点上墨水，将玻璃垫实，平放于台钻平台上，不得移动，再将内掺煤油的 280～320 目金刚砂点在玻璃钻眼处，不断上下运动钻磨，边磨边点金刚砂。钻磨自始至终用力要轻而均匀，尤其是接近磨穿时，用力更要轻，要有耐心。

b. 直接钻孔。孔也可以用专用的、不同直径的玻璃钻头直接钻孔，但注意在钻孔过程中，要用水冷却。

（4）玻璃割切注意事项。

①根据玻璃种类、厚薄和裁割要求的不同正确使用割切方法。

②玻璃应集中裁割，按先大后小，先宽后窄顺序进行。

③钢化玻璃严禁裁割，也不能局部取舍（钢化玻璃是普通玻璃先裁好，后钢化而成的玻璃）。

④玻璃和框之间的配合变形间隙不小于玻璃的厚度。

⑤玻璃裁割的质量，关键在刀口。刀口的质量关键是裁割时用力要均匀一致，划时只能听到割声而不能见刀痕，见刀痕说明用力不均，刀不稳，刀口处的玻璃表面会发生不规则的破坏。因此必须是刀口均匀一致，非常细腻，不可见划痕，才能保证质量。

2. 玻璃的表面处理

玻璃的表面处理种类很多，在建筑装饰工程中常见到的主要有：喷砂、磨砂、磨边与倒角、镜面和铣槽等。

（1）喷砂。

利用专业设备，采用压缩空气为动力，以形成高速喷射束将喷料（金钢砂、石英砂、树脂砂）高速喷射到玻璃表面，使玻璃表面不断受到沙粒的冲击破坏，产生均匀麻面，起到装饰和透光不透明的特殊效果。

（2）磨砂。

磨砂分化学磨砂和人工研磨，如采用人工研磨，即将平板玻璃平放在垫有棉毛毯等柔软物的操作台上，将细目金刚砂堆放在玻璃面上并用粗瓷碗反扣住，然后用双手轻压碗底，并推动碗底打圈移动研磨；或将金刚砂均匀地铺在玻璃上，再将一块玻璃覆盖在上面，一手拿稳上面一块玻璃的边角，一手轻轻压住另一块玻璃一边，推动玻璃来回打圈研磨。研磨时用力要适当，速度可慢一些，以避免玻璃压裂或缺角。

（3）磨边、倒角。

玻璃的磨边和倒角是利用专用设备将玻璃边按设计磨掉并抛光。

（4）镜面。

由平板玻璃经抛光而制成，有单面抛光和双面抛光两种，其表面光滑有光泽。

（5）铣槽。

在玻璃上按要求的槽的长、宽尺寸划出墨线，将玻璃平放在固定的砂轮机的砂轮上，紧贴工作台，使砂轮对准槽口的墨线，选用厚度稍小于槽宽的细金刚砂轮，开磨后，边磨边加水冷却，注意控制槽口深度，直至完成。

3. 玻璃的热加工

将平板玻璃加热到一定温度，使玻璃产生一定的变形而不破坏，按需要的形状定型后逐渐冷却而固定成形，如圆弧玻璃的加工制作。

4. 玻璃钢化

玻璃钢化可以提高普通玻璃的抗拉强度。方法是按使用要求裁好，再放到加热炉中，加热到一定温度后急速冷却，这样就在玻璃内部产生了预压应力，使玻璃的抗拉强度提高到原来的 3～5 倍。钢化玻璃破碎后成为均匀小块，不至于伤人，是安全玻璃的一种。

技术提示

工程实践中，人们往往更关注玻璃的厚度，忽视玻璃的表面加工质量。玻璃的连续均匀性质决定了玻璃进行切割等表面加工的难易，是能否保持整块性的关键。

4.1.2 玻璃安装的基础知识

1. 玻璃脆性处理

玻璃的脆性决定其不能与其他硬质材料直接接触，接触处必须解决好缓冲过渡处理，一般可采用抗老化橡胶材料过渡。

2. 玻璃热胀冷缩变形处理

玻璃的变形要在安装时给以充分的考虑，一般平面内变形余量不小于玻璃的厚度，故安装尺寸应小于设计尺寸。

3. 牢固性的处理

玻璃的安装应根据使用情况的不同而采用不同的固定形式，但无论何种形式，均离不开玻璃胶的黏结，这样处理使玻璃永远受到均匀一致的支撑反力作用。所以在解决安装牢固的同时，要充分注意受力均匀的问题，才会确保安装的安全、牢固。

【知识拓展】

在玻璃装饰越来越普及的今天，玻璃在室内外均有广泛的使用，可以跟木材、金属、塑料进行完美的搭配，除了充分注意玻璃的切割工艺外，玻璃与其他介质的联结固定也是一个非常值得关注的问题。

4.2 玻璃栏板的安装

玻璃栏板，就是以扶手立柱为骨架，以玻璃为板，固定于楼地面基座上，用于建筑回廊或楼梯栏板。

玻璃栏板上安装的玻璃，其规格、品种由设计而定，而且强度、刚度、安全性均应符合规范标准，以满足不同场所使用的要求。

4.2.1 回廊栏板安装

回廊栏板由三部分组成：扶手、玻璃栏板、栏板底座。

1. 扶手安装

扶手固定必须与建筑结构相连且须连接牢固，不得有变形。同时扶手又是玻璃上端的固定支座。一般用膨胀螺栓或预埋件将扶手的两端与墙或柱连接在一起，扶手尺寸、位置和表面装饰依据设计确定。

2. 扶手与玻璃的固定

木质扶手、不锈钢和黄铜管扶手与玻璃板的连接，一般做法是在扶手内加设型钢，如槽钢、角钢或H形型钢等。图4.1、图4.2所示为木扶手及金属扶手内部设置型钢与玻璃栏板相配合的构造做法。有的金属圆管扶手在加工成形时，即将嵌装玻璃的凹槽一次制成，可减少现场焊接工作量，如图 4.3 所示。

3. 玻璃栏板单块间的拼接

玻璃栏板单块与单块之间，不得拼紧，应留出 8 mm 间隙。玻璃与其他材料的相交部位，也不能贴靠过紧，宜留出 8 mm 间隙，间隙内注入硅酮系列密封胶。

4. 栏板底座的做法

玻璃栏板底座的构造处理，主要是解决玻璃栏板的固定和踢脚部位的饰面处理。固定玻璃的做法较多，一般是采用角钢焊成的连接铁件，两条角钢之间留出适当间隙，即玻璃栏板的厚度再加上每侧 3～5 mm 的填缝间隙，如图 4.4 所示。此外，也可采用角钢与钢板相配合的做法，即一侧用角钢，另一侧用同角钢长度相等的 6 mm 厚钢板，钢板上钻 2 个孔用自攻螺钉将玻璃固定，在安装玻璃栏板时于玻璃和钢板之间垫设氯丁橡胶条，拧紧螺钉固定。

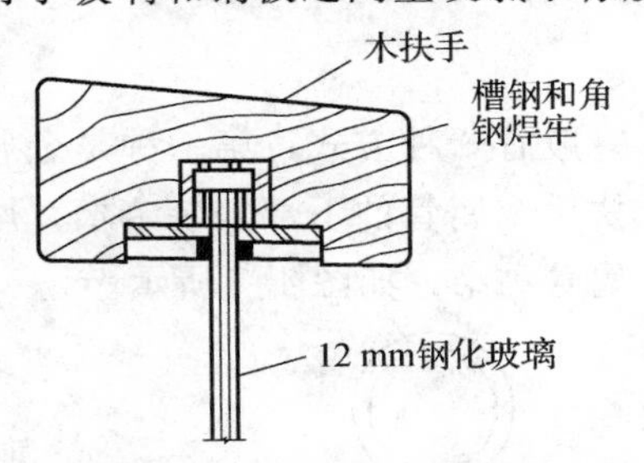

图 4.1　木扶手与玻璃栏板的连接

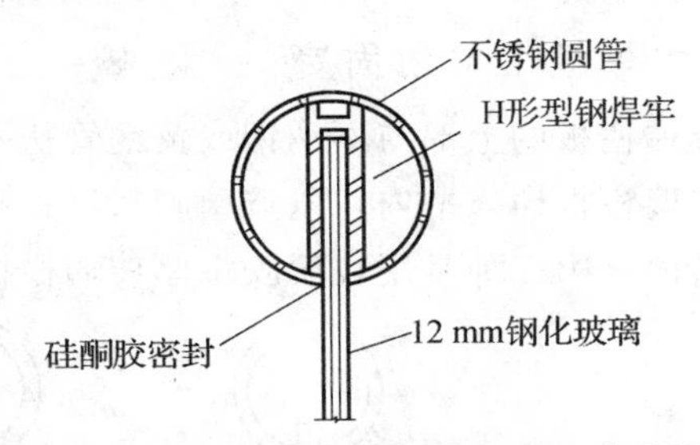

图 4.2　金属扶手加设型钢安装玻璃栏板

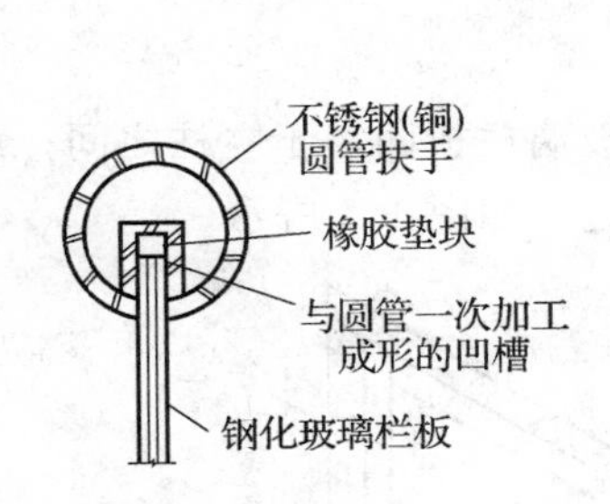

图 4.3　一次加工成形的金属扶手与玻璃栏板的安装固定

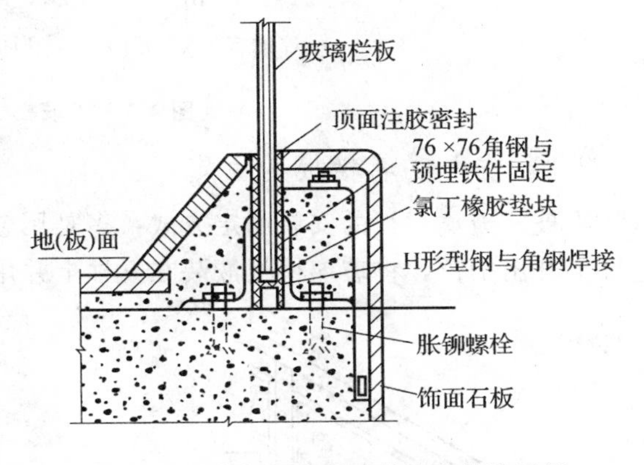

图 4.4　用角钢固定玻璃的底座做法示例

玻璃栏板的下端，不能直接坐落在金属固定件或混凝土楼地面上，应采用橡胶垫块将其垫起。玻璃板两侧的间隙，可填塞氯丁橡胶定位条将玻璃栏板夹紧，而后在缝隙上口注入硅酮胶密封。

技术提示

聚硫胶和硅酮胶通常用于固定和密封玻璃，在施工中必须选材正确，不能随意使用或混用。聚硫胶一般用于门窗，水气密性相对硅酮胶好一点，但是结构强度不行，不能用于有承重的地方，幕墙不能用。硅酮胶分为硅酮结构胶和硅酮密封胶，这两种胶外形几乎一致，结构胶只能用于幕墙，结构强度好，抗压抗拉性更好。

4.2.2 楼梯玻璃栏板的安装

对于室内楼梯栏板，其形式可以是全玻璃，称为全玻式，如图 4.5 所示；也可以是部分玻璃，称为半玻式，如图 4.6 所示。

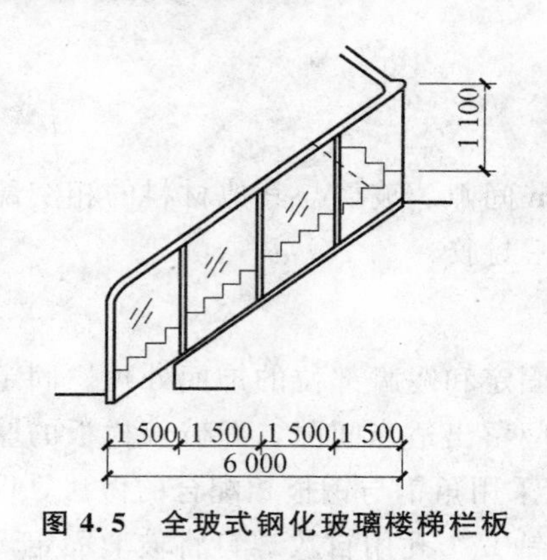

图 4.5　全玻式钢化玻璃楼梯栏板

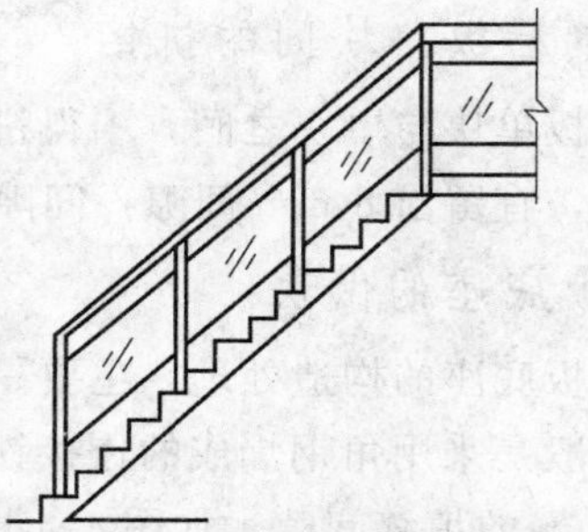

图 4.6　半玻式厚玻璃楼梯栏板

室内楼梯玻璃栏板构造做法较为灵活，下面介绍其安装方法。

1. 全玻式栏板上部的固定

全玻式楼梯栏板的上部与不锈钢或黄铜管扶手的连接，一般有 3 种方式：第一种是金属管的下部开槽，厚玻璃栏板插入槽内，以玻璃胶封口；第二种是在扶手金属管的下部安装卡槽，厚玻璃栏板嵌装在卡槽内；第三种是用玻璃胶将厚玻璃栏板直接与金属管黏结，如图 4.7 所示。

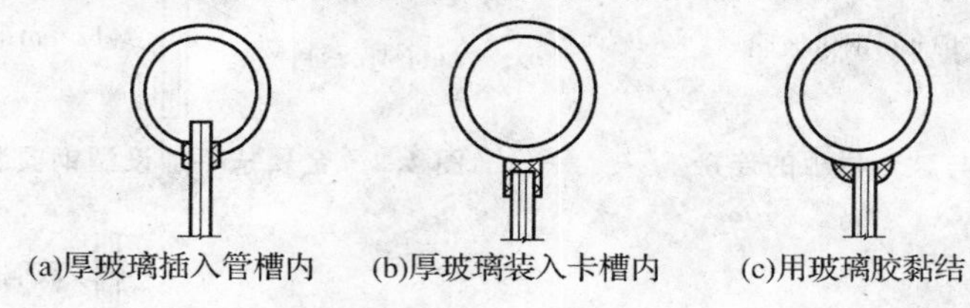

(a)厚玻璃插入管槽内　(b)厚玻璃装入卡槽内　(c)用玻璃胶黏结

图 4.7　玻璃栏板金属扶手的连接形式

2. 半玻式玻璃栏板的固定

半玻式玻璃栏板的安装固定方式，多是用金属卡槽将玻璃栏板固定于立柱之间；或者是在栏板立柱上开出槽位，将玻璃栏板嵌装在立柱上并用玻璃胶固定，如图 4.8 所示。

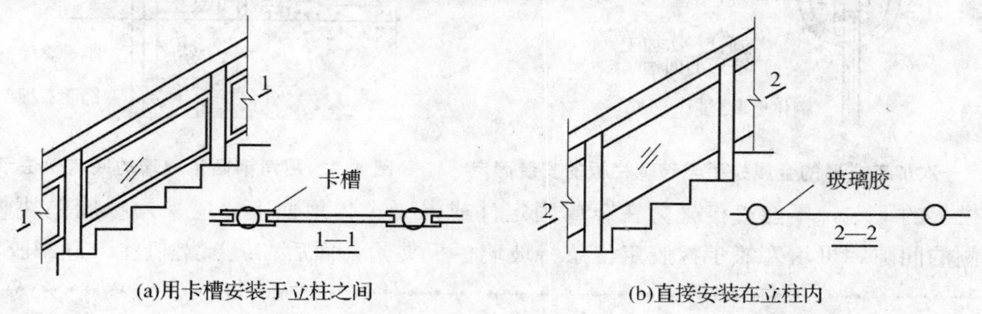

(a)用卡槽安装于立柱之间　(b)直接安装在立柱内

图 4.8　半玻式楼梯栏板玻璃的安装方式

3. 半玻式栏板下部的固定

玻璃栏板下部与楼梯结构的连接多采用较简易的做法。如图 4.9（a）所示为用角钢将玻璃板夹住定位，然后打玻璃胶固定玻璃并封闭缝隙；图 4.9（b）所示为采用天然石材饰面板作楼梯面装饰，在安装玻璃栏板的位置留槽，留槽宽度大于玻璃厚度 5～8 mm，将玻璃栏板安放于槽内之后，再加注玻璃胶封闭。玻璃栏板下部可加垫橡胶垫块。

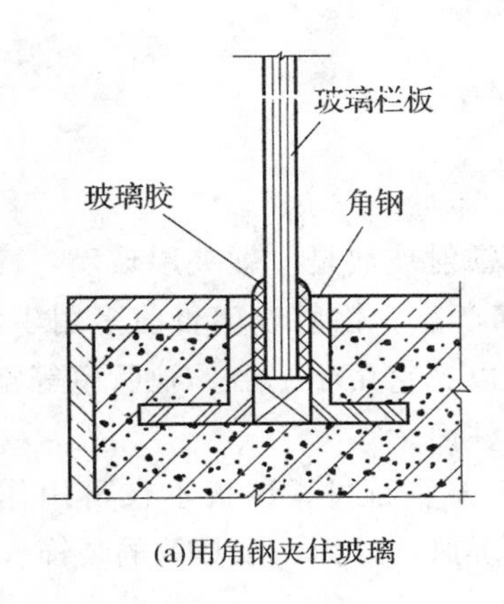

(a)用角钢夹住玻璃

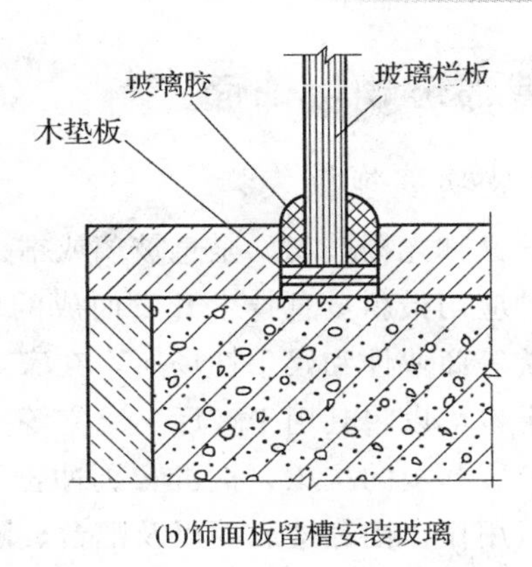

(b)饰面板留槽安装玻璃

图 4.9　全玻式栏板下部与楼梯地面的连接方式

4.2.3 玻璃栏板施工注意事项

(1) 在墙、柱等结构施工时，应注意栏板扶手的预埋件埋设，并保证其位置准确。

(2) 玻璃栏板底座在土建施工时，其固定件的埋设应符合设计要求。需加立柱时，应确定其准确位置。

(3) 多层走廊部位的玻璃栏板，为保证人们凭靠时的安全感，较合适的高度应为 1.1 m 左右。

(4) 栏板扶手安装后，要注意成品保护，以防止由于工种之间的干扰而造成扶手的损坏。对于较长的栏板扶手，在玻璃安装前应注意其侧向弯曲，应在适当部位加设临时支柱，以相应缩短其长度而减少变形。

(5) 栏板底座部位固定玻璃栏板的铁件（角钢及钢板等），其高度不宜小于 100 mm。固定件的中距，不宜大于 450 mm。

(6) 不锈钢及黄铜管扶手，其表面如有油污或杂物等影响光泽时，应在交工前进行擦拭，必要时要进行抛光。

【知识拓展】

使用硅酮密封胶对玻璃进行固定和填缝时，必须将接触介质的部位清洁干净，去除油污、尘土，然后设定填缝的宽度，贴上美纹纸胶带，确保施工后平整美观；平顺挤压胶枪，以 45°施工，对缝隙进行打胶密封；沿着施胶处表面，以钢珠棒抹平修饰胶体表面，去除多余的胶体；撕开美纹纸，胶体在初固化 3 h 前不得去碰触；隔天胶体即固化完全。

4.3　装饰玻璃板饰面

现代装饰中，玻璃板饰面被广泛采用。玻璃板饰面种类繁多，有镭射玻璃装饰板饰面、微晶玻璃装饰板饰面、幻影玻璃装饰板饰面、彩金玻璃装饰板饰面、珍珠玻璃装饰板饰面、宝石玻璃装饰板饰面、浮雕玻璃装饰板饰面、热反射镀膜玻璃装饰板饰面、镜面玻璃装饰板饰面以及彩釉钢化玻璃装饰板饰面和无线遥控聚光有声动感画面玻璃装饰板饰面等。

外墙饰面中，常用的有镭射玻璃装饰板饰面、微晶玻璃装饰板饰面、幻影玻璃装饰板饰面、彩釉钢化玻璃装饰板饰面、玻璃幕墙、空心玻璃砖等。至于其他玻璃装饰板饰面，则多用于内墙装饰及外墙局部造型装饰饰面。

4.3.1 装饰玻璃板饰面

1. 镭射玻璃装饰板装饰

镭射玻璃又称光栅玻璃、全息玻璃或镭射全息玻璃，镭射玻璃是一款夹层玻璃，应用镭射全息膜技术是一种应用最新全息技术开发而成的创新装饰玻璃产品。镭射玻璃目前多用于酒吧、酒店、商场、电影院等商业性和娱乐性场所，在家庭装修中也可以把它用于吧台、视听室等空间。若追求很现代的效果也可以将其用于客厅、卧室等空间的墙面、柱面。

镭射玻璃装饰板的抗压、抗折、抗冲击强度，均大于天然石材。该板不仅可用作内外墙面装饰，而且还可用作顶棚和楼底面以及吧台、隔断、灯饰、屏风、柱面、家具等的装饰。

(1) 镭射玻璃装饰板的分类。

从结构上分，有单片、夹层两种；从材质上分，有单层浮法玻璃、单层钢化玻璃、表层钢化底层浮法玻璃、底表层均为钢化或浮法玻璃；从透明度分，有反射不透明、反射半透明及全透明 3 种；从花型上分，有根雕、水波纹、星空、叶状、彩方、风火轮、大理石纹、花岗石纹、山水、人物等多种；从色彩上分，有红、白、蓝、黑、黄、绿、茶等色；从几何形状上分，有方板、圆板、矩形板、曲面板、椭圆板、扇形板等多种。

(2) 镭射玻璃装饰板建筑墙体装饰的基本构造及施工。

镭射玻璃装饰板建筑装饰的做法，一般有铝合金龙骨贴墙做法、直接贴墙做法、离墙吊挂做法 3 种。

①铝合金龙骨贴墙做法。镭射玻璃装饰板铝合金龙骨贴墙做法，将铝合金龙骨直接粘贴于建筑墙体上，再将镭射玻璃饰面板与龙骨黏牢，如图 4.10、图 4.11 所示。该做法施工简便快捷，造价比较经济。

施工工艺流程为：墙体表面处理－抹砂浆找平层－安装贴墙龙骨－镭射玻璃装饰板试拼、编号－上胶处打磨净、磨糙－调胶－涂胶－镭射玻璃装饰板就位粘贴－加胶补强－清理嵌缝。

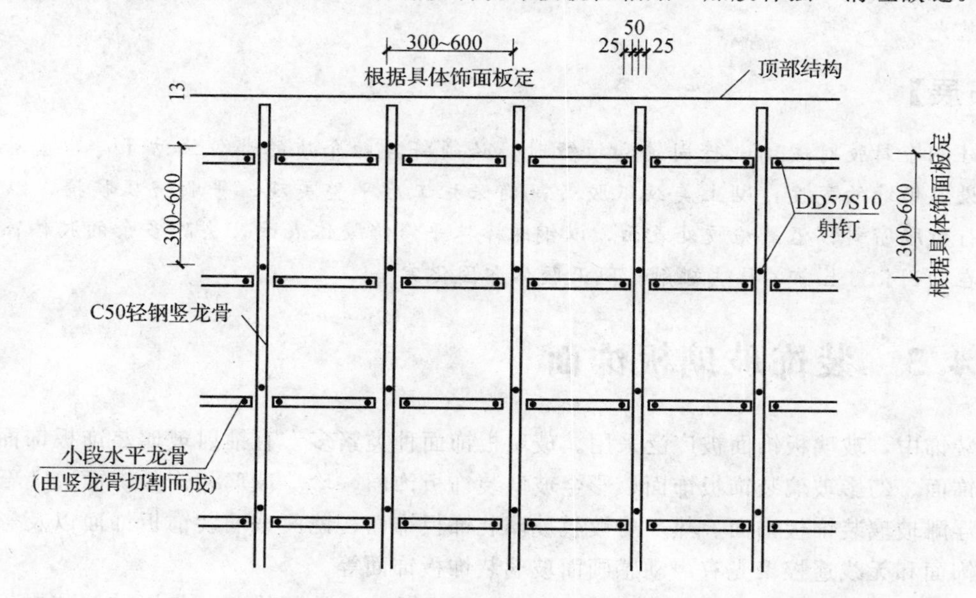

图 4.10 龙骨贴墙做法布置、锚固示意图

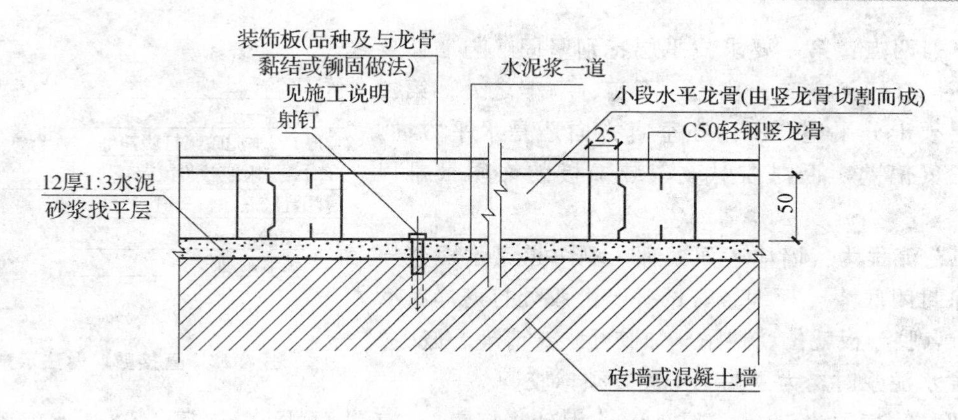

图 4.11　龙骨贴墙做法示意图

a. 墙体表面处理。墙体表面的灰尘、污垢、油渍等清除干净，并洒水湿润。

b. 找平层。砖墙表面抹 12 mm 厚 1∶3 水泥砂浆找平层，必须保证十分平整。

c. 安装贴墙龙骨。用射钉将龙骨与墙体固定。射钉间距一般为 200～300 mm，小段水平龙骨与竖龙骨之间应留 25 mm 缝隙，竖龙骨顶端与顶层结构之间（如地面等）均应留 13 mm 缝隙，作通风之用。全部龙骨安装完结之后，须进行抄平、修正。

d. 试拼、编号。按具体设计的规格、花色、几何图形等翻制施工大样图，排列编号，翻样试拼，校正尺寸，四角套方。

e. 调胶。随调随用，超过施工有效时间的胶，不得继续使用。

f. 涂胶。在镭射玻璃装饰板背面沿竖向及横向龙骨位置，点涂胶，胶点厚 3～4 mm，各胶点面积总和按每 50 kg 玻璃板为 120 cm^2 掌握。

g. 镭射玻璃装饰板就位、粘贴。按镭射玻璃装饰板试拼的编号，顺序上墙就位，进行粘贴。利用玻璃装饰板背面的胶点及其他施工设备，使镭射玻璃装饰板临时固定，然后迅速将玻璃板与相邻各板进行调平、调直。必要时可加用快干型大力胶涂于板边帮助定位。

h. 加胶补强。粘贴后，对黏合点详细检查，必要时需加胶补强。

i. 清理嵌缝。镭射玻璃装饰板全部安装粘贴完毕后，将板面清理干净，板间是否留缝及留缝宽度应按具体设计处理。

镭射玻璃装饰板采用的品种，如玻璃基片种类、厚度、层数以及玻璃装饰板的花色、规格、透明度等均须在具体施工图内注明。为了保证装饰质量及安全，室外墙面装饰所用的镭射玻璃装饰板宜采用双层钢化玻璃。

如所用装饰板并非方形板或矩形板，则龙骨的布置应另出施工详图，安装时应照具体设计的龙骨布置详图进行施工。

内墙除可用铝合金龙骨外，还可用木龙骨和轻钢龙骨。

木龙骨或轻钢龙骨胶贴镭射玻璃装饰板又分两种：一种是在木龙骨或轻钢龙骨上先钉一层胶合板，再将装饰板用胶黏剂贴于胶合板上；另外一种是将装饰板用胶黏剂直接贴于木龙骨或轻钢龙骨上。前者称龙骨加底板胶贴做法，后者称龙骨无底板胶贴做法。

墙体在钉龙骨之前，须涂 5～10 mm 厚的防潮层一道，均匀找平，至少 3 遍成活，以兼做找平层之用。木龙骨应用 30 mm×40 mm 的龙骨，正面刨光，满涂防腐剂一道，防火涂料 3 道。

木龙骨与墙的连接，可以预埋防腐木砖，也可以用射钉固定。轻钢龙骨也只能用射钉固定。

镭射玻璃装饰板与龙骨的固定，除采用粘贴之外，其与木龙骨的固定还可用玻璃钉锚固法，与轻钢龙骨的固定用自攻螺钉加玻璃钉锚固或采用紧固件镶钉做法。

②直接贴墙做法。镭射玻璃装饰板直接贴墙做法不要龙骨，而将镭射玻璃装饰板直接粘贴于墙体表面之上，如图 4.12 所示。该做法要求墙体砌得特别平整，并要求墙体表面找平层的施工必须

特别注意下列两点：第一要求找平层特别坚固，与墙体要黏结好，不得有任何空鼓、疏松、不实、不牢之处；第二要求找平层须十分平整，不论在垂直方向还是水平方向，均不得有正负偏差，否则镭射玻璃装饰板装饰质量难以保证。

施工工艺流程为：墙体表面处理－刷一道素水泥浆－找平层－涂封闭底漆－板编号、试拼－上胶处打磨净、磨糙－调胶－点胶－板就位、粘贴－加胶补强－清理、嵌缝。

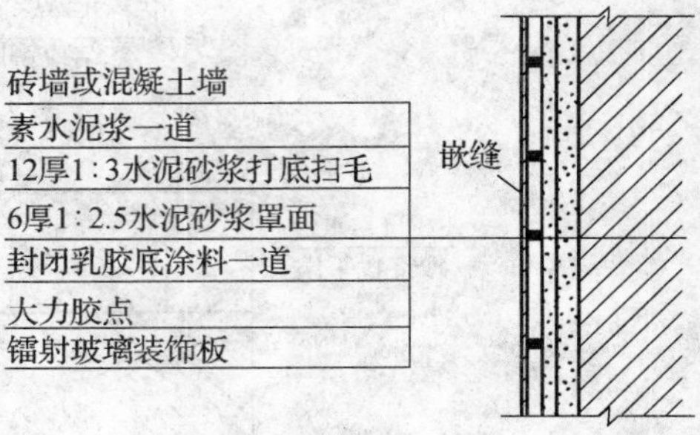

砖墙或混凝土墙
素水泥浆一道
12厚1∶3水泥砂浆打底扫毛
6厚1∶2.5水泥砂浆罩面
封闭乳胶底涂料一道
大力胶点
镭射玻璃装饰板
嵌缝

图 4.12　直接贴墙做法示意图

a. 刷素水泥浆时，为了黏结牢固，须掺胶。

b. 找平层。底层为 12 mm 厚 1∶3水泥砂浆打底、扫毛，再抹 6 mm 厚 1∶2.5 水泥砂浆罩面。

c. 涂封闭底漆。罩面灰养护 10 d 后，当含水量小于 10%时，刷或涂封闭乳胶漆一道。

d. 粘贴。直接向墙体粘贴的镭射玻璃装饰板产品，其背面必须有铝箔。凡不加铝箔者，不得用本做法施工。

找平层粘贴镭射玻璃装饰板如有不平之处，须垫平者，可用快干型大力胶加细砂，调匀补平，须铲平者可用铲刀铲平。

其余同铝合金龙骨贴墙做法。

③离墙吊挂做法。镭射玻璃装饰板离墙吊挂做法适用于具体设计中必须将玻璃装饰板离墙吊挂之处，如墙面突出部分、突出的腰线部分、突出的造型面部分、墙内须加保温层部分等。如图 4.13 所示。

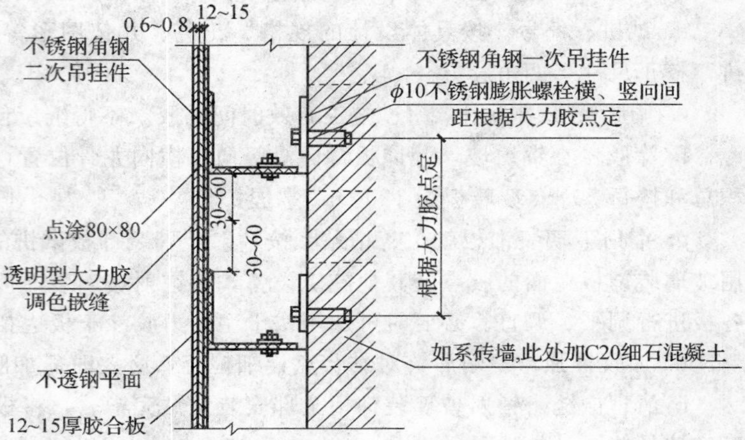

施工工艺流程为：墙体表面处理－墙体钻孔打洞装膨胀螺栓－装饰板与胶合板基层粘贴复合－板编号、试拼－安装不锈钢挂件－上胶处打磨净、磨糙－调胶、点胶－板就位粘贴－清理嵌缝。

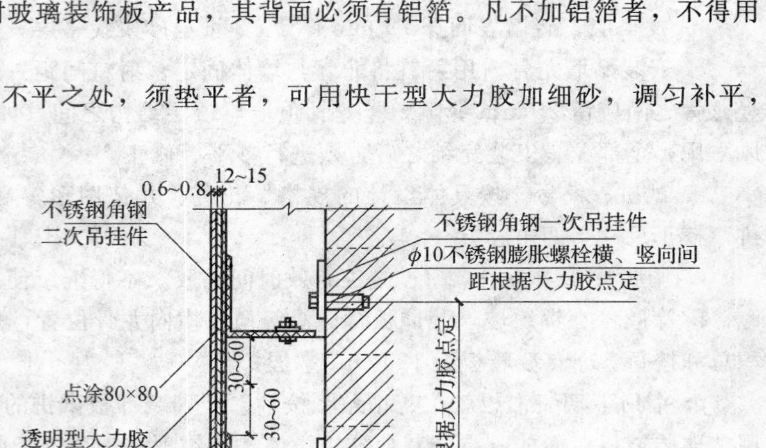

图 4.13　离墙吊挂做法示意图

a. 镭射玻璃装饰板与胶合板基层粘贴。镭射玻璃装饰板在上墙安装之前，须先与 12～15 mm 厚胶合板基层粘贴。粘贴前，胶合板涂抹防火涂料 3 遍，防腐涂料一遍，且镭射玻璃装饰板必须用背面带有铝箔层者。将胶合板（正面）与大力胶黏结、接触之处，预先打磨净，将所有浮松物以及所有不利于黏结的杂物等清除干净。镭射玻璃装饰板背面涂胶处，只须将浮松物及不利于粘贴的杂物清除，不得打磨，亦不得将铝箔损坏。

由于镭射玻璃装饰板品种甚多，该装饰板的基片种类不同，结构层数不同，则其单位面积的重量也不相同，所以涂胶按面积来控制。

b. 将不锈钢一次吊挂件及二次吊挂件安装就绪，并借吊挂件的调整孔将一次性吊挂件调直（垂直），上下左右位置调准。按墙板高低前后要求将二次吊挂件位置调正。一次吊挂件及二次吊挂件示意图如图 4.14、4.15 所示。

注意：上述做法亦可改为先将 12～15 mm 厚胶合板用胶粘贴于不锈钢二次吊挂件上（施工同上），然后将镭射玻璃装饰板粘贴于胶合板上（施工同上）。这两种做法各有优缺点，施工时可按具体情况分别采用。

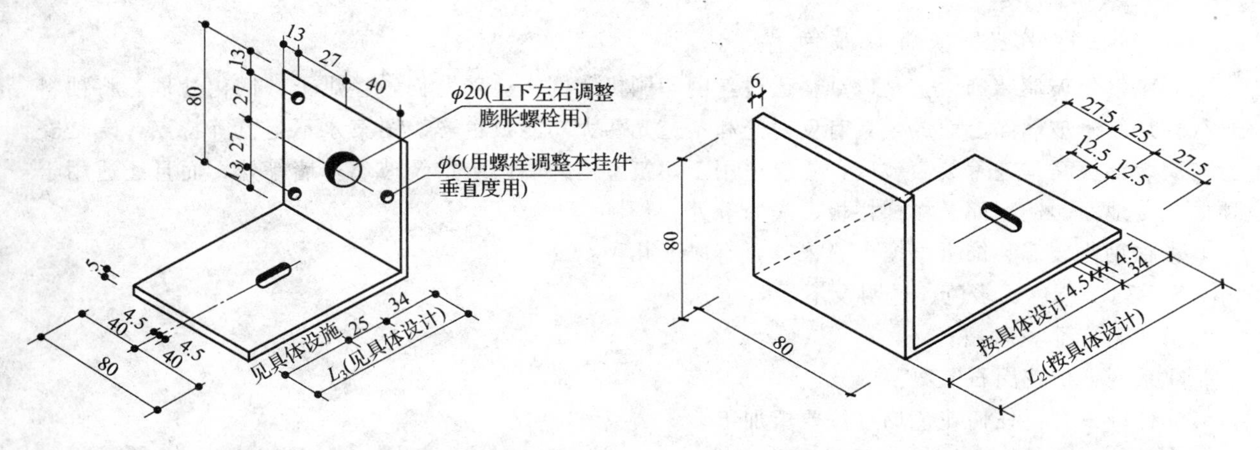

图 4.14　离墙吊挂做法一次吊挂件示意图　　**图 4.15　离墙吊挂做法二次吊挂件示意图**

(3) 镭射玻璃装饰板建筑墙面装饰注意事项。

镭射玻璃装饰板的特点是具有光栅效果，但光栅效果是随着环境条件的变化而变化的。同一块镭射玻璃装饰板放在甲处，可能色彩万千，但放在乙处，也可能光彩全无。因此镭射玻璃装饰板墙面装饰，设计时必须根据其环境条件来科学地选择其装饰位置。

普通镭射玻璃装饰板的太阳光直接反射比，国家标准为大于 4%。各厂产品由于工艺、选材的不同，其反射比也不尽相同，最高的可达到 25%左右。

太阳光直接反射比随着视角和光线入射角的变化而变化。在一般条件下，镭射玻璃装饰板建筑外墙面装饰，设计时应将该板布置在与视线位于同一水平面处或低于视线之处，这样，效果最佳。当仰视角在 45°以内时，效果则逐渐减弱。如装饰处在 4 m 以上，则室内 10 m 以外，效果很差。因此，设计时应充分考虑装饰位置的高度以及光照、朝向及远距离视觉效果等因素。

2. 微晶玻璃装饰板装饰

微晶玻璃装饰板也是当代高级建筑新型装饰材料之一。该板具有耐磨、耐风化、耐高温、耐腐蚀及良好的电绝缘和抗电击等性能，其各项理、化、力学性能指标均优于天然石材。该板表面光滑如镜，色泽均匀一致，光泽柔和莹润，适用于建筑物内外墙面、顶棚、楼地面装饰。

微晶玻璃装饰板有白、灰、黑、绿、黄、红等色，并有平面板、曲面板两类。用于外墙装饰者，须采用板后涂有 PVA 树脂的产品。

微晶玻璃装饰板，基本上分为铝合金龙骨贴墙做法、直接贴墙做法、离墙吊挂做法 3 种。其构造及施工均与镭射玻璃装饰板装饰墙面相同。

3. 幻影玻璃装饰板装饰

幻影玻璃装饰板是一种具有闪光及镭射反光性能的玻璃装饰板，其基片为浮法玻璃或钢化玻璃，有夹层、单层两种。

该装饰板不仅可用于建筑内外墙的装饰，亦可用于建筑顶棚或楼、地面的装饰。它有金、银、红、紫、玉、绿、宝蓝及七彩珍珠等色，各种彩色的幻影玻璃装饰板可单独使用，亦可互相搭配组合。幻影玻璃装饰板有硬质、软质两种，前者适用于平面装饰，后者适用于曲面装饰。另外，3 mm厚钢化玻璃基片适用于建筑墙面装饰，5 mm 厚钢化玻璃基片适用于建筑墙面及楼、地面装饰，8 mm 厚钢化玻璃基片适用于舞厅、戏台地面装饰，(8+5) mm 厚钢化玻璃基片适用于舞厅架空地面，可在玻璃下装灯。

现在有幻影玻璃装饰板、幻影玻璃壁面、幻影玻璃地砖、幻影玻璃软板、幻影玻璃吧台等多种产品。

幻影玻璃装饰板建筑装饰的基本构造及做法，与镭射玻璃装饰板相同。

4. 彩釉钢化玻璃装饰板装饰

彩釉钢化玻璃装饰板，是以釉料通过丝网印刷机印刷在玻璃背面，经烘干、钢化处理，将釉料永久性烧结于玻璃面上而成，具有反射光和不透光两大功能及色彩、图案永不褪色等特点，既是安全玻璃装饰板又是艺术装潢玻璃，不仅适用于建筑室内外墙面装饰及玻璃幕墙等处，而且还适用于顶棚、楼地面、造型面及楼梯栏板、隔断等处。

彩釉钢化玻璃装饰板根据色彩来分，有以下几种：

S系列：单色、多色、透明及不透明。

M系列：金丝釉料。

G系列：仿花岗石图案。

非标准系列：任何花色均可按要求加工。

彩釉钢化玻璃装饰板根据图案来分，有以下几种：

圆点系列：各种底色，各色圆点。

色条系列：各种底色，各色条纹，横条、竖条、斜条、宽条、窄条，一应俱全。

碎点系列：各色底色，各色碎点。

色带系列：各种底色，各色色带。

仿花岗石系列：各种名贵花岗石装饰板，花色俱全，外观逼真。

非以上标准图案，可根据要求加工。

以上各种花色图案的彩釉钢化玻璃装饰板在装饰中，可以单独使用，亦可互相搭配使用。

彩釉钢化玻璃的厚度有 4 mm、5 mm、6 mm、8 mm、10 mm、12 mm、15 mm、19 mm 等多种，规格最小者有 300 mm×500 mm (12 in×20 in)，最大者有 2 100 mm×3 300 mm (84 in×130 in)等，吊挂式玻璃幕墙所用者最大规格可在 2 000 mm×10 000 mm 左右。其构造及施工方法同镭射玻璃，只是施工中有一些注意事项见表 4.1。

表 4.1 注意事项说明

序号	注意事项
1	彩釉钢化玻璃装饰板应保存于材料仓库内或防雨、防湿、干燥通风之处，如受条件所限不得不露天存放时，装饰板须用防水篷布盖严，以防雨水流入，下雨须用 100 mm 以上厚的木台垫高，并在木台上加铺防水材料如油毡等加以防水。另外须定期打开篷布以使通风，并及时检查装饰板是否受潮受湿
2	在接近彩釉钢化玻璃装饰板附近，进行喷砂、切割、焊接等作业时，应用隔板将彩釉玻璃装饰板隔开，以免损伤装饰板
3	在施工或风雨期间，混凝土浆、砌筑砂浆及抹灰砂浆和钢材受水湿后的流液等，对彩釉钢化玻璃装饰板均有腐蚀作用，应严防装饰板遭受上述各种侵蚀、污染，以免腐蚀
4	彩釉玻璃装饰板在安装之前，不要过早开箱，以免开箱后由于不能及时安装而在搬运及再存放过程中受到损伤
5	彩釉钢化玻璃装饰板不能进行切割、打眼等二次加工。故在订货时必须提出准确的装饰板的几何图形、规格尺寸及所有切角、打孔等的位置尺寸，让生产单位按要求生产
6	施工中对彩釉钢化玻璃装饰板上的指纹、油污、灰尘、胶迹、灰浆、残渣等，应随时清理干净，以免日久装饰板上产生霉迹，影响装饰效果。在保证不损坏密封胶及铝合金框架的前提下，可使用玻璃清洁剂进行清洗
7	彩釉钢化玻璃装饰板在安装时须分清其正、反两面。光滑无釉者为装饰板正面
8	彩釉钢化玻璃装饰板虽有优良的热稳定性，但亦不宜距离蒸汽管道过近，一般以距离管道 150～200 mm 为宜

水晶玻璃墙面砖、珍珠玻璃装饰板、彩金玻璃装饰板、彩雕玻璃装饰板和宝石玻璃装饰板建筑内墙装饰均系当代建筑内墙高档新型装饰，千姿百态，各有特点。

水晶玻璃墙面砖系以钢化玻璃加工而成，光滑坚固，耐蚀耐磨。分浮雕、彩雕两类。

珍珠玻璃装饰板质地坚硬，耐磨，耐酸碱，反射率、折射率高，具有珍珠光泽。

彩金玻璃装饰板是当代最新的一种装潢材料，表面光彩夺目，金光闪闪，质地坚硬，耐磨，耐酸碱及各类溶剂，适用于墙面、水晶舞台、顶棚等处的装饰。

彩雕玻璃装饰板又名彩绘玻璃装饰板，色彩迷人，立体感强，夜间打上灯光，艺术效果更佳。

宝石玻璃装饰板质地坚硬，耐磨，耐酸碱及各类溶剂。

以上各种新型装饰板、砖的规格尺寸，与高级浮法玻璃、钢化玻璃相同，用以装饰墙面、顶棚，尤其适用于舞台、舞厅的装饰。

上述几种装饰板、砖建筑内墙基本构造做法及施工工艺，与镭射玻璃装饰板建筑内墙装饰相同。

4.3.2 镜面玻璃建筑内墙装饰

镜面玻璃建筑内墙装饰所用的镜面玻璃，在构造上、材质上，与一般玻璃镜均有所不同。它是以高级浮法平面玻璃，经镀银、镀铜、镀漆等特殊工艺加工而成，与一般镀银玻璃镜、真空镀铝玻璃镜相比，具有镜面尺寸大、成像清晰逼真、抗盐雾及抗热性能好、使用寿命长等特点，表 4.2 为镜面玻璃抗盐、抗雾性能及产品规格。镜面玻璃有白色、茶色两种，镜面玻璃尚有一种自动防雾的，不论是自然气候产生的雾，还是使用热水产生的雾，均能自动消除，使镜面始终保持清洁明亮。

表 4.2　镜面玻璃抗蒸汽、抗盐雾性能及产品规格

项目		说明		
等级		A 级	B 级	C 级
镜面玻璃的反射表面	抗 50 ℃蒸汽性能	759 h 后无腐蚀	506 h 后无腐蚀	253 h 后无腐蚀
	抗盐雾性能	759 h 后不应有腐蚀	506 h 后不应有腐蚀	253 h 后不应有腐蚀
镜面玻璃的边缘	抗 50 ℃蒸汽性能	506 h 后无腐蚀	253 h 后，平均腐蚀边缘不应大于 100 μm，其中最大者不得超过 250 μm	253 h 后，平均腐蚀边缘不应大于 150 μm，其中最大者不得大于 400 μm
	抗盐雾性能	506 h 后平均腐蚀边缘不应大于 250 μm，其中最大者不得大于 400 μm	253 h 后，平均腐蚀边缘不应大于 250 μm，其中最大者不得大于 400 μm	253 h 后，平均腐蚀边缘不应大于 400 μm，其中最大者不得大于 600 μm
产品规格/mm		厚度：2～12 最大尺寸：2 200×3 300	厚度：2～12 最大尺寸：2 200×3 300	厚度：2～12 最大尺寸：2 200×3 300

镜面玻璃建筑内墙装饰的构造基本上分木龙骨做法及无龙骨做法两类。镜面玻璃可将边磨成斜边。

1. 镜面玻璃内墙装饰木龙骨施工工艺

木龙骨施工工艺流程为：墙面清理、修整—涂防潮层—装防腐、防火木龙骨—安装阻燃型胶合板—安装镜面玻璃—清理嵌缝—封边、收口。

（1）墙体表面涂防潮（水）层。

墙体表面涂防潮层一道，非清水墙者防潮层厚 4～5 mm，至少 3 遍成活。清水墙厚 6～12 mm，兼作找平层用，至少 3～5 遍成活。

（2）安装防腐、防火、木龙骨。

30 mm×40 mm 木龙骨，正面刨光，背面刨通长防翘凹槽一道，满涂氟化钠防腐剂一道，防火涂料3道。按中距450 mm双向布置，用射钉与墙体钉牢，钉头须射入木龙骨表面0.5～1 mm左右，钉眼用油性腻子腻平。须切实钉牢，不得有松动、不实、不牢之处。龙骨与墙面之间有缝隙之处，须以防腐木片（或木块）垫平塞实。

（3）安装镜面玻璃。

常用紧固件镶钉法和胶黏法。

①紧固件镶钉法。

a. 弹线。根据具体设计，在胶合板上将镜面玻璃位置及镜面玻璃分块一一弹出。

b. 安装。按具体设计用紧固件及装饰压条等将镜面玻璃固定于胶合板及木龙骨上。钉距和采用何种紧固件、何种装饰压条，以及镜面玻璃的厚度、尺寸等，均按具体工程具体设计办理。紧固件一般有螺钉固定、玻璃钉固定、嵌钉固定、托压固定等，如图4.16～图4.19所示。

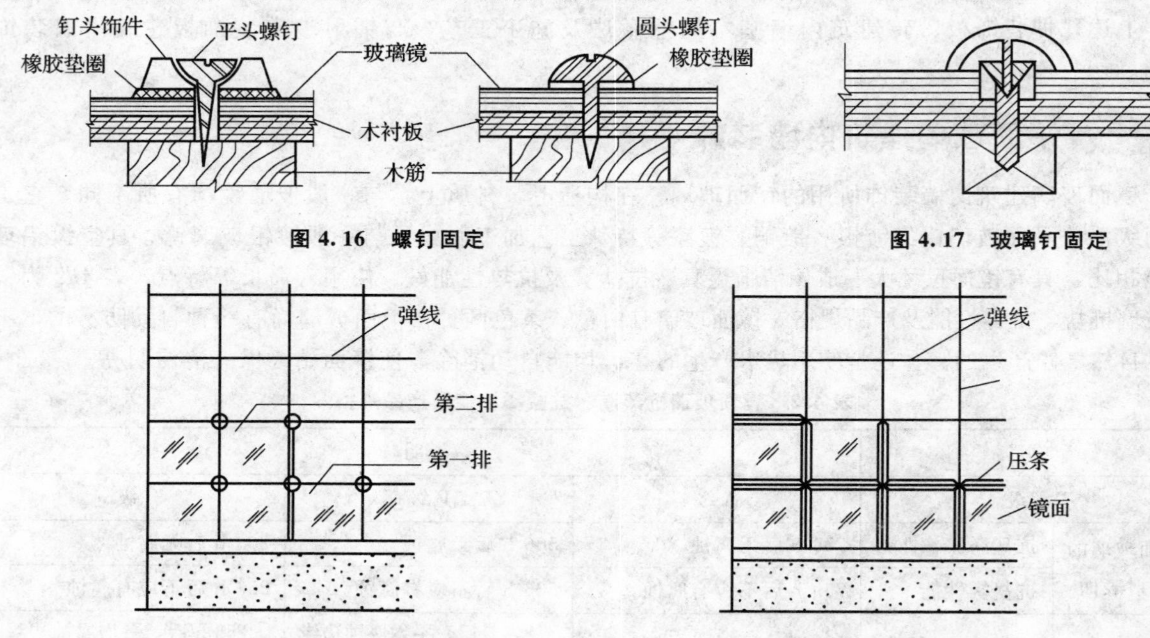

图4.16 螺钉固定

图4.17 玻璃钉固定

图4.18 嵌钉固定

图4.19 托压固定

c. 修整表面。整个镜面玻璃墙面安装完毕后，应严格检查装饰质量。如发现不牢、不平、松动、倾斜、压条不直及平整度、垂直度、方正度偏差不符合质量要求之处，均应彻底修正。

d. 封边收口。整个镜面玻璃墙面装饰的封边、收口及采用何种封边压条、收口饰条等均按具体设计处理。

②胶粘贴做法。

a. 弹线同紧固件镶钉法。

b. 镜面玻璃保护层。将镜面玻璃背面清扫干净，所有尘土、沙粒、杂屑等应清除干净。在背面满涂白乳胶一道，满堂粘贴薄牛皮纸保护层一层，并用塑料薄板（片）将牛皮纸刮贴平整。或在准备点胶处，刷一道混合胶液，粘贴铝箔保护层，周边铝箔宽150 mm，与四边等长。其余部分铝箔均为150 mm。

c. 打磨、磨糙。凡胶合板表面与大力胶点黏结之处，均须预先打磨净，将浮松物、垃圾、杂屑以及所有不利于黏结之物清除干净，以利黏结。过于光滑之处，须磨糙。镜面玻璃背面保护层上点涂胶处，亦应清理干净，不得有任何不利于黏结之杂物、浮尘、杂屑、砂粒等物存在，但不得打磨。

d. 上胶（涂胶）。在镜面玻璃背面保护层上进行点式涂胶（即“点涂”玻璃胶）。

e. 镜面玻璃上墙、胶贴。将镜面玻璃按胶合板上之弹线位置，顺序上墙就位，进行粘贴。利用镜面玻璃背面中间的快干型玻璃胶点及其他施工设备，使镜面玻璃临时固定，然后迅速将镜面玻璃与相邻玻璃进行调正、理直，同时将镜面玻璃按压平整。胶硬化后将固定设备拆除。

f. 清理、嵌缝。镜面玻璃全部安装、粘贴完毕后，将玻璃表面清理干净，是否留缝及留缝宽度，均应按具体设计规定办理。

g. 封边、收口。根据具体设计。

无龙骨做法同木龙骨做法基本相同，只是玻璃镜直接粘贴在墙上或直接用压条、线脚固定。其余要求同有龙骨做法。

玻璃顶棚做法分两部分：一部分为吊顶龙骨，另一部分为玻璃板安装。吊顶龙骨做法在吊顶工程中有详细叙述，在此不再赘述。玻璃板安装同墙柱面方法，有直接粘贴在龙骨上或找平层上两种。

2. 施工注意事项

(1) 镜面玻璃如用玻璃钉或其他装饰钉镶钉于木龙骨上时，须先在镜面玻璃上加工打孔。孔径应小于玻璃钉端头直径或装饰钉直径 3 mm。钉的数量及分布，应按具体设计办理。

(2) 用胶粘贴时，为了美观要求，亦可加玻璃钉或装饰钉。这种做法，称为“胶黏、镶钉”做法。镜面玻璃用大力胶粘贴，已非常牢固，如在美观上无法加钉时，以不加为宜，否则处理不当，反而会画蛇添足，影响美观。

(3) 用玻璃钉固定镜面玻璃时，玻璃钉应对角拧紧，但不能太紧，以免损伤玻璃，应以镜面玻璃不晃动为准。拧紧后应最后将装饰钉帽拧上。

(4) 阻燃型胶合板应用两面刨光一级产品。板面亦可加涂油基封底剂一道。

(5) 镜面玻璃亦可将四边加工磨成斜边。这样，由于光学原理的作用，光线折射后可使玻璃直观立体感强，给人以一种高雅新颖的感受。

4.4 质量标准及检验方法

4.4.1 玻璃墙工程

1. 主控项目

(1) 玻璃砖墙工程的检查数量应符合下列规定：

每个检验批应至少抽查 20%，并不得少于 6 间；不足 6 间时应全数检查。

(2) 玻璃砖墙工程所用材料的品种、规格、性能、图案和颜色应符合设计要求。玻璃板墙应使用安全玻璃。

检验方法：观察；检查产品合格证书、进场验收记录和性能检测报告。

(3) 玻璃砖墙的砌筑或玻璃板墙的安装方法应符合设计要求。

检验方法：观察。

(4) 玻璃砖隔墙砌筑中埋设的拉结筋必须与基体结构连接牢固，并应位置正确。

检验方法：手扳检查；尺量检查；检验隐蔽工程验收记录。

(5) 玻璃板墙的安装必须牢固。玻璃板隔墙胶垫的安装应正确。

检查方法：观察；手推检查；检查施工记录。

2. 一般项目

(1) 玻璃墙表面应色泽一致，平整洁净，清晰美观。

检验方法：观察。

(2) 玻璃墙接缝应横平竖直，玻璃应无裂痕、缺损和划痕。

检验方法：观察。

(3) 玻璃板墙嵌缝及玻璃砖墙勾缝应密实平整、均匀顺直、深浅一致。

检验方法：观察。

(4) 玻璃墙安装的允许偏差和检验方法应符合表 4.3 的规定。

表 4.3 玻璃隔墙安装的允许偏差和检验方法

项次	项目	允许偏差/ mm		检验方法
		玻璃砖	玻璃板	
1	立面垂直度	3	2	用 2 m 垂直检尺检查
2	表面平整度	3	—	用 2 m 靠尺和塞尺检查
3	阴阳角方正	—	2	用直角检测尺检查
4	接缝直线度	—	2	拉 5 m 线，不足 5 m 拉通线，用钢直尺检查
5	接缝高低差	3	2	用钢直尺和塞尺检查
6	接缝宽度	—	1	用钢直尺检查

4.4.2 护栏和扶手制作与安装工程

每个检验批的护栏和扶手应全部检查。检查数量应符合下列规定：

1. 主控项目

(1) 护栏和扶手制作与安装所使用材料的材质、规格、数量和木材、塑料的燃烧性能等级应符合设计要求。

检验方法：观察；检查产品合格证书、进场验收记录和性能检测报告。

(2) 护栏和扶手的造型、尺寸和安装位置应符合设计要求。

检验方法：观察；尺量检查；检查进场验收记录。

(3) 护栏和扶手安装预埋件的数量、规格、位置以及护栏与预埋件的连接节点应符合要求。

检查方法：检查隐蔽工程验收记录和施工记录。

(4) 护栏高度、栏杆间距、安装位置必须符合设计要求。护栏安装必须牢固。

检验方法：观察；尺量检查；手扳检查。

(5) 护栏玻璃应使用厚度不小于 12 mm 厚的钢化玻璃或钢化夹层玻璃。当护栏一侧距楼地面高度为 5 m 及以上时，应使用钢化夹层玻璃。

检验方法：观察；尺量检查；检查产品合格证书和进场验收记录。

2. 一般项目

(1) 护栏和扶手转角弧度应符合设计要求，接缝应严密，表面应光滑，色泽应一致，不得有裂缝、翘曲及损坏。

(2) 护栏和扶手安装的允许偏差和检验方法应符合表 4.4 的规定。

表 4.4 护栏和扶手安装的允许偏差和检验方法

项次	项目	允许偏差/ mm	检验方法
1	护栏垂直度	3	用 1 m 垂直检测尺检查
2	栏杆间距	3	用钢直尺检查
3	扶手直线度	4	拉通线，用钢直尺检查
4	扶手高度	3	用钢直尺检查

【重点串联】

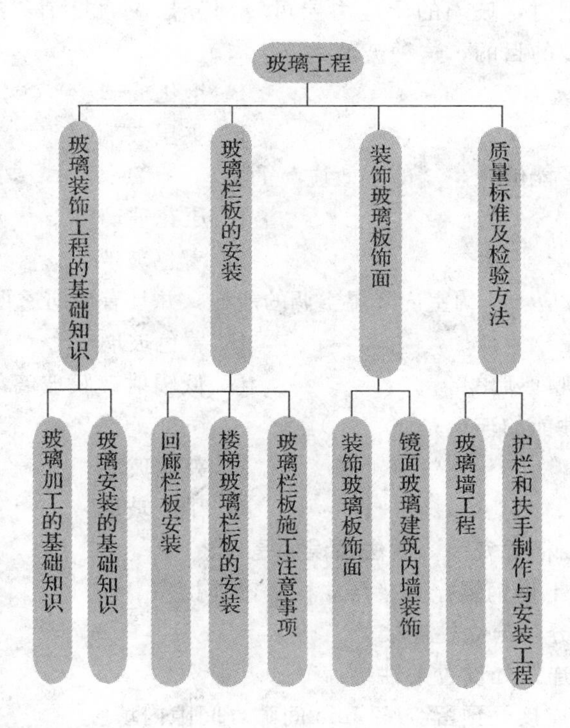

拓展与实训

职业能力训练

一、填空题

1. 玻璃板隔墙应使用________。

2. 可用于有抗冲击作用要求的商店、银行、橱窗、隔断及水下工程等安全性能高的场所或部位的玻璃的________。

3. 加工好的隐框玻璃板块，应随机进行________试验。

二、单项选择题

1. 下列各项中，属于装饰玻璃的是(　　)。

A. 釉面玻璃　　B. 夹丝玻璃

C. 刻花玻璃　　D. 冰花玻璃

E. Low-E 玻璃

2. 关于钢化玻璃的特性，下列说法中正确的有(　　)。

A. 机械强度高　　B. 弹性好

C. 无自爆　　D. 热稳定性好

E. 碎后不易伤人

3. 同时具备安全性、防火性、防盗性的玻璃是(　　)。

A. 钢化玻璃　　B. 夹层玻璃

C. 夹丝玻璃　　D. 镀膜玻璃

4. 当受到外力作用时，玻璃的压应力层可将部分拉应力抵消，避免玻璃的碎裂从而达到提高玻璃强度的目的，这种玻璃是（　　）。

A. 冰花玻璃　　B. 钢化玻璃

C. 夹丝玻璃　　D. 夹层玻璃

5. 在阳光照射下，能够产生“冷室效应”的是(　　)。

A. 净片玻璃　　B. 压花玻璃

C. 钢化玻璃　　D. 着色玻璃

6. 可以避免暖房效应，节约室内降温空调的能耗，并具有单向透视性的玻璃是（　　）。

A. 钢化玻璃　　B. 着色玻璃

C. 阳光控制镀膜玻璃　　D. 低辐射镀膜玻璃

7. 具有良好隔声性能的玻璃是（　　）。

A. 钢化玻璃　　B. 夹丝玻璃

C. 夹层玻璃　　D. 中空玻璃

8. 构件式玻璃幕墙横梁安装，做法错误的是(　　)。

A. 横梁应采用不锈钢螺栓直接与立柱紧密连接

B. 横梁一般应分段与立柱连接

C. 横梁与立柱连接处设置柔性垫片

D. 横梁与立柱连接处预留 1～2 mm 间隙，间隙内填胶

9. 半隐框、隐框玻璃幕墙面板采用硅酮耐候密封胶嵌缝的正确施工技术要求是(　　)。

A. 密封胶在接缝内应与槽壁、槽底实行三面黏结

B. 密封胶的施工厚度应大于 3.5 mm，一般应控制在 3.5～4.5 mm

C. 密封胶的施工宽度不宜小于施工厚度

D. 结构密封胶可代替耐候密封胶使用，耐候密封胶不允许代替结构密封胶使用

10. 全玻幕墙安装符合技术要求的是(　　)。

A. 不允许在现场打注硅酮结构密封胶

B. 采用镀膜玻璃时，应使用酸性硅酮结构密封胶嵌缝

C. 玻璃面板与装修面或结构面之间的空隙不应留有缝隙

D. 吊挂玻璃下端与下槽底应留有缝隙

三、简答题

1. 简述玻璃裁割、打孔、表面处理、热加工、钢化处理的方法，以及在裁割中的注意事项。

2. 简述玻璃脆性处理和热胀冷缩处理的方法。

3. 简述在装饰工程中常见的装饰玻璃饰面种类。

4. 简述空心玻璃装饰砖墙砌筑法和胶筑法的施工方法。

5. 简述镭射玻璃装饰板、微晶玻璃装饰板、幻影玻璃装饰板、彩釉钢化玻璃装饰板和水晶玻璃装饰板的施工工艺。

工程模拟训练

1. 分析讨论在玻璃上开孔需采取哪些措施。

2. 分析玻璃栏板碎裂的原因，然后提出防治措施。

3. 分析墙面玻璃饰面脱落应采取的措施。

链接职考

建造师考试历年真题

【2007 年度真题】下列属于安全玻璃的有(　　)。

A. 夹层玻璃　　B. 夹丝玻璃　　C. 钢化玻璃

D. 装饰玻璃　　E. 压花玻璃

【2009 年考试真题】采用玻璃肋支撑结构形式的点支撑玻璃幕墙，其玻璃肋应采用(　　)玻璃。

A. 夹层　　B. 钢化　　C. 钢化中空　　D. 钢化夹层

【2010 年考试真题】关于玻璃幕墙玻璃板块制作，正确的有(　　)。

A. 注胶前清洁工作采用“两次擦”的工艺进行

B. 室内注胶时温度控制在 15～30 ℃之间，相对湿度 30%～50%

C. 阳光控制镀膜中空玻璃的镀膜面朝向室内

D. 加工好的玻璃板块随机抽取 1%进行剥离试验

E. 板块打注单组分硅酮结构密封胶后进行 7～10 d 的室内养护

【2010 年考试真题】关于玻璃幕墙的说法，正确的是(　　)。

A. 防火层可以与幕墙玻璃直接接触

B. 同一玻璃幕墙单元可以跨越两个防火分区

C. 幕墙的金属框架应与主体结构的防雷体系可靠连接

D. 防火层承托板可以采用铝板

模块 5

吊顶工程

【模块概述】

吊顶是指建筑物楼板和屋面下面的装饰构件，又称天花、天棚、顶棚，是室内装饰工程中的重要组成部分。不仅具有隔热、保温、隔声和保护作用，同时还是电气、暖卫、通风空调等管线的隐蔽层。

【学习目标】

1. 吊顶工程组成和分类。
2. 吊顶工程的基本功能。
3. 吊顶工程材料与构造，新型材料与构造。
4. 吊顶施工工艺及质量通病产生的原因。
5. 吊顶施工要点和验收标准。

【能力目标】

1. 能够正确选用和使用各种吊顶材料。
2. 能清楚各种吊顶构造。
3. 能指导吊顶工程施工能力。
3. 掌握一般吊顶的施工工艺。
4. 会分析产生各种吊顶工程质量问题的原因并会防治。
5. 会检验吊顶工程质量。

【学习重点】

重点掌握各类吊顶的材料、构造、施工工艺；掌握吊顶工程质量控制以及验收方法。

【课时建议】

10 理论课时＋12 实践课时

工程导入

某宾馆大堂约为200 m²，正在进行室内装饰装修改造工程施工，按照先上后下，先湿后干，先水电通风后装饰装修的施工顺序，进行吊顶工程施工，按设计要求，顶面为轻钢龙骨纸面石膏板不上人吊顶，装饰面层为耐擦洗涂料。但竣工验收后3个月，顶面局部产生凸凹不平和石膏板接缝处产生裂缝现象。

为什么会出现上述情况呢？希望通过本模块的学习能让你找出原因，并在工程实际中避免所施工的吊顶工程发生各种质量问题。

5.1 吊顶的基础知识

5.1.1 吊顶基本功能及装修的要求

吊顶是室内空间的顶界面，位于建筑物楼层和屋盖承重结构的下面，又称天棚、天花板。吊顶的基本功能有：

(1) 装饰室内空间环境，给人美的享受。

吊顶是室内装饰的一个重要组成部分，吊顶的装饰能够从空间、造型、光影、材质、色彩设置等方面，来渲染环境、烘托气氛，同时还可以显示出空间各部分的相互关系，主次分明，划分合理。

(2) 改善室内空间，满足使用功能的要求。

吊顶的设计不仅要考虑室内的整个装饰风格的要求，还要考虑室内使用功能的要求。吊顶本身就具有保温、隔热、吸音、隔声、增加室内亮度等作用。

(3) 隐藏室内设备管线和结构构件。

在很多大型公共建筑中需要安装采暖通风、消防等设备管道，利用吊顶空间既能使建筑空间整洁统一，又能对结构构件进行隐藏。同时保证了各种设备管线的正常使用。

5.1.2 吊顶的分类

吊顶有很多种类，具体分类方法及种类详见表5.1。

表5.1 吊顶的分类

分类的方法	类型细节
根据施工工艺	①抹灰刷浆类；②贴面类；③装配式板材；④裱糊类；⑤喷刷类
根据外观	①平滑式；②井格式；③悬浮式；④分层式
根据表面与基层关系	①直接式；②悬吊式
根据构造方法	①无筋类；②有筋类
根据显露状况	①开敞式；②隐藏式
根据龙骨材料	①木质龙骨；②轻钢龙骨
根据承受荷载的能力	①上人；②不上人
其他	①结构吊顶；②软膜吊顶；③发光吊顶

本书以施工工艺为主，依据面层材料不同，有选择地进行介绍。

5.1.3 吊筋与龙骨的布置

1. 吊筋的作用

吊筋是将吊顶部分与建筑结构连接起来的承重传力构件，吊顶构造示意图如图 5.1 所示。

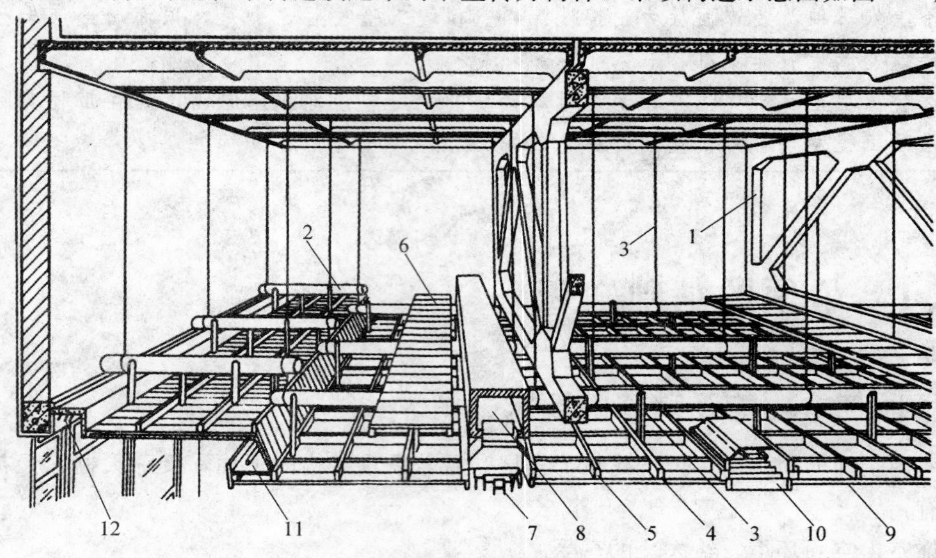

图 5.1 吊顶构造示意图

1—屋架；2—主龙骨；3—吊筋；4—次龙骨；5—间距龙骨；6—检修走道；
7—出风口；8—风道；9—吊顶面层；10—灯具；11—灯槽；12—窗帘盒

吊筋的作用：①承担吊顶的全部荷载并将其传递给建筑结构层；②调整、确定吊顶的空间高度，以适应吊顶的不同部位的需要。

2. 吊筋的分类

(1) 按施工工艺分为：建筑施工期间预埋吊筋或连接吊筋的埋件；二次装修使用的射钉，将吊筋固定在建筑结构层上。

(2) 按荷载类型分为：上人吊筋和不上人吊筋。

(3) 按材料分为：型钢、方钢、圆钢铅丝几种类型。

3. 吊筋的布置

吊筋与楼房盖连接的节点称为吊点，吊点应均匀布置，一般 900～1 200 mm左右，主龙骨端部距第一个吊点不超过 300 mm，如图 5.2 所示。

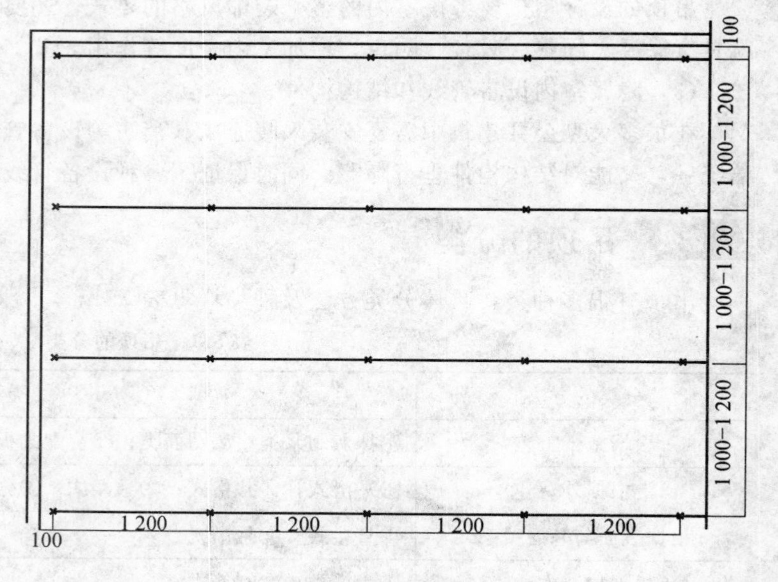

图 5.2 吊筋的布置

4. 吊筋与结构的固定

吊筋与结构的连接一般有以下几种构造方式：

(1) 吊筋直接插入预制板的板缝，并用 C20 细石混凝土灌缝，如图 5.3 (a) 所示。

(2) 将吊筋绕于钢筋混凝土梁板底预埋件焊接的半圆环上，如图 5.3 (b) (c) 所示。

(3) 吊筋与预埋钢筋焊接处理，如图 5.3 (d) 所示。

(4) 通过连接件（钢筋、角钢）两端焊接，使吊筋与结构连接，如图 5.3 (e) (f) 所示。

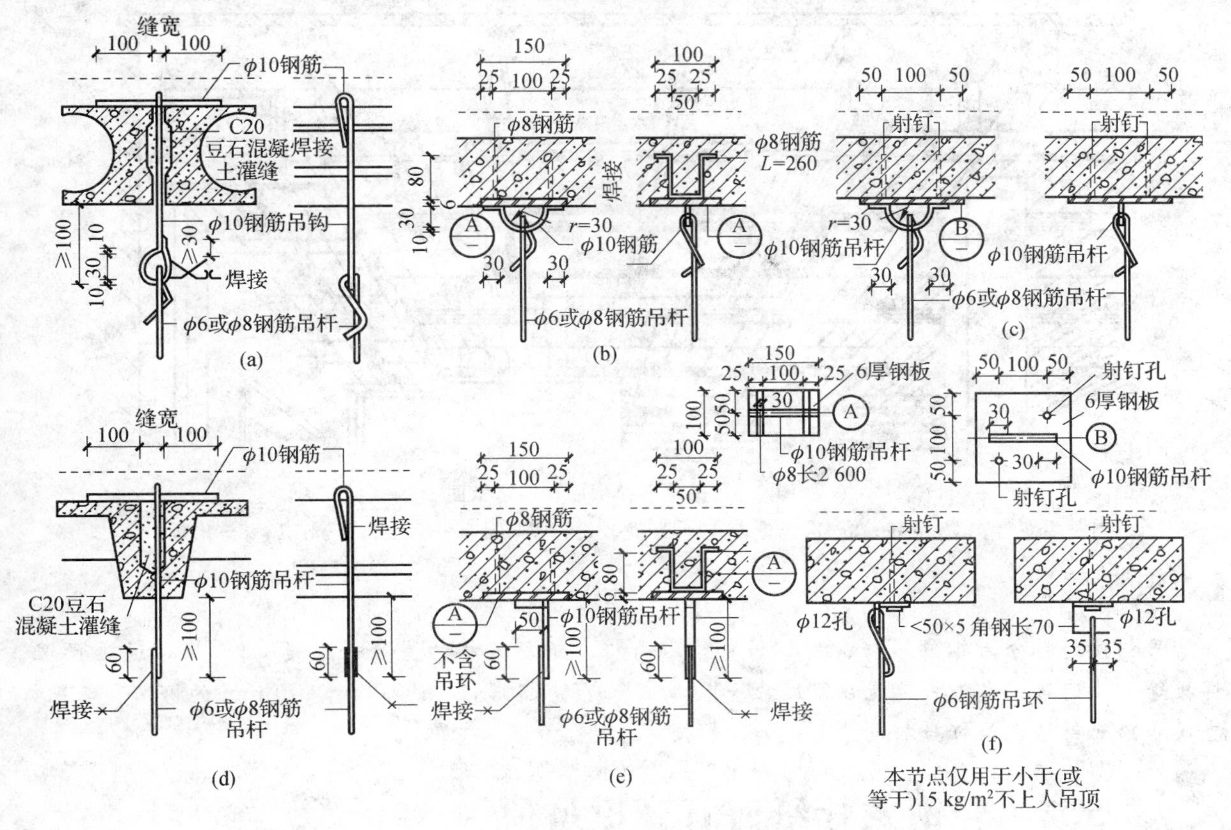

图 5.3 吊筋与结构的连接

5. 龙骨的布置

常用的吊顶龙骨分为木龙骨和金属龙骨两种，龙骨的断面是根据材料的种类、是否上人和面板做法等因素而定。

木基层有主龙骨、次龙骨、横撑龙骨。其中，主龙骨为 50 mm× (70～80) mm，主龙骨间距一般在 0.9～1.5 m。次龙骨断面一般为 30 mm× (30～50) mm，次龙骨的间距依据次龙骨的截面尺寸和板材规格而定，一般为 400～600 mm。用 50 mm×50 mm 的方木吊筋钉牢在主龙骨的底部，并用 8 号镀锌铁丝绑扎，如图 5.4 所示。

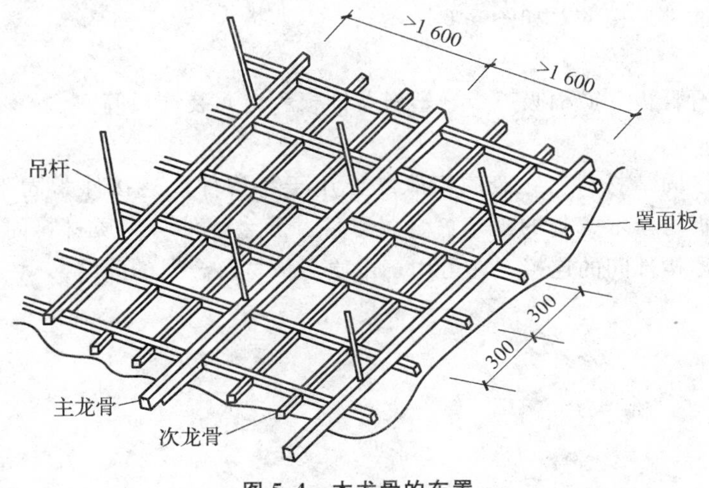

图 5.4 木龙骨的布置

木基层的耐火性较差，施工时应采用相应的防火处理，常用于传统的建筑吊顶和造型复杂的吊顶装饰，悬挂于楼板底构造示意图如图 5.5 所示。

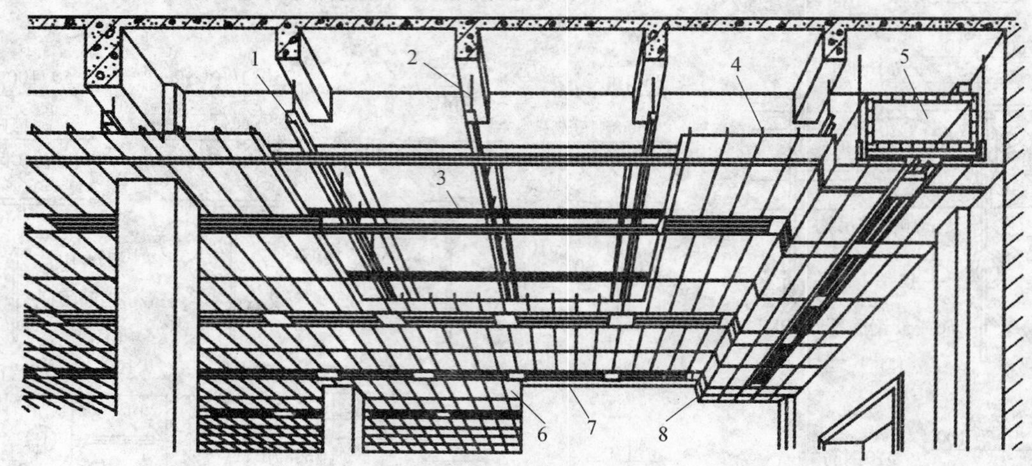

图 5.5　悬挂于楼板底构造示意图

1—主龙骨；2—吊筋；3—次龙骨；4—间距龙骨；5—风道；6—面层；7—灯具；8—出风口

【知识拓展】

吊杆按材料分为钢筋吊杆、型钢吊杆、木吊杆。钢筋吊杆的直径一般是 $\phi 6 \sim \phi 8$，通过预埋、焊接等方法连接。木吊杆是现在家庭装修中比较普遍的做法，常用 40 mm×40 mm 的松木和麻花钉直接和顶面钉接，吊杆与木龙骨也是如此钉接。

5.2　轻钢龙骨纸面石膏板吊顶

5.2.1　轻钢龙骨纸面石膏板吊顶常用材料及施工机具

1. 常用材料

(1) 轻钢龙骨。

轻钢龙骨由主龙骨、中龙骨、横撑小龙骨、次龙骨、吊件、接插件和挂插件组成。主龙骨一般用特制的型材，断面有 U 形、C 形，一般多为 U 形。主龙骨按其承载能力分为 38、50、60 三个系列。中龙骨、小龙骨断面有 C 形、T 形两种。吊杆与主龙骨、主龙骨与中龙骨、中龙骨与小龙骨之间是通过吊挂件、接插件连接的，如图 5.6 所示。

(2) 罩面板。

罩面板可以选用石膏板、矿棉吸声板、塑料装饰板和金属装饰板等。

(3) 固结材料。

吊顶中常用的连接固结材料有：金属膨胀螺栓用于将构件或连接件紧固于混凝土、砌体基体上；木螺钉用于木质板材与木龙骨的固定，金属零件、五金配件与木质材料间的固定；自攻螺钉：用于薄金属与金属主体构件间的连接，亦可用于木质与板材及金属的固结。

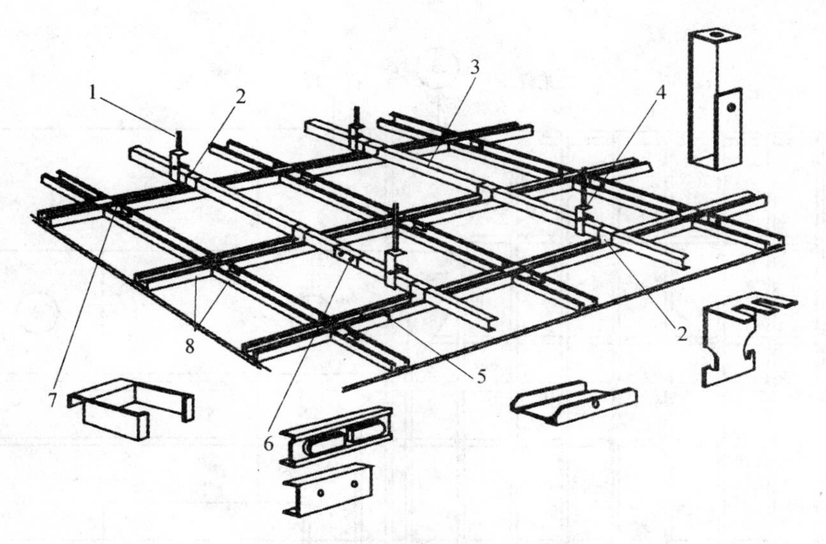

图 5.6 轻钢龙骨配件组合示意图

1—吊杆；2—挂件；3—主龙骨；4—吊件；5—C形龙骨连接件（接插件）；
6—U形龙骨连接件；7—次龙骨；8—龙骨支插（挂插件）

2. 施工机具

施工主要工机具见表5.2。

表 5.2 主要工机具一览表

序号	工机具名称	规格	序号	工机具名称	规格
1	水准仪	DS_3	12	射钉枪	SDT - A301
2	水平尺	1 m	13	液压升降台	ZTY6
3	铝合金靠尺	2 m	14	无齿锯	
4	钢卷尺	3 m，15 m	15	手刨子	
5	电动针束除锈机		16	钳子	
6	手提电动砂轮机	SIMJ - 125	17	手锤	
7	型材切割机	J_3GS - 300 型	18	螺丝刀	
8	手提式电动圆锯	9 英寸	19	活扳手	
9	电钻	$\phi4 \sim \phi13$	20	方尺	
10	电锤	ZIC - 22	21	刷子	
11	自攻螺钉钻	1 200 r/min	22		

5.2.2 轻钢龙骨的纸面石膏板的构造

石膏板的主要功能，是装饰效果。纸面石膏板是以建筑石膏为主要原料，掺入适量外加剂和纤维材料构成芯材，以特制的纸板作为护面的装饰板材。主要用于建筑内隔墙以及吊顶罩面的施工，这种板材具有较好的阻燃性能，还具有自重轻、强度高、防水阻燃性能好的特点，它可钉、刨、钻，易于加工。纸面石膏板表面平整、可粉涂、可油漆、可贴糊，是吊顶最为广泛的材料之一。

按其用途分为普通、耐水、耐火3个品种。轻钢龙骨纸面石膏板构造如图5.7、图5.8所示。

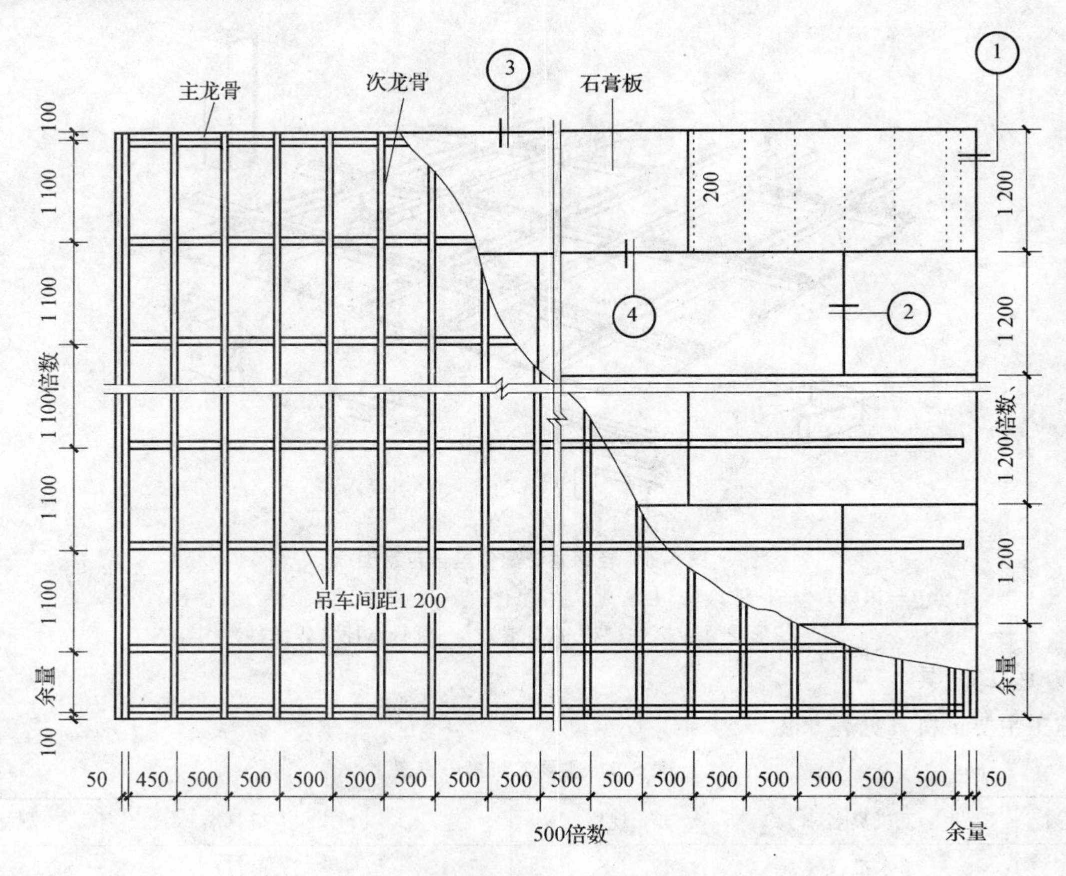

图 5.7 石膏板吊顶施工布置示意图

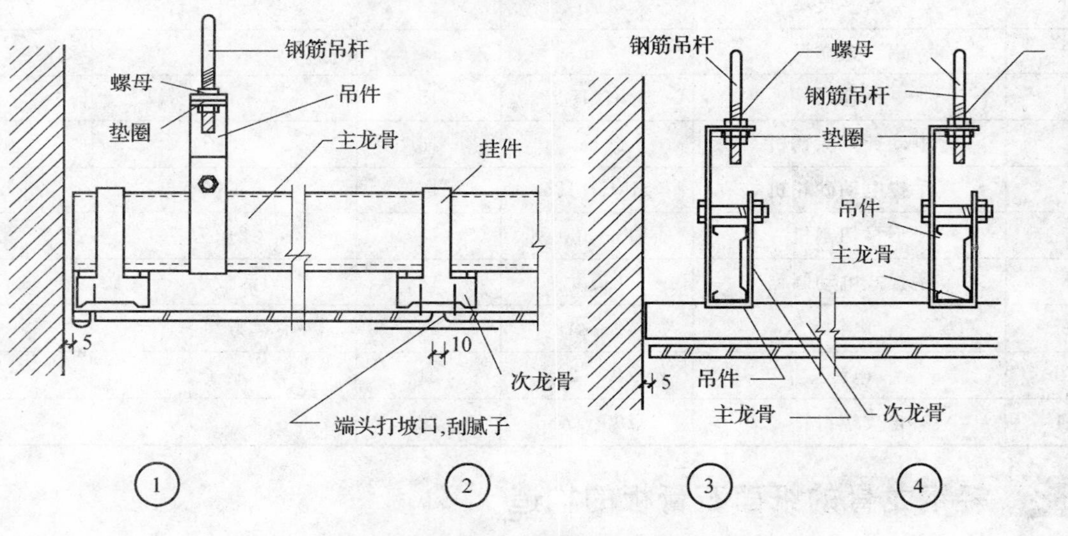

图 5.8 石膏板吊顶构造节点大样

5.2.3 施工条件

(1) 结构施工时，应在现浇砼楼板中或预制砼楼板缝内，按设计要求间距，预埋 $\phi6\sim\phi10$ 钢筋吊杆，设计无要求时按大龙骨的排列位置预埋钢筋吊杆，一般间距为 900～1 200 mm。

(2) 当吊顶房间的墙柱为砖砌体时，应在顶棚的标高位置沿墙和柱的四周，砌筑时预埋防腐木砖，沿墙间距 900～1 200 mm，柱子每边应埋射木砖两块以上。

(3) 安装完顶棚内的各种管线及通风道，确定好灯位、通风口及各种照明孔口位置。

(4) 顶棚罩面板安装前应做完湿作业工程项目。

(5) 轻钢骨架顶棚在大面积施工前，应做样板间，对顶棚的起拱度、灯槽、通风口的构造处理、分块及固定方法等应经试装并经鉴定认可后方可大面积施工。

5.2.4 施工流程

轻钢龙骨纸面石膏板吊顶的施工工艺流程为：交验—找规矩—弹线—吊杆安装—主龙骨安装—次龙骨安装—安装面板—质量验收、缝隙处理—饰面板安装—细部处理。

5.2.5 施工工艺

1. 交验

吊顶正式安装前应当对上一道工序进行交接验收，其内容以利于吊顶施工为准，如结构的强度、设备的位置、水电暖管线的铺设等。

2. 找规矩

根据设计和工程的实际情况，在吊顶标高处找出一个标准平面与实际情况进行对比，核实存在的误差并对其行进调整，确定平面弹线的基准。

3. 弹线

弹线的顺序是先竖向标高后平面造型细部，竖向标高线弹于墙上，平面造型和细部弹于顶板上。一般主要弹出以下基准线。

(1) 弹吊顶标高线。先弹施工标高基准线，一般用 0.5 m 为基准线，弹于四周墙壁。以施工标高基准线为准，按设计所定的吊顶的标高，用仪器及量具沿室内墙面将吊顶高度量出，并将此高度用墨线弹于墙面上，允许偏差不得大于 5 mm。如吊顶有跌级造型，其标高全部标出。

(2) 弹平面造型线。根据设计平面，以房间的中心为准，将设计平面造型以先高后低的顺序，逐步弹在顶板上，并应注意累计误差的调整。

(3) 弹吊筋吊点的位置线。根据造型线和设计要求，确定吊筋点的位置。

(4) 弹大中型灯位线。

4. 吊杆安装

吊杆紧固件或吊杆与楼面板或屋面板结构的连接固定有以下 4 种常见方式：

(1) 用 M8 或 M10 膨胀螺栓将 ∟25×3 或 ∟30×3 角钢固定在楼板底面上。注意钻孔深度应大于等于 60 mm，打孔直径略大于螺栓直径 2～3 mm。

(2) 用 ϕ5 以上的射钉将角钢或钢板等固定在楼板底面上。

(3) 浇捣混凝土楼板时，在楼板底面（吊点位置）预埋铁件，可采用 150×150×6 钢板焊接 4ϕ8 锚爪，锚爪在板内锚固长度不小于 200 mm。

(4) 采用短筋法在现浇板浇筑时或预制板灌缝时预埋 ϕ6、ϕ8 或 ϕ10 短钢筋，要求外露部分（露出板底）不小于 150 mm。

上面所述的 (1)、(2) 两种方法不适宜上人吊顶。

(5) 吊杆与主龙骨的连接以及吊杆与上部紧固件的连接。

5. 安装主龙骨

(1) 根据吊杆在主龙骨长度方向上的间距在主龙骨上安装吊挂件。

(2) 将主龙骨与吊杆通过垂直吊挂件连接。上人吊顶的悬挂，用一个吊环将龙骨箍住，用钳夹紧，既要挂住龙骨，同时也要阻止龙骨摆动，如图 5.9 所示。不上人吊顶悬挂，用一个专用的吊挂件卡在龙骨的槽中，使之达到悬挂的目的，如图 5.10 所示。轻钢大龙骨一般选用连接件接长，也可以焊接，但宜点焊。连接件可用铝合金，亦可用镀锌钢板，须将表面冲成倒刺，与主龙骨方孔相连，可以焊接，但宜点焊，连接件应错位安装。

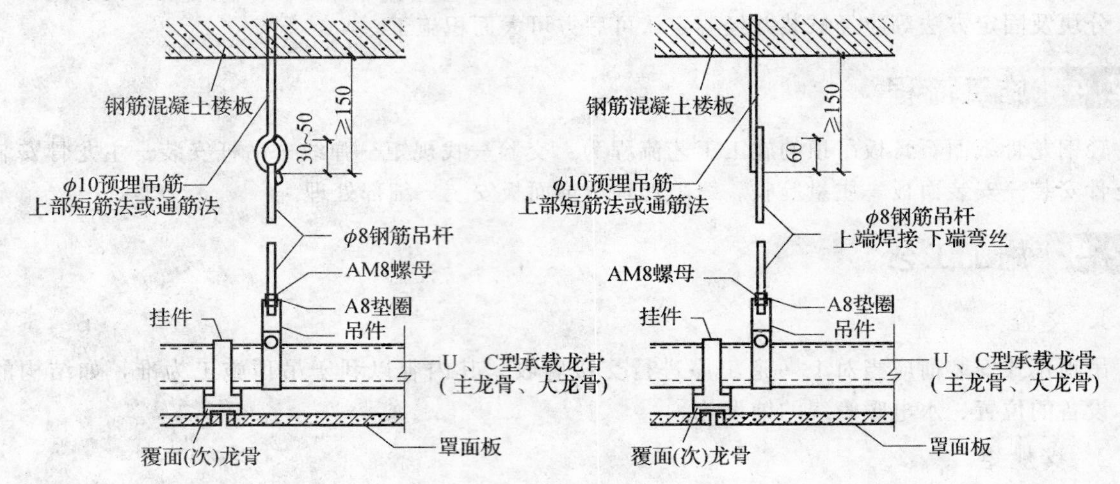

图 5.9 上人吊顶吊点紧固方式及悬吊构造节点

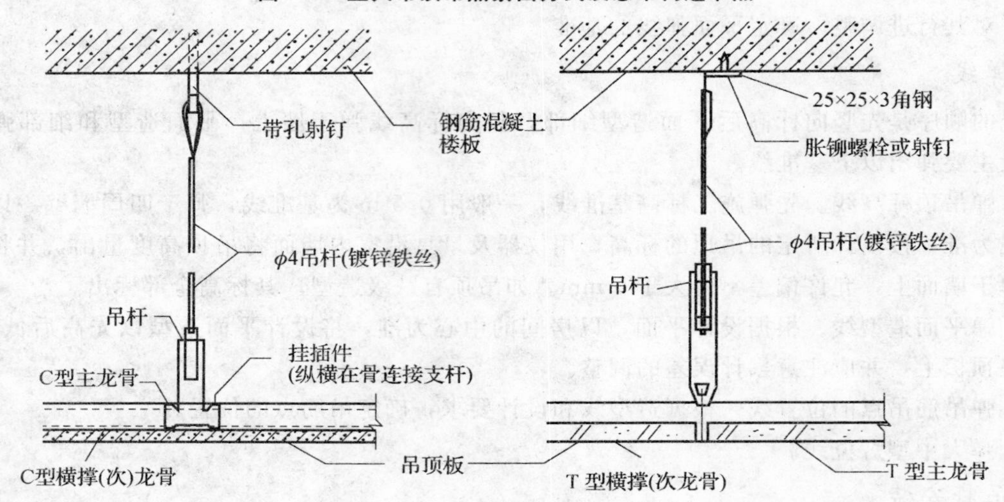

图 5.10 不上人吊顶吊点紧固方式及悬吊构造节点

(3) 根据标高控制线使龙骨就位。待主龙骨与吊件及吊杆安装就位以后，以一个房间为单位进行调整平直。调平时按房间的十字和对角拉线，以水平线调整主龙骨的平直，对于由 T 型龙骨装配的轻型吊顶，主龙骨基本就位后，可暂不调平，待安装横撑龙骨后再行调平调正。较大面积的吊顶主龙骨调平时，应注意其中间部分应略有起拱，起拱高度一般不小于房间短向跨度的 1/200～1/300。

6. 安装次龙骨、横撑龙骨

(1) 安装次龙骨。

在覆面次龙骨与承载主龙骨的交叉布置点，使用其配套的龙骨挂件（或称吊挂件、挂搭）将二者上下连接固定，龙骨挂件的下部勾挂住覆面龙骨，上端搭在承载龙骨上，将其 U 型或 W 型腿用钳子嵌入承载龙骨内（图 5.11）。双层轻钢 U、T 型龙骨骨架中龙骨间距为500～1 500 mm，如果间距大于 800 mm 时，在中龙骨之间增加小龙骨，小龙骨与中龙骨平行，与大龙骨垂直用小吊挂件固定。

(2) 安装横撑龙骨。

横撑龙骨用中、小龙骨截取，其方向与中、小龙骨垂直，装在罩面板的拼接处，底面与中、小龙骨平齐，如装在罩面板内部或者作为边龙骨时，宜用小龙骨截取。横撑龙骨与中、小龙骨的连接，采用配套挂插件（或称龙骨支托）或者将横撑龙骨的端部凸头插入覆面次龙骨上的插孔进行连接。

（3）边龙骨固定。

边龙骨宜沿墙面或柱面标高线钉牢。固定时，一般常用高强水泥钉，钉的间距不宜大于 500 mm。如果基层材料强度较低，紧固力不好，应采取相应的措施，改用膨胀螺栓或加大钉的长度等办法。边龙骨一般不承重，只起封口作用。

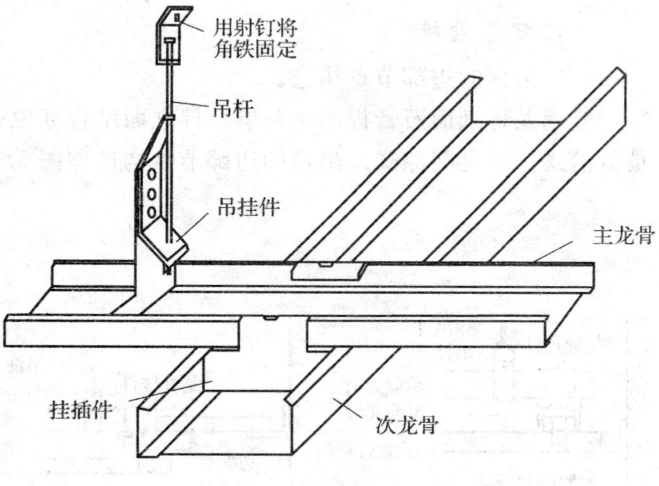

图 5.11　主、次龙骨连接

7. 安装石膏板

（1）选择石膏板。

普通纸面石膏板在安装之前，应根据设计的规格尺寸、花色品种进行选板，凡有裂纹、破损、掉角、受潮以及护面纸损坏应一律不用。

（2）安装石膏板。

安装时应使石膏板边长（包封边）与主龙骨平行，从吊顶的一端向另一端开始逐块排列，错缝安装，余量放在最后安装。板与板之间、板与墙面之间的接缝缝隙，其宽度一般为 6～8 mm。安装纸面石膏板用自攻螺丝固定，固定间距为 150～170 mm，均匀布置，并与板面垂直，钉头嵌入纸面石膏板深度以 0.5 mm 为宜。纸面石膏板的板材应在自由状态下就位固定，以防止出现弯棱、凸鼓等现象。纸面石膏板的长边（包封边），应沿纵向次龙骨铺设。板材与龙骨固定时，应从一块板的中间向板的四边循序固定，不得采用在多点上同时作业的做法。钉头应做防锈处理，并用石膏腻子腻平。

（3）注意事项。

吊顶施工中应注意工种间的配合，避免返工拆装损坏龙骨及板材。吊顶上的风口、灯具、烟感探头、喷洒头等可在吊顶板就位后安装，也可留出周围吊顶板。待上述设备安装后再行安装；T 型明露龙骨吊顶应在全面安装完成后对明露龙骨及板面作最后调整，以保证平直。

8. 石膏板安装质量检查

纸面石膏板装订完毕以后，应对其质量进行检查。

9. 嵌缝

纸面石膏板安装质量经检查或修理合格后，根据纸面石膏板边型及嵌缝规定进行嵌缝。需要注意的是无论用什么腻子，均保证一定的膨胀性。

（1）用纸面石膏的配套的嵌逢内满填刮平，宽度为 50～80 mm，用专用纸带封住接缝并用底层腻子薄覆同时，用底层腻子盖住所有的锣钉，在常温下，底层腻子凝固时间至少 1 h。

（2）第一道腻子凝固后，抹第二道专用嵌缝底层腻子。轻抹板面并修边，抹灰宽度约 440 mm，同时，再次用相同的底层腻子将螺钉部位覆盖，第二次的腻子在常温下干燥时间也小于 1 h。

（3）第三道腻子（表面腻子）：第二道嵌缝腻子干燥后抹一层纸面石膏板配套的嵌缝表面腻子，抹灰宽度约 440 mm，用潮湿刷子湿润腻子边缘后用抹子修边，同时再涂抹螺钉部位，宽度约为 25 mm，第三道腻子（表面腻子）凝固后，用 150 mm 号砂纸打磨其表面，打磨时用力要轻，以免将接缝处划伤。

10. 细部处理

(1) 吊顶的边部节点构造。

轻钢龙骨纸面石膏板吊顶与墙、柱立面结合部位，一般处理方法归纳为3类：一是平接式；二是留槽式；三是间隙式。吊顶的边部节点构造如图5.12所示。

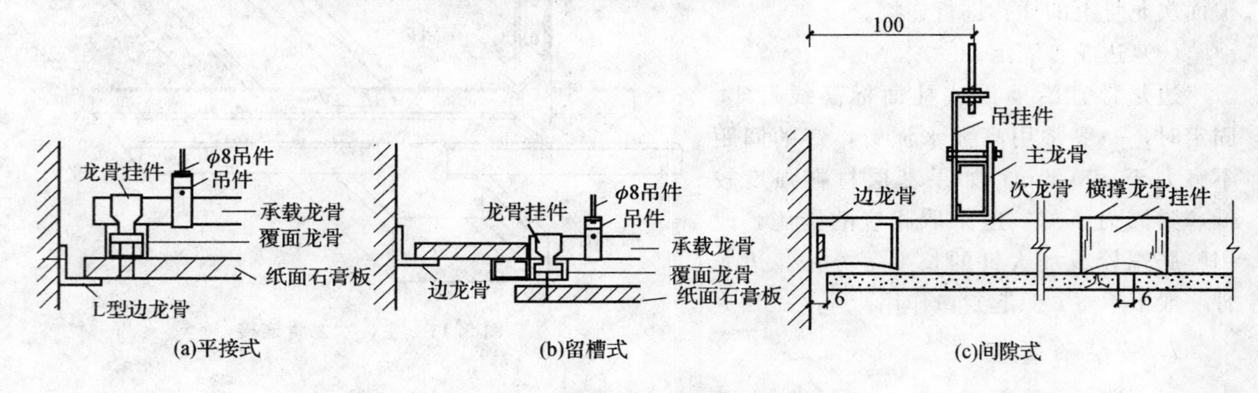

图5.12 吊顶的边部节点构造

(2) 吊顶与隔墙的连接。

轻钢龙骨纸面石膏板吊顶与轻质隔墙相连接时，隔墙的横龙骨（沿顶龙骨）与吊顶的承载龙骨用M6螺栓紧固；吊顶的覆面龙骨依靠龙骨挂件与承载龙骨连接；覆面龙骨的纵横连接则依靠龙骨支托。吊顶与隔墙面层的纸面石膏板相交的阴角处，固定金属护角。

(3) 烟感器和喷淋头安装。

施工中应注意水管预留必须到位，既不可伸出吊顶面，也不能留短；烟感器及喷淋头旁边800 mm范围内不得设置任何遮挡物。

【知识拓展】

轻钢龙骨纸面石膏板施工质量通病防治

(1) 吊顶不平：原因在于大龙骨安装时吊杆调平不认真，造成各吊杆点的标高不一致。施工时应检查各吊点的紧挂程度，并接通线检查标高与平整度是否符合设计和施工规范要求。

(2) 轻钢骨架局部节点构造不合理：在留洞、灯具口、通风口等处，应按图相应节点构造设置龙骨及连接件，使构造符合图册及设计要求。

(3) 轻钢骨架吊固不牢：顶棚的轻钢骨架应吊在主体结构上，并应拧紧吊杆螺母以控制固定设计标高；顶棚内的管线、设备件不得吊固在轻钢骨架上。

(4) 罩面板分块间隙缝不直：施工时注意板块规格，拉线找正，安装固定时保证平正对直。

(5) 压缝条、压边条不严密平直：施工时应拉线，对正后固定、压黏。

5.3 活动面板吊顶工程

5.3.1 活动面板吊顶龙骨安装工艺

1. 常用材料

(1) 轻钢龙骨分U形和T形两种。

(2) 轻钢骨架：主件为中、小龙骨；配件有吊挂件、连接件、插接件。

(3) 零配件：有吊杆、花篮螺栓、射钉、自攻螺钉。

(4) 罩面板、铝压缝条。

2. 主要机具

(1) 电动机具：电锯、无齿踞、手枪钻、射钉枪、冲击电锤。

(2) 手动机具：拉铆枪、手锯、手刨子、钳子、螺丝刀、扳子、钢尺。

3. 施工条件

(1) 吊顶工程在施工前应熟悉现场。

(2) 施工前应按设计要求对房间的净高、洞口标高和吊顶内的管道、设备及其支架的标高进行交接检验。

(3) 对吊顶内的管道、设备的安装及水管试压进行验收。

(4) 吊顶工程在施工中应做好各项施工记录，收集好各种有关文件。

(5) 有材料进场验收记录和复验报告、技术交底记录。

4. 施工流程

顶棚标高弹水平线—划龙骨分档线—安装水电管线—安装主龙骨—安装次龙骨—安装罩面板—安装压条。

5. 施工工艺

(1) 弹线。

用水准仪在房间内每个墙（柱）角上抄出水平点（若墙体较长，中间也应适当抄几个点），弹出水准线（水准线距地面一般为 500 mm），从水准线量之吊顶设计高度加上 12 mm（一层石膏板的厚度），用粉线沿墙（柱）弹出水准线，即为吊顶次龙骨的下皮线。同时，按吊顶平面图，在混凝土顶板弹出主龙骨的位置。主龙骨应从吊顶中心向两边分，最大间距为 1 000 mm，并标出吊杆的固定点，吊杆的固定点间距 900～1 000 mm。如遇到梁和管道固定点大于设计和规程要求，应增加吊杆的固定点。

(2) 固定吊挂杆件。

采用膨胀螺栓固定吊挂杆件。采用 $\phi 8$ 的吊杆，还应设置反向支撑。吊杆可以采用冷拔钢筋和盘圆钢筋，但采用盘圆钢筋应采用机械将其拉直。吊杆的一端 ∟30×30×3 角码焊接（角码的孔径应根据吊杆和膨胀螺栓的直径确定），制作好的吊杆应做防锈处理，吊杆用膨胀螺栓固定在楼板上，用冲击电锤打孔，孔径应稍大于膨胀螺栓的直径。

(3) 在梁上设置吊挂杆件。

吊杆距主龙骨端部距离不得超过 300 mm，否则应增加吊杆。吊顶灯具、风口及检修口等应设附加吊杆。

(4) 安装边龙骨。

边龙骨的安装应按设计要求弹线，沿墙（柱）上的水平龙骨线把 L 形镀锌轻钢条用自攻螺丝固定在预埋木砖上；如为混凝土墙（柱），可用射钉固定，射钉间距应不大于吊顶次龙骨的间距。

(5) 安装主龙骨。

主龙骨应吊挂在吊杆上。主龙骨间距 900～1 000 mm。主龙骨分为轻钢龙骨和 T 形龙骨。轻钢龙骨可选用 UC50 中龙骨和 UC38 小龙骨。主龙骨应平行房间长向安装，同时应起拱，起拱高度为房间跨度的 1/200～1/300。主龙骨的悬臂段不应大于 300 mm，否则应增加吊杆。主龙骨的接长应采取对接，相邻龙骨的对接接头要相互错开。主龙骨挂好后应基本调平。

(6) 安装次龙骨。

次龙骨分明龙骨和暗龙骨两种。暗龙骨吊顶，即安装罩面板时将次龙骨封闭在棚内，在顶棚表面看不见次龙骨。明龙骨吊顶，即安装罩面板时次龙骨明露在罩面板下，在顶棚表面能够看见次龙骨。次龙骨应紧贴主龙骨安装。次龙骨间距 300～600 mm。次龙骨分为 T 形烤漆龙骨、T 形铝合金龙骨，和各种条形扣板厂家配带的专用龙骨。用T形镀锌铁片连接件把次龙骨固定在主龙骨上时，次龙骨的两端应搭在L形边龙骨的水平翼缘上，条形扣板有专用的阴角线做边龙骨。

(7) 罩面板安装。

吊挂顶棚罩面板常用的板材有吸声矿棉板、硅钙板、塑料板、铝塑板、金属（条、方）扣板、格栅和各种扣板等。

5.3.2 活动面板吊顶罩面安装工艺

1. 矿棉装饰吸声板安装

矿棉装饰吸声板具有质轻、吸声、防火、隔热、保温、美观大方、施工简便等特点。广泛用于影剧院、音乐厅、会议室、商场等公共建筑顶棚和内墙装饰。规格一般分为300 mm×600 mm，600 mm×600 mm，600 mm×1 200 mm 3种；一般采用轻型钢、铝合金T形龙骨，有平放搁置（明龙骨安装）、企口嵌缝（部分明龙骨安装）、复合黏接（暗龙骨安装）。安装时，应注意板背面的箭头方向和白线方向一致，以保证花样、图案的整体性；饰面板上的灯具、烟感器、喷淋头、风口篦子等设备的位置应合理、美观，与饰面的交接应吻合、严密。矿棉装饰吸声板吊顶构造如图5.13所示。

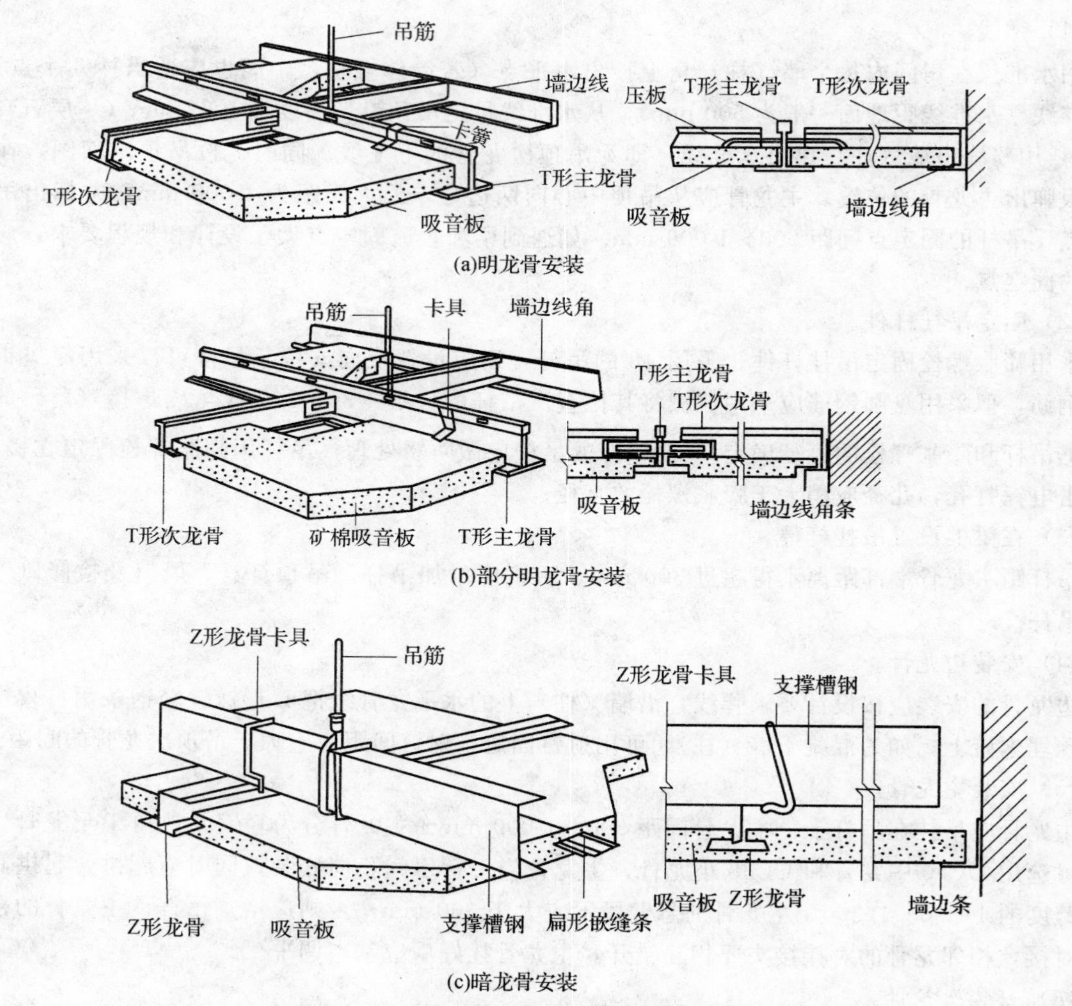

图5.13 矿棉吸声板悬吊式顶棚构造示意图

2. 硅钙板、塑料板安装

硅钙板、塑料板规格一般为 600 mm×600 mm，一般用于明装龙骨，将面板直接搁于龙骨上，安装时，应注意板背面的箭头方向和白线方向一致，以保证花样、图案的整体性；饰面板上的灯具、烟感器、喷淋头、风口篦子等设备的位置应合理、美观，与饰面的交接应吻合、严密。

3. 扣板安装

扣板规格有 100 mm×100 mm 、150 mm×150 mm、200 mm×200 mm、600 mm×600 mm 等多种方形塑料板，还有宽度为 100 mm、150 mm、200 mm、300 mm、600 mm 等多种条形塑料板；一般用卡具将饰面板材卡在龙骨上。

5.4 其他吊顶工程

5.4.1 金属装饰板装饰吊顶施工工艺

金属板吊顶采用铝合金板、薄钢板等金属板材面层，铝合金板表面作电化铝饰面处理，薄钢板表面可用镀锌、涂塑、涂漆等防锈处理。两类金属板都有打孔和不打孔的条形、矩形等形式型材。这种吊顶构造简单、安装方便，耐火，耐久，广泛应用。常用的金属板一般分为金属条板、金属方形板。

1. 金属条板吊顶装饰构造

金属条板吊顶是以各种造型不同的条形板及一套特殊的专用龙骨系统构成。根据条形板相接处缝处理形式，分为开放型调板吊顶和封闭式吊顶。开放型条板离缝间无填充物，便于通风。也可以在上部另加矿棉或玻璃棉垫，作为吸声之用。还可以用穿孔条形板，以加强吸声效果。封闭型条形板吊顶在离缝间可另加嵌缝条或条板单边有翼盖没有离缝。

金属装饰板吊顶是由轻钢龙骨（U 型、C 型）或 T 型铝合金龙骨与吊杆组成的吊顶骨架和各类金属装饰面板构成。金属板材有不锈钢板、钛金板、铝板、铝合金板等多种，表面有抛光、亚光、浮雕、喷砂等多种形式。

使用过程中基本上有两大类：方块形板或矩形板，条形板。方型金属吊顶分为上人（承重）吊顶与不上人（非承重）吊顶，如图 5.14 所示。条型金属吊顶分为封闭型金属吊顶和开敞型金属吊顶，如图 5.15 所示。

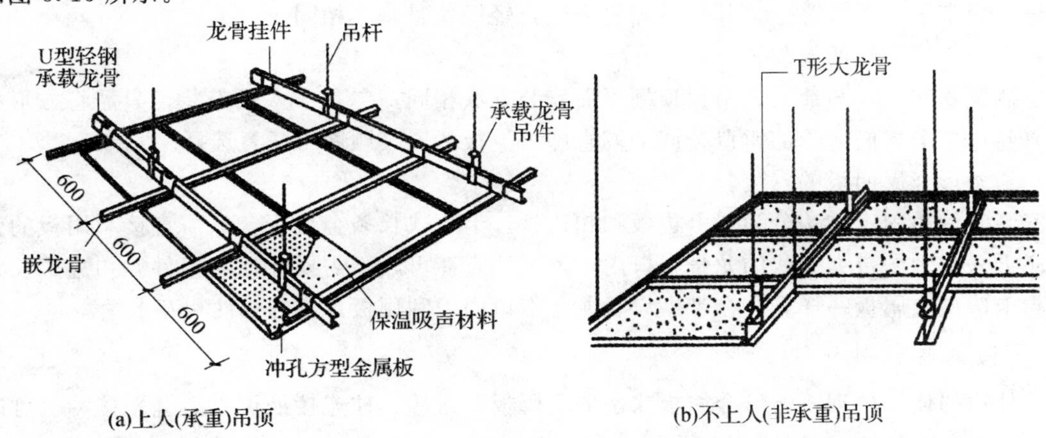

图 5.14 方型金属吊顶构造图

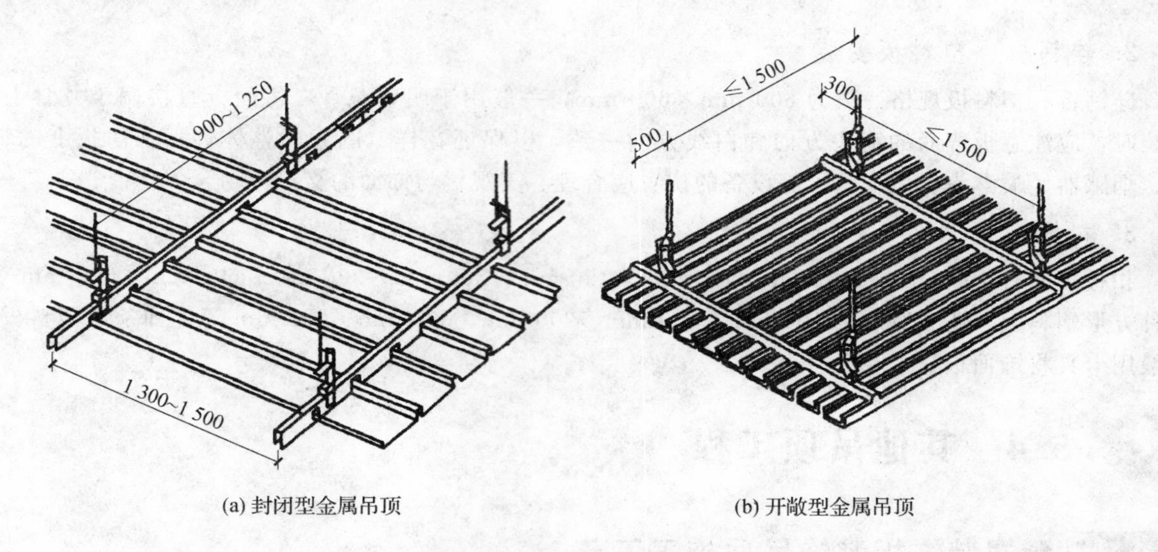

(a) 封闭型金属吊顶 (b) 开敞型金属吊顶

图 5.15 条型金属吊顶构造图

2. 金属方板吊顶构造

金属方板安装有搁置式和卡入式两种。

3. 施工流程

基层检查—弹线定位—固定吊杆—龙骨安装—安装金属面板。

4. 施工工艺

(1) 基层检查。

安装前应对屋（楼）面进行全面质量检查，同时也检查吊顶上设备布置情况、线路走向等，发现问题及时解决，以免影响吊顶安装。

(2) 弹线定位。

将吊顶标高线弹到墙面上，将吊点的位置线及龙骨的走向线弹到屋（楼）面底板上。

(3) 固定吊杆。

用膨胀螺栓或射钉将简易吊杆固定在屋（楼）面底板上。

(4) 龙骨安装。

主龙骨仍采用U形承载轻钢龙骨，固定金属板的纵横龙骨（采用专用嵌龙骨，呈纵横十字平面交叉布置）固定于主龙骨之下，其悬吊固定方法与轻钢龙骨基本相同。

(5) 方形金属面板的安装。

一是搁置式安装，与活动式吊顶顶棚罩面安装方法相同；二是卡入式安装，只需将方形板向上的褶边（卷边）卡入嵌龙骨的钳口，调平调直即可，板的安装顺序可任意选择。

(6) 长条形金属面板的安装。

按安装时沿边固定方法分为：卡边板和扣边板。卡边式长条金属板，只需直接利用板的弹性将板按顺序卡入特制的带夹齿状的龙骨卡口内，调平调直即可，不需要任何连接件。扣边式长条金属板，可与卡边型金属板一样安装在带夹齿状龙骨卡口内，利用板自身的弹性相互卡紧。

5. 吊顶的细部处理

墙、柱边的连接处理：方形金属板或条形金属板，与墙、柱连接处可以离缝平接，也可以采用L形边龙骨或半嵌龙骨。如图 5.16 所示。

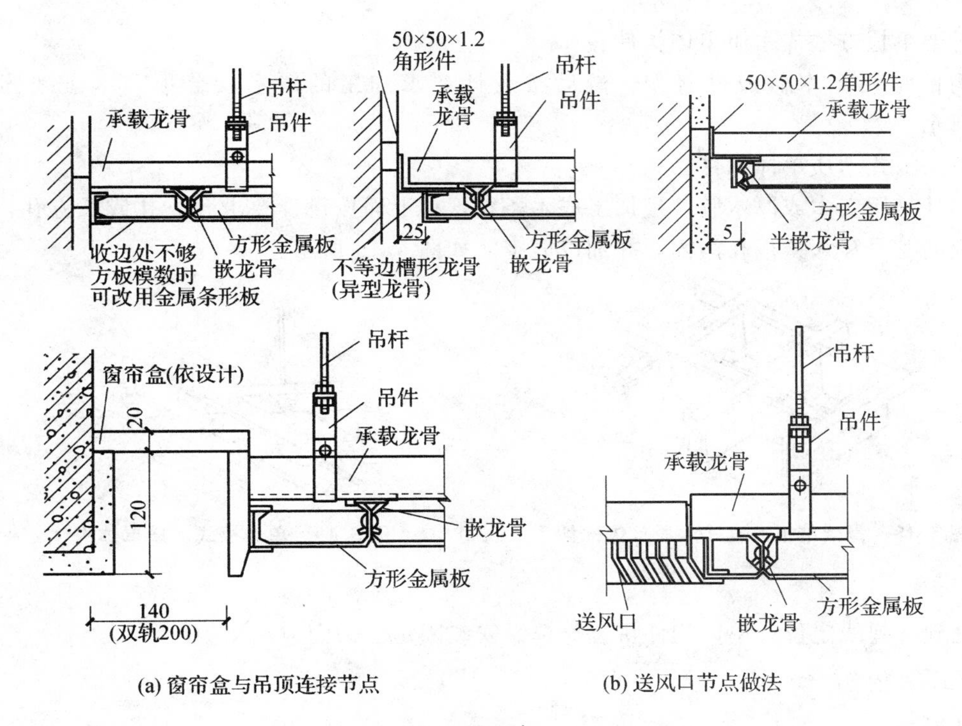

(a) 窗帘盒与吊顶连接节点　　(b) 送风口节点做法

图 5.16　方形金属板与墙、柱边的连接

5.4.2 开敞式吊顶施工工艺

开敞式吊顶是将各种材料的条板组合成各种形式方格单元或单元拼接块（有饰面板或无饰面板）吊于屋架或结构层下皮，不完全将结构层封闭，使室内顶棚饰面既遮又透，空间显得生动活泼，形成独特的艺术效果，具有一定韵律感。因此，这种吊顶也称作格栅吊顶。开敞式吊顶常常与采光和眼明结合并与造型统一考虑，以达到眼明与装饰的完美结合，近年来在各类的建筑装修中应用较多。

1. 木格栅开敞式吊顶装饰

木格栅吊顶（图 5.17（a））所使用的木质材料是原木、胶合板、防火板及各种新型木质材料。由于木质的可燃性，在一些防火要求高的建筑中使用受到一定的限制。木结构单体构件形式归纳为以下几种：

（1）单板方框式木质构件。

通常是用宽度为 120～200 mm、厚度 9～15 mm 的木胶合板拼接而成，板条之间采用凹槽插接，如图 5.18 所示。凹槽深度为板条宽度的一半，板条插接前应在槽口处涂刷白乳胶。

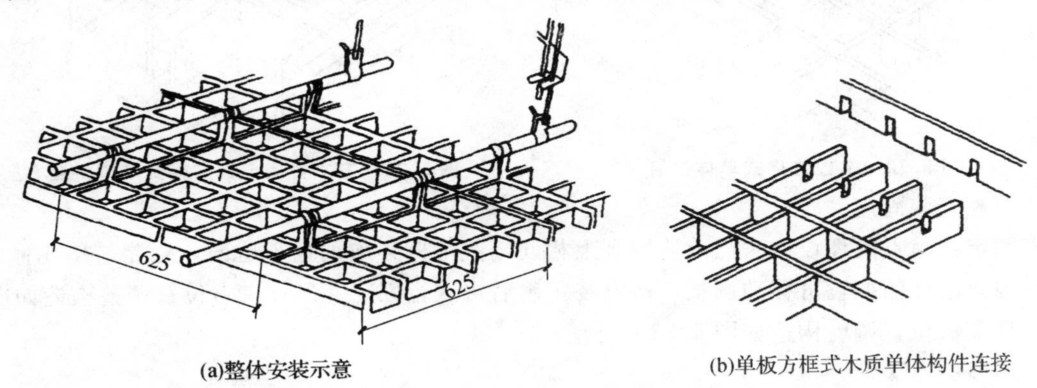

(a)整体安装示意　　(b)单板方框式木质单体构件连接

图 5.17　木格栅吊顶

（2）骨架单板方框式木质单体构件。

这种构件是用方木做成框骨架，然后按设计要求加工的厚木胶合板与木骨架固定，如图5.17（b）所示。

（3）单条板式木质单体构件。

这种构件是用实木或厚木胶合板加工成木条板，在上面按设计要求开方孔或长方孔，然后将作为支撑条板的龙骨穿入条板孔洞内，并加以固定。如图5.19所示。

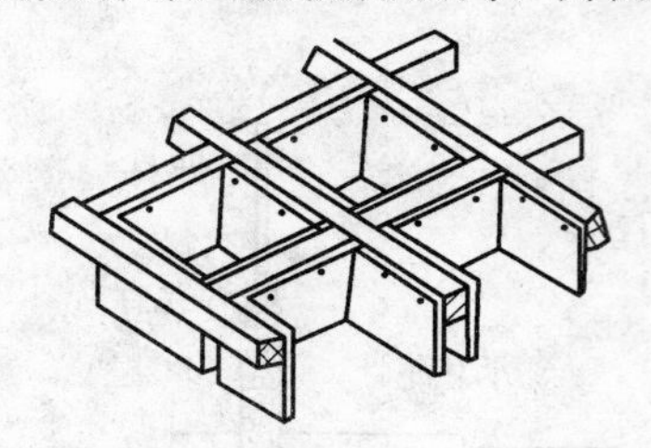

图5.18　骨架单板方框式木质单体构件

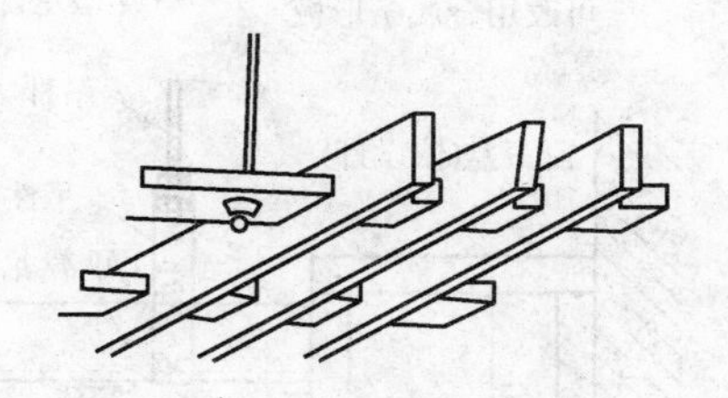

图5.19　单条板式木质单体构件

2．工艺流程

基层处理—弹线定位—单体构件拼装—单元安装固定—饰面成品保护。

3．施工工艺

（1）基层处理。

安装准备工作除与前边的吊顶相同外，还需对结构基底底面及顶棚以上墙、柱面进行涂黑处理，或按设计要求涂刷其他深色涂料。

（2）弹性定位。

由于结构基底及吊顶以上墙、柱面部分已先进行涂黑或其他深色涂料处理，所以弹线应采用白色或其他反差较大的液体。根据吊顶标高，用“水柱法”在墙柱部位测出标高，弹出各安装件水平控制线，再从顶棚一个直角位置开始排布，逐步展开。

（3）单体构件拼装。

单体构件拼装成单元体可以是板与板的组合框格式、方木骨架与板的组合格式、盒式与方板组合式、盒与板组合式等，如图5.20、图5.21所示。

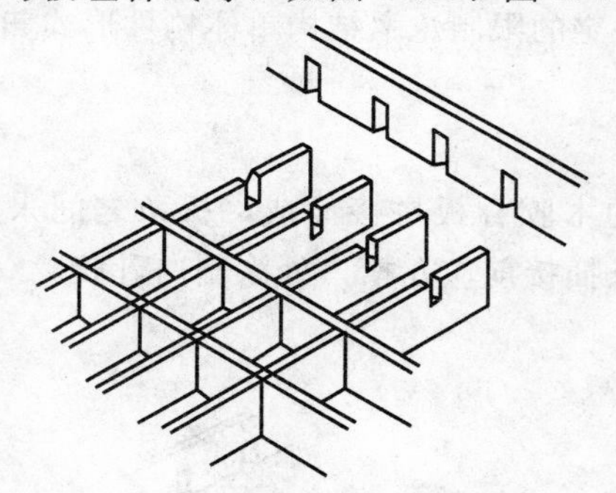

图5.20　木板方格式单体拼装

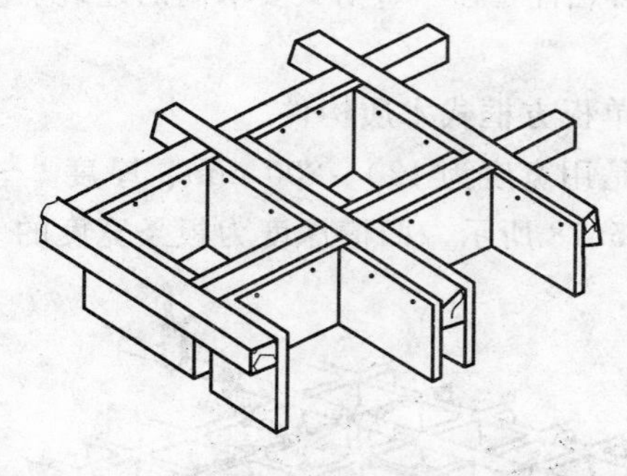

图5.21　方木骨架与板方格式单体拼装

（4）单元安装固定。

吊杆固定：吊点的埋设方法与前述原则上相同，但吊杆必须垂直于地面，且能与单元体无变形的连接，因此吊杆的位置可移动调整，待安装正确后再进行固定。吊杆左右位置调整构造如图5.22所示，吊杆高低位置调整构造如图5.23所示。

（5）饰面成品保护。

木质开敞式吊顶需要进行表面终饰。终饰一般涂刷高级清漆，以露出自然木纹。当完成终饰后安装灯饰等物件时，工人必须戴干净的手套仔细进行操作，对成品进行认真保护。必要时应覆盖塑料布、编织布加以保护。

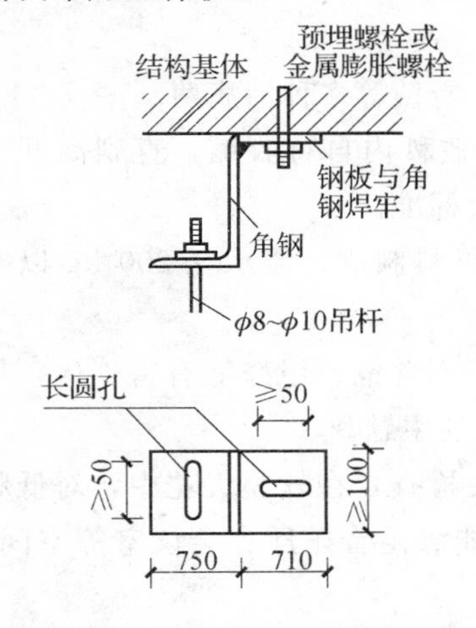

图 5.22 吊杆左右位置的调整

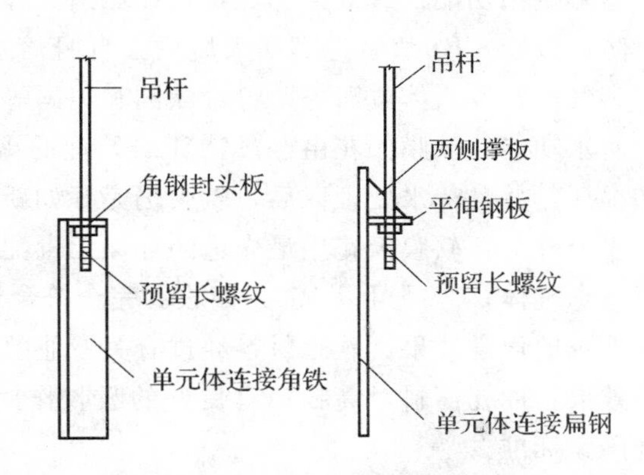

图 5.23 吊杆高低位置的调整

2. 金属开敞式吊顶施工

(1) 单体构件拼装。

格片型金属单体构件拼装方式较为简单，只需将金属格片按排列图案先锯成规定长度，然后卡入特制的格片龙骨卡口内即可，如图 5.24、图 5.25 所示。

(2) 单元安装固定。

格片型金属单元体安装固定一般用圆钢吊杆及专门配套的吊挂件与龙骨连接。

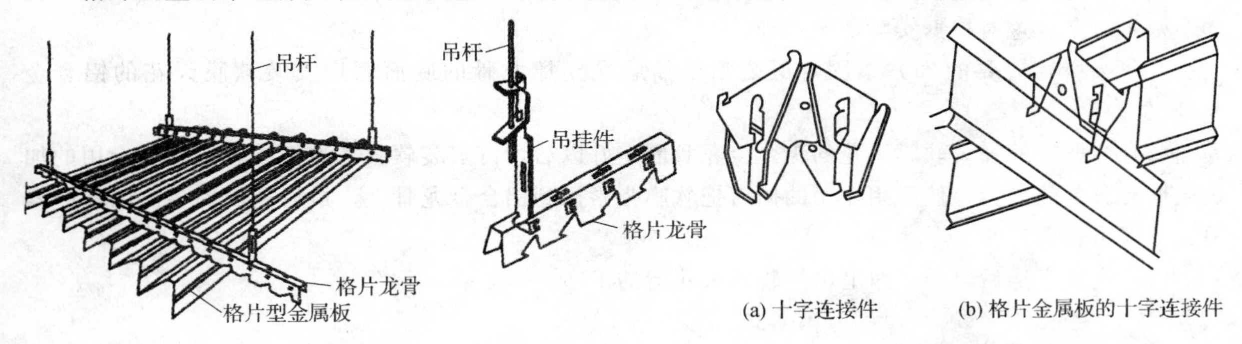

图 5.24 格片式金属板单体构件安装及悬吊图

图 5.25 格片型金属板的单体十字连接件

5.4.3 软膜吊顶施工工艺

柔性天花又称软膜天花，是原产于法国的一种高档的绿色环保型装饰材料，它质地柔韧，色彩丰富，可随意张拉造型，彻底突破传统天花在造型、色彩、小块拼装等方面的局限性。同时，它又具有防火、防菌、防水、节能、环保、抗老化、安装方便等卓越特性，目前已日趋成为吊顶材料的首选材料。软膜采用特殊的聚氯乙烯材料制成，厚 0.18 mm，其防火级别为 B1 级。品种多样的材质及颜色，成为非凡室内装饰效果的夺目亮点。每平方米质量约 180～320 g。因为它的柔韧性良好，可以自由地进行多种造型的设计，用于曲廊、敞开式观景空间等各种场合，无不相宜。对于新建和改建工程，专业安装队可在数小时内完成安装工作，而不需移动室内家具，拆卸工作不涉及其他工程活动，工程现场整洁有序。

1. 软膜天花的特点

(1) 突破传统天花：突破小块拼装的局限性，可大块使用，有完美的整体效果。

(2) 色彩多样：软膜材料有多种色彩和面料选择，适用于各种场所。

(3) 造型随意多样：软膜材料可以根据龙骨的弯曲形状确定天花的整体造型，能制成不同的平面和立体的形状，使装饰效果更加丰富。

(4) 防霉抗菌功能：有效抑制金黄葡萄球菌、肺炎杆菌、霉菌等多种治病菌。

(5) 防火级别：B1级，遇到明火后只会自身熔穿，并且数秒内自行收缩，直到离开火源，不会释放有害气体伤及人体或财务，符合欧洲和美国等多种防火标准。

(6) 防水功能：软膜天花由经过特殊的处理的聚氯乙烯材料制成，能承托200 kg以上的水不会渗透和损坏，并且待水处理以后，软膜仍完好如新。

(7) 安全环保：软膜天花用最先进的环保无毒配方制造，不含镉、甲醛等有害气体，使用期间不会释放有毒气体，产品可以100%回收。完全符合当今社会的主题。

(8) 理想的声学效果：软膜材料经过有关专业院校的相关检查，在软膜天花中，对低频声有良好的吸声效果；冲孔面料对高频声有良好的吸收作用，完全能满足音乐厅、会议室等空间的使用，完全符合国家标准。

(9) 良好的安装和拆卸：软膜天花可以直接安装在墙壁、木方、钢结构、木间墙上，合适于各种建筑结构。在相同面积下，安装和拆卸时间只相当于传统天花的1/3。

2. 工艺流程

安装固定支撑—固定安装铝合金龙骨—安装软膜—清洁软膜天花。

3. 施工要点

(1) 在需要安装软膜天花的水平高度位置四周围固定一圈4 cm×4 cm支撑龙骨（可以是木方或方钢管）。附注：有些地方面积比较大时要求分块安装，以达到良好效果，这样就需要中间位置加一根木方条。这时根据实际情况处理。

(2) 当所有需要的木方条固定好之后，然后在支撑龙骨的底面固定安装软膜天花的铝合金龙骨。

(3) 当所有的安装软膜天花的铝合金龙骨固定好以后，再安装软膜。先把软膜打开用专用的加热风炮充分加热均匀，然后用专用的插刀把软膜张紧插到铝合金龙骨上，最后把四周多出的软膜修剪完整即可。

(4) 安装完毕后，用干净毛巾把软膜天花清洁干净。

5.5 质量标准与验收方法

1. 一般规定

(1) 本节适用于暗龙骨吊顶、明龙骨吊顶等分项工程的质量验收。

(2) 吊顶工程验收时应检查下列文件和记录：吊顶工程的施工图、设计说明及其他设计文件；材料的产品合格证书、性能检测报告、进场验收记录和复验报告；隐蔽工程验收记录；施工记录。

(3) 吊顶工程应对人造木板的甲醛含量进行复验。

(4) 吊顶工程应对下列隐蔽工程项目进行验收：吊顶内管道、设备的安装及水管试压；木龙骨防火、防腐处理；预埋件或拉结筋；吊杆安装；龙骨安装；填充材料的设置。

(5) 各分项工程的检验批应按下列规定划分：同一品种的吊顶工程每50间（大面积房间和走廊按吊顶面积30 m^2为一间）应划分为一个检验批，不足50间也划分为一个检验批。

(6) 检查数量应符合下列规定：每个检验批应至少抽查10%，并不得少于3间；不足3间时应全数检查。

(7) 安装龙骨前，应按设计要求对房间、洞口标高和吊顶内管道、设备及其支架的标高进行交接检验。

(8) 吊顶工程的木吊杆、木龙骨和木饰面板必须进行防火处理，并应符合有关设计防火规范的规定。

(9) 吊顶工程中的预埋件、钢筋吊杆和型钢吊杆应进行防锈处理。

(10) 安装饰面板前应完成吊顶内管道和设备的调试及验收。

(11) 吊杆距主龙骨端部距离不得大于 300 mm，当大于 300 mm 时，应增加吊杆。当吊杆长度大于 1.5 m 时，应设置反支撑。当吊杆与设备相遇时，应调整并增设吊杆。

(12) 重型灯具、电扇及其他重型设备严禁安装在吊顶工程的龙骨上。

2. 暗龙骨吊顶工程

本节用于以 U、T 型轻钢龙骨，铝合金龙骨等骨架，以石膏板、金属板、矿棉板、木板、塑料板或格栅等为饰面材料的暗龙骨吊顶工程的质量验收。

(1) 主控项目。

①吊顶标高、尺寸、起拱和造型应符合设计要求。

检验方法：观察；尺量检查。

②饰面材料的材质、品种、规格、图案和颜色应符合设计要求。

检验方法：观察；检查产品合格证书、性能检测报告、进场验收记录和复验报告。

③暗龙骨吊顶工程的吊杆、龙骨和饰面材料的安装必须牢固。

检验方法：观察、手扳检查；检查隐蔽工程验收记录和施工记录。

④吊杆、龙骨的材质、规格、安装间距及连接方式应符合设计要求。金属吊杆、龙骨应经过表面防腐处理；木吊杆、龙骨应进行防腐、防火处理。

检验方法：观察；尺量检查；检查产品合格证书、性能检测报告、进场验收记录和隐蔽工程验收记录。

⑤石膏板的接缝应按其施工工艺标准进行板缝防裂处理。安装双层石膏板时，面层板与基层板的接缝错开，并不得在同一根龙骨上接缝。

检验方法：观察。

(2) 一般项目。

①饰面材料表面应洁净、色泽一致，不得有翘曲、裂缝及缺损。压条应平直，宽窄一致。

检验方法：观察；尺量检查。

②饰面板上的灯具、烟感器、喷淋头、风口篦子等设备的位置应合理、美观，与饰面板的交接应吻合、严密。

检验方法：观察。

③金属吊杆、龙骨的接缝应均匀一致，角缝应吻合，表面应平整，无翘曲、锤印。木质吊杆、龙骨应顺直，无劈裂、变形。

检验方法：检查隐蔽工程验收记录和施工记录。

④吊顶内填充吸声材料的品种和铺设厚度应符合设计要求，并应有防散落措施。

检验方法：检查隐蔽工程验收记录和施工记录。

⑤暗龙骨吊顶工程安装的允许偏差和检验方法应符合表 5.3 规定。

表 5.3　暗龙骨吊顶工程安装的允许偏差和检验方法

项次	项目	允许偏差/mm				检验方法
		纸面石膏板	金属板	矿棉板	木板、塑料板、格栅	
1	表面平整度	3	2	2	2	用 2 m 靠尺和塞尺检查
2	接缝直线度	3	1.5	3	3	拉 5 m 线，不足 5 m 拉通线，用钢直尺检查
3	接缝高低差	1	1	1.5	1	用钢直尺和塞尺检查

【重点串联】

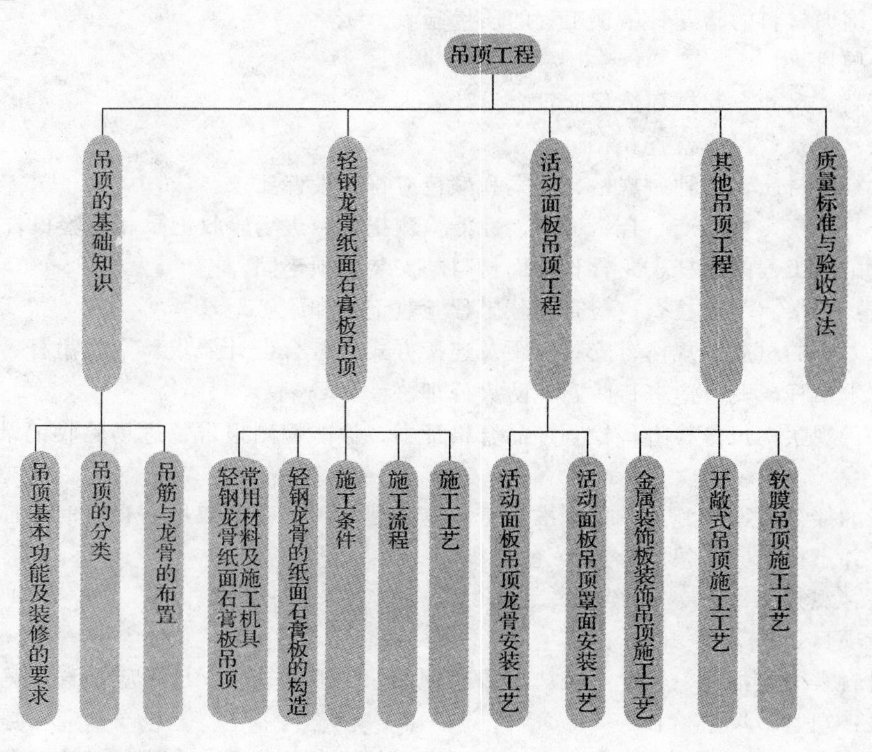

拓展与实训

职业能力训练

1. 吊顶工程安装龙骨前，应进行交接检验的项目有(　　)

　A. 吊顶内设备的调试　　B. 吊顶内设备的标高

　C. 吊顶内管道的标高　　D. 房间净高　　E. 洞口标高

2. 吊顶工程施工前应进行防火或防锈处理的是(　　)

　A. 面板　　B. 预埋件　　C. 木饰面板

　D. 型钢吊杆　　E. 木吊杆、木龙骨

3. 暗龙骨吊顶工程施工质量控制主控项目应包括(　　)。
   A. 饰面材料质量要求
   B. 吊顶标高、尺寸、起拱和造型
   C. 饰面板上的灯具、烟感器等设备位置
   D. 吊杆、龙骨的安装间距及连接方式
   E. 金属龙骨的接缝
4. 吊顶工程饰面板安装的主要安装方法有(　　)。
   A. 钉固法　　B. 搁置法　　C. 粘贴法
   D. 干挂法　　E. 卡固法
5. 明龙骨吊顶工程施工质量控制的主控项目应包括(　　)。
   A. 防腐、防火处理　　B. 金属龙骨的接缝
   C. 饰面材料的图案和颜色　　D. 吊顶标高、尺寸、起拱和造型
   E. 吊顶内填充吸声材料的品种和铺设厚度
6. 轻质隔墙在建筑装饰装修工程的应用范围很广，按施工工艺不同，轻质隔墙工程包括(　　)。
   A. 板材隔墙　　B. 骨架隔墙　　C. 玻璃隔墙
   D. 活动隔墙　　E. 砌体类隔墙
7. (　　)工程要求板材应有相应性能等级的检测报告。
   A. 有隔声要求的　　B. 有隔热要求的　　C. 有阻燃要求的
   D. 有防潮要求的　　E. 有色彩要求的
8. 下列属于板材隔墙工程主控项目的是(　　)。
   A. 隔墙板材的品种、规格性能、颜色
   B. 连接件的位置、数量、连接方法
   C. 接缝材料的品种及接缝方法
   D. 孔洞、槽、盒位置
   E. 接缝应均匀、顺直
9. 龙骨体系是骨架隔墙与主体结构之间重要的传力构件，是骨架隔墙施工质量的关键部位。骨架隔墙龙骨体系应安装加强龙骨的部位有(　　)。
   A. 设有门洞口的部位　　B. 设有窗洞口的部位
   C. 墙体中的曲面部位　　D. 墙体中的斜面部位
   E. 设备管线安装部位
10. 为确保玻璃砖隔墙砌筑中埋设的拉结筋与基体结构连接牢固且位置正确，应做以下检验(　　)。
   A. 观察　　B. 手扳检查
   C. 尺量检查　　D. 检查隐蔽工程验收记录
   E. 检查预检验收记录

工程模拟训练

画出轻钢龙骨吊顶的构造图。

写出木龙骨的施工流程。

设计某一个传媒公司老总的办公室顶棚，并画出顶棚与墙面的交接构造，发光吊顶的节点构造大样以及施工工艺。

吊顶构造设计

1. 设计条件

(1) 某会议室顶棚平面如附图所示，柱子断面尺寸为 600 mm×600 mm，墙体厚度 200 mm，钢筋混凝土框架结构。

(2) 会议室内设吊顶，吊顶上均匀布置 8 组铝合金一体化带罩日光灯（可以改变灯具布局），西边吊顶设置了反光灯槽，北边窗顶设置了窗帘盒。

(3) 吊顶的龙骨为金属龙骨，面板材料及规格自定，龙骨、面板及配件可参考教材、课件或图集。反光灯槽从墙边伸出 300 mm 宽，高度比吊顶表面低不小于 250 mm。窗帘盒为隐藏式，宽 200～300 mm，高 180 mm。灯具为嵌入式，规格 2×28 W，尺寸 1 200 mm×300 mm×60 mm（间距自定）。

2. 设计绘制内容

(1) 吊顶平面图 1 个，比例 1∶60 或 1∶50。

用不同线型画出面板、龙骨及吊点的平面布置图（各构件的线型可参考下图，也可自定，线型应在图中加以说明）；标注面板名称、龙骨名称及间距尺寸、吊点间距尺寸、反光灯槽宽度尺寸、窗帘盒宽度尺寸、灯具间距尺寸；画出索引号（索引号为直径 10 细线圆）；标注图名及比例。

线型	说明
—— —— —— —— ——	主龙骨（承载龙骨、附加龙骨）
═══════════	次龙骨（覆面龙骨）
—— —— —— —— —— ——	横撑龙骨（间距龙骨）
⊗	吊点

(2) 吊顶周边剖切节点详图 2 个（灯槽处 1 个、窗帘盒处 1 个），比例 1∶5 或 1∶10。

画出各详图中剖到及可见的构件（剖到的断面应画材料图例），以及各构件之间的连接、吊挂关系；标注各构件的名称；标注各部位的尺寸、标高等；标注详图号及比例（详图号为直径 14 粗线圆，其编号应与平面图的索引号对应）。

(3) 灯具处横剖面节点 1 个，比例 1∶5 或 1∶10。

画出灯具与周围剖到及可见的构件，以及灯具与龙骨的连接构造、灯具及周围龙骨的连接吊挂构造（灯具及周围构件关系应与平面图保持一致）；标注构件名称及尺寸；标注详图号及比例（详图编号应与平面图索引号对应）。

3. 图纸要求

A3 图幅白绘图纸，张数不限，墨线绘制。制图应符合施工图标准，标题栏格式参考下图。

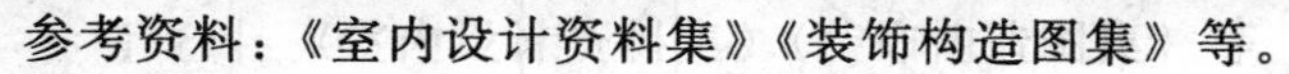

参考资料：《室内设计资料集》《装饰构造图集》等。

附 1：会议室顶棚平面

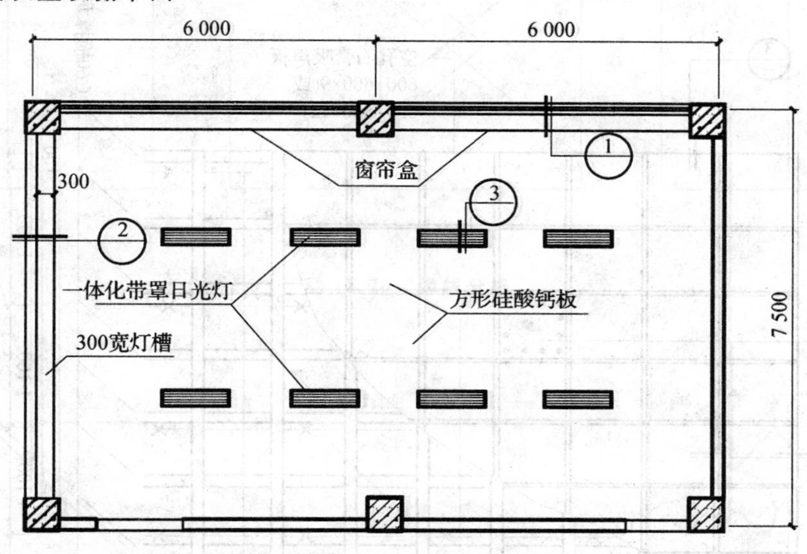

会议室顶棚平面

附 2：标题栏格式

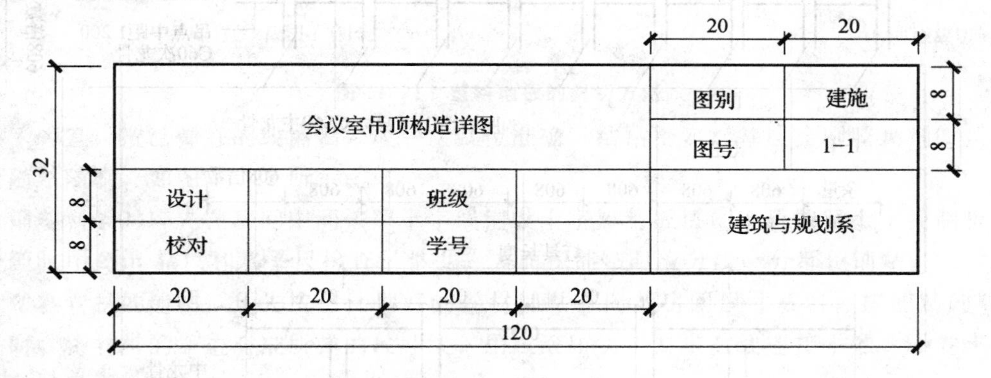

会议室吊顶构造详图				图别	建施
				图号	1-1
设计		班级		建筑与规划系	
校对		学号			

附 3：灯具断面形状及尺寸可参考下图

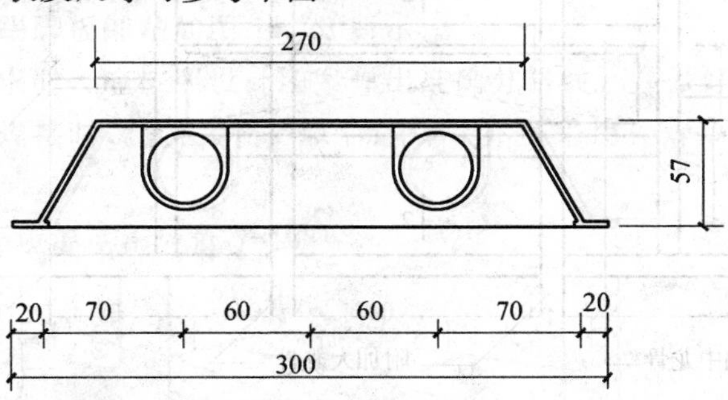

附 4：参考例图

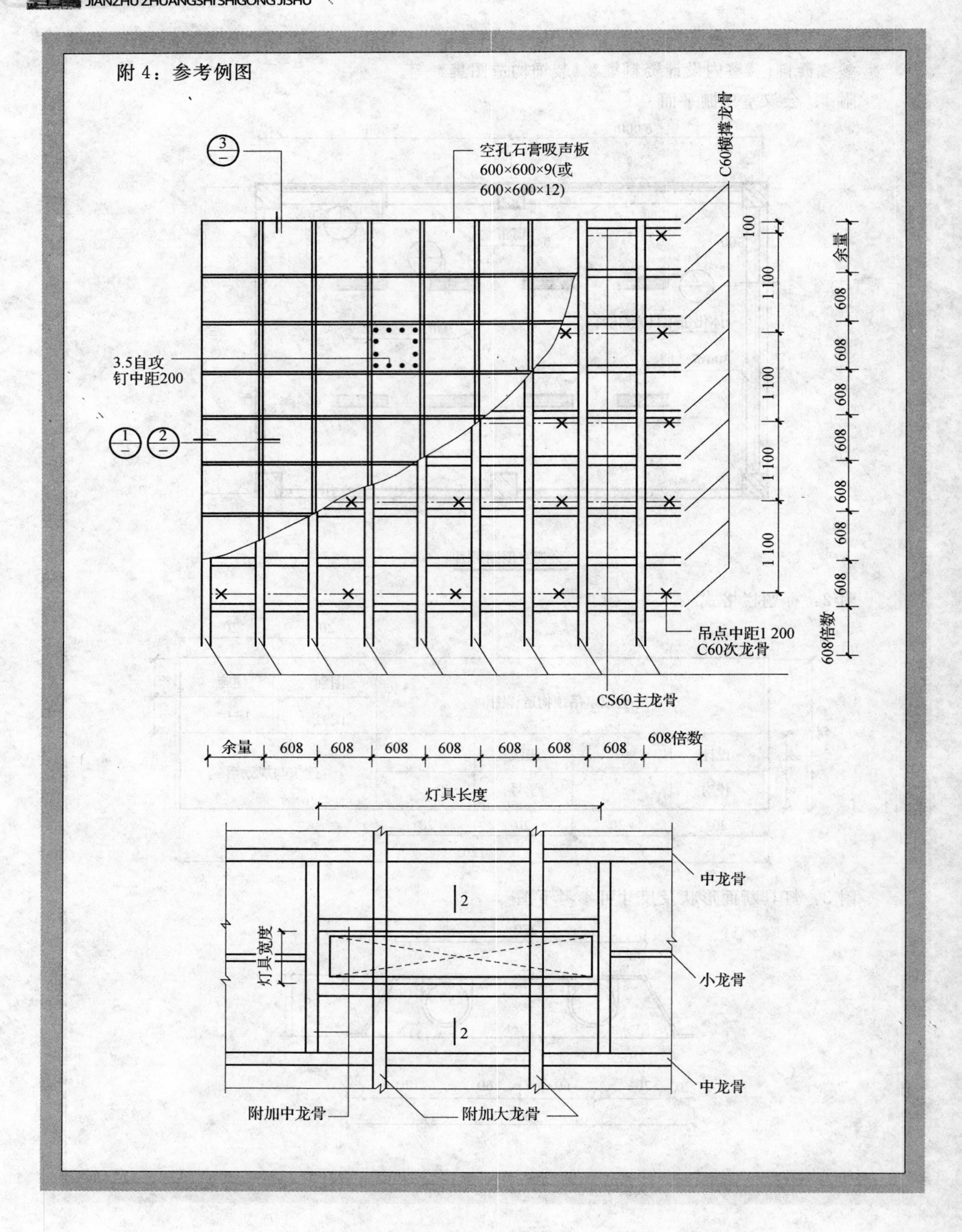
空孔石膏吸声板
600×600×9(或
600×600×12)
C60横撑龙骨
3.5自攻
钉中距200
余量
100
1 100
608
608倍数
吊点中距1 200
C60次龙骨
CS60主龙骨
608倍数
灯具长度
中龙骨
灯具宽度
2
小龙骨
中龙骨
附加中龙骨
附加大龙骨

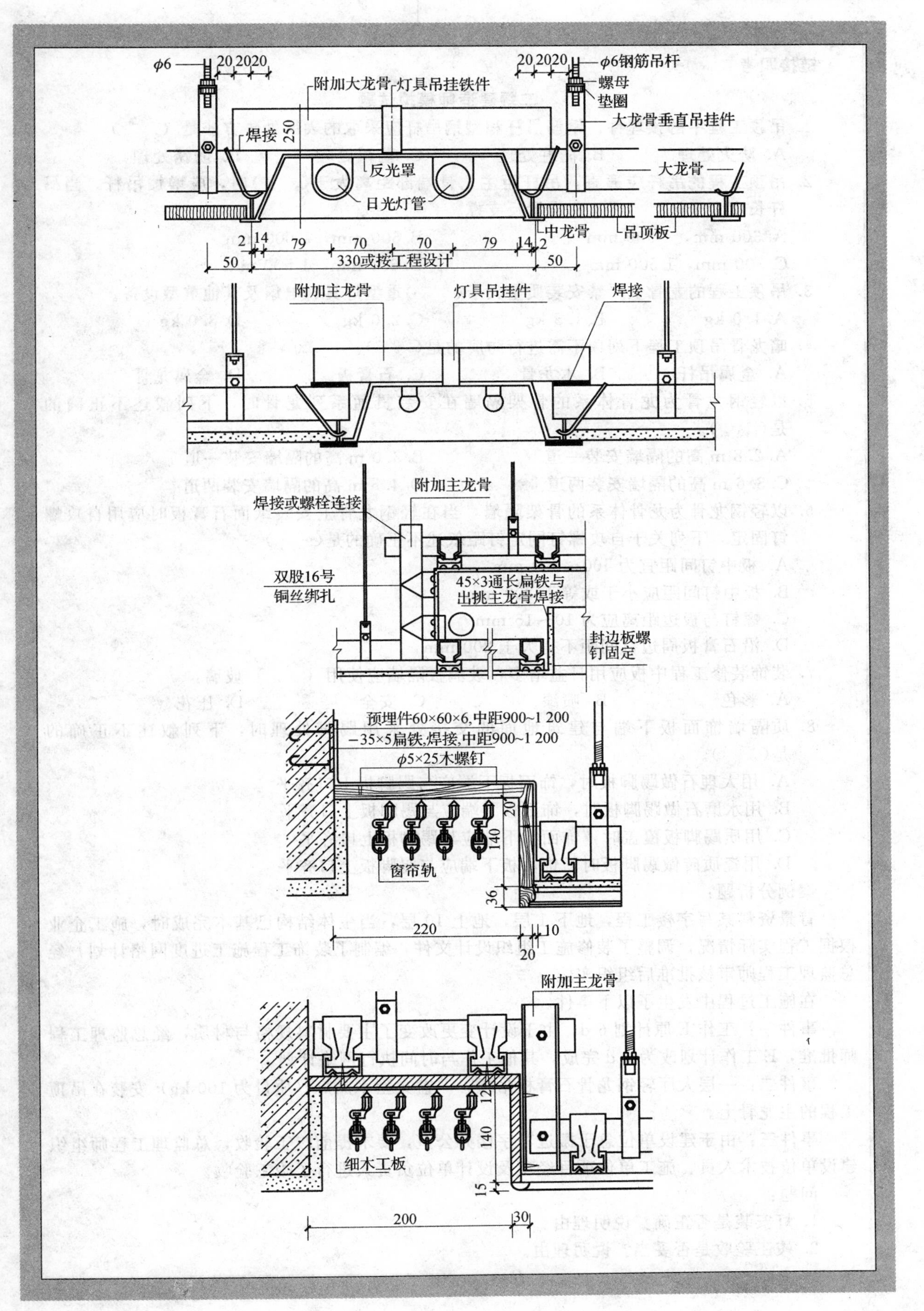
ϕ6
20 20 20
20 20 20
ϕ6钢筋吊杆
螺母
垫圈
附加大龙骨
灯具吊挂铁件
250
焊接
大龙骨垂直吊挂件
反光罩
大龙骨
日光灯管
中龙骨
吊顶板
2 14 79 70 70 79 14 2
50 330或按工程设计 50
附加主龙骨
灯具吊挂件
焊接
附加主龙骨
焊接或螺栓连接
双股16号
铜丝绑扎
45×3通长扁铁与
出挑主龙骨焊接
封边板螺
钉固定
预埋件60×60×6,中距900~1 200
−35×5扁铁,焊接,中距900~1 200
ϕ5×25木螺钉
20
140
窗帘轨
36
220
10
20
附加主龙骨
12
细木工板
15
200
30

链接职考

二级建造师模拟试题

1. 吊顶工程中的预埋件、钢筋吊杆和型钢吊杆应采取的表层处理方法是（　　）。
A. 防火处理　B. 防蛀处理　C. 防碱处理　D. 防锈处理
2. 吊顶工程的吊杆应通直，吊杆距主龙骨端部距离大于(　　)时，应增加吊杆。当吊杆长度大于(　　)时，应设置反支撑。
A. 300 mm，1 000 mm　B. 600 mm，1 000 mm
C. 300 mm，1 500 mm　D. 600 mm，1 500 mm
3. 吊顶工程的龙骨上严禁安装质量大于(　　)重型灯具、电扇及其他重型设备。
A. 1.0 kg　B. 1.5 kg　C. 2.0 kg　D. 3.0 kg
4. 暗龙骨吊顶工程下列项不需进行防腐的是(　　)。
A. 金属吊杆　B. 木龙骨　C. 石膏板　D. 金属龙骨
5. 以轻钢龙骨为龙骨体系的骨架隔墙在安装贯通系列龙骨时，下列叙述不正确的是(　　)。
A. 2.8 m 高的隔墙安装一道　B. 3.0 m 高的隔墙安装一道
C. 3.6 m 高的隔墙安装两道　D. 4.5 m 高的隔墙安装两道
6. 以轻钢龙骨为龙骨体系的骨架隔墙，当在轻钢龙骨上安装纸面石膏板时应用自攻螺钉固定，下列关于自攻螺钉同定钉距叙述不正确的是(　　)
A. 板中钉间距宜为 400～600 mm
B. 板中钉间距应小于或等于 300 mm
C. 螺钉与板边距离应为 10～15 mm
D. 沿石膏板周边钉间距不得大于 200 mm
7. 装饰装修工程中板应用日益增多，玻璃板隔墙应使用（　　）玻璃。
A. 彩色　B. 喷漆　C. 安全　D. 压花
8. 质隔墙饰面板下端与建筑地面的交接处采用踢脚处理时，下列叙述不正确的是(　　)。
A. 用大理石做踢脚板时，饰面板下端应与踢脚板上口齐平
B. 用水磨石做踢脚板时，饰面板下端应与踢脚板上口齐平
C. 用质踢脚板覆盖时，饰面板下端应与踢脚板上口齐平
D. 用瓷质砖做踢脚板时，饰面板下端应与踢脚板上口齐平

案例分析题：

背景资料某写字楼工程，地下 1 层，地上 10 层，当主体结构已基本完成时，施工企业根据工程实际情况，调整了装修施工组织设计文件，编制了装饰工程施工进度网络计划，经总监理工程师审核批准后组织实施。

在施工过程中发生了以下事件。

事件一：工作 E 原计划 6 d，由于设计变更改变了主要材料规格与材质，经总监理工程师批准，E 工作计划改为 9 d 完成，其他工作与时间执行网络计划。

事件二：一层大厅轻钢龙骨石膏板吊顶，一盏大型水晶灯（质量为 100 kg）安装在吊顶工程的主龙骨上。

事件三：由于建设单位急于搬进写字楼办公室，要求提前竣工验收，总监理工程师组织建设单位技术人员、施工单位项目经理及设计单位负责人进行了竣工验收。

问题：

1. 灯安装是否正确？说明理由。
2. 竣工验收是否妥当？说明理由。

模块 6

隔墙工程

【模块概述】

隔墙是分隔建筑物内部空间的墙。隔墙不承重，对隔墙的基本要求为轻、薄，有良好的隔声性能。自重小，可减少对地板和楼板层的荷载，厚度薄，能增加建筑的使用面积；并根据不同的使用环境要求有隔声、耐水、耐火等功能。如厨房的隔墙应具有耐火性能；盥洗室的隔墙应具有防潮能力。考虑到房间的分隔随着使用要求的变化而变更，因此隔墙应尽量便于装拆。在空间上拥有更多变化的居室内，轻捷而富于变化的隔墙（或隔断）特别适用。

【学习目标】

1. 隔墙工程组成和分类。
2. 隔墙工程材料的技术要求和施工环境要求。
3. 隔墙工程基层处理的要求。
4. 隔墙工程质量通病产生的原因。
5. 隔墙工程施工要点。

【能力目标】

1. 能够正确选用和使用各种隔墙材料。
2. 能清楚隔墙工程对施工环境的要求。
3. 会对隔墙工程基层进行正确恰当的处理。
3. 掌握一般隔墙施工工艺。
4. 分析产生各种隔墙工程质量问题的原因并知道如何进行防治。
5. 会检验隔墙工程质量。

【学习重点】

工程基层处理的要求、施工工艺及质量通病防治。

【课时建议】

理论 6 课时+实践 6 课时

工程导入

2009年昆明市某小区260套新房的业主顺利拿到新房钥匙，准备装修入住时却异常不顺利，房内隔墙板和分户隔墙开裂脱落，一敲即碎，难以悬挂液晶电视甚至结婚相框，隔音和防水效果特别差。由此，业主们纷纷找开发商“算账”，要求退房和赔偿，还与开发商打起官司。为什么会出现上述情况呢？希望通过本模块的学习能使你分析出原因，并在工程实际中避免所施工的隔墙发生类似的质量问题。

6.1 隔墙、隔断概述

隔墙和隔断是用来分割建筑物内部空间的非承重构件。隔墙与隔断的区别在于分隔空间的功能要求及其拆装灵活性不同。

隔墙高度是到顶的，既能在较大的程度上限定空间，又能在一定的程度上满足隔声、遮挡视线的要求。隔墙一经设置，往往具有不可更改性，至少是不能经常变动的。

隔断从高度上说一般不到顶，但也有到顶的。隔断的作用仅是限定空间范围，在隔声、遮挡视线方面往往并无要求或要求较低，甚至具有一定的空透性能，以使两个分割空间有一定的视觉交流等。比如有些办公空间是用通高玻璃隔断分割空间，虽然也做到顶，但隔声和遮挡视线的能力相对较差。另外，隔断的形式也比隔墙灵活，如推拉、折叠式隔断（常用于酒店宴会厅、会展中心等），既具有一定隔声能力和遮挡视线能力，又可以根据需要随时打开，使分割的两空间连通到一起。一些空透屏风式隔断本身就通透分割了空间，又因是不同形式的博古架式样更显得灵活多变。

隔墙要求自重轻、厚度薄、刚度和稳定性好，具有一定的隔声能力，对于一些特殊部位的隔墙还应视要求具有防火、防潮、防水、防射线等能力。

隔断除应具备以上能力以外，移动灵活还应是它的另一能力体现。

6.1.1 隔墙的种类及特点

轻质隔墙按其构造方式可分为3大类，即砌筑式隔墙（如空心砖、加气混凝土砌块等砌筑的非承重墙），立筋式隔墙（如灰板条抹灰隔墙，木龙骨、轻钢龙骨、石膏龙骨各种面板隔墙等）、条板式隔墙（如加气混凝土条板隔墙、空心石膏板隔墙、碳化石灰板隔墙、石膏珍珠岩板隔墙及各种复合隔墙等）。

1. 砌筑式隔墙

砌筑式隔墙是用黏结砂浆将预制块材砌筑成非承重墙体。常用在比较永久的分室墙上，它的隔声性、耐久性和耐湿性都比较好，但它的自重较大，而且必须是湿作业施工。

（1）空心砖隔墙。这种隔墙是用空心砖顺砌或侧砌而成，半砖顺砌隔墙是较为常用的形式，构造上应注意墙的稳定性。若高度超过3 m，长度超过5 m，通常每隔5～7皮砖，在纵横墙交接处的砖缝中放置两根ϕ6 mm的锚拉钢筋。在隔墙上部和楼板相接处，需用立砖斜砌。当隔墙上设门时，则需通过预埋件或木砖与门框拉结牢固。

（2）砌块隔墙。它是用比普通黏土砖体积大、密度小的超轻混凝土砌块砌。常见的有加气混凝土、泡沫混凝土、水泥炉渣砌块等。砌筑方法、加固措施与砖隔墙相似。采用防潮性能差的砌块时，宜在墙下部先砌3～5皮黏土砖。

（3）玻璃砖隔墙。即用特厚玻璃砖或组合玻璃砖砌筑的透明砖墙。玻璃砖具有隔热、隔声的作用及绝缘、防水、耐火、防结露的特点。无论是天然光还是人造光玻璃砖的单元能做到对光的控制以满足功能要求或造成戏剧性效果。玻璃砖应用范围很广，整面墙、窗、内部隔断、隔墙、天窗、楼板和楼梯等部位都可以使用玻璃砖。因此玻璃砖特别适合高档住宅、酒店、体育馆及健身娱乐等场所用于控制透光、眩光和太阳光的场合。

2. 立筋式隔墙

立筋式隔墙是指由龙骨（骨架）和墙面材料组成的轻质隔墙。这种隔墙形式质量轻、厚度薄、干作业，是目前应用比较广泛的工业化隔墙形式。常用的隔墙龙骨有木龙骨和金属龙骨两种。另外一些利用工业废料和地方材料制成的龙骨也常有使用，诸如石棉水泥骨架、浇注石膏骨架、水泥刨花板骨架等。面层材料目前多用各种预制板材。

（1）木龙骨隔墙。木龙骨隔墙的优点是质轻、壁薄，便于安装和拆卸。缺点是不耐火、水和隔声性能差。隔墙是由上、下槛、立柱和斜撑组成龙骨，然后在柱两侧铺钉木板条（灰板条）抹麻刀灰，即为木板条隔墙。为了防水、防潮可先在隔墙下部砌 3～9 皮黏土砖，也可在立柱两侧钉三合板或纤维板及纸面石膏板即为木龙骨罩面板隔墙。另外，在木框架上部分或全部安装上大面玻璃即为玻璃隔墙。

（2）金属龙骨隔墙。金属龙骨隔墙（这里主要指轻钢龙骨纸面石膏板隔墙）一般用薄壁轻型钢做骨架，两侧用自攻螺钉固定纸面石膏板或其他人造板，是目前应用最为普遍的工业化隔墙形式。

（3）石膏龙骨隔墙。石膏龙骨隔墙是用石膏做龙骨两侧黏结或钉固纸面石膏板、水泥刨花板及石膏条板等。

3. 条板隔墙

条板隔墙是指那些不用骨架，其单板高度相当于房间的净高的板材拼装成的隔墙。隔墙用条板常有加气混凝土板、多孔石膏板、碳化石灰板、水泥木丝板等厚度大多为 60～120 mm，宽约 60～1 200 mm，高度同房间实际高度。安装时在楼、地面层上用对口木模在板底将板楔紧，纵向板缝用胶结材料黏结。

【知识拓展】

在建筑工程中，一层砖术语称为一“皮”，和墙体方向平行的砖称为“顺”，和墙体方向垂直的砖称为“丁”，要保证没有通缝就需要把砖交错砌筑，即有丁有顺。

标准黏土砖的尺寸为 240 mm×115 mm×53 mm，这一尺寸的目的是为了保证砖的长宽高之比为 4：2：1（包括 10 mm 的灰缝宽度）。砖墙的厚度多以砖的倍数称呼，由于砖的长度为 240 mm，因此厚度为一砖的墙又称“二四”墙，厚度为一砖半的墙又称“三七”墙，厚度为半砖的墙又称“一二”墙。

6.1.2 隔墙工程常用材料及技术要求

1. 材料要求

木材的树种、材质等级、规格应符合设计图纸要求及有关施工及验收规范的规定。

龙骨料一般用红、白松烘干料，含水率不大于 12%，材质不得有腐朽、超断面 1/3 的节疤、壁裂、扭曲等疵病，并预先经防腐处理。

面板一般采用胶合板（切片板或旋片板），厚度不小于 3 mm（也可采用其他贴面板材），颜色、花纹要尽量相似。用原木材做面板时，含水率不大于 12%，板材厚度不小于 15 mm；要求拼接的板面、板材厚度不少于 20 mm，且要求纹理顺直、颜色均匀、花纹近似，不得有节疤、裂缝、扭曲、变色等疵病。

2. 辅料

防潮卷材：油纸、油毡，也可用防潮涂料。

胶黏剂、防腐剂：乳胶、氟化钠（纯度应在75%以上，不含游离氟化氢和石油沥青）。

钉子：长度规格应是面板厚度的2～2.5倍，也可用射钉。

3. 主要机具

电动机具：小台锯、小台刨、手电钻、射枪。

手持工具：木刨子（大、中、小）、槽刨、木锯、细齿、刀锯、斧子、锤子、平铲、冲子、螺丝刀；方尺、割角尺、小钢尺、靠尺板、线坠、墨斗等。

6.2 轻质隔墙的施工工艺

隔墙工程近年来发展迅速，许多新型的建筑材料和施工方法已被广泛采用，本章对某些施工方式的隔墙如黏土砖隔墙、砌块隔墙、灰板条隔墙等类隔墙的安装施工不再做介绍。主要介绍在装饰工程中常用的隔墙构造：轻钢龙骨纸面石膏板隔墙、玻璃砖隔墙和木龙骨板隔墙等。

6.2.1 轻钢龙骨纸面石膏板隔墙

轻钢龙骨隔墙是以薄壁轻钢骨架做支撑龙骨在龙骨上安装纸面石膏板的做法。它具有材料来源广泛、工业化程度高、质轻、防火等特点，得到越来越广泛的应用。

轻钢龙骨石膏板做内隔墙，通常采用普通做法隔墙，也可以根据使用要求做成具隔声功能的隔墙。由于轻钢龙骨石膏板隔墙可不受楼板荷载的限制，更适合多层建筑的内隔墙。这就给多层建筑分隔各类空间带来很多方便。采用轻钢龙骨纸面石膏板制作隔墙有以下特点：

①较大地减轻建筑物的自重。例如，采用轻钢龙骨为墙体骨架，在骨架的两侧各铺一层12 mm厚的纸面石膏板时，墙体质量为每$m^2$25～27 kg左右，而120 mm厚的红砖墙体的面质量则为250 kg/m^2左右。即便是100 mm厚的加气混凝土质量也为每$m^2$130 kg左右。轻钢龙骨纸面石膏板隔墙的自重轻，可以大幅度降低建筑物的基础和承重结构的造价。

②增加建筑物的使用面积。以采用Q75龙骨两侧各铺一层12 mm厚的纸面石膏板组成的隔墙为例，其厚度仅为100 mm与120 mm厚的非承重砖墙相比，双面抹灰墙厚为160 mm，两者厚度相差60 mm，可有效地增加使用面积。

③提高建筑物空间布局的灵活性。由于轻钢龙骨纸面石膏板隔墙是轻质非承重墙，可以在不同的楼层层中应用。能根据各自空间的需要任意分隔房间的大小组合，以满足不同的功能要求。

④抗震性能好。由于轻钢龙骨纸面石膏板隔墙自重轻，有一定韧性，能承受建筑物层间较大变形，因而该墙体具有良好的抗震性能。

1. 轻钢龙骨面板隔墙

(1) 料及特点。

①龙骨。轻钢龙骨是用镀锌薄钢板（带）加工轧制成的。它是由横龙骨即U形沿顶龙骨、沿地龙骨、竖向龙骨即C形龙骨、横撑龙骨及配件等组成。墙体轻钢龙骨可装配性强，可加工性能较好，具有可锯、可剪、可焊、可铆和可用自攻螺钉固定等优点，轻钢龙骨固结方法示意图如图6.1所示。

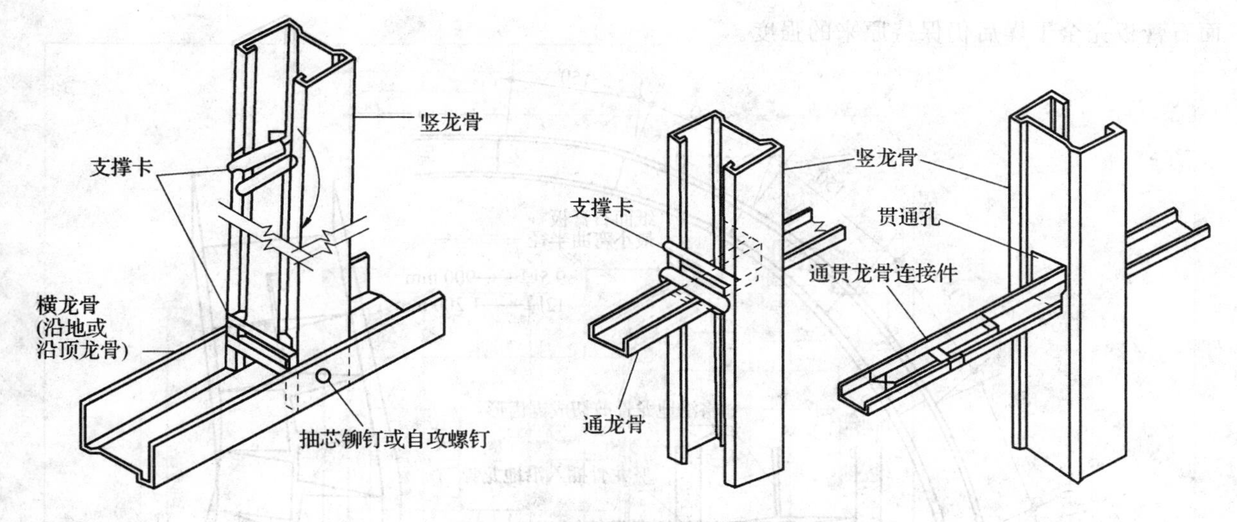

图 6.1　轻钢龙骨固结方法示意图

②石膏板。纸面石膏板是以建筑石膏为主要原料加入适量纤维和某些外加剂等组成石膏芯材与护面纸牢固地结合并经加工制成的建筑板材。它具有质轻、高强、防火、隔声、收缩率小、加工性能良好（可钉、锯、刨、黏）等特点。纸面石膏板品种除有普通纸面石膏板外还有防火石膏板和防水石膏板。

纸面石膏板的规格有多种，最常用是 3 000 mm×1 200 mm×9.5 mm和 3 000 mm ×1 200 mm ×2 mm 的楔形边及直角边两种规格。

(2) 构造及做法。

①龙骨的敷设。轻钢龙骨隔墙常用的构造做法是将沿顶、地龙骨固定在顶板的预埋件或用膨胀螺栓将其与顶板连接牢固，固定点间距不应大于1 000 mm。根据石膏板的宽度设置竖向龙骨，龙骨之间的中距尺寸一般为 453 mm、603 mm，即在石膏板的板边、板中各设置一根。当隔墙面的装饰层材料质量较大时，如镶贴瓷砖、竖龙骨的间距应不大于 400 mm。竖向龙骨插入沿顶、地龙骨内并用抽芯铆钉固定，如图 6.2 所示。

图 6.2　竖龙骨与沿地（顶）龙骨的连接

室内净空高度较大时应加设贯通式横向龙骨隔墙，高于 3 m 时架设一道；在 3～5 m 之间时架设两道；超过 5 m 时应设三道。同时在重要的承重部位如门、窗框等部位竖龙骨可双根并用、密排，或采用加强龙骨（断面呈不对称 C 形，使用时双根扣合）。

如沿顶龙骨悬吊高度位置与建筑楼板有一定距离，除需应有支撑杆外还应在门框等主要竖龙骨位置用斜角支撑杆与建筑楼板固定，夹角在 60°为好（斜角支撑杆在吊顶棚中）。

圆曲面隔墙应根据曲面要求将沿地、沿顶龙骨剪切成锯齿形固定在顶面和地面上。曲面墙的半径较大时（大约 5～15 m），竖向龙骨的间距可为 300 mm；曲面墙的半径较小时（1～2 m），竖龙骨间距可为 150 mm，如图 6.3 所示。

②板的安装。纸面石膏板应竖向铺设，长边接缝应落在竖向龙骨上。隔墙两侧的石膏板安装，排列接缝不应落在同一根龙骨上。如龙骨单侧安装双层石膏板，内外两层石膏板也应错缝排列。

曲面墙所用石膏板通常采用 9.5 mm 厚纸面石膏板。应横向铺设如图 6.4 所示。当曲面墙体曲率半径比较大时（5 m 以上），可将纸面石膏板先从一端起安装固定，然后逐渐完成曲面墙。当曲面墙体曲率半径较小时（1～2 m 左右），可将纸面石膏板两面用清水刷湿至少 2 h 后方可安装，当纸面石膏板完全干燥后仍保持原来的强度。

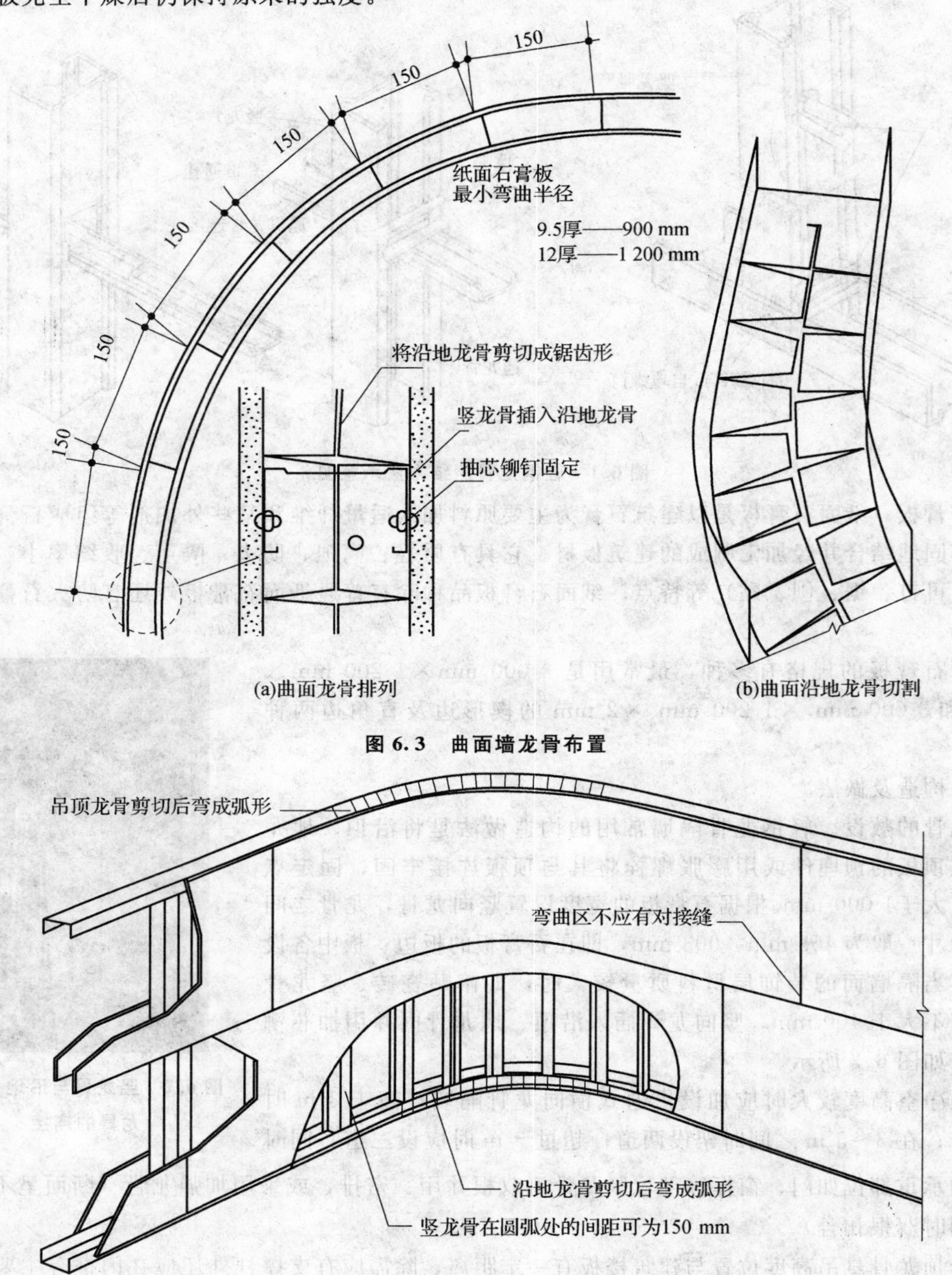

图 6.3　曲面墙龙骨布置

图 6.4　曲面墙石膏板横向铺设

石膏板应采用自攻螺丝固定。周边螺钉的间距不应大于 200 mm，中间部分螺钉的间距不应大于 300 mm，螺钉与板边缘的距离应为 10～15 mm。

隔墙端部的纸面石膏板与周围的墙或柱应留有 3 mm 的槽口。施铺罩面板时先在槽口处加注嵌缝膏，然后铺板挤压嵌缝膏使其和邻近表层紧紧接触。石膏板之间的接缝，一般应为 3～6 mm，且必须坡口与坡口相接。

隔墙下端的石膏板不应直接与地面接触，应留 10 mm 左右的缝隙并用建筑胶嵌严。

技术提示

在工程施工中，上述工序完成后静置，待其凝固。用嵌缝膏将第一道接缝覆盖，刮平，宽度较第一道接缝每边宽出至少 50 mm。上述工序完成后静置，待其凝固（凝固时间见嵌缝膏包装上的说明）。用嵌缝膏将第二道接缝覆盖，刮平，宽度较第二道缝每边宽出至少 50 mm。待其凝固后，用砂纸轻轻打磨，使其同板面平整一致。

2. 龙骨纸面石膏板隔声隔墙

在隔墙中要做到自重轻而隔声性能也好，需要对轻质隔墙的构造做法采取一些措施，如增加墙体两面石膏板之间的距离，增加墙体单位面积的质量等。墙体空腔填充吸声材料也有助于提高隔声效果。如在隔墙空腔体内采用矿棉、岩棉、玻璃棉等轻质纤维绝缘物填充，尽量不留有空隙（但应宽松而不是满塞地放入空腔内），能很好地提高隔声效果。

同时应尽量避免在隔声墙上设置穿墙管线、插座、配电箱等。如特别需要，一定要对相关的设施和施工工艺采取相应的隔声措施，比如可以使用吸声材料包裹并使用大尺寸的夹具将管道与支撑结构分开，对施工中所造成的缝隙采取密封措施消除有可能造成的声桥部位。

比较有效的隔声具体措施有：

(1) 结构措施。

①墙的纸面石膏板层数越多，隔声量就越大，如三层石膏板（12×2+12）比两层纸面石膏板（12 + 12）可提高隔声量 4～5 dB；若再加一层即四层纸面石膏板（12×2+12×2），可再增加 3 ～ 4 dB。但石膏板层数增多也会造成墙的质量增大，应酌情考虑。

②龙骨的纸面石膏板隔墙，龙骨的宽度决定两侧墙板之间空腔的宽度，加大空腔有助于提高隔声效果。同样构造的轻钢龙骨纸面石膏板隔墙 Q75 龙骨比 Q50 龙骨隔墙的隔声量提高 1～2 dB；而 Q100 龙骨比 Q75 龙骨隔墙隔声量提高 0～1 dB。

③石膏板的厚度有多种规格，最常用的纸面石膏板的厚度是 12 mm。当要求增加墙的厚度或重量以满足耐火等要求时，从隔声角度讲，不宜采用单层厚板，而应采用双层板叠合、里外板缝错开。在相同质量的条件下后者的隔声量要高。

④双排龙骨，两边的墙板各自钉在自己一侧的龙骨上，除了隔墙边缘以外隔墙两侧的墙板之间没有连接形成分离式双层墙结构，隔声量比单排龙骨的隔声有较大提高。例如，两层板（12+12）双排并列龙骨与单排并列龙骨相比，隔声量可提高 6 dB；双排错列龙骨与单排龙骨相比，可提高 10～15 dB。

⑤对于两侧板材固定在同一龙骨上（单排龙骨），如果板材和龙骨间垫有弹性条即金属减振条（中间打孔条状金属片）或弹性材料垫（如改性沥青卷材、毛毡等）比板材直接固定在龙骨上有较大的隔声量。

⑥封闭到顶直接与建筑楼板连接。将沿顶沿地龙骨与楼板、地面及竖龙骨和墙连接处采用弹性材料垫也可提高隔声量。

(2) 绝缘消声措施。

隔墙空腔中填充无机纤维绝缘材料（如岩棉、玻璃棉、矿棉），可吸收声能，从而提高墙的隔声性能，如图 6.5 所示。单排龙骨空腔中填岩棉可提高 5 dB 左右；双排龙骨空腔填棉可提高 9 dB 左右。墙板层数少时，填岩棉的效果比板层数多时的效

图 6.5 隔墙空腔填充

果要好一些；空腔厚度大时填岩棉比空腔厚度小时的效果也要好一些。

(3) 密封措施。

①施工中所造成的缝隙最容易出现在隔墙的边缘和与楼板、地面及侧墙的连接处，应在这些缝隙处预先放置弹性垫或采用密封膏密封。

②在隔声墙的空腔内安装尺寸较大的设备或管道时，应在空腔两侧同时设绝缘材料。特别应引起重视的是隔墙上相邻两室的电器开关盒和插销盒要错位安装和采用隔声处理即按设计要求安装石膏板隔离框并与龙骨固定，接线盒的四周用密封胶封严。

【知识拓展】

厨房与卫生间不能用石膏板做隔墙。因为涉及墙面要贴瓷砖，而石膏板上无法贴。如果也要想节省空间而不做砖墙，可以用强力水泥板来做隔墙，这种板材比石膏板略厚一点，也是用轻钢龙骨，板上可以直接粘贴瓷砖。当然，也要在贴瓷砖前作防水处理。

6.2.2 空心玻璃砖隔墙

空心玻璃砖是由两块玻璃经高温压铸成的四周密闭的玻璃砖块。空心玻璃砖从外观上分为正方形、矩形、各种异形等形式，其规格较多，最为常用的规格为 190 mm×190 mm ×95 mm 和 140 mm×140 mm×95 mm 两种。在砌筑玻璃砖墙时四周一定要镶框框体，可以是木制的也可以是金属框。砌筑时一边铺水泥砂浆，一边将玻璃砖砌上。纵横方向每隔三四块砖就要放置补强钢筋，尤其在纵向砖缝内一定要灌满水泥砂浆。玻璃砖之间的缝宽在 10～20 mm 之间，主要视玻璃砖的排列而调整，待水泥砂浆硬化后用白水泥勾缝。白水泥中如掺入一些胶可以避免龟裂。由于玻璃砖隔墙的装饰性和通透效果很明显，目前被较多用在装饰墙面中，如图 6.6 所示 。

玻璃砖隔墙构造与做法如下：

(1) 玻璃砖隔墙适用于建筑物的非承重内外装饰墙体。当用于外墙装饰时，一般采用 95 mm 厚的玻璃砖。用于内墙装饰时，95 mm 或 80 mm 厚均可以使用。玻璃砖隔墙高度宜控制在 4.5 m 以下，玻璃砖室内墙面的最大宽度为 7 260 mm。为防止移动和沉降，面积超过 13.72 m^2 的墙面应适当加支撑，支撑可用木材或各类金属材料制作。玻璃砖隔墙用 1∶1 白水泥石英砂浆砌筑，为保证侧向刚度，砌筑玻璃砖墙时，在每条砖缝内部都要埋设钢筋，钢筋与四周框架要连接牢固，如图 6.7 所示 。

图 6.6 玻璃砖隔墙

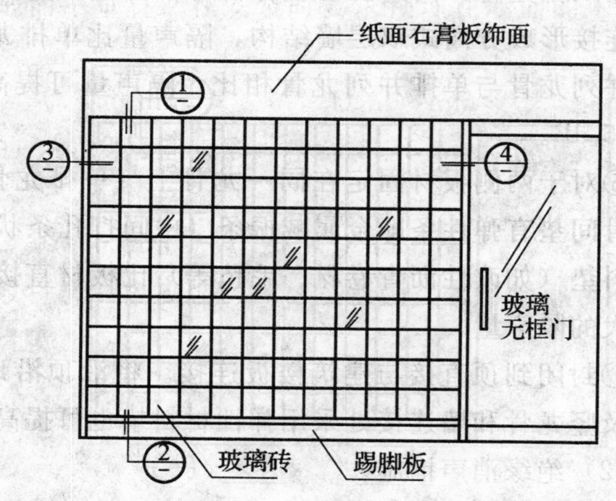

图 6.7 玻璃砖隔墙构造示意图

(2) 用增强措施的室内空心玻璃砖隔墙尺寸（砖缝贯通）高度、宽度都不要超过 1.5 m，砖缝错开方式的隔墙其宽度也要小于 6 m。另外，玻璃砖还可以用大力胶黏结砌筑。

技术提示

工程实践中，为使玻璃砖墙的砌缝平整、划一、美观，可使用控制缝宽的专用支架——十字塑料支架。

另外，在室内客厅、厨房、卫生间部分的隔断空间中进行装饰时，选用的空心玻璃砖是以烧熔的方式将两片玻璃胶合在一起，中间形成空腔。长、宽、厚度为 190 mm×190 mm×80 mm/95 mm，另外还有 145 mm×145 mm×80 mm/95 mm、240 mm×240 mm×80 mm。

6.2.3 木龙骨木夹板隔墙

木龙骨木夹板隔墙是指由木龙骨（骨架）和木夹板材料组成的轻质隔墙，在装饰造型中与其他材料的隔墙相比，既可以做普通墙面，又适合做异型隔墙。

1. 木龙骨骨架

木龙骨骨架隔墙是由上槛、下槛、立柱（墙筋）和斜撑组成。立柱靠上下槛固定。木料截面视房间高度可分为 50 mm×70 mm 或 50 mm×100 mm 。墙筋间距应配合面板材料的规格而定，一般可分为 400～600 mm。斜撑间距约 1 500 mm。有门樘的隔墙，其门樘立筋要加大断面尺寸或是双根并用，门樘上方根据需要可设置人字斜撑。

室内隔墙与木龙骨骨架连接固定一般设有预埋件，多采用金属膨胀螺栓、木楔圆钉、水泥钢钉、金属角码等连接紧固做法，如图 6.8 所示。

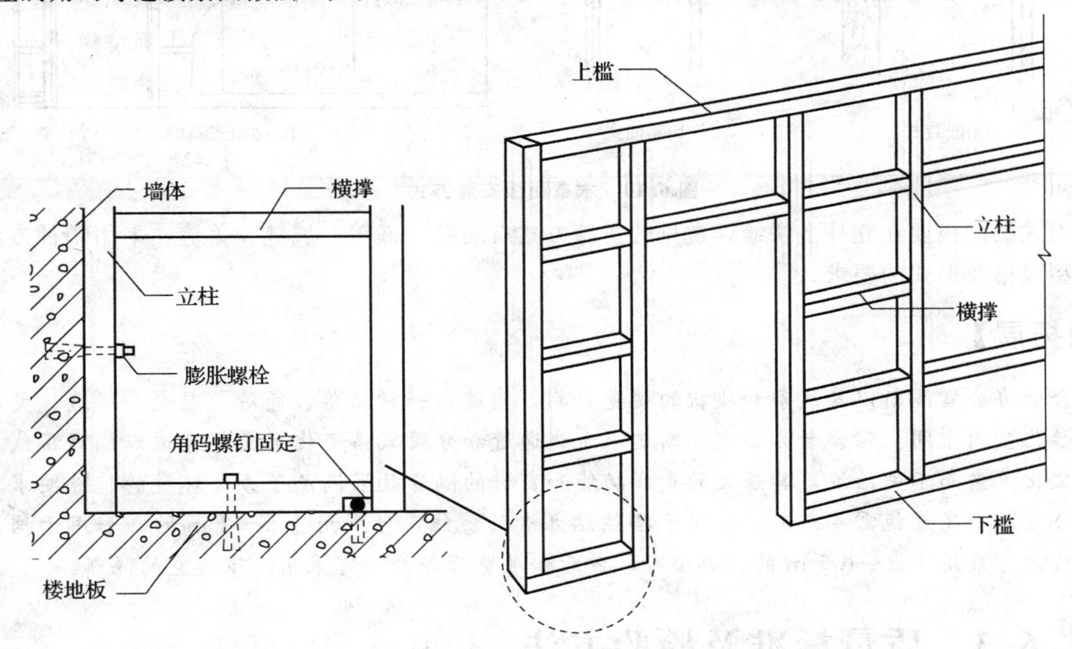

图 6.8 木骨架的固定

木骨架的装配形式，有大木方单层骨架及小木方双层骨架。

(1) 大木方结构。这种结构的木隔墙，通常用 50 mm×70 mm 或 50 mm×100 mm 的大木方制作主框架，木横撑间距视框架高度而定，一般间距为 400～600 mm。再用 3 mm 或 5 mm 厚的木夹板作为基面板。这种结构多用于墙面较高较宽的木龙骨墙。

（2）小木方双层结构。为了使木隔墙有一定的厚度，常用25 mm×30 mm带凹槽的木方作两片骨架的框体，每片规格300 mm×300 mm或400 mm×400 mm。再将两个框架用木方横杆相连接，如图6.9所示。这种墙体通常适用于有一定的功能性的要求，如隔声效果要求、墙壁中埋设管线设备要求及墙壁装饰造型要求等（如壁龛、嵌入式灯箱）。

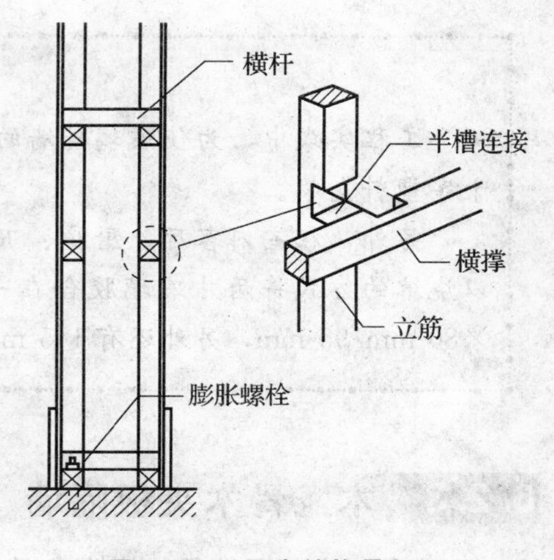

图6.9 双层木结构骨架

2. 罩面板

室内木质隔墙的罩面板材，使用较多的是三合板、木纤维板。如直接用木质板革面（清油涂装），应注意选用好板材的纹理和色彩这一点十分关键。罩面板材视觉效果的强弱与采用的树种（颜色明度）、材质（粗糙与细腻的肌理）有很大关系。

隔墙木罩饰面板的固定通常采用钉固或加胶黏的连接方法。罩面板的安装方式有两种：一种是将板面镶嵌或用木条固定于骨架中间称为嵌装式，另一种是将骨架全部掩盖故称为贴面式，如图6.10所示。

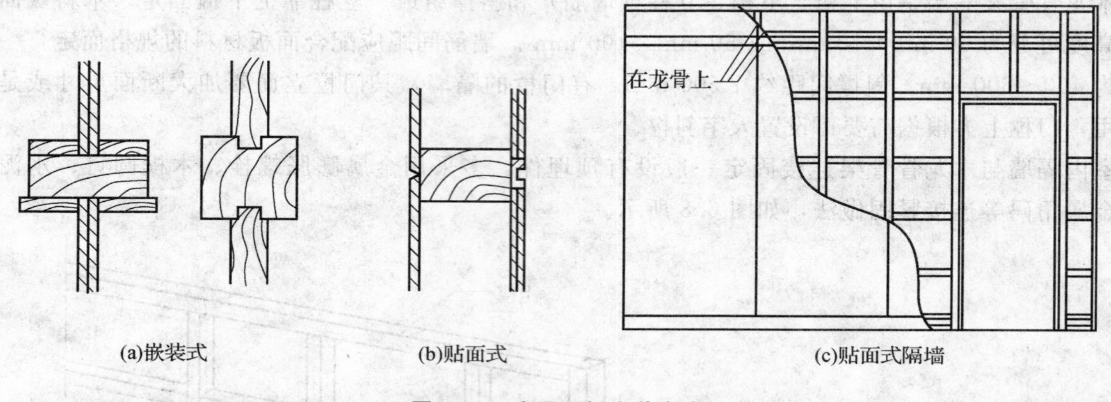

(a)嵌装式　(b)贴面式　(c)贴面式隔墙

图6.10 木罩面板安装方式

贴面式的面板要在立柱上拼缝，常见的拼缝方式有明缝、嵌缝、坡缝、盖缝，采用哪种方法取决于造型风格及形式的要求。

【知识拓展】

铝合金办公室隔断以其线条和块状的视觉分割，塑造出一种简单、简洁、层叠、通透、灵动自如的人性化室内空间。铝合金办公室隔断追求光线通透和分段风格变化上交替雾玻以隔离视线，使办公室文化严肃而不失活泼，其强大的走线功能和良好的隔音效果满足了办公环境的特殊要求。铝合金办公室隔断高度视需要而定，如用于挡住站立者的视线，可采用1.5～2 m的，如用于挡住坐者的视线，可采用1.2～1.5 m的。办公厅、餐厅和展览厅等处还可采用上下镂空的隔断。

6.3 质量标准及检验方法

6.3.1 一般规定

（1）本标准适用于板材隔墙、骨架隔墙、活动隔墙、玻璃隔墙等分项工程的质量验收。

（2）轻质隔墙工程验收时应检查下列文件和记录：

①轻质隔墙工程的施工图、设计说明及其他设计文件。

②材料的产品合格证书、性能检测报告、进场验收记录和复验报告。

③隐蔽工程验收记录。

④施工记录。

(3) 轻质隔墙工程应对人造木板的甲醛含量进行复验。

(4) 轻质隔墙工程应对下列隐蔽工程项目进行验收：

①骨架隔墙中设备管线的安装及水管试压。

②木龙骨防火、防腐处理。

③预埋件或拉结筋。

④龙骨安装。

⑤填充材料的设置。

(5) 各分项工程的检验批应按下列规定划分：

同一品种的轻质隔墙工程每50间（大面积房间和走廊按轻质隔墙的墙面30 m^2 为一间）应划分为一个检验批，不足50间也应划分为一个检验批。

(6) 轻质隔墙与顶棚和其他墙体的交接处应采取防开裂措施。

(7) 民用建筑轻质隔墙工程的隔声性能应符合国家标准《民用建筑隔声设计规范》(GBJ 118)的规定。

6.3.2 质量检验方法

室内隔墙（断）主要有轻钢龙骨、木龙骨及砖砌3种形式。砖砌墙由于质量大、湿作业、施工时间较长，除在改造卫生间、厨房时使用，一般不宜在室内使用。

1. 轻钢龙骨隔墙（断）的验收

骨架隔墙工程的检查数量应符合下列规定：每个检验批应至少抽查10%，并不得少于3间；不足3间时应全数检查。

主控项目：骨架隔墙所用龙骨、配件、墙面板、填充材料及嵌缝材料的品种、规格、性能和木材的含水率应符合设计要求。有隔声、隔热、阻燃、防潮等特殊要求的工程，材料应有相应性能等级的检测报告。

检验方法：观察；检查产品合格证书、进场验收记录、性能检测报告和复验报告。

图 6.11 骨架隔墙

骨架隔墙工程边框龙骨必须与基体结构连接牢固，并应平整、垂直，位置正确。

检验方法：手扳检查；尺量检查；检查隐蔽工程验收记录。

骨架隔墙中龙骨间距和构造连接方法应符合设计要求。骨架内设备管线的安装、门窗洞口等部位加强龙骨应安装牢固、位置正确，填充材料的设置应符合设计要求。

检验方法：检查隐蔽工程验收记录。

木龙骨及木墙面板的防火和防腐处理必须符合设计要求。

检验方法：检查隐蔽工程验收记录。

骨架隔墙的墙面板应安装牢固，无脱层、翘曲、折裂及缺损。

检验方法：观察；手扳检查。

墙面板所用接缝材料的接缝方法应符合设计要求。

检验方法：观察。

一般项目：骨架隔墙表面应平整光滑、色泽一致、洁净、无裂缝，接缝应均匀、顺直。

检验方法：观察；手摸检查。

骨架隔墙上的孔洞、槽、盒应位置正确、套割吻合、边缘整齐。

检验方法：观察。

骨架隔墙内的填充材料应干燥，填充应密实、均匀，无下坠。

检验方法：轻敲检查；检查隐蔽工程验收记录。

表 6.1　骨架隔墙安装质量标准

项次	项 目	允许偏差/mm		检验方法
		纸面石膏板	人造木板、水泥纤维板	
1	立面垂直度	3	4	用 2 m 垂直检测尺检查
2	表面平整度	3	3	用 2 m 靠尺和塞尺检查
3	阴阳角方正	3	3	用直角检测尺检查
4	接缝直线度		3	拉 5 m 线，不足 5 m 拉通线，用钢直尺检查
5	压条直线度		3	拉 5 m 线，不足 5 m 拉通线，用钢直尺检查
6	接缝高低差	1	1	用钢直尺和塞尺检查

2. 玻璃隔墙（断）验收

玻璃隔墙（图 6.12），在室内隔断墙装饰中应用较多。主要有玻璃花格透式隔断墙和玻璃砖隔断墙两种做法。

玻璃花格透式隔墙（断）由木材或金属材料做骨架和装饰条，内安装玻璃而成。玻璃砖隔断墙由玻璃半透花砖或玻璃透明花砖砌筑或浇筑而成。骨架材料应符合设计要求和有关规定的标准。

图 6.12　玻璃隔墙(断)

玻璃的品种、规格、性能、图案和颜色应符合设计要求，应使用安全玻璃，玻璃厚度有 8 mm、10 mm、12 mm、15 mm、18 mm、22 mm 等，长宽根据工程设计要求确定。

主体结构工程已完成，并验收合格；现场清理完毕；隔墙基层应平整、牢固；骨架边框的安装应符合设计和产品组合的要求；拼花彩色玻璃隔断在安装前，应按拼花要求计划好各类玻璃和零配件需要量；把已裁好的玻璃按部位编号，并分别竖向堆放待用；安装玻璃前应对骨架、边框的牢固程度进行检查，如有不牢应进行加固。

(1) 木框架玻璃隔墙（断）施工。

用木框安装玻璃时，在木框上要裁口或挖槽。玻璃安装在校正好的木框内侧，定出玻璃安装的位置线，并固定好玻璃板靠位线条；把玻璃装入木框内，两侧距木框的缝隙应相等，一般在木框的上部和侧面留有 3 mm 左右的缝隙，并在缝隙中注入玻璃胶。

(2) 金属框架玻璃隔墙（断）施工。

金属框架一般用铝合金、钛合金、不锈钢、型钢等材料组装而成。

铝合金和钛合金一般采用方形截面，不锈钢采用圆形截面，边框型钢采用角钢或薄壁槽钢。

①金属框架固定。金属框架隔墙（断）分为有框和无竖框两种。

对于无竖框玻璃隔墙（断），当结构施工没有预埋铁件或预埋铁件位置不符合要求时，则首先设置膨胀螺栓，然后将边框型钢按已弹好的位置安装好，检查无误后随即与预埋铁件或膨胀螺栓焊牢。型钢材料安装前应刷好防腐涂料，焊好以后在焊接处应再补刷防锈漆。

②玻璃安装。金属框架隔墙（断）分为有框和无竖框两种。

对于无竖框玻璃隔墙（断），当结构施工没有预埋铁件或预埋铁件位置不符合要求时，则首先设置膨胀螺栓，然后将边框型钢按已弹好的位置安装好，检查无误后随即与预埋铁件或膨胀螺栓焊牢。型钢材料安装前应刷好防腐涂料，焊好以后在焊接处应再补刷防锈漆。

(3) 质量验收。

每个检验批应至少抽查20%，并不得少于6间；不足6间时应全数检查。

①主控项目。玻璃隔墙（断）工程所用材料的品种、规格、性能、图案和颜色应符合设计要求。玻璃隔墙（断）的砌筑或玻璃隔墙（断）的安装方法应符合设计要求。

玻璃隔墙（断）砌筑中埋设的拉结筋必须与基体结构连接牢固，并应位置正确。玻璃隔墙（断）的安装必须牢固。玻璃隔墙（断）胶垫的安装应正确。

②一般项目。玻璃隔墙表面应色泽一致、平整洁净、清晰美观。玻璃隔墙（断）接缝应横平竖直，玻璃应无裂痕、缺损和划痕。

玻璃隔墙（断）嵌缝及玻璃隔墙（断）勾缝应密实平整、均匀顺直、深浅一致。玻璃隔墙（断）砌筑质量允许偏差见表6.2。

表6.2 玻璃隔墙（断）砌筑质量允许偏差

项次	项目	允许偏差/mm		检验方法
		玻璃砖	玻璃板	
1	立面垂直度	3	2	用2 m垂直检测尺检查
2	表面平整度	3		用2 m靠尺和塞尺检查
3	阴阳角方正		2	用直角检测尺检查
4	接缝直线度		2	拉5 m线，不足5 m拉通线，用钢直尺检查
5	接缝高低差	3	2	用钢直尺和塞尺检查
6	接缝宽度		1	用钢直尺检查

3. 木龙骨隔墙的验收

木龙骨隔墙（图6.13）是以红、白松木做骨架，以石膏板或木质纤维板、胶合板为面板的墙体，它的加工速度快，劳动强度低，质量轻，隔声效果好，应用广泛。

木龙骨隔墙的检验标准为：隔墙的尺寸正确，材料规格一致；墙面平直方正，光滑，拐角处方正交接处严密，沿地、沿顶木愣及边框墙筋，各自交接后的龙骨应牢固、平直。检查隔断墙面，用2 m直尺检测，表面平整度误差小于2 mm，立面垂直度误差小于3 mm，接缝高低差小于0.5 mm。

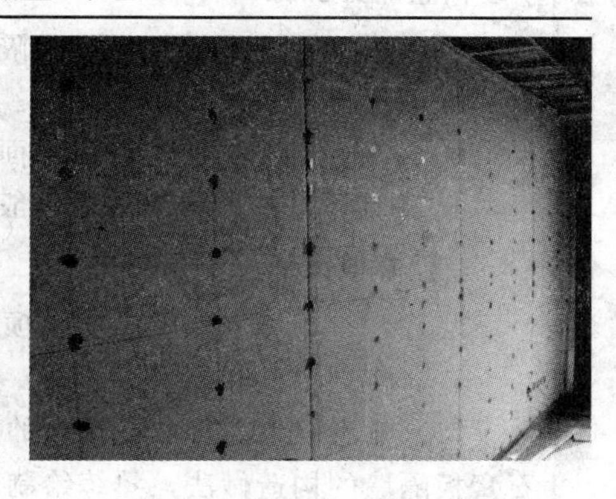

图6.13 木龙骨隔墙

【重点串联】

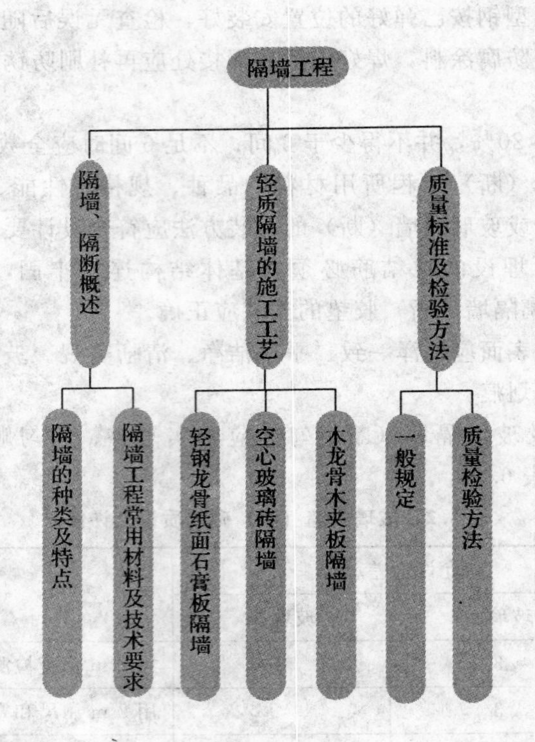

拓展与实训

职业能力训练

1. 简述轻钢龙骨纸面石膏板隔墙的构造做法。
2. 简述木质隔墙的构造做法。
3. 绘制贴面式木骨架隔墙饰面板拼缝方式示意图。
4. 简述空心玻璃砖隔墙的一般做法。

工程模拟训练

实训项目　轻钢龙骨石膏板隔墙工程

一、实训目的和要求

(1) 熟悉轻钢龙骨和石膏板的类型、特点，根据课堂所学知识进行施工。掌握轻钢龙骨石膏板隔墙的构造做法，熟练绘制出装饰施工图，了解其质量验收要点，并能正确指导现场施工。

(2) 6～8 人为一组完成某装饰空间的隔墙制作。根据实训条件，用 AutoCAD 绘制一份装饰施工图，达到装饰施工图深度的隔墙立面图、剖面图、各节点详图一份。

二、主要材料和配件要求及主要机具

(1) 轻钢龙骨主件：沿顶龙骨、沿地龙骨、加强龙骨、竖向龙骨、横向龙骨应符合设计要求。

（2）轻钢骨架配件：支撑卡、卡托、角托、连接件、固定件、附墙龙骨、压条等附件应符合设计要求。

（3）紧固材料：射钉、膨胀螺栓、镀锌自攻螺丝、木螺丝和黏结嵌缝料应符合设计要求。

（4）填充隔声材料：按设计要求选用。

（5）罩面板材：纸面石膏板规格、厚度由设计人员或按图纸要求选定。

（6）直流电焊机、电动无齿锯、手电钻、螺丝刀、射钉枪、线坠、靠尺等。

三、作业条件

（1）轻钢骨架、石膏罩面板隔墙施工前应先完成基本的验收工作，石膏罩面板安装应待屋面、顶棚和墙抹灰完成后进行。

（2）设计要求隔墙有地枕带时，应待地枕带施工完毕，并达到设计程度后，方可进行轻钢骨架安装。

（3）根据设计施工图和材料计划，查实隔墙的全部材料，使其配套齐备。

（4）所有的材料，必须有材料检测报告、合格证。

四、操作工艺

弹线—安装天、地龙骨—竖龙骨分档、安装—安装贯通龙骨—安装横撑龙骨—安装罩面板。

五、安装注意事项

（1）弹线：在顶面弹出中线，用线坠找出地面垂直点，地面弹线。

（2）安装天龙骨：轻钢龙骨用自攻螺丝固定。

（3）安装地龙骨：

①轻钢龙骨用自攻螺丝固定。

②地龙骨要裁掉门洞口的尺寸。

（4）安装竖龙骨：

①安装竖龙骨前，测量竖龙骨位置的垂直距离，防止竖龙骨放不进去。

②安装竖龙骨时，间距 400 mm。

③龙骨方向应一反一正。

④水平尺调平。

⑤用拉铆钳固定竖龙骨和沿地龙骨。

（5）安装横撑龙骨：

①测量门高。

②固定横撑龙骨，并用水平尺测平。

（6）安装贯通龙骨：

安装贯通龙骨时要用卡件固定，接头处要用两个卡件。

（7）安装纸面石膏板：

①在纸面石膏板上弹线，间距 400 mm。

②门上口留取 15 mm。

③石膏板要错缝搭接，接缝处要留出 3～5 mm 伸缩缝。

④在接缝处钉小块石膏板连接整面石膏板。

（8）石膏板连接方式：

用龙骨支架；用石膏板连接；用木板连接；沿石膏板周边钉间距不得大于 200 mm。板中钉间距不得大于 300 mm；钉头略埋入板 1～2 mm；钉眼做防锈处理。

面层处理：嵌缝；贴嵌缝胶带。

六、常出现问题

（1）搭接处未留伸缩缝。

（2）钉眼突出，搭接处不平整。

（3）两门边中间段距离是否存在误差。

（4）石膏板是否和门洞口对齐。

链接职考

装饰施工员的考卷

一、单项选择题

1. 木装饰装修墙，龙骨间距应符合设计要求。当无设计要求时，横向间距宜为（　　）。

A. 100 mm　　B. 200 mm　　C. 300 mm　　D. 400 mm

2. 轻钢龙骨隔墙工程中，饰面板横向接缝处不在沿地、沿顶龙骨上时，应加（　　）固定。

A. 横撑龙骨　　B. 加强龙骨　　C. 附加龙骨　　D. 贯穿龙骨

3. 木料须双面刨光时，刨削量应留（　　）。

A. 1～2 mm　　B. 3～4 mm　　C. 5～6 mm　　D. 7～8 mm

二、多项选择题

1. 石膏空心条板隔墙板材受潮，强度降低，防治措施有（　　）。

A. 板材在露天堆放应采取防雨措施，在运输途中应加盖毡布，以防受潮；应组织好板材进场时间，减少露天堆放时间或尽量避免露天堆放

B. 堆放板材的场地应有排水措施，并应垫平、架空，用毡布遮盖好

C. 在施工过程中应安排好工序搭接，若楼板是小块预制板时，应先做地面，再立墙板，防止填塞细石、混凝土及地面养护时水分浸入条板

D. 根据使用要求正确选择条板

2. 板材隔墙工程验收的一般项目有（　　）。

A. 隔墙板材安装应垂直、平整、位置正确，板材不应有裂缝或缺损

B. 板材隔墙表面应平整光滑、色泽一致、洁净，接缝应均匀、顺直

C. 隔墙上的孔洞、槽、盒应位置正确、套割方正、边缘整齐

D. 板材隔墙安装的允许偏差

三、是非题

1. 轻钢龙骨的主要缺点是自重大。（　　）

2. 轻钢龙骨的主要缺点是刚度小。（　　）

3. 轻钢龙骨的主要缺点是防火性差。（　　）

4. 轻钢龙骨的主要缺点是抗冲击性差。（　　）

5. 轻钢龙骨的主要缺点是加工安装不方便。（　　）

模块 7

饰面工程

【模块概述】

饰面工程是在建筑物主体结构完成后，利用具有装饰、耐久、适合墙体饰面要求的某些天然或人造板、块状材料进行内外墙的装饰，用以保护建筑物，美化环境，并改善建筑物的使用功能。

饰面工程包括墙面、地面饰面板的安装和饰面砖的粘贴，以及混凝土球壳结构饰面铝板安装等，本模块主要介绍适用于内墙饰面板安装工程和高度不大于 24 m、抗震设防烈度不大于 7°的外墙饰面板安装工程，以及适用于内墙饰面砖粘贴工程和高度不大于 100 m、抗震设防烈度不大于 8°、采用满粘法施工的饰面砖的粘贴施工，包括饰面板（砖）工程的分类及技术要求、饰面板（砖）工程的施工工艺、饰面板（砖）工程施工的质量标准及验收标准。

【学习目标】

1. 熟悉饰面板（砖）工程分类及材料技术要求。
2. 了解饰面板（砖）工程施工环境及常用施工机具。
3. 掌握饰面砖镶贴施工工艺。
4. 掌握饰面板安装施工工艺。
5. 掌握饰面板（砖）工程质量标准及检验方法。

【能力目标】

1. 能够正确选用和使用饰面板（砖）材料。
2. 能清楚饰面板（砖）工程对施工环境的要求。
3. 掌握饰面板（砖）施工工艺。
4. 会分析饰面板（砖）工程中产生各种质量问题的原因并进行防治。
5. 会检验饰面板（砖）工程质量。

【学习重点】

内、外墙砖镶贴的施工操作要求，饰面砖施工过程中的质量通病和防治措施。

【课时建议】

理论 4 课时＋实践 6 课时

工程导入

某单位为职工家属区宿舍楼统一装修，其厨房、卫生间墙面采用釉面陶瓷砖、墙砖粘贴。半年后，经检查发现，约占总量25%的墙砖釉面开裂（胎体没有发现开裂），表面裂纹方向无规律。另外，还发现部分墙砖有空鼓、脱落现象。

为什么会出现上述情况呢？希望通过本模块的学习能让你分析出原因，并在饰面板（砖）工程实际操作中避免各种质量问题的出现。

7.1 饰面工程材料及施工机具

7.1.1 饰面板（砖）工程分类及材料技术要求

1. 饰面板(砖)工程的分类

饰面板(砖)工程根据装饰材料的不同，有陶瓷面砖粘贴、玻璃面砖粘贴、天然石材饰面板安装、人造石材饰面板安装、金属饰面板安装和塑料饰面板安装等。根据装饰的位置不同，有内墙饰面工程、外墙饰面工程和柱面饰面工程等。

2. 饰面板(砖)工程材料技术要求

(1) 天然大理石饰面板。

天然大理石是由石灰岩变质而成的一种变质岩。矿物组分主要是方解石、石灰石、白云石，主要成分是碳酸钙，结构致密，强度较高，吸水率低。由于大理石一般都含有杂质，而且碳酸钙在大气中受二氧化碳、碳化物、水汽的作用，也容易风化和溶蚀，而使表面很快失去光泽。所以除少数如汉白玉、艾叶青等质纯、比较稳定耐久的品种可用于室外，其他品种不宜用于室外，一般只用于室内装饰面。

大理石饰面板应表面平整、边缘整齐，棱角不得损坏，应具有产品合格证。

安装大理石饰面板用的铁制锚固件、连接件，应镀锌或经防锈处理。镜面和光面的天然石板、石饰面板，应采用铜或不锈钢制的连接件。

天然石装饰板的表面不得有隐伤、风化等缺陷，不宜采用褪色的材料进行包装。

施工时所用的胶结材料的品种、掺和比例应符合设计要求，并具有产品合格凭证。

大理石板材分为优等品、一等品和合格品 3 个等级，其物理性能及外观质量应符合表 7.1 的规定。

(2) 天然花岗石饰面板。

花岗石是岩浆岩（又称火成岩）的统称，如花岗岩、安山岩、辉绿岩、辉长岩、片麻岩等，矿物组分主要是石英、长石、云母等。质地坚硬密实，具有良好的抗风化性、耐磨性、耐酸碱性，耐用年限 75～200 年，广泛用于墙基础和外墙饰面。由于花岗石硬度较高、耐磨，所以也常用于高级建筑装修工程。

花岗石饰面板应表面平整、边缘整齐，棱角不得损坏，应具有产品合格证。

安装花岗石饰面板用的铁制锚固件、连接件，应镀锌或经防锈处理。镜面和光面的天然石板饰面板，应采用铜或不锈钢制的连接件。

天然石装饰板的表面不得有隐伤、风化等缺陷，不宜采用褪色的材料进行包装。

施工时所用的胶结材料的品种、掺和比例应符合设计要求，并具有产品合格凭证。

表 7.1　大理石板材物理性能及外观质量要求

类别	名称	指标		
		优等品	一等品	合格品
物理性能	镜面光泽度（抛光面具有镜面光泽，能清晰地反映出景物）（光泽单位）	60～90	50～80	40～70
	表观密度不小于/（$g \cdot cm^{-3}$）	2.60		
	吸水率不大于/%	0.75		
	干燥抗压强度不小于/MPa	20.00		
	抗弯强度不小于/MPa	7.00		
正面外观缺陷	翘曲	不允许	不明显	有，但不影响使用
	裂纹			
	砂眼			
	凹陷			
	色斑			
	污点			
	正面棱缺陷长小于等于 8 mm，宽小于等于 3 mm			1 处
	正面角缺陷长小于等于 3 mm，宽小于等于 3 mm			2 处

花岗石板材的物理性能及正面外观质量应符合表 7.2 的规定。

表 7.2　花岗石板材物理性能及正面外观质量要求

类别	名称	内容	指标		
			优等品	一等品	合格品
物理性能	镜面光泽度	正面应具有镜面光泽，能清晰反映出景物	光泽度值应不低于 75 光泽单位或按双方协议		
		表观密度不小于/（$g \cdot cm^{-3}$）	2.50		
		吸水率不大于/%	1.0		
		干燥抗压强度不小于/MPa	60.0		
		抗弯强度不小于/MPa	8.0		
正面外观缺陷	缺棱	长度不超过 10 mm（长度小于 5 mm 不计），周边每米长/个	不允许	1	2
	缺角	面积不超过 5 mm×2 mm（面积小于 2 mm×2 mm 不计）每块板/个			
	裂纹	长度不超过两端顺延至板边总长度的1/10（长度小于 20 mm 的不计），每块板/条			
	色线	长度不超过两端顺延至板边总长度的1/10（长度小于 40 mm 的不计），每块板/条			
	色斑	面积不超过 20 mm×30 mm（面积小于 15 mm×15 mm 不计）每块板/个		2	3
	坑窝	粗面板材的正面出现坑窝		不明显	有，但不影响使用

(3) 人造石饰面板。

人造石饰面材料是用天然大理石、花岗石的碎石、石屑、石粉作为填充材料，由不饱和聚酯树脂作为胶黏剂（或用水泥为胶黏剂），经搅拌成型、研磨、抛光等工序制成与天然大理石、花岗石装饰效果相似的材料。

人造石饰面板材不仅花纹图案可由设计控制确定，而且具有质量轻、强度高、厚度薄、耐腐蚀、抗污染、加工性较好等优点，能制成弧形、曲面，施工方便，装饰效果好。人造石饰面板材一般有人造大理石（花岗石）和预制水磨石饰面板。

(4) 金属饰面板。

常见的金属饰面板是在中密度纤维板（MDF）的基础上，用各种花色的铝箔热压在 MDF 表面，可以制作单面及双面各种花色图案风格的金属饰面板。效果多样，既拥有金属光亮质感，再加上花纹处理，可满足各种各样装饰需求。金属饰面板一般有彩色铝合金饰面板、彩色涂层镀锌钢饰面板和不锈钢饰面板 3 种。具有质量轻、安装简便、防水防火、耐候性好的特点，不仅可以装饰建筑的外表面，同时还起到保护被饰面免受雨雪等侵蚀的作用。

(5) 陶瓷面砖。

陶瓷面砖是指以陶瓷为原料制成的面砖，主要分为釉面瓷砖、外墙面砖、陶瓷锦砖和劈离砖等。

①釉面瓷砖。因陶面上挂有一层釉，故称釉面瓷砖。釉面砖釉面光滑，图案丰富多彩，有单色、印花、高级艺术图案等。釉面砖具有不吸污、耐腐蚀、易清洁的特点，所以多用于厨房、卫生间等室内墙面装饰。

釉面砖质量要求见表 7.3。

表 7.3 釉面砖质量要求

项目			指标		
			优等品	一等品	合格品
尺寸允许偏差/mm	长度或宽度	≤152	±0.5		
		＞152	±0.8		
		≤250	±1.0		
	厚度	≤5	＋0.4，－0.3		
		＞5	厚度的±8%		
开裂、夹层、釉裂			不允许		
背面磕碰			深度为砖厚的 1/2	不影响使用	
剥边、落脏、釉泡、斑点、坯粉、釉缕、桔釉、波纹、缺釉、棕眼、裂纹、图案缺陷、正面磕碰			距离砖面1 m处目测无可见缺陷	距离砖面2 m处目测缺陷不明显	距离砖面 3 m处目测缺陷不明显
色差			基本一致	不明显	不严重
吸水率			≤21.0%		
弯曲强度			平均值大于等于 6 MPa，厚度大于等于 7.5 mm 时，平均值大于等于 13 MPa		
耐急冷急热性			釉面无裂纹		

②外墙面砖。外墙面砖是用陶瓷面砖做成的外墙饰面。按外墙面砖表面处理可分为有釉、无釉两种。具有质地密实、釉面光亮、耐磨、防水、耐腐和抗冻性好的特点，普遍应用于外墙贴面装饰。

③陶瓷锦砖。陶瓷锦砖又名马赛克，它是用优质瓷土烧成，具有色泽多样，质地坚实，经久耐用，能耐酸、耐碱、耐火、耐磨，抗压力强，吸水率小，不渗水，易清洗等特点，可用于内外墙面装饰，也可用于地面装饰。

④玻璃锦砖。玻璃锦砖又名玻璃马赛克。它是一种小规格的彩色饰面玻璃，由天然矿物质和玻璃粉制成，具有色调柔和、朴实、典雅、美观大方、化学稳定性、冷热稳定性好等优点。而且还有不变色、不积尘、容重轻、黏结牢等特性，广泛应用于宾馆、大厅、地面、墙面、游泳池、体育馆、厨房、卫生间及企业的形象商标等。

(6) 水泥。

宜选用强度等级为42.5的普通硅酸盐水泥和强度等级为42.5的白色硅酸盐水泥，其强度、体积安定性、凝结时间等技术性质指标应取样复验合格，无过期（出厂超过3个月）、受潮结块现象。

(7) 砂。

采用粗、中砂，宜用中砂，使用前过筛，含泥量不应大于3%，其他应符合规范的质量要求。

(8) 水。

洁净的水。

(9) 防碱背涂处理剂。

石材防碱背涂处理剂性能见表7.4。

表7.4　石材防碱背涂处理剂性能

项次	项目	性能指标	项次	项目	性能指标
1	外观	乳白色	6	透碱实验168 h	合格
2	固体含量/%	≥37	7	成膜温度	5 ℃以上
3	pH值	7	8	干燥时间/min	20
4	耐水实验500 h	合格	9	黏结性能/(N·mm^{-2})	≥0.4
5	耐碱实验300 h	合格			

(10) 其他材料。

108胶、矿物颜料、高强建筑石膏、6钢筋、棉纱、膨胀螺栓、绑丝（或其他金属连接件）等。

7.1.2 饰面板（砖）工程施工环境要求

(1) 主体结构已施工完毕。

(2) 材料按计划一次进足，配套齐全，并进行现场检验，挑选后分类存放备用。

(3) 墙面隐蔽工程及抹灰工程、吊顶工程已完成并已通过验收。有防水要求的墙体和地面，应做好墙面防水层、保护层和地面防水层、混凝土垫层，且防水工程已验收。

(4) 预留孔洞、排水管等处理完毕，门窗框扇已安装完成；门窗框与洞口缝隙已堵塞严实；并设置了成品保护措施。

(5) 墙面基层清理干净，脚手眼、窗台、窗套等已砌堵严实。

(6) 应先进行施工排图，并做出粘贴面砖样板墙，须经质量监理部门鉴定合格，经设计及业主共同认可后，编制施工工艺及操作要点向操作者交底，方可进行大面积施工。

(7) 脸盆架、镜钩、管卡、水箱等应埋设好防腐木砖，位置要准确。

(8) 室内墙面上弹出+50 cm或+100 cm水平基准线；室外水平线应使整个外墙饰面能够交圈。

(9) 搭设双排脚手架或搭高马凳，横竖杆或马凳端头应离开门窗口角和墙面 150～200 mm 距离，架子步高和马凳高、长度应符合使用要求。

(10) 饰面砖粘贴的环境条件要求主要有温度、湿度、风力等。施工应在日最低气温 5 ℃以上，当低于 5 ℃时，必须有保证质量的可靠防冻措施；当气温高于 35 ℃时，应有有效的遮阳措施，避开中午施工，并注意对饰面砖进行养护。雨雪天气以及风力大于 5 级时应停止外墙面砖粘贴施工。

(11) 基层处理。

①混凝土表面处理：当基体为混凝土时，先剔凿混凝土基体上凸出部分，使基体基本平整、粗糙。然后用火碱水洗涤，配以钢丝刷将表面附着的隔离剂、油污等清除干净，最后用清水冲洗干净。

基体表面如有凹入部分，则需用 1∶2或 1∶3水泥砂浆补平。如为不同材料的结合部位，例如填充墙与混凝土面结合处，还应用钢丝网压盖接缝，射钉钉牢。为防止混凝土表面与抹灰层结合不牢，发生空鼓，可采用 108 胶∶水＝3∶7的水泥素浆，满涂基体一道，以增加结合层的附着力。

②加气混凝土表面处理：砌块内墙应在基体清洗干净后，先刷 108 胶水溶液一道，为保证块料镶贴牢固，最好应满钉丝径 0.7 mm、孔径 32 mm×32 mm 或以上的机制镀锌铁丝网一道。用 ϕ6U 形钉每隔 600 mm 左右钉 1 个，梅花形布置。

③砖墙表面处理：当基体为砖砌体时，应用钢錾子剔除砖墙面多余灰浆，然后用钢丝刷清除浮土，并用清水将墙体充分湿润，润湿深度 2～3 mm。

④当基体表面处理同时需挡线，内隔板、阳台阴角以及给排水穿墙洞眼应封堵严实，脚手眼也应填塞密实，尤其是光滑的混凝土面，需用钢尖或扁錾凿坑处理，使表面粗糙。

技术提示

打点凿毛应注意：受凿面积应大于等于 70%（即每 1 m^2 面积打点 200 个），打点凿毛深度大于等于 0.5～1.5 mm，不能凿点太浅、间距太大。凿点后，应清理凿面，由于凿打中必然产生凿点局部松动，必须用钢丝刷清刷一遍，并用清水冲洗干净，防止产生隔离层。

7.1.3 饰面板（砖）工程常用施工机具

(1) 饰面板（砖）工程常用的工具除一般抹灰常用的手工工具外，根据饰面的不同，还需要一些专用的手工工具，如图 7.1 所示。

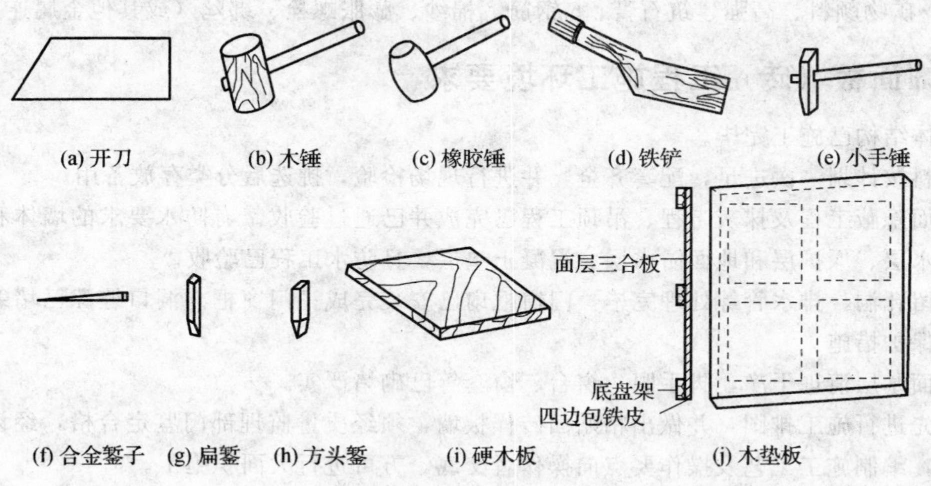

图 7.1　手工工具

(2) 饰面板（砖）装饰施工需要用到手动切割机（图 7.2）、饰面砖打眼用的打眼器（图 7.3）、钻孔用的手电钻、切割大理石等饰面板的台式切割机和电动切割机等。

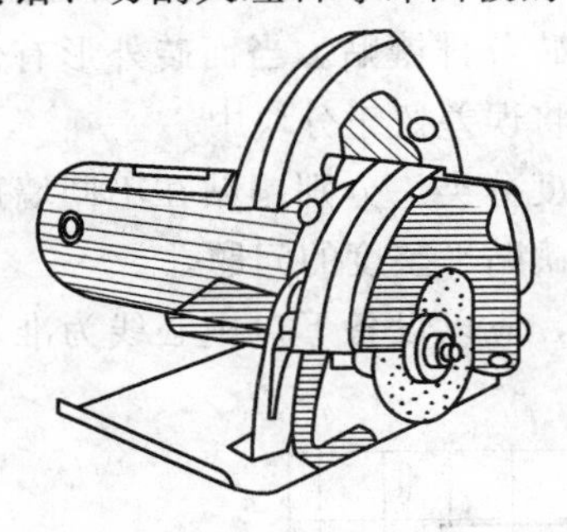

图 7.2 手动切割机

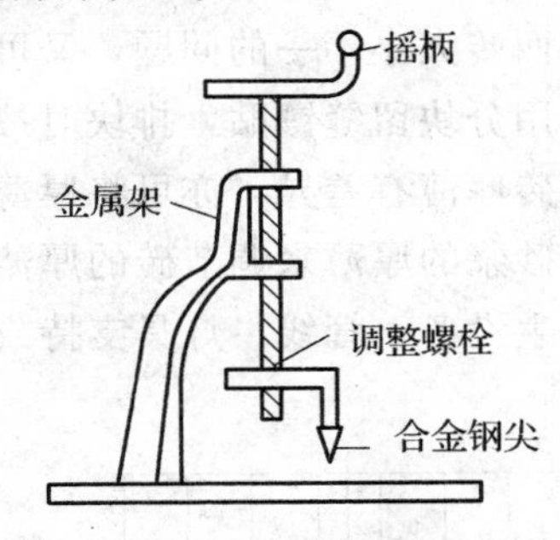

图 7.3 打眼器

7.2 饰面砖镶贴

7.2.1 内墙面砖镶贴施工工艺

1. 施工流程

施工流程为：交验—基层处理—抹底子灰—弹线—预排砖—做标志块、垫托木—面砖镶贴—嵌缝—清理、养护。

2. 操作要点

(1) 抹底子灰。

用 1∶3 水泥砂浆抹基层，总厚度应控制在 15 mm 左右。表面要求平整、垂直、方正、粗糙。

(2) 弹线。

依照室内标准水平线，找出地面标高，按贴砖的面积，计算纵横的皮数，用水平尺找平，并弹出釉面砖的水平和垂直控制线。

对要求面砖贴到顶的墙面，应先弹出顶棚边或龙骨下标高线。按饰面砖上口镶贴伸入吊顶线内 25 mm 计算，确定面砖铺贴上口线，然后从上往下按整块饰面砖的尺寸分划到最下面的饰面砖。当最下面砖的高度小于半块砖时，最好重新分划，使最下面一层面砖高度大于半块砖。重新排饰面砖出现的超出尺寸，可将面砖伸入到吊顶内。

如用阴阳三角镶边时，应将镶边位置预先分配好。

横向不足整块的部分，留在最下一皮与地面连接处。竖向弹线时应兼顾门窗之间的尺寸，将非整砖排列在邻墙连接的阴角处。

(3) 预排砖。

饰面砖镶贴前应预排。预排要注意同一墙面的横竖排列，均不得有一行以上的非整砖。非整砖应排在紧靠地面上或不显眼的阴角处。排砖时可用调整砖缝宽度的方法解决，一般饰面砖砖缝可在 1～3 mm 范围内。内墙面砖镶贴排列方法，主要有“直线”排列和“错缝”排列两种，如图 7.4 所示。

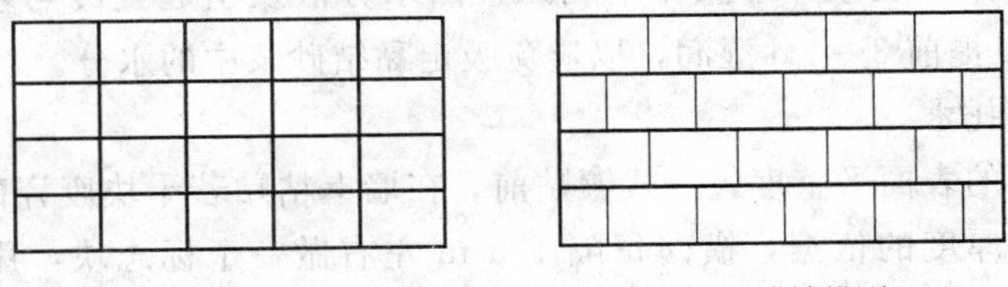

(a) 直线排列 (b) 错缝排列

图 7.4 内墙面砖常见排列方法

当外形尺寸较大而饰面砖偏差又较大时，采用大面积密缝镶贴法效果不好，因饰面砖尺寸不一，极易造成缝线游走、不直，以致不好收头交圈。这种砖最好用调缝拼法或错缝排列比较合适。这样既可解决面砖大小不一的问题，又可对尺寸不一的面砖分排镶贴。当面砖外形有偏差，但偏差不大时，阴角用分块留缝镶贴，排块时按每排实际尺寸，将误差留于分块中。

如果饰面砖厚薄有差异，亦可将厚薄不一的面砖按厚度分类，分别镶贴在不同墙面上，如分不开，则用镶贴砂浆的厚薄来调节砖的厚薄，以解决饰面砖镶贴平整度的问题。

室内有卫生设备、管线、灯具支持或其他大型设备时，应以设备下口中心线为准对称排列，如图 7.5 所示。

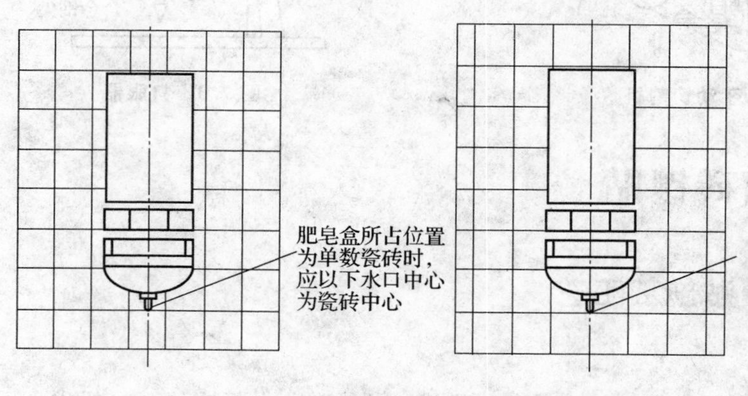

图 7.5　洗脸盆、镜箱、肥皂盒部分釉面砖排砖示意图

技术提示

在预排中应遵循：平面压立面、大面压小面、正面压侧面的原则。凡阳角和每面墙最顶一皮砖都应是整砖，而将非整砖部分留在最下一皮与地面连接处。阳角处正立面砖盖住侧立面砖。对整个墙面的镶贴，除不规则部位外，在中间部位都不得裁砖；除柱面镶贴外，其他阳角不得对角粘贴。

(4) 选砖。

选砖是保证饰面砖镶贴质量的关键工序。为保证镶贴质量，必须在镶贴前按颜色的深浅不同进行挑选归类，然后再对其几何尺寸大小进行分选。挑选饰面砖几何尺寸的大小，可采用自制分选“凵”形套模。将砖逐块塞入“凵”形套模检查，然后取出转 90°再塞入检查，由此分出大、中、小，分类堆放备用。同一类尺寸应用于同一层间或同一面墙上，以做到接缝均匀一致。在分选饰面砖的同时，还必须挑选配件砖，如阴角条、阳角条、压顶砖等。

(5) 浸砖。

釉面砖粘贴前应放入清水中浸泡 2 h 以上，泡透后取出晾干，表面无水迹后方可使用（俗称面干饱和）。冬期宜在掺入 2%盐的温水中浸泡。没有用水浸泡的瓷砖吸水性较大，在铺贴后迅速吸收砂浆中的水分，影响黏结质量，而浸透吸足水没晾干时（即表面还有较多水分），由于水膜的作用，铺贴瓷砖时会产生瓷砖浮滑现象，对操作不利，且因水分散发引起瓷砖与基层分离。砖墙要提前 1 d湿润，混凝土墙可以提前 3～4 d 湿润，以避免吸走黏结砂浆中的水分。

(6) 做标志块、垫托木。

为了控制墙面贴砖的表面平整度，正式镶贴前，在墙上粘贴若干块废瓷砖作为标志块，上下用托线板挂直，作为粘贴厚度的依据，横向每隔 1.5 m 左右做一个标志块，用拉线或靠尺校正平整度。在门洞口或阳角处，如有阴阳三角条镶边，应将其尺寸留出，先铺贴一侧的墙面瓷砖，并用托线板校正靠直。如无镶边，应双面挂直，如图 7.6 所示。

按地面水平线嵌上一根八字尺或直靠尺，用水平尺校正，作为第一行瓷砖水平方向的依据。铺贴时，瓷砖的下口坐在八字尺或直靠尺上（防止瓷砖因自重而下滑，并确保瓷砖能横平竖直），并在托木上标出砖的缝隙尺寸。如有踢脚板，托木上口应为踢脚板上沿位置，以保证面砖与踢脚板接缝美观，如图 7.7 所示。

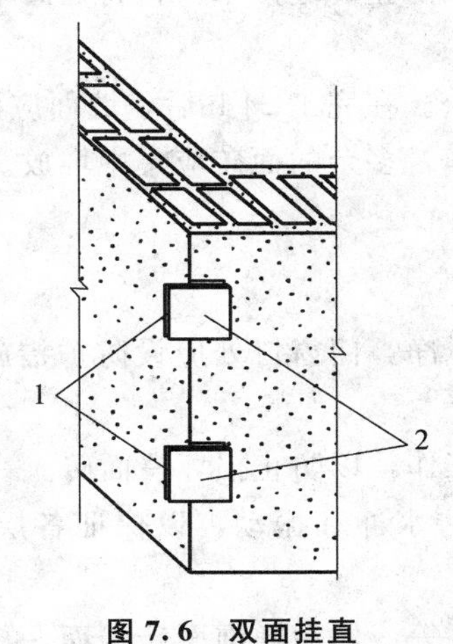

图 7.6　双面挂直

1—小面挂直靠平；2—大面挂直靠平

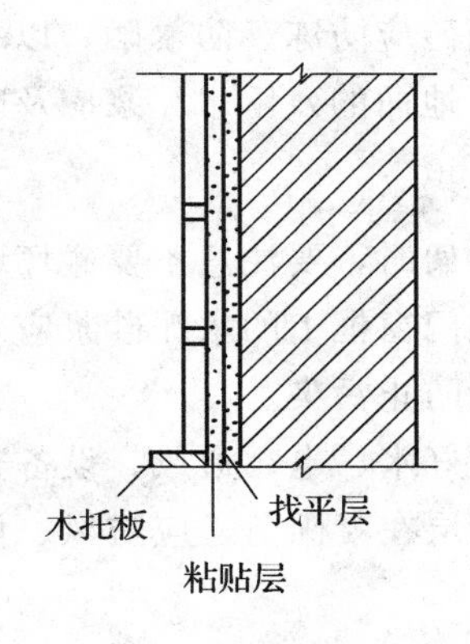

图 7.7　垫托木

（7）面砖镶贴。

在面砖背面满抹砂浆，四周挂成斜面，厚度 5 mm 左右，注意边角满浆。贴于墙面的面砖就位后应用力按压，用靠尺板横、竖向靠平直，偏差处用灰铲木柄轻击砖面，使砖紧密黏于墙面。

铺贴完整行的面砖后，用长靠尺横向校正一次，对高于标志块的应轻轻敲击，使其平齐；若低于标志块（即亏灰）时，应取下重新抹满刀灰铺贴。不得在砖口处塞灰，否则会产生空鼓，然后依次往上铺贴。在有条件的情况下，可用专用的砖缝卡子，及时校正横竖缝的平直。铺贴时应随时擦净溢出的砂浆，保持墙面的整洁和灰缝的密实。

如面砖的规格尺寸或几何形状不等时，应在铺贴时随时调整，使缝隙宽窄一致。当贴到最上一行时，要求上口成一直线。上口若没有压条（镶边），应用一边圆的砖，阳角的大面一侧也用一边圆的砖，这一列的最上面一块应用两面圆的砖。

铺贴时，如遇突出的管线、灯具、卫生器具支架等处，应用整砖套割吻合（图 7.8），不准用非整砖拼凑嵌贴，以此往复进行直至全面完成。

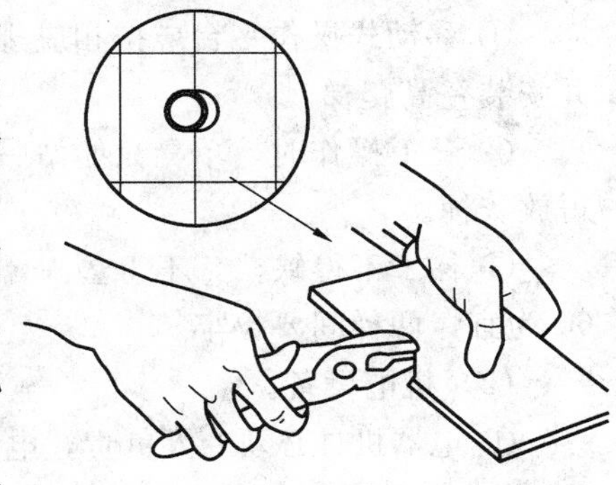

图 7.8　整砖套割吻合

【知识拓展】

1. 黏结砂浆的配制

水泥砂浆：以配合比为 1∶2（体积比）的水泥砂浆为宜。

水泥石灰砂浆：在 1∶2（体积比）的水泥砂浆中加入少量石灰膏，以增加黏结砂浆的保水性和和易性。

聚合物砂浆：在 1∶2（体积比）的水泥砂浆中掺入约为水泥量 2%～3%的 108 胶（108 胶不可盲目增大，否则会降低黏结层的强度），以使砂浆有较好的和易性和保水性。

2. 面砖镶贴顺序

先墙面，后地面。墙面由下往上分层粘贴，先粘墙面砖，后粘阴角及阳角，其次粘压顶，最后粘底座阴角。

(8) 嵌缝、清理。

粘贴完成后，进行全面检查，合格后，表面应清理干净，取出砖缝卡子，擦净缝隙处原有的黏结砂浆，并适当洒水湿润。用符合设计要求的水泥浆进行嵌缝，用塑料或橡胶制品将调制好的水泥浆刮入缝隙，并少许用力挤压使嵌缝砂浆密实，以防止砖缝渗水，再将面砖上多余的砂浆擦净。

(9) 养护。

镶贴后的面砖应防冻、防暴晒，以免砂浆酥松。在完工 24 h 后，墙面应洒水湿润，以防早期脱水。施工场地、地面的残留水泥浆应及时铲除干净，多余的面砖应集中堆放。

3. 成品保护

(1) 拆脚手架时，要注意不要碰坏墙面。

(2) 残留在门窗框上的水泥砂浆应及时清理干净，门窗口处应设防护措施，铝合金门窗框应用塑料膜保护好，防止污染。

(3) 提前做好水、电、通风、设备安装作业工作，以防止损坏墙面砖。

(4) 各抹灰层在凝固前，应防风、防暴晒、防水冲和振动，以保证各层黏结牢固及有足够的强度。

(5) 防止水泥浆、石灰浆、涂料、颜料、油漆等液体污染饰面砖墙面，也要教育施工人员注意不要在已做好的饰面砖墙面上乱写乱画或脚蹬、手摸等，以免造成墙面污染。

(6) 推小车或搬运东西时，要注意不要损坏口角和饰面；严禁蹬踩窗台，从窗口递送物料时，要防止损坏棱角。

4. 安全措施

(1) 室内装饰高处作业。

① 移动式操作平台应按相应规范进行设计，台面满铺木板，四周按临边作业要求设防护栏杆，并安装登高爬梯。

② 凳上操作时，单凳只能站一人，双凳搭跳板，两凳间距不超过 2 m，可站两人，脚手板上不得放灰桶。

③ 梯子不得缺档，不得垫高，横档间距以 30 cm 为宜，梯子底部绑防滑垫；人字梯两梯夹角以 60°为宜，两梯间要拉牢。

(2) 机电设备。

① 电器机具必须专人负责，电动机必须有安全可靠的接地装置，电器机具必须设置安全防护装置。

② 电动机具应定期检验、保养。

③ 现场临时用电线，不允许架设在钢管脚手架上。

【知识拓展】

内墙面砖镶贴质量通病及防治

(1) 瓷砖空鼓、脱落。造成的原因有：基层表面光滑，铺贴前基层没有充分湿润，黏结砂浆中的水分被基层吸收而影响黏结力；基层偏差大，抹底子灰时一次抹灰过厚，干缩过大；瓷砖未用水浸透，或铺贴前瓷砖未阴干；砂浆配合比不当，砂浆过干或过稀，黏结不密实；黏结砂浆初凝后拨动瓷砖；门窗框边封堵不严，开启时引起木砖松动，造成瓷砖空鼓；使用质量不合格的瓷砖。

(2) 瓷砖接缝不平直，不均匀，墙面凹凸不平。造成的原因有：找平层垂直度、平直度超出允许偏差的规定；瓷砖厚薄、尺寸相差较大，使用变形的瓷砖；瓷砖预选、预排不认真，排砖未弹线，操作不跟线；瓷砖镶贴时未及时调缝和检查。

(3) 瓷砖裂缝、变色或表面污染。造成的原因有：瓷砖材质松脆，吸水率大，抗拉、抗折性差；瓷砖在运输、操作中有暗伤，成品保护不好；瓷砖材质疏松，施工前浸泡了不洁净的水而变色；粘贴后被污染变色。

7.2.2 外墙面砖镶贴施工工艺

1. 施工流程

施工流程为：基层处理、抹底子灰—排砖、弹线分格—选砖、浸砖—做灰饼—镶贴面砖—勾缝、擦洗。

2. 操作要点

(1) 基层处理同室内镶贴面砖。

(2) 排砖、弹线分格。

根据设计图纸尺寸进行排砖分格，并绘制大样图，水平缝应与窗台等齐平；竖向要求阳角及窗口处都是整砖，分格按整块分均，并根据已确定的缝大小做分格条和划出皮数杆。窗间墙、墙垛等处要事先测好中心线、水平分格线、阴阳角垂直线。

根据砖排列方法和砖缝大小不同划分，常见的几种排砖方法如图 7.9 所示。

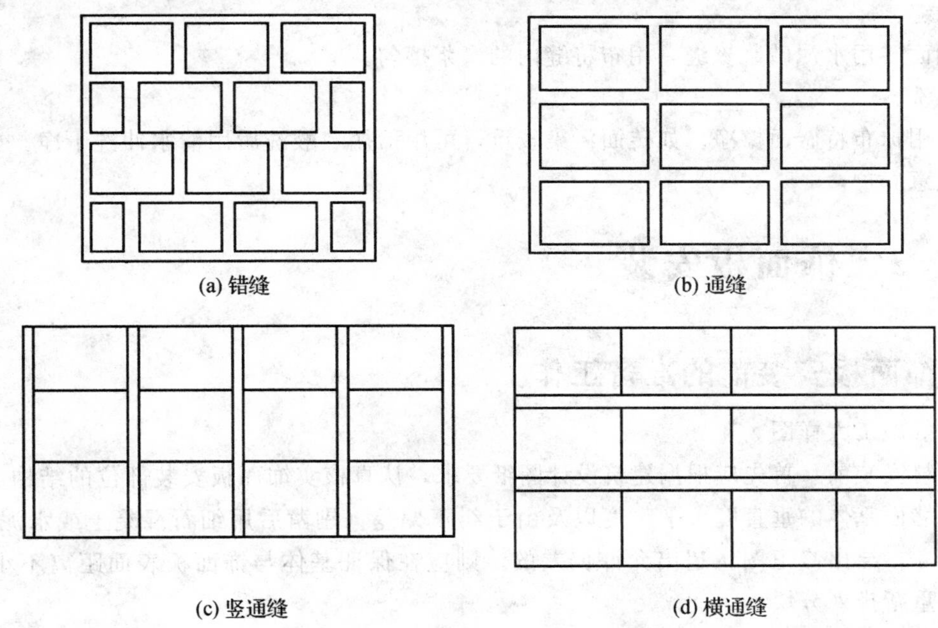

图 7.9 外墙面砖排缝示意图

阳角处的面砖应是整砖，且正立面整砖盖住侧立面整砖，如图 7.10 所示。

突出墙面的部位，如窗台、腰线阳角及滴水线排砖方法，可按图 7.11 处理。正面面砖要往下突出 3 mm 左右，底面面砖要留有流水坡度。

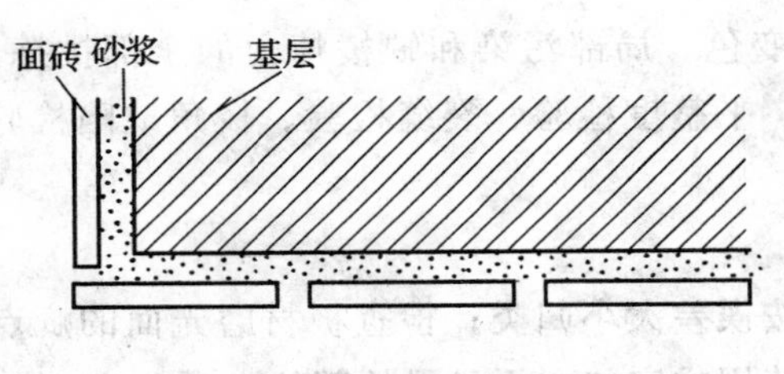

图 7.10 面砖转角做法示意图

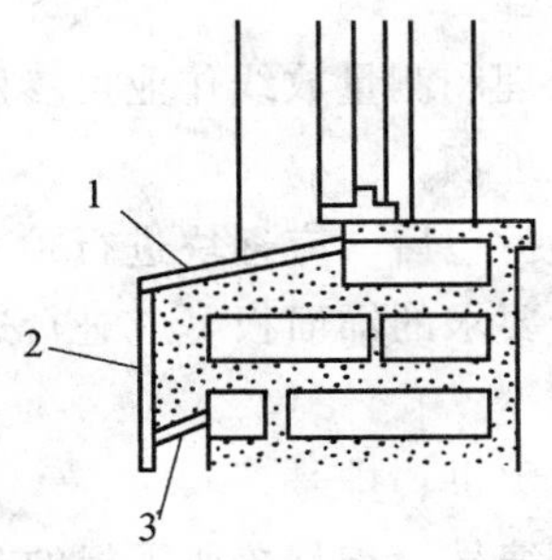

图 7.11 窗台及腰线排砖示意图

1—压盖砖；2—正面砖；3—底面砖

（3）选砖、浸砖。

镶贴前先挑选颜色、规格一致的砖，然后浸泡 2 h 以上取出阴干备用。

（4）做灰饼。

用面砖做灰饼，找出墙面、柱面、门窗套等横竖标准，阳角处要双面排直，灰饼间距不大于 1.5 m。

（5）镶贴面砖。

粘贴时，在砖的背面满铺黏结砂浆。粘贴后，用小铲柄轻轻敲击，使之与基层黏牢，随时用靠尺找平找方。贴完一皮后须将砖上口灰刮平。

（6）分格条处理。

木质分格条在使用前应用水充分浸泡，以防胀缩变形。在粘贴面砖次日（或当日）取出，起条时应避免碰动面砖。在完成一个流水段后，用 1∶1 水泥细砂浆勾缝，凹进深度为 3 mm。

（7）细部处理。

在与抹灰交接的门窗套、窗间墙、柱子等处应先抹好底子灰，然后镶贴面砖。罩面灰可在面砖镶贴后进行。面砖与抹灰交接处做法可按设计要求处理。

（8）勾缝。

墙面釉面砖用水泥砂浆擦缝，用布将缝内的素浆擦匀。

（9）擦洗。

勾缝后用抹布将砖面擦净。如砖面污染较重，可用稀盐酸酸洗后用清水冲洗干净。整个工程完工后，应注意养护。

7.3 饰面板安装

7.3.1 饰面板安装前的准备工作

（1）做好施工大样图。

饰面板材安装前，首先应根据建筑设计图纸要求，认真核实饰面板安装部位的结构实际尺寸偏差情况，如墙面基体的垂直度、平整度以及由于纠正偏差（剔凿后用细石混凝土或水泥砂浆修补）所增减的尺寸，绘出修正图。超出允许偏差的，则应在保证基体与饰面板表面距离不小于 50 mm 的前提下，重新排列分块。

根据墙、柱校核实测的规格尺寸，并将饰面板间的接缝宽度包括在内，计算出板块的排列，按安装顺序编号，绘制分块大样图以及节点大样图，作为加工饰面板和各种零配件（锚固件、连接件）以及安装施工的依据。

饰面板所用的锚固件、连接件，一般用镀锌铁件。镜面和光面的大理石、花岗石饰面板，应用不锈钢制的连接件。

（2）基层处理和测量放线作业可参照饰面砖工程施工。

（3）饰面板进场。

饰面板进场拆包后，应逐块进行检查，将破碎、变色、局部污染和缺棱掉角的全部挑拣出来，另行堆放；符合要求的饰面板，应进行边角垂直测量、平整度检验、裂缝检验、棱角缺陷检验，确保安装质量。

（4）选板、预拼、排号。

对照排板图编号检查复核所需板的几何尺寸，并按误差大小归类；检查板材磨光面的疵点和缺陷，按纹理和色彩选择归类。对有缺陷的板，应改小使用或安装在不显眼的部位。

在选板的基础上进行预拼。尤其是天然板材，由于具有天然纹理和色差，因此必须通过预拼使上下左右的颜色花纹一致，纹理通顺，接缝严密温和。

预拼好的石材应编号，然后分类竖向堆放待用。

7.3.2 石材湿贴法施工工艺

1. 传统湿作业工艺

测量放线—绑扎钢筋网片—弹基准线—预拼选板编号—防碱背涂处理—石材背面粘贴玻璃纤维网布—板材钻孔—弹线—饰面板安装—分层灌浆—嵌缝、清洁板面—抛光打蜡。

(1) 测量放线。

对于柱面，先测出柱的实际高度和柱子中心线，以及柱与柱之间的距离，柱与上部、中部、下部拉水平通线后的结构尺寸，然后定出柱饰面板外面边线，依次计算出饰面板排列分块尺寸。

对于外形变化较复杂的墙面（如楼梯墙裙、圆形及多边形墙面等），特别是需要异形饰面板镶嵌的部位，须用镀锌薄钢板进行实际放样，以便确定其实际的规格尺寸。

在排板计算时应将拼缝宽计算在内，然后绘出分块图与节点加工图，编号以后作为加工和安装的依据。

(2) 绑扎钢筋网片。

先剔凿出墙面或柱面结构施工时的预埋钢筋，使其外露，然后连接绑扎（或焊接）$\phi 8$ 钢筋（竖向钢筋的间距，如设计无规定，可按饰面板宽度距离设置），随后绑扎横向钢筋，其间距以比饰面板竖向尺寸低 20～30 mm 为宜，如图 7.12 所示。

如基体未预埋钢筋，可钻孔径 $\phi 10$～20，孔深大于 60 mm，用 M16 胀杆螺栓固定预埋钢件，如图 7.13 所示，然后再按上述方法进行绑扎或焊接竖筋和横筋。

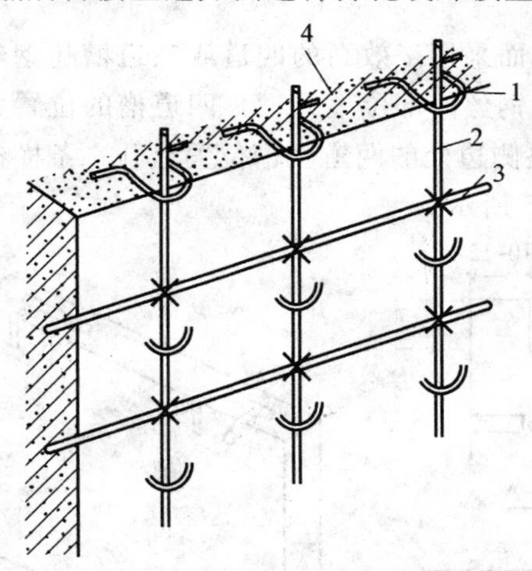

图 7.12 绑扎钢筋网片

1—墙、柱预埋钢件；2—绑扎立筋；3—绑扎水平筋；4—墙体或柱体

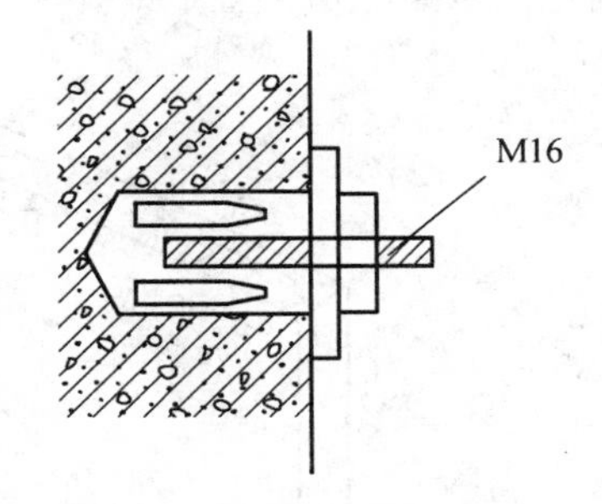

图 7.13 固定预埋钢件

(3) 预选拼板编号。

为了使石材安装时能上下左右颜色花纹一致，纹理通顺，接缝严密吻合，安装前必须按大样图预拼，使颜色、纹理、规格尺寸等符合要求。

(4) 防碱背涂处理。

由于水泥砂浆在水化时析出大量的氢氧化钙，在石材表面产生不规则的花斑，俗称反碱现象，严重影响建筑物室内外石材饰面的装饰效果。为此，在天然石材安装前，必须对石材饰面采用防碱背涂处理剂进行背涂处理。

（5）石材背面粘贴玻璃纤维网布。

对强度较低或较薄的石材应在背面粘贴玻璃纤维网布做加强处理。

（6）板材钻孔、剔凿、挂丝。

饰面板上钻孔是传统的做法。做法是将饰面板的上下两侧用电钻各打 2～4 个孔径 5 mm、深 12 mm的直孔，孔中心距石板背面 8 mm 为宜，形成牛鼻子眼，如图 7.14（a）所示。如板材宽度较大（≥600 mm）时，可增加孔数。钻孔后用金刚石錾子把石板背面的孔壁轻轻剔一道槽，深 5 mm左右，以便埋卧铜丝用，此种方法较繁琐。

另一种常用的钻孔方法是只打直孔，挂丝后孔内充填环氧树脂或用薄钢板卷好挂丝挤紧，再灌入胶黏剂将挂丝嵌固于孔内，如图 7.14（b）所示。

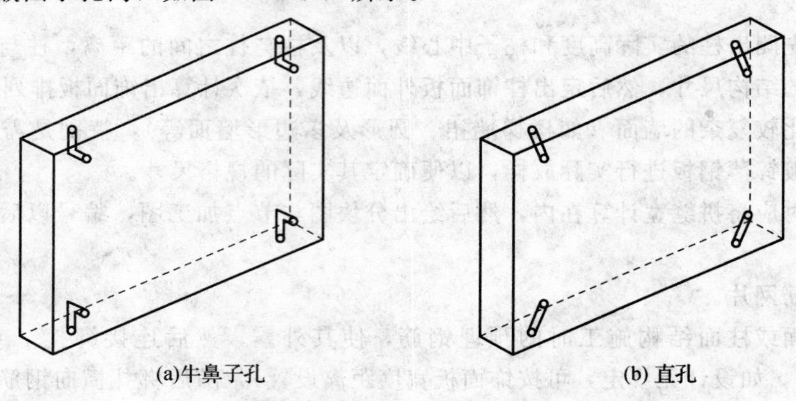

图 7.14　饰面板材钻眼

挂丝宜用铜丝，因铁丝易腐蚀断脱，镀锌铝丝在拧紧时镀层易损坏，在灌浆不密实、勾缝不严的情况下，也会很快锈断。

目前，石板材钻孔打眼的方法已逐步淘汰，而采用工效高的四道或三道槽扎钢丝的方法。即用电动手提式石材无齿切割机的圆锯片，在需绑扎钢丝的部位上开槽，四道槽的位置为：板块背面的边角处开两条竖槽，其间距为 30～40 mm；板块侧边处的两道竖槽位置上开一条横槽，再在板块背面上的两条竖槽位置下部开一条横槽，如图 7.15 所示。

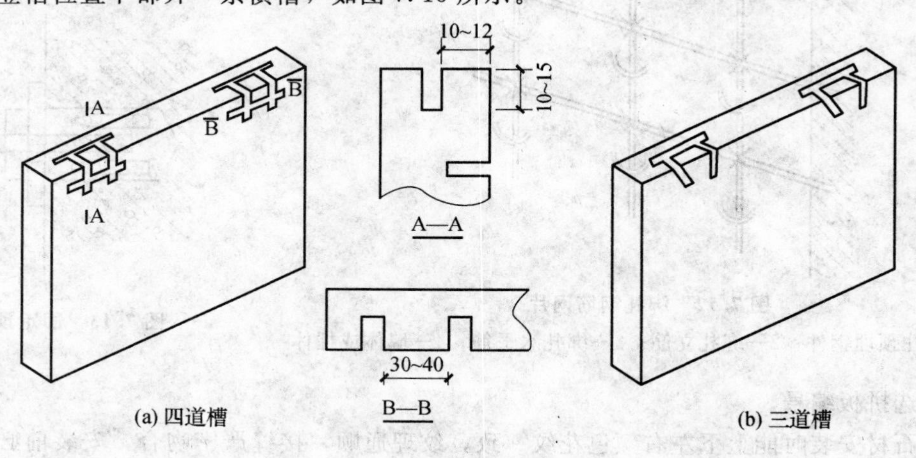

图 7.15　板材开槽

技术提示

四道槽开好后，把备好的18号或20号不锈钢丝或铜丝剪成30 cm长，并弯成U形。将U形不锈钢丝先套入板背横槽内，U形的两条边从两条竖槽内穿出后，在板块侧边横槽处交叉。然后再通过两条竖槽将不锈钢丝在板块背面扎牢。但要注意不应将不锈钢丝拧得过紧，以防止把钢丝拧断或将石材的槽口弄断裂。

(7) 弹线。

安装饰面板时应首先确定下部第一层板的安装位置。方法是用线坠将墙面、柱面和门窗套从上至下吊垂直（高层应用经纬仪找垂直），考虑石板材的厚度、灌注砂浆的空隙和钢筋网所占的尺寸，一般石板外皮距结构面的厚度以50～70 mm为宜。找出垂直后，在地面上顺墙弹出饰面板材的外廓尺寸线，此线即为板材的安装基准线。编好号的石板材在弹好基准线上画出就位线，每块留1 mm缝隙（如设计有要求，则按设计规定留出缝隙）。

(8) 饰面板安装。

从最下一次的一端开始固定板材。将石板就位，石板上口外仰，单手伸入石板背面把石板下口金属丝绑扎在横筋上，绑时不要太紧，只要拴牢即可（灌浆后便会锚固）；把石板竖起，便可绑石板上口金属丝，并用木楔垫稳，石板与基层间的缝隙一般为30～50 mm（灌浆厚度）。用靠尺检查调整木楔，达到质量标准再拴紧金属丝。

柱面按顺时针方向安装，一般先从正面开始。第一层安装固定完毕再用靠尺板找垂直，水平尺找平整，方尺找阴阳角方正，在安装石板时如发现石板规格不准确或石板之间缝隙不符，应用铅皮垫牢，使石板之间缝隙均匀一致，并保持第一层石板上口的平直。

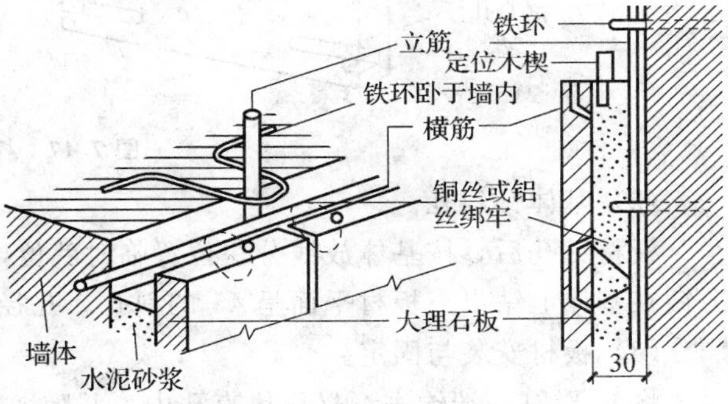

找完垂直、平整、方正后，调制熟石膏，并把调成粥状的石膏贴在上下两层板材之间，使两层石板成一整体，作临时固定用，再用靠尺检查饰面板有无变形，待石膏硬化后方可灌浆（若设计有嵌缝塑料、软管时，应在灌浆前塞放好）。

图 7.16　钢筋网片绑扎固定石板

钢筋网片绑扎固定做法如图7.16所示。

(9) 分层灌浆。

石板墙面关键是防止空鼓。施工时应将石材背面和基层充分湿润基层。灌浆一般采用1∶2.5水泥砂浆，稠度控制在8～15 cm，用簸箕将砂浆舀起徐徐灌入板背与基体间的缝隙，注意不要碰石板。

第一层灌浆很重要，应小心操作，防止碰撞和猛灌。第一层灌浆高度为150 mm，不能超过石板高度1/3；边灌浆边用橡皮锤轻轻敲击石板面或用短钢筋轻捣，使灌入砂浆密实。如发现石板外移错动，应立即拆除重新安装。

第一层灌浆后1～2 h待砂浆初凝，应检查一下是否有移动，再灌第二层（灌浆高度一般为200～300 mm），待初凝后再灌第三层，第三层灌浆至低于板上口50～100 mm处为止。但必须注意防止临时固定石板的石膏块掉入砂浆内，避免因石膏膨胀导致外墙面泛白、泛浆。

(10) 嵌缝、清洁板面。

全部石板块安装完毕后，应铲去临时固定用的石膏，将表面清理干净，然后按板材颜色调制水泥色浆嵌缝，边嵌边将溢在板块上的色浆擦干净，使缝隙密实干净，颜色一致。

技术提示

墙面、柱面、门窗套等饰面板安装与地面块材铺设的关系，一般采取先做立面后做地面的方法，这种做法要求地面分块尺寸准确，边部块材须切割整齐。当然亦可采用先做地面后做立面的方法，这样可以解决边部块材不齐的问题，但地面应加以保护，防止损坏。

2. 楔固法

传统湿作业安装的工序多，操作较为复杂，且用钢筋网片连接，增加造价。而楔固法是将固定板块的钢钉直接楔紧在墙柱基体上，节约钢材，同时也在一定程度上降低了装饰层自重。

楔固法的施工准备、排板、预拼编号与传统湿法安装操作相同，其不同的操作工序主要有：

（1）板块钻孔。

用电钻在距板两端 1/4 处的板厚中心钻孔，孔径 6 mm，深 35～40 mm。板宽小于 500 mm 打直孔 2～3 个，板宽大于 500 mm 打直孔 3～4 个，板宽大于 800 mm 打直孔 4～5 个。然后将板旋转 90°，在板两边分别各打直孔一个，孔位距板下端 100 mm，孔径 6 mm，深 35～40 mm，直孔都需剔出 7 mm 深小槽，以便安卧 U 形钉，如图 7.17 所示。

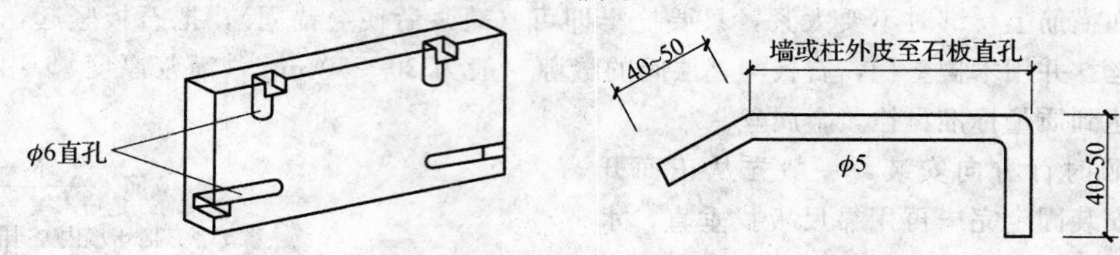

图 7.17　打直孔示意图

（2）基体钻斜孔。

板材钻孔后，按基体放线分块位置临时就位，确定对应于板材上下直孔的基体钻孔位置。用冲击钻在基体上钻出与板材平面呈 45°的斜孔，孔径 6 mm，孔深 40～50 mm，如图 7.18 所示。

（3）板材安装与固定。

将 U 形钉一端钩进石材板块直孔中，并随即用硬小木楔楔紧，另一端钩进基体斜孔中，校正板块平整度、垂直度符合要求后，用硬木楔楔紧，同时用大头木楔楔紧板块，随后便可进行分层灌浆，其方法与湿法传统操作相同，如图 7.19 所示。

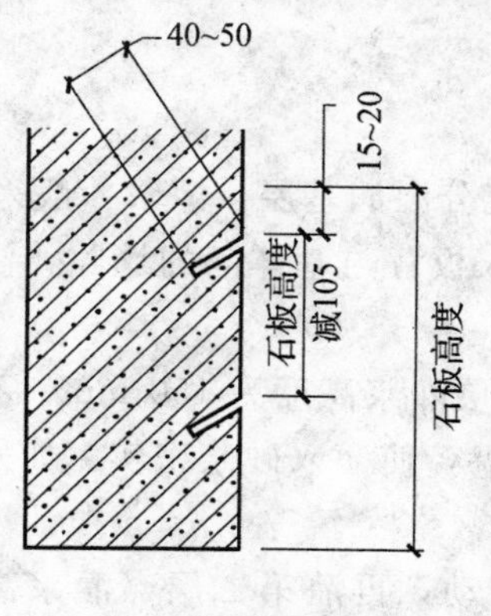

图 7.18　基体钻斜孔

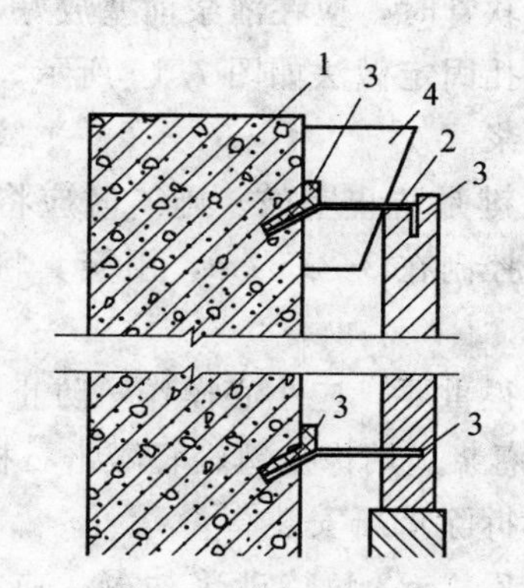

图 7.19　石板就位、固定

1—基体；2—U 形钉；3—硬木楔；4—大木头楔

3. 改进湿作业法

此法是吸取了先进经验，对传统的湿法作业进行了改进，因此称改进湿作业法。

施工流程：板材钻孔打眼剔凿—金属夹安装—基层处理和抄平放线—绑扎钢筋网片—石板与连接件连接固定—检测验收—分层灌浆—嵌缝、清洁板面—抛光打蜡。

（1）板材钻孔打眼剔凿。

直孔用合金钻打眼，操作时应钉木架，使钻头直对板材上端面，一般每块石板上、下两个面打眼，孔位打在距板两端 1/4 处，每个面各打两个眼，孔径为 5 mm，深 18 mm，孔位距石板背面以 8 mm为宜。如石板宽度较大，中间应增打一孔，钻孔后用合金錾凿子朝石板背面的孔壁轻打剔凿，剔出深 4 mm 的槽，以便固定连接件。如图 7.20 所示。

石板背面钻 135°斜孔。先用合金钢錾子在打孔平面剔窝，再用台钻直对石板背面打孔。打孔时将石板固定在 135°的木架上（或用摇臂钻斜对石板）打孔，孔深 5～8 mm，孔底距石板磨光面 9 mm,孔径 8 mm，如图 7.21 所示。

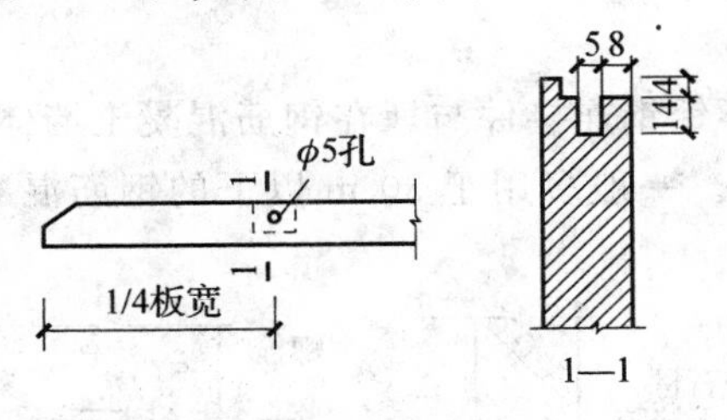

图 7.20　石材打孔眼

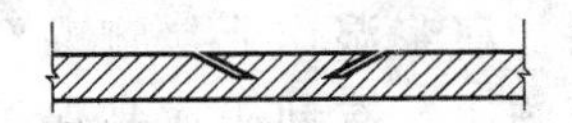

图 7.21　石材加工示意图

（2）金属夹安装。

把金属夹安装在 135°孔内，用 JGN 建筑结构胶固定，并与钢筋网连接牢固。如图 7.22 所示。

（3）基层处理和抄平放线。

钢模板混凝土墙面必须凿毛，并将基层清刷干净，浇水湿润。

预埋钢筋先外露于墙面，无预埋筋处应先探测结构钢筋位置，以避开钢筋进行钻孔，孔径 25 mm,孔深 90 mm，用 M16 胀杆螺栓固定预埋铁。如图 7.23 所示。

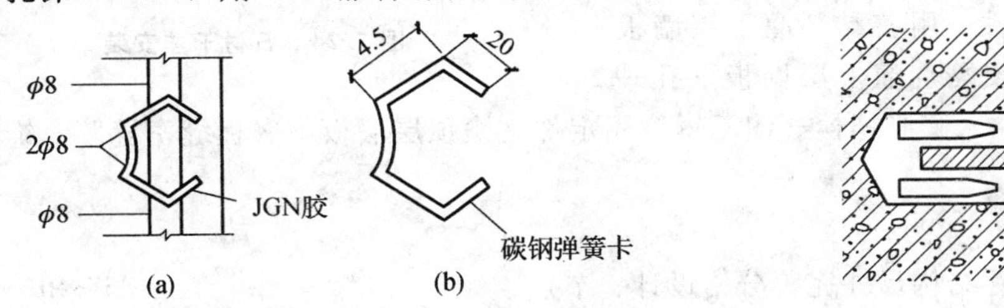

图 7.22　金属夹安装

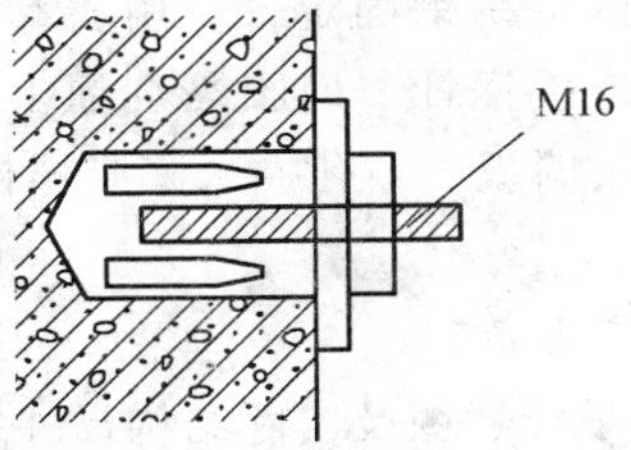

图 7.23　胀杆螺栓固定

抄平放线与传统湿法施工相同，并要检查预埋筋及门窗口标高位置，要求上下、左右、进出一条线，将混凝土墙、柱、砖墙等凹凸不平处凿平后用 1∶3 水泥砂浆分层抹平。

石板背面在安装前应进行清刷处理，并要防止锈蚀及油污。

（4）绑扎钢筋网片。

先绑竖筋。竖筋与结构内预埋筋或预埋铁件连接，横向钢筋根据石板规格，比石板低 2～3 cm 作为固定拉结筋，其他横筋可根据设计间距均分。

（5）安装石板材。

试拼石板就位，石板上口外仰，将两板间连接筋对齐，连接件挂牢在横筋上，用木楔垫稳石板，用扣尺检查调整平直，一般均从左往右进行安装，柱面水平交圈安装，以便校正阳角垂直度。四大角拉钢丝找直，每层石板应拉通线找平找直，阴阳角用方尺套方。如发现缝隙大小不均匀，应用铅皮垫平，使石板缝隙均匀一致，并保证每层石板上口平直，然后用熟石膏固定。经检查无变形方可浇细石混凝土。

（6）浇灌细石混凝土。

把搅拌均匀的细石混凝土用铁簸箕徐徐倒入石板与墙面之间的空隙，不得碰动石板及石膏木楔。要求下料均匀，轻捣细石混凝土，直至无气泡。每层石板分三次浇灌，每次浇灌间隔1 h左右，待初凝后检验无松动、变形，方可再次浇灌细石混凝土。第三次浇灌时上口留5 cm，作为上层石板浇灌细石混凝土的结合层。

（7）擦缝、打蜡。

石板安装完毕后，清除所有石膏和余浆痕迹，用棉纱或抹布擦洗干净，并按照石板颜色调制水泥浆嵌缝，边嵌缝边擦干净，以防污染石板材表面，并使之密实均匀，外观洁净，颜色一致，最后打蜡抛光。

7.3.3 石材干挂法施工工艺

干挂法施工工艺是直接在饰面板上打孔，然后用不锈钢连接件与埋在钢筋混凝土墙体内的膨胀螺栓相连，石板与墙体间形成80～90 mm宽的空气层。一般多用于30 m以下的钢筋混凝土结构，不适于砖墙和加气混凝土墙。

干挂法免除了灌浆湿作业，施工不受季节性影响；可由上往下施工，有利于成品保护；不受黏结砂浆析碱的影响，可保持石材饰面色彩鲜艳，提高装饰质量。为了检验后置件的埋设强度，应先在现场做拉拔试验，试验结果符合要求后方可使用。花岗石干挂法安装构造如图7.24所示。

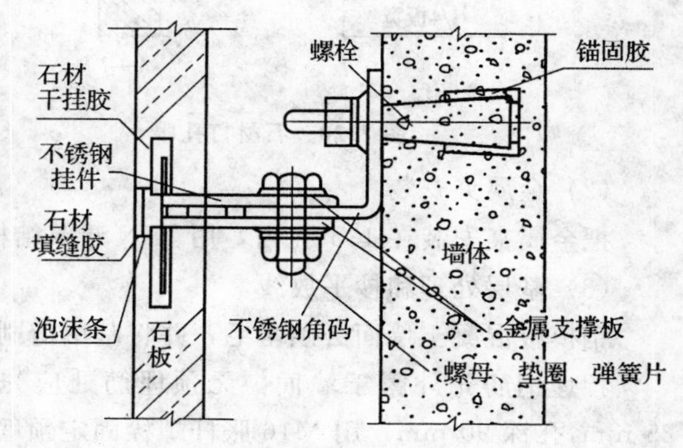

图7.24 石材干挂安装

施工流程：清理结构表面、弹线—石料打孔、背面刷胶、粘贴增强层—支底层板托架—放置底层板—调节与临时固定—灌水泥砂浆—结构钻孔并插固定螺栓—镶不锈钢固定件—用胶黏剂灌下层墙板上孔—插入连接钢针—用胶黏剂灌上层墙板下孔—临时固定上层墙板—钻孔插入膨胀螺栓—镶不锈钢固定件—镶顶层墙板—嵌板缝密缝胶—饰面板刷二遍罩面剂。

（1）施工准备。

① 根据设计意图及实际结构尺寸完善分格设计、节点设计，并放出翻样图，根据翻样图提出加工计划。

② 进行挂件设计，并做成样品进行承载破坏性试验及疲劳破坏性试验。

③ 根据挂件设计，组织挂件加工。如图7.25所示。

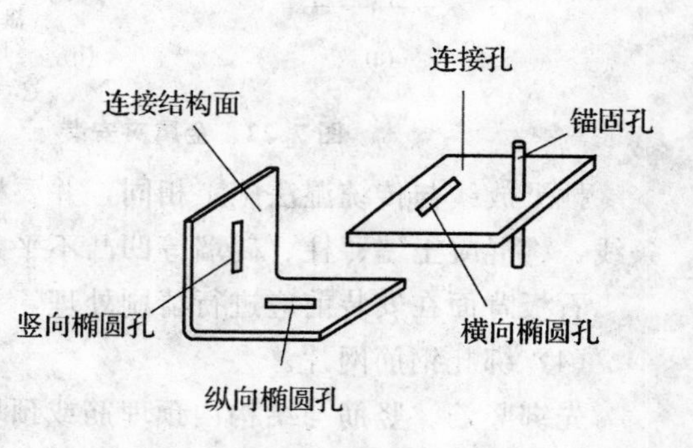

图7.25 组合挂件三向调节

④ 测量放线：在结构各转角下方吊垂线，用来确定石材的外轮廓尺寸，对结构局部突出较大部位进行剔凿处理，以轴线及标高线为基线，弹出板材竖向分格控制线，再以各层标高线为基线放出板材横向分格控制线。

⑤ 根据放样图及挂件形式，确定钻孔位置。

（2）板材钻孔、粘贴增强层。

根据设计尺寸在石板上下侧边钻孔，孔径6 mm，孔深20 mm。在石板背面涂刷合成树脂胶黏剂，粘贴玻璃纤维网格布做增强层。

(3) 石板就位，临时固定。

在墙面上吊垂线及拉水平线，以控制饰面的垂直、平整。支底层石板托架，将底层石板就位并做临时固定。

(4) 基体钻孔、安装饰面板。

用冲击电钻在基体结构上钻孔，打入胀锚螺栓，同时镶装L形不锈钢连接件。用胶黏剂（可采用环氧树脂）灌入石板的孔眼，插入销钉，校正并临时固定板块。如此逐层操作直至镶装顶层板材。

(5) 嵌缝、清理饰面，打蜡抛光或涂刷石材罩面涂料。

7.3.4 石材胶黏法施工工艺

石材胶黏法是当代石材饰面装修简捷、经济可靠的一种新型装修施工工艺，它克服了传统湿作业法受板块面积和安装高度限制的缺点，除具有干挂法施工工艺的优点外，对一些复杂的，其他工艺难以施工的墙面、柱面，此法均可施工。同时饰面板与墙面距离仅 5 mm，缩小了建筑装饰所占面积，即增加了使用面积。

施工流程：基层处理—弹线、找规矩—选板预拼—上胶处磨净磨糙—调胶、涂胶—石板铺贴—检查校正—清理嵌缝—打蜡抛光。

(1) 弹线、找规矩。

根据具体设计用墨线在墙面上弹出每块石材的具体位置。

(2) 选板预拼。

将石材饰面板选取品种、规格、颜色、纹理、外观质量一致者按墙面装修施工大样图排列编号，并在建筑现场上进行翻样试拼，校正尺寸，四角套方。

(3) 上胶处磨净磨糙。

墙面及石板背面上胶处及与胶黏剂接触处，先用砂纸均匀打磨干净，磨糙并保持清洁，以保证胶黏强度。

(4) 调胶、涂胶。

严格按照产品有关规定调胶，按照规定在石板背面点式涂胶。

(5) 饰面板铺贴。

按石板编号将饰面石板顺序上墙就位，进行粘贴。

(6) 检查、校正。

饰面石板定位粘贴后，应对个黏结点详细检查，必要时加胶补强，要在胶硬化前进行反复检查、校正。

(7) 清理、嵌缝。

全部饰面板粘贴完毕后，将石板表面清理干净，进行嵌缝。板缝根据设计要求预留，缝宽不得小于 2 mm，用透明型胶调入与石板颜色近似的颜料将缝嵌实。

上述做法适用于高度小于等于 9 m，饰面石板与墙面净距离小于等于 5 m 的石材胶黏法施工。当装修高度小于等于 9 m，但饰面板与墙净距离大于 5 mm，小于 20 mm 时，须采用加厚粘贴法，如图 7.26 所示。

当贴面高度超过 9 m 时，采用粘贴锚固法。即在墙上钻孔、剔槽，埋入直径 10 mm 钢筋，将钢筋与外面的不锈钢板焊接，在钢板上满涂石材胶，将饰面板与之黏牢，如图 7.27 所示。

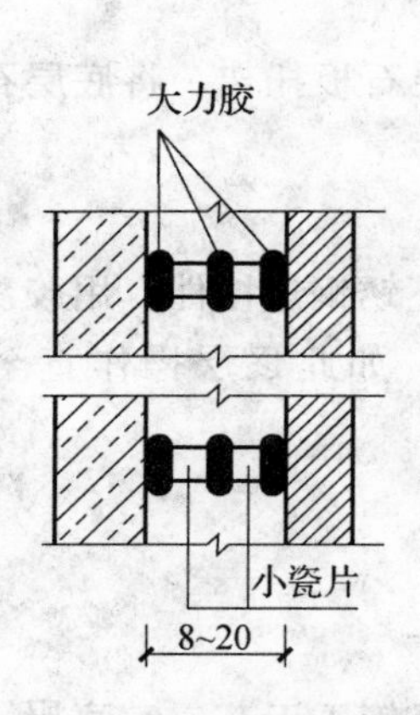

图 7.26　石材胶加厚处理

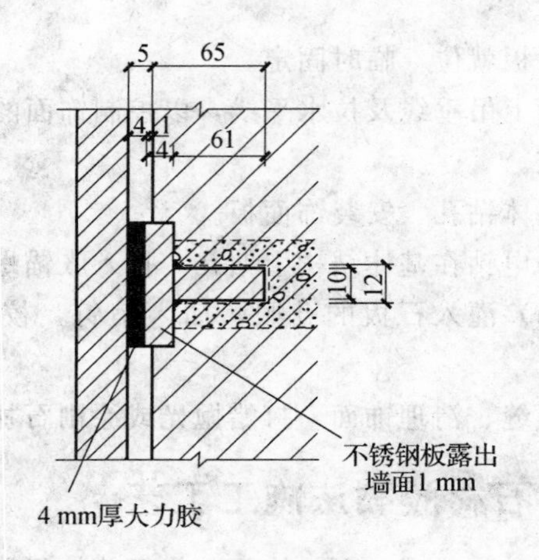

图 7.27　粘贴锚固法

7.3.5 金属饰面板施工工艺

1. 施工流程

施工流程：放线—安装连接件—安装骨架—安装铝合金板—收口构造处理。

2. 操作要点

(1) 放线。

在主体结构上按设计图要求准确地弹出骨架安装位置，并详细标注固定件位置。如果设计无要求则按垂直于条板、扣板的方向布置龙骨（构件），间距 500 mm 左右。如果装修的墙面面积较大或是将安装铝合金方板，龙骨（构件）应横竖焊接成网架，放线时应依据网架的尺寸弹线放线。放线的同时应对主体结构尺寸进行校核，如果发现较大误差应进行修理。放线应一次放完。

(2) 安装连接件。

一般采用膨胀螺栓固定连接件，这种方法较灵活，尺寸误差小，容易保证准确性，采用较多。连接件也可采用与结构上的预埋件焊接。对于木龙骨架则可采用钻孔、打入木楔的办法。

(3) 安装骨架。

骨架可采用型钢骨架、轻钢和铝合金型材骨架、木骨架。骨架和连接件固定可采用螺栓或焊接方法，安装中应随时检查标高、中心线位置。对面积较大、层高较高的外墙铝板饰面骨架竖杆，必须用线坠和仪器测量校正，保证垂直度和平整度。变形缝、沉降缝、变截面处等应妥善处理。

所有骨架表面应做防锈、防腐处理，连接焊缝必须涂防锈漆。固定连接件应做隐蔽检查记录（包括连接焊缝长度、厚度、位置，膨胀螺栓的埋置标高、数量与嵌入深度），必要时还应做抗拉、抗拔测试。

(4) 安装铝合金装饰板。

铝合金装饰板固定一般用抽芯铝铆钉，中间必须垫橡胶垫圈，抽芯铝铆钉间距 100 ～150 mm，用锤钉固在龙骨上。采用螺钉固定时，先用电钻在拧螺钉的位置钻一个孔，再将铝合金装饰板用自攻螺钉拧牢。若采用木骨架，可用木螺钉将铝合金装饰板钉固在木骨架上。板条的一边用螺钉固定，另一边则插入前一根条板槽口一部分，正好盖住螺钉，安装完成的墙、柱面螺钉不外露。板材应采用搭接，不得对接。搭接长度符合设计要求，不得有透缝现象。

铝合金方板与骨架连接可以采用配套的连接板或钢板连接件。铝合金方板没有做槽口承插，固定时要留缝，板与板之间留缝一般为 10～20 mm。为遮挡螺钉及配件，缝隙用橡胶条或其他密封胶等弹性材料做嵌缝处理。

阴阳角宜采用预制装饰角板安装，角板与大面搭接应与主导风向一致。

铝合金扣板墙安装、蜂窝板采用钢板连接安装如图 7.28 和图 7.29 所示。

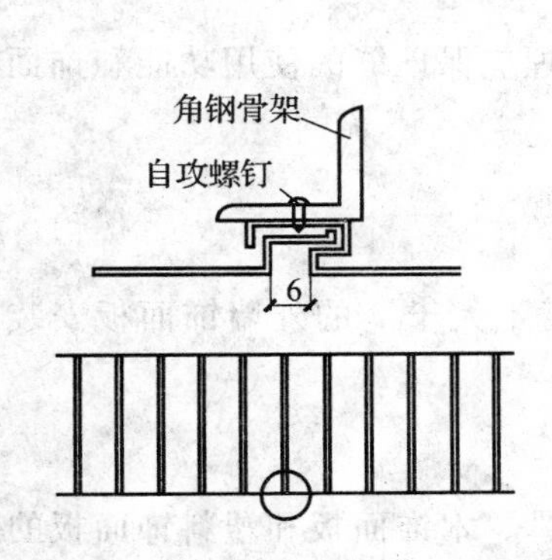

图 7.28 铝合金扣板墙安装

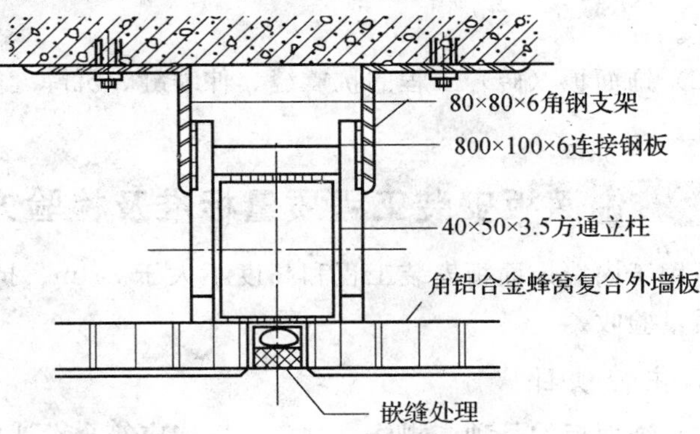

图 7.29 蜂窝板采用钢板连接安装

为了保护成品，铝合金饰面板材上原有的不干胶保护膜，在施工中应保留完好，不得损坏或揭掉。对没有保护膜的材料，在安装完成后应用塑料胶纸覆盖，加以保护或加栏杆防护，直至工程交验。

(5) 收口构造处理。

在压顶、端部、伸缩缝、沉降缝位置应进行收口处理，以满足美观和使用功能的要求。收口处理一般采用铝合金盖板或槽钢盖板封盖。

7.4 质量标准及检验方法

7.4.1 一般规定

1. 饰面板（砖）工程应对下列材料及其性能指标进行复验

(1) 室内用天然石材的放射性。

(2) 粘贴用水泥的凝结时间、安定性和抗压强度。

(3) 外墙陶瓷面砖的吸水率。

(4) 寒冷地区外墙陶瓷面砖的抗冻性。

2. 饰面板（砖）工程应对下列隐蔽工程项目进行验收

(1) 预埋件（或后置埋件）。

(2) 连接节点。

(3) 防水层。

3. 各分项工程的检验批应按下列规定划分

(1) 相同材料、工艺和施工条件的室内饰面板（砖）工程每 50 间（大面积房间和走廊按施工面积 30 m^2 为一间）应划分为一个检验批，不足 50 间也应划分为一个检验批。

(2) 相同材料、工艺和施工条件的室外饰面板（砖）工程每 500～1 000 m^2 应划分为一个检验批，不足 500 m^2 也应划分为一个检验批。

4. 检查数量应符合下列规定

(1) 室内每个检验批应至少抽查 10%，并不得少于 3 间；不足 3 间时应全数检查。

(2) 室外每个检验批每 100 m^2 应至少抽查一处，每处不得小于 10 m^2。

5. 其他规定

(1) 外墙饰面砖粘贴前和施工过程中，均应在相同基层上做样板件，并对样板件的饰面砖黏结强度进行检验，其检验方法和结果判定应符合《建筑工程饰面砖黏结强度检验标准》（JGJ－110）的规定。

（2）饰面板（砖）工程的抗震缝、伸缩缝、沉降缝等部位的处理应保证缝的使用功能和饰面的完整性。

7.4.2 饰面板安装工程质量标准及检验方法

适用于内墙饰面板安装工程和高度不大于 24 m、抗震设防烈度不大于 7°的外墙饰面板安装工程的质量验收。

1. 主控项目

（1）饰面板的品种、规格、颜色和性能应符合设计要求，木龙骨、木饰面板和塑料饰面板的燃烧性能等级应符合设计要求。

检验方法：观察；检查品种合格证书、进场验收记录和性能检测报告。

（2）饰面板孔、槽的数量、位置和尺寸应符合设计要求。

检验方法：检查进场验收记录和施工记录。

（3）饰面板安装工程的预埋件（或后置埋件），连接件的数量、规格、位置、连接方法和防腐处理必须符合设计要求。后置埋件的现场拉拔强度必须符合设计要求。饰面板安装必须牢固。

检验方法：手扳检查；检查进场验收记录、现场拉拔检查报告、隐蔽工程验收记录和施工记录。

2. 一般项目

（1）饰面板表面应平整、洁净、色泽一致，无裂痕和缺损。石材表面应无泛碱等污染。

检验方法：观察。

（2）饰面板嵌缝应密实、平直，宽度和深度应符合设计要求，嵌填材料色泽应一致。

检验方法：观察；尺量检查。

（3）采用湿作业法施工的饰面板工程，石材应进行防碱背涂处理。饰面板与基体之间的灌注材料应饱满、密实。

检验方法：用小锤轻击检查；检查施工记录。

（4）饰面板上的孔洞应套割吻合，边缘应整齐。

检验方法：观察。

3. 饰面板安装的允许偏差和检验方法应符合表 7.5 的规定

4. 质量验收文件

（1）饰面板（砖）工程的施工图、设计说明及其他设计文件。

（2）材料的产品合格证书、性能检测报告、进场验收记录和复验报告。

（3）后置埋件的现场拉拔检测报告。

（4）外墙饰面砖样板件的黏结强度检测报告。

（5）隐蔽工程验收记录。

（6）施工记录。

表 7.5　饰面板安装的允许偏差和检验方法

项次	项目	允许偏差/mm							检验方法
		石材			瓷板	木材	塑料	金属	
		光面	剁斧石	蘑菇石					
1	立面垂直度	2	3	3	2	1.5	2	2	用 2 m 垂直检测尺检查
2	表面平整度	2	3	—	1.5	1	3	3	用 2 m 靠尺和塞尺检查
3	阴阳角方正	2	4	4	2	1.5	3	3	用直角检测尺检查
4	接缝直线度	2	4	4	2	1	1	1	拉 5 m 线，不足 5 m 拉通线，用钢直尺检查
5	墙裙、勒脚上口直线度	2	3	3	2	2	2	2	拉 5 m 线，不足 5 m 拉通线，用钢直尺检查
6	接缝高低差	0.5	3	—	0.5	0.5	1	1	用钢直尺和塞尺检查
7	接缝宽度	1	2	2	1	1	1	1	用钢直尺检查

7.4.3 饰面砖镶贴工程质量标准及检验方法

适用于内墙饰面砖粘贴工程和高度不大于 100 m、抗震设防烈度不大于 8°、采用满粘法施工的外墙饰面砖粘贴工程的质量验收。

1. 主控项目

(1) 饰面砖的品种、规格、图案、颜色和性能应符合设计要求。

检验方法：观察；检查产品合格证书、进场验收记录、性能检测报告和复检报告。

(2) 饰面砖粘贴工程的找平、防水、黏结和勾缝材料及施工方法应符合设计要求及国家现行产品标准和工程技术标准的规定。

检验方法：检查产品合格证书、复检报告和隐蔽工程验收记录。

(3) 饰面砖粘贴必须牢固。

检验方法：检查样板件黏结强度检测报告和施工记录。

(4) 满黏法施工的饰面砖工程应无空鼓、裂缝。

检验方法：观察；用小锤轻击检查。

2. 一般项目

(1) 饰面砖表面应平整、洁净、色泽一致，无裂缝和缺损。

检验方法：观察。

(2) 阴阳角处搭接方式、非整砖使用部位应符合设计要求。

检验方法：观察。

(3) 墙面突出物周围的饰面砖应整砖套割吻合，边缘应整齐。墙裙、贴脸突出墙面的厚度应一致。

检验方法：观察；尺量检查。

(4) 饰面砖接缝应平直、光滑，填嵌应连续、密实；宽度和深度应符合设计要求。

检验方法：观察；尺量检查。

(5) 有排水要求的部位应做滴水线（槽）。滴水线（槽）应顺直，流水坡向应正确，坡度应符合设计要求。

检验方法：观察；用水平尺检查。

3. 饰面砖粘贴的允许偏差和检验方法应符合表 7.6 的规定

表 7.6　饰面砖粘贴的允许偏差和检验方法

项次	项目	允许偏差/mm		检验方法
		外墙面砖	内墙面砖	
1	立面垂直度	3	2	用 2 m 垂直检测尺检查
2	表面平整度	4	3	用 2 m 靠尺和塞尺检查
3	阴阳角方正	3	3	用直角检测尺检查
4	接缝直线度	3	2	拉 5 m 线，不足 5 m 拉通线，用钢直尺检查
5	接缝高低差	1	0.5	用钢直尺和塞尺检查
6	接缝宽度	1	1	用钢直尺检查

4. 质量验收文件

（1）饰面板（砖）工程的施工图、设计说明及其他设计文件。

（2）材料的产品合格证书、性能检测报告、进场验收记录和复验报告。

（3）后置埋件的现场拉拔检测报告。

（4）外墙饰面砖样板件的黏结强度检测报告。

（5）隐蔽工程验收记录。

（6）施工记录。

【重点串联】

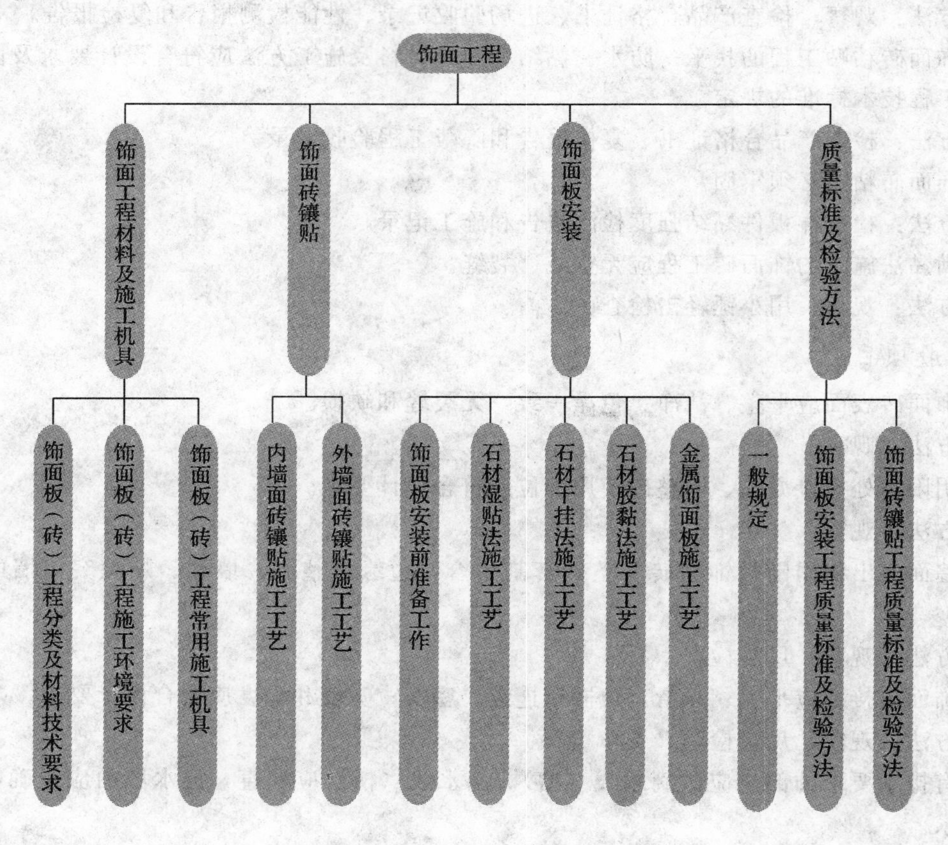

拓展与实训

职业能力训练

一、填空题

1. 釉面砖粘贴前应放入清水中浸泡________，砖墙要提前________湿润，混凝土墙可以提前3～4 d湿润，以避免________。

2. 相同材料、工艺和施工条件的室内饰面板（砖）工程每________间（大面积房间和走廊按施工面积________为一间）应划分为一个检验批，不足________间也应划分为一个检验批。

3. 饰面板（砖）工程的________、________、________等部位的处理应保证缝的使用功能和饰面的完整性。

4. 饰面板上的孔洞应________，边缘应整齐。采用观察法检验。

5. 有排水要求的部位应做________。滴水线（槽）应顺直，流水坡向应正确，坡度应符合设计要求。

二、单项选择题

1. 天然大理石的缺点是(　　)。

A. 吸水率低　　B. 耐久性差
C. 耐磨性差　　D. 易褪色

2. 在墙面上预挂钢筋网，用铁丝绑扎石材并灌水泥浆黏牢的方法是(　　)。

A. 干挂法　　B. 湿挂法　　C. 直接粘贴法　　D. 水泥浆粘贴法

3. 花岗石在室内使用必须控制(　　)。

A. 抗压强度　　B. 面积　　C. 放射性　　D. 吸水性

4. 铺贴釉面砖时若发现亏灰空鼓，应当(　　)。

A. 背后补满砂浆　　B. 取下重贴
C. 按压砖面将砂浆挤满砖背面　　D. 继续铺贴

5. 采用湿作业法施工时，石材应进行(　　)背涂处理。

A. 防裂　　B. 防潮　　C. 防碱　　D. 防酸

三、简答题

1. 室内釉面砖满粘法施工具体如何操作？
2. 饰面板（砖）工程质量验收时应检查哪些文件和记录？
3. 饰面板（砖）工程施工操作完毕后需在现场检查哪些项目？

工程模拟训练

1. 分析造成室内外墙面砖空鼓、开裂、脱落的原因。
2. 提出防止墙面砖出现质量问题的措施。

链接职考

建造师考试历年真题

【2012年度真题】天然大理石饰面板材不宜用于室内(　　)。

A. 墙面　　B. 大堂地面　　C. 柱面　　D. 服务台面

【2011 年度真题】可能造成外墙装修层脱落、表面开裂的原因有（　　）。

A. 结构发生变形　　B. 黏结不好　　C. 结构材料与装修材料的变形不一致

D. 装修材料弹性过大　E. 结构材料的强度偏高

【2006 年度真题】1. 饰面砖粘贴工程常用的施工工艺是（　　）。

A. 满粘法　　B. 点粘法　　C. 挂粘法　　D. 半粘法

2. 背景资料：某施工单位分包了某宾馆室内装饰工程项目。合同签订后，项目经理部按建设单位及监理公司的要求，编制了工程的施工组织设计。施工组织设计的部分内容是：在施工方案及主要技术措施中，编制了室内墙砖施工工艺流程：基层处理—吊垂直、套方、找规矩—抹基层砂浆—贴灰饼—贴标砖—弹线分格—浸砖—排砖—挑砖—镶贴面砖—面砖勾缝与擦缝—成品保护。

问题：纠正室内墙砖施工工艺流程的错误。

模块 8

涂饰工程

【模块概述】

涂料饰面是指将饰面材料涂敷于建筑物表面，并能与建筑物表面材料很好黏接，形成完整涂膜的一种饰面。涂膜能够隔离空气、水分、阳光及其他腐蚀介质，保护墙体，还可以起到隔热、吸声、防水、美化建筑物等作用。

涂料饰面具有自重轻、造价低、工期短、维修更新方便等优点。在与其他墙体饰面应用的对比中有着很强的优势。

【学习目标】

1. 涂料的组成、分类及选择方法，涂料施工对基层的处理要求，涂饰工程常用的施工机具和方法。
2. 合成树脂乳液涂料的施工工艺。
3. 复层建筑涂料施工工艺。
4. 彩砂涂料施工工艺。
5. 油漆涂料施工工艺。

【能力目标】

1. 能够正确选用和使用涂饰材料。
2. 能清楚涂饰工程对施工环境的要求。
3. 会对涂饰工程基层进行正确恰当的处理。
4. 掌握涂饰工程施工工艺。
5. 会分析产生各种涂饰工程质量问题的原因并会防治。
6. 会检验涂饰工程质量。

【学习重点】

涂饰工程的施工工艺。

【课时建议】

理论 4 课时＋实践 4 课时

工程导入

某工程室内纸面石膏板隔墙乳胶漆饰面于施工后1个月内，出现竖向规则裂缝，宽裂缝度0.5 mm，间距约120 cm，且有通长裂缝。

为什么会出现上述情况呢？希望通过本模块的学习能让你分析出原因，并在工程实际中避免所施工的涂饰工程发生各种质量问题。

8.1　涂料饰面工程基本知识

8.1.1　涂料的组成

涂料主要由4部分组成：成膜物质、颜料、溶剂和助剂。

(1) 成膜物质。

成膜物质是涂料的基础成分，对涂料和涂膜的性能起决定的作用，具有黏结涂料中其他组分形成涂膜的功能。可以作为成膜物质的品种很多，当代的涂料工业主要使用树脂。树脂是一种无定型状态存在的有机物，通常指高分子聚合物。过去，涂料使用天然树脂作为成膜物质，现代则广泛应用合成树脂等。

(2) 颜料。

颜料是有色涂料（色漆）的主要的组成部分。颜料使涂膜呈现色彩，使涂膜具有遮盖被涂物体的能力，以发挥其装饰和保护作用。有些颜料还具有诸如提高漆膜机械性能，提高漆膜耐久性，提供防腐蚀、导电、阻燃等性能。

(3) 溶剂。

溶剂能将涂料中的成膜物质溶解或分散为均匀的液态，以便于施工成膜，当施工后又能从漆膜中挥发出去，原则上溶剂不构成涂膜，也不应存留在涂膜中。很多化学品包括水、无机化合物和有机化合物都可以作为涂料的溶剂组分。

(4) 助剂。

助剂是涂料的辅助材料组分，它不能独立形成涂膜，在涂料成膜后可以作为涂膜的一个组分而在涂膜中存在。助剂的作用是对涂料或涂膜的某一特定方面的性能起改进作用。助剂通常按其功效来命名和区分，主要有以下几种：催干剂、润湿剂、分散剂、增塑剂和防沉淀剂。

8.1.2　涂料的分类

建筑涂料通常有如下分类方式。

(1) 按涂料的形态分类：有固态涂料、液态涂料、水溶性涂料和水乳性涂料等。

(2) 按涂料的光泽分类：有高光型涂料、丝光型涂料、无光型或亚光型涂料。

(3) 按涂刷部位分类：有内墙涂料、外墙涂料、地坪涂料和屋顶涂料等。

(4) 按涂料的特殊性能分类：有建筑涂料、防腐涂料、汽车涂料、防露涂料、防锈涂料、防水涂料、保湿涂料和弹性涂料等。

8.1.3　涂料的选择方法

1. 根据装饰部位的不同来选择涂料

外墙部位要经受住风吹日晒、雨雪侵袭，所使用的涂料必须具有很好的耐久性、防水性、抗冻融性、抗沾污性，才能保证有较好的装饰效果。内墙涂料除了对色彩、平整度和丰满度等具有一定的要求外，还应具有较好的耐干、湿擦洗性能及硬度要求。

2. 根据建筑结构材料的不同来选择涂料

用作建筑结构的材料很多，如混凝土、水泥砂浆等。各种涂料所适用的基层材料是不同的。

3. 根据建筑物所处的地理位置和施工季节的不同来选择涂料

建筑物所处的地理位置不同，其饰面所经受的气候条件也不同，例如，炎热多雨的南方，所用的涂料不仅要求具有较好的耐水性，而且要有较好的防霉性，否则霉菌的繁殖同样会使涂料饰面失去装饰效果；严寒的北方，则对涂料的耐冻性有较高的要求。

4. 根据建筑标准和造价的不同来选择涂料

对于装饰要求高的高级建筑，可选择高档涂料，施工时可采用三道成活的施工工艺，即底层为封闭层，中间层形成具有较好质感的花纹和凹凸状，面层则使涂膜具有较好的耐水性、耐沾污性和耐久性，从而达到最佳装饰效果。一般的建筑，可采用中档或低档涂料，采用一道或二道成活的施工工艺。

8.1.4 涂料饰面施工的基层处理要求

要保证涂料饰面工程的施工质量，必须做好基层处理。基层处理的好坏直接影响涂料与基层的黏结力，影响到饰面层的使用寿命和装饰效果。基体材料不同，表面处理的方法和要求也有些差别。

1. 混凝土及抹灰基层的基层处理方法和要求

对混凝土和水泥砂浆、混合砂浆、石灰砂浆或石灰纸筋浆等抹灰基层的基层处理方法和要求是：

(1) 表面平整，阴阳角密实。

(2) 基层的 pH 值应在 10 以下。

(3) 基层含水率应符合要求：使用溶剂型涂料时基层含水率不大于 8%，使用水溶性涂料时不大于 10%。

(4) 抹灰层表面应坚固密实。表面的灰尘、浮浆或流痕、油污等应清除干净。灰尘和其他附着物可用扫帚、毛刷等清扫。浮浆、流痕及其他杂物可用铲刀、錾子、钢丝刷等工具清除。表面泛碱的可用 3%的草酸溶液清洗后再用清水冲洗干净。空鼓、起酥、起皮、起砂处应用铲刀或钢丝刷清理干净后用清水冲洗湿润后进行修补。旧浆皮可用清水浸湿润后用铲刀刮去，再用清水冲洗干净。

2. 木质基层的处理方法和要求

对木质基层的处理要求是：

(1) 表面平整、干净。木材表面的缝隙、毛刺、结疤等处应进行处理，用腻子刮平、压实。表面如有油污或胶渍，可用温水、肥皂水、碱水等清洗，或先用酒精、汽油等有机溶剂擦拭后再用清水清洗干净。树脂可用丙酮、酒精、四氯化碳或苯类等去除，也可用 4%～5%的 NaOH 溶液清洗。为防止木材内部的树脂继续外渗，宜在清除树脂后的部位用一层虫胶漆封闭。

(2) 含水率不大于 12%。

3. 金属基层的处理方法和要求

对金属基层表面处理的基本要求是平整、干净。对灰尘和油污按前述方法清除干净，对锈蚀层可用人工打磨或电动除锈的方法去除，也可用喷砂、喷丸或化学除锈（酸洗）法除锈。

8.1.5 涂料施工的基本方法

建筑涂料施工的基本方法有刷涂、滚涂、喷涂和弹涂等。

1. 刷涂

刷涂是涂料施工的最传统的方法，是用毛刷、排笔等工具在基层表面进行人工涂覆的一种方法。这种方法操作简便易学、工具简单、适用性广。除少数流平性差或干燥太快的涂料不宜采用刷涂外，大部分薄质涂料和厚质涂料均可采用。

刷涂顺序应先上后下，先左后右，先难后易，先局部后大面。一般两道成活，高级装饰可增加1～2道刷涂。刷涂的质量要求是厚薄均匀、颜色一致，无漏刷、流淌和刷纹。

2. 滚涂

滚涂是用软毛滚（羊毛或人造毛）、海绵滚、橡胶滚或花样滚子将涂料涂抹在基层上。滚涂法设备简单、操作方便、工效高，涂饰效果好。滚涂的顺序与刷涂基本相同。操作时先将蘸有涂料的滚子按倒W形滚动，把涂料大致滚到墙面上，接着用滚子在墙的上下左右来回平稳滚动，使涂料均匀滚开，最后再用滚子按一定的方向滚动一遍。边角部位一般需先用刷子刷涂。

滚涂的质量要求是厚薄均匀、平整光滑，不流坠，不漏底，花纹图案完整清晰、均匀一致、颜色协调。

3. 喷涂

喷涂是用喷枪（或喷斗）产生的有一定压力的高速气流将涂料喷涂到基层上的机械施涂方法。喷涂的特点是工效高、涂饰效果好，适用于大面积施工。可通过调整涂料的稀稠程度、喷嘴直径大小、喷涂压力及喷枪距墙的距离获得不同装饰效果的涂层（如平壁状、颗粒状或凹凸花纹状）。

喷涂时的喷涂压力应控制在0.3～0.8 MPa，喷涂时喷枪的出料口要与被喷涂面保持垂直，喷枪的移动速度应均匀一致。喷嘴距基面的距离宜在40～60 cm范围内。喷涂路线可视施工条件采取横向、竖向或S形往返进行。喷涂时先喷门、窗口等局部位置，后喷大面，一般两道成活。喷涂复层涂料的主涂料时应一道成活。喷涂面的搭接宽度宜为喷涂宽度的1/3左右。

喷涂的质量要求是厚度均匀、平整光滑，不露底，无褶皱、流坠、针孔、气泡和失光等现象。

4. 弹涂

弹涂是用手动或电动弹涂器分多遍将各种颜色的涂料弹到饰面基层上，形成直径2～8 mm的大小近似、颜色不同、互相交错的圆粒状色点或深浅色点相间的彩色涂层，最后喷防水层一遍。也可压平或轧花（待色点两成干后进行赶轧，然后罩面处理）。

弹涂饰面黏结能力强，能获得牢固、美观、立体感强的涂饰面层，可用于各种基层，适用性广。

弹涂前首先涂刷丙烯酸无光涂料进行封底处理，面干后弹涂色点浆。色点浆应采用厚质外墙涂料，也可用外墙涂料和颜料现场调配。弹涂色点一般进行1～3道，第2、3道的弹涂质量直接关系到饰面的立体质感和效果。色点的重叠度以不超过60%为宜。弹涂时弹涂器内的涂料量不宜超过其料斗容积的1/3。弹涂时弹涂方向自下而上呈圆环状进行，弹涂器距离墙面的距离宜为250～350 mm（应视料斗内涂料多少而定，距离随涂料的减少而渐近），色点大小应均匀一致。

技术提示

工程实践中，人们往往更关注涂料表面（即面层）的质量，但基层的平整度以及腻子的厚度控制非常关键，腻子的厚度过厚容易导致涂料表面产生裂纹，甚至剥离，出现质量问题。

严格控制腻子层的厚度不仅是为了取得较好的技术经济效益，更主要是为了保证腻子层的质量。腻子层过厚容易开裂导致饰面层脱落。

腻子层的厚度根据基层的材料的平整度，一般满刮腻子，每遍厚度为1～2 mm，通常情况下两遍即可，特殊情况三四遍亦可，但总厚度不要超过5 mm。

8.2 乳胶漆饰面工程施工工艺

8.2.1 乳胶漆的组成

乳胶漆是由合成树脂乳料、颜料、填料、助剂和水组成。合成树脂乳料是乳胶漆的核心，它把乳胶漆的各组分黏结在一起，形成一层薄膜，并牢牢地附着在基层上。它是涂膜最主要的组成部分。

8.2.2 工艺流程

工艺流程：清扫基层—填补腻子—局部刮腻子—磨光—第一道满刮腻子—磨平—第二道满刮腻子—磨平—涂刷底漆—复补腻子—磨平—涂刷二遍面漆—养护。

8.2.3 施工准备

1. 材料

分色纸、玻纤网格布、石膏粉、成品、腻子粉、107胶、乳胶漆底漆、乳胶漆面漆、色浆。

2. 主要机具

一般应有手提电动搅拌机、气泵、喷壶、羊毛滚子、小滚子、高凳、梯子、大桶、小油桶、橡皮刮板、腻子托板、开刀、腻子槽、砂纸、排笔刷、200W白炽灯等。

图 8.1 机具（气泵和喷壶）

8.2.4 施工要点

1. 基层处理

(1) 要着重处理安装饰面板时的钉帽和钉孔，纸面石膏板的接缝处，必须加贴耐碱玻璃纤维网格布。

(2) 墙面必须平整，腻子满批，打磨，大面批平，带灯找补大面。顺序从边角到大面，尽量一次结束，如一次结束不了，应注意二次接口处理。第二遍满批，带灯找补，打磨，大面批平。顺序从边角到大面，应注意二次接口处理如还达不到标准，应加刮到满足标准为止。

2. 涂刷底漆

(1) 底漆一定要刷匀，确保墙面每个地方都刷到，如果墙面吃漆量较大，底漆最好适量地多加一点水，以确保能够涂刷均匀。

(2) 不要因为是底漆就可以用质量差一点的滚筒，底漆的涂刷效果会直接影响面漆的效果，要用跟面漆同样质地滚筒。

3. 涂刷面漆

(1) 乳胶漆面漆的涂刷操作方法可以采用滚涂、喷涂。滚涂是用涂料滚进行涂饰，办法是：将涂料搅拌均匀，黏稠度调到适合作业后，倒入平漆盘中一部分，将滚筒在盘中蘸取涂料，滚动滚筒使涂料均匀适量地附着在滚筒表面上。

（2）墙面涂刷时，先使滚筒按 W 式上下移动，将涂料大致涂抹于墙上，其后按住滚筒，使之靠紧墙面，上下左右平稳地来回滚动，使涂料均匀展开，最后用滚筒顺一个方向满滚涂一次。滚涂到接茬部位，要使用不粘涂料的空滚子滚压一遍，避免接茬部位不匀而露出明显痕迹。

4. 养护

乳胶漆涂刷完之后 4 h 就会干燥，但干燥的漆膜还没有达到一定的硬度，这就要护理，很简单，7～10 d 之内不要有擦洗或任何接触墙面的举动即可。

8.2.5 注意事项

操作时乳胶漆必须搅拌充分后使用，自己配色时，要选耐碱、耐晒的色浆掺入漆液，绝对不允许用干的颜色粉掺入漆液。配完色浆的乳胶漆，至少要搅拌 5 min 以上，使颜色搅匀后方可作业。

喷涂是用压力或压缩空气，通过喷枪将涂料喷在墙上。操作时，首先要调整好空气压缩机的喷涂压力，通常在 0.4～0.8 MPa 范围内，具体作业时应按涂料产品使用说明调整。操作时，手握喷枪要稳，涂料出口要与被涂饰面垂直，喷枪移动时要与涂饰面保持平行，喷枪运动速度适当并保持匀速，通常一分钟要在 400～600 mm 间匀速运动。喷涂时，喷枪嘴距被涂饰面的距离要控制在 300～400 mm 之间，喷枪要直线平行或垂直于地面运动，移动范围不宜太大，通常直线喷涂 700～800 mm 后，拐弯 180°反向喷涂下一行，两行重叠宽度要控制在喷涂宽度的 1/3 左右。

8.2.6 乳胶漆涂饰质量和检验方法

乳胶漆涂饰质量和检验方法见表 8.1。

表 8.1　乳胶漆涂饰质量和检验方法

项次	项目	质量要求	检查方法
1	掉粉，起皮	不允许	观察
2	漏刷，透底	不允许	观察
3	泛碱，咬底	不允许	观察
4	流坠，疙瘩	不允许	观察
5	颜色，刷纹	颜色一致，无砂眼，无刷纹	观察
6	装饰线，分色线	平直偏差不大于 1 mm	拉 5 m 通线

8.3 复层建筑涂料饰面工程施工工艺

8.3.1 饰面构造

复层涂料也称凹凸花纹涂料或浮雕涂料，有时也称喷塑涂料，是应用较广的建筑物外墙涂料。一般复层涂料是由封底涂料、主层涂料及罩面涂料组成，3 种涂料配套使用。封底涂料用于封闭基层和增强主层涂料的附着力；主层涂料是一类厚涂型中层涂料，用于形成凹凸式平状装饰面，增强涂层的质感和强度；罩面涂料用于装饰面着色，提高耐候性、耐污染性和防水性等。

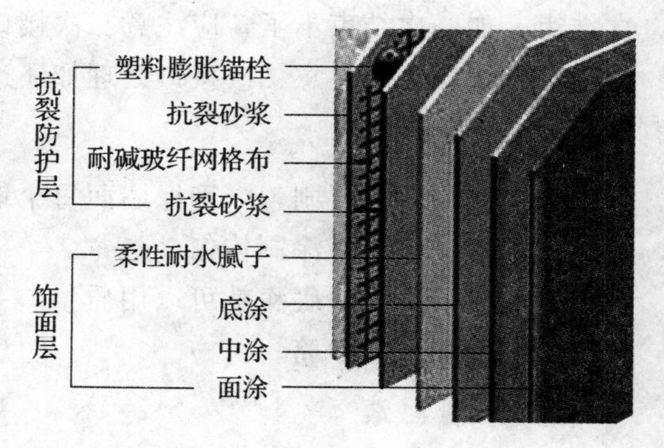

图 8.2　饰面构造

8.3.2 工艺流程

工艺流程：基层处理—批刮腻子—涂刷封底涂料—分格—涂刷主层涂料—涂刷面层涂料。

8.3.3 施工要点

1. 基层要求及处理

(1) 涂漆面的含水率应在10%以下，表面如有油渍、灰尘污物等杂物，须先行去除。

(2) 涂漆面如有浮灰、蜂窝等不平整现象，应先修补平整，经认可后方可施工。

(3) 进行平整度检查：用2 m靠尺仔细检查墙面平整度，先检查基面，将明显凹凸部位用彩笔标出。

(4) 点补：空鼓部位需做切割处理，空洞或明显的凹陷用水泥砂浆进行修补，不明显的用腻子点补。

(5) 砂磨：用砂磨机将突出部位和修补后的部位打磨至符合要求（≤2 mm）。

2. 批刮腻子

(1) 检查基面是否干净、平整、结实，否则必须进行清理。

(2) 开浆时将适量的清水加入搅拌桶中，然后慢慢加入腻子粉，边加入边搅拌，直到腻子均匀无颗粒，搅拌好的浆料静置5～10 min后使用。

(3) 刮底层腻子时，第一层腻子尽量将墙面、阴角、阳角刮平、刮直。

(4) 刮面层腻子，待底层腻子初干时（一般晴天4 h）或干透后即可上第二遍腻子。

(5) 刮两遍腻子的平整度一般可以满足要求，如有特殊情况则需进行3～4遍施工，方法同上。

(6) 打磨：腻子一般刮完4 h即可对腻子层进行打磨，应选择320～400目砂纸打磨。

3. 涂刷封底涂料

(1) 将渗透封底涂料均匀涂布在腻子上，使其渗透到腻子内部，可以调整基面的吸收均匀性，增加水泥光面的表面强度。

(2) 涂布时应注意基面的干燥度，避免因基面潮湿而使渗透封底涂料无法渗透，形成一薄膜在基面上，影响涂料的附着力。

(3) 涂刷时应使用毛刷或滚涂，涂刷均匀。

(4) 涂刷时必须在建筑物上从上到下涂刷，每个涂刷面应尽量一次完成。

(5) 不符合技术要求的进行修补处理。

(6) 封底涂料涂布干燥后方可进行下道工序。

4. 分格

(1) 露底色时以底涂色为分格缝颜色，直接按要求贴胶带，喷主层涂料。

(2) 满喷主层涂料时，底涂按分格缝颜色涂刷。

(3) 露底色不按底涂颜色做分隔缝颜色处理时，按要求贴好胶带，喷涂主层涂料，去掉胶带，待主层涂料完全干燥后在分格缝两边贴好胶带，用排笔涂刷要求的分隔缝颜色。

(4) 直接满喷主层涂料，待完全干燥后开槽，打玻璃胶。

(5) 在涂刷完底涂漆后找出分格缝位置，刷黑漆，待完全干燥后贴胶带，然后用底涂漆覆盖多余的黑漆。

5. 涂刷主层涂料

(1) 主层涂料的涂布可以增加基面的抗拉强度，并提供分格缝完整连续的防水膜，避免从分格缝的间隙渗水。

(2) 主层涂料提供最终颜色的主题色，涂布时可用喷涂或滚涂法施工。

(3) 涂刷时应使用毛刷或滚涂，要求涂刷均匀，涂刷时必须由建筑物从上到下涂刷，每个涂刷面应尽量一次完成，不符合技术要求的进行修补处理。

6．喷涂面层

喷涂施工程序如图 8.3 所示。

（1）采用喷涂法，面涂层均匀，厚度一致，调节气压强度达到控制点型大小。

（2）要求颜色一致，无明显流坠、漏喷、透底现象（图 8.3（d））。

喷涂作业现场如图 8.4 所示。

(a)涂底色漆

(b)喷涂

(c)打玻璃胶

(d)产品效果

图 8.3　喷涂施工程序

图 8.4　工人在吊篮进行喷涂作业

8.3.4　复层涂饰质量和检验方法

复层涂饰质量和检验方法见表 8.2。

表 8.2　复层涂饰质量和检验方法

项次	项目	质量要求	检查方法
1	颜色	均匀一致	观察
2	泛碱、咬色	不允许	观察
3	喷点疏密程度	均匀，不允许连片	观察

8.4　彩砂涂料施工工艺

8.4.1　饰面特点

彩砂涂料又称砂壁涂料，是用砂粒作为骨料在涂膜表面显露的墙壁涂料。通常由丙烯酸共聚乳液、彩色石英砂和各种助剂配成，为水性厚浆状乳胶涂料。依据选用石英砂的颜色，可以配成各种色彩（单色或复色）。通过石英砂粒径级配，可调节涂膜装饰效果。

8.4.2　工艺流程

工艺流程：基层处理—涂刷封底涂料—喷涂主涂料—保护面漆。

8.4.3　施工要点

1．基层处理

（1）清除基层表面尘土和其他黏附物，将凸起部分敲掉或打磨平整。

(2) 将接缝错位部分和较大的凹陷用聚合物水泥砂浆补平。

(3) 清除表面的脱模剂、油污。

(4) 用腻子修补表面的麻面、孔洞、裂缝等。

(5) 墙面泛碱起霜时用硫酸锌溶液或稀盐酸溶液刷洗，最后再用清水洗净。

(6) 对基层原有涂层应视不同情况区别对待，疏松、起壳、脆裂的旧涂层应将其铲除。

2. 涂刷封底涂料

(1) 将封底涂料搅拌均匀，如涂料较稠，可按产品说明书的要求进行稀释。

(2) 双组分底涂料应严格按照规定的比例，加入固化剂、稀释剂进行调配，充分搅拌均匀，并放置至规定的时间。

(3) 用滚筒刷或排笔刷均匀涂刷一遍，注意不要漏刷，也不要刷得过厚。

3. 喷主涂料

(1) 将主涂料搅拌均匀后装入专用喷枪，开动空压机，使喷涂压力控制在 0.4～0.7 MPa ($4\sim7$ kg/cm^2)，开启喷枪。

(2) 沿水平和垂直方向各均匀喷涂一遍，喷枪与墙面的距离约为 30～40 cm，喷涂中应使喷枪与墙面保持垂直。

4. 保护面漆

(1) 采用喷涂法，面涂层均匀，厚度一致，调节气压强度达到控制点型大小。

(2) 要求颜色一致，无明显流坠、漏喷、透底现象。

8.4.4 注意事项

(1) 为了保证涂层的整体性，底涂料、主涂料应尽量优先选用配套产品；当生产企业只提供主涂料时，底涂料应选用主涂料生产企业推荐的产品。

(2) 应避免在气温低于 5 ℃、相对湿度高于 85%的环境条件下施工。也不能在大风天气里施工，以免涂层材料干燥过快而开裂，对此应予注意。

(3) 底涂料为双组分涂料时，应当严格按照产品使用说明的规定来调配，每次配料量不可过多，以免涂料固化失效造成浪费。

(4) 由于涂料干燥时间较长，应注意天气预报。做好施工安排，避免在雨、雪来临前施工。

(5) 涂层干后，在交工前不得长时间浸水，以免发生质量事故。

(6) 涂刷工具用毕应及时清洗干净并妥善保管。

8.5 油漆饰面施工工艺

8.5.1 工艺流程

工艺流程：处理基层—封底漆—磨砂纸—润油粉—基层着色—修补—满批色腻子—打磨—刷油色—刷第一道清漆—复补腻子—修色—磨砂纸—刷第二道清漆—刷罩面漆。

8.5.2 施工要点

1. 处理基层

用刮刀将表面的灰尘、胶迹、锈斑刮干净，注意不要刮出毛刺。

2. 封底漆

面板、线条等饰面材料在油漆前刷一道清漆，要求涂刷均匀，不能漏刷。

3. 磨砂纸

将打磨层磨光。

4. 润油粉

用棉丝蘸油粉在木材表面反复擦涂，将油粉擦进棕眼，然后用麻布或木丝擦净，线角上的余粉用竹片剔除。待油粉干透后，用1号砂纸顺木纹轻打磨，打到光滑为止。保护棱角。

5. 基层着色、修补

饰面基层着色依据样板规定的油漆颜色确定，并采用清油光油等配制而成，油分调得不可太稀，以调成粥状为宜。用断成20～40 cm左右长的麻头来回揉擦，包括边、角等都要擦净。

6. 满批色腻子

颜色要浅于样板1～2成，腻子油性大小适宜。用开刀将腻子刮入钉孔、裂缝等内，刮腻子时要横抹竖起，腻子要刮光，不留散腻子。待腻子干透后，用1号砂纸轻轻顺纹打磨，磨至光滑，湿布擦粉灰。

7. 打磨

饰面基层上色和刮完腻子找平后采用水砂纸进行打磨平整，磨后用布清理干净。再用同样的色腻子满刮第二遍，要求和刮头一遍腻子相同。刮后用同样的色腻子将钉眼和缺棱掉角处补刮腻子，要求刮得饱满平整。干后用砂纸打磨平整。做到木纹清晰，不得磨破棱角，磨光后清扫并用湿布擦净、晾干。

8. 刷油色

涂刷动作要快，顺木纹涂刷，收刷、理油时都要轻快，不可留下接头刷痕，每个刷面要一次刷好，不可留有接头，涂刷后要求颜色一致、不盖木纹。

9. 刷第一道清漆

刷法与刷油色相同，并应使用已磨出口的旧刷子。待漆干透后，用砂纸彻底打磨一遍，将头遍漆面先基本磨掉，再用潮布擦干净。

10. 复补腻子

使用牛角腻板将色腻子收刮干净、平滑，不可损伤漆膜。

11. 修色

将表面的黑斑、节疤、腻子疤及材色不一致处拼成一色，并绘出木纹。

12. 磨砂纸

使用细纱纸轻轻往返打磨，再用湿布擦净粉末。

13. 刷第二、三道清漆

周围环境要整洁，操作同刷第一道清漆，但动作要敏捷，多刷多理，涂刷饱满、不流不坠、光亮均匀。涂刷后一道油漆前油漆干后局部磨平并用湿布擦净。接着刷下一道油漆，再用水砂纸磨光、磨平，磨后擦净，重复3遍，要求做到漆膜厚度均匀，棱角、阴角等要打磨到位。

14. 最后按照需要刷一遍罩面漆

【重点串联】

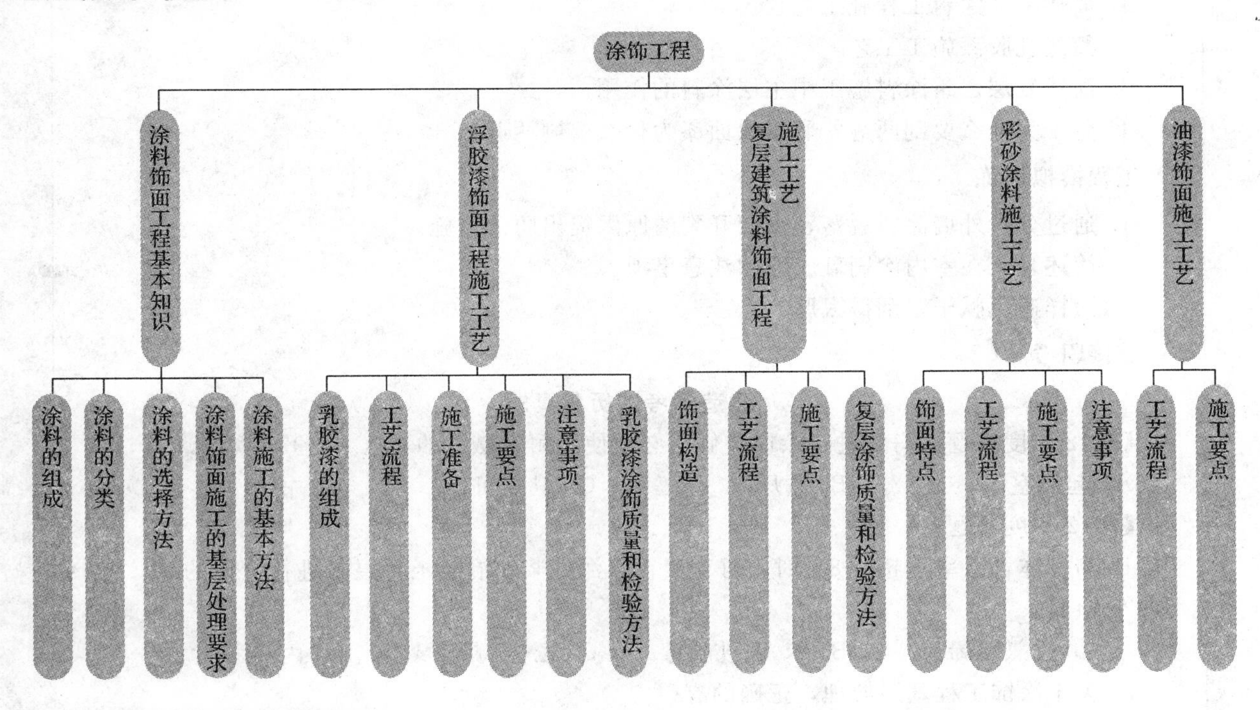

拓展与实训

职业能力训练

一、填空题

1. 涂料由________、________、________和________组成。
2. 涂料按涂刷的部位分为________、________、________和________。
3. 复层建筑涂料在施工时先做________涂料，再涂刷主涂层，最后涂刷罩面层。
4. 现代应用________作为成膜物质。

二、单项选择题

1. 轻质隔墙在接缝处要做（　　）后再刮腻子，防止日后出现开裂现象。
   A. 玻纤网格布粘贴　　B. 石膏补平
   C. 水泥砂浆找平　　D. 什么都不用做
2. 用砂磨机将突出部位和修补后的部位打磨至符合要求小于等于（　　）。
   A. 1 mm　　B. 2 mm
   C. 3 mm　　D. 4 mm
3. 涂饰工程施工时，基层含水率不应大于（　　）。
   A. 17%　　B. 10%　　C. 15%　　D. 30%
4. 室内外涂饰工程施工的环境温度一般不应低于（　　）℃。
   A. −5　　B. 0　　C. 5　　D. 10

三、简答题

1. 简述油漆涂料工程施工流程。
2. 简述乳胶漆施工工艺。
3. 简述复层建筑涂料施工中主层涂料的作用。
4. 腻子为什么要刮两遍？乳胶漆面漆为什么要刷两遍？

工程模拟训练

1. 通过分析外墙涂料脱落、表面开裂的原因提出防治措施。
2. 简述夏天在室内涂刷乳胶漆的注意事项。
3. 怎样避免腻子层刮得太厚？

链接职考

建造师考试历年真题

【2012 年度真题】房间进行涂饰装修，必须使用耐水腻子的是（　　）。

A. 起居室　　B. 餐厅　　C. 卫生间　　D. 书房

【2012 年度真题】

1. 当基体含水率不超过 8%时，可直接在水泥砂浆和混凝土基层上进行涂饰的是(　　)涂料。

A. 过氯乙烯　　B. 苯-丙乳胶漆　　C. 乙-丙乳胶漆　　D. 丙烯酸酯

2. 关于涂饰工程基层处理，正确的有(　　)。

A. 新建筑物的混凝土或抹灰基层在涂饰前应涂刷抗碱封闭底漆
B. 旧墙面在涂饰前应清除疏松的旧装修层，并刷界面剂
C. 厨房、卫生间墙面采用耐水腻子
D. 金属基层表面进行静电处理
E. 混凝土基层含水率在 8%～10%时涂刷溶剂型涂料

模块 9

裱糊和软包工程

【模块概述】

裱糊工程是在建筑物内墙和顶棚表面粘贴纸张、塑料壁纸、玻璃纤维墙布、锦缎等制品的施工。软包是一种在室内墙表面用柔性材料加以包装的墙面装饰方法。两者都有美化居住环境，满足使用要求的功能，并对墙体、顶棚起着一定的保护作用。

本模块主要介绍了裱糊工程的基本知识，包括所用的壁纸和墙布的种类、常用胶黏剂和施工工具、作业条件和施工的过程；以及软包工程施工的有关规定，墙面（装饰布、皮革和人造革等）施工工艺。对裱糊和软包工程的施工质量验收标准本模块也做了一般性的介绍。

【学习目标】

1. 掌握裱糊工程的基本知识。
2. 裱糊工程材料的技术要求和施工环境要求。
3. 裱糊工程的施工。
4. 软包工程的施工。
5. 裱糊和软包工程的质量标准。

【能力目标】

1. 能够根据环境要求正确选择和使用各种裱糊和软包的材料。
2. 能清楚裱糊和软包工程对施工环境的要求。
3. 会对裱糊和软包工程基层进行正确恰当的处理。
3. 掌握一般裱糊和软包工程施工工艺。
4. 会分析产生各种裱糊和软包工程质量问题的原因并会防治。
5. 会检验裱糊和软包工程质量。

【学习重点】

裱糊和软包工程对基层处理的要求、施工工艺及质量检验。

【课时建议】

理论 6 课时＋实践 6 课时

工程导入

某工程裱糊工程完毕使用一段时间后，发现以下问题：

（1）相邻的两幅壁纸间的缝隙出现离缝问题，即相邻的两幅壁纸间的间隙较大，超出了施工规范所允许的范围。

（2）软包面不平而影响了美观。

（3）基层板变形或软包面发霉，影响了装饰效果。

为什么会出现上述情况呢？希望通过本模块的学习你能分析出原因，并在工程实际中避免所施工的裱糊和软包工程发生各种质量问题。

9.1 裱糊工程基本知识

9.1.1 壁纸和墙布的分类

1. 壁纸和墙布的概念

用于裱糊房间内墙面的装饰性纸张或布。墙纸和壁纸是同一概念，墙布和壁纸也属同一个概念。习惯上把以纺织物作表面材料的墙布（壁布）也归入墙纸类产品。因此，广义的墙纸概念包括墙纸（壁纸）和墙布（壁布）。

2. 壁纸和墙布的种类

壁纸有很多种类，目前国际上比较流行的主要有胶面纸基壁纸、纺织物壁纸、天然材料壁纸、塑料壁纸、玻璃纤维壁纸、金属壁纸、硅藻土壁纸、草编壁纸、风景壁纸、仿真系列壁纸、荧光壁纸、无缝壁纸和其他新型壁纸等。

（1）纸基壁纸。

纸基壁纸是最早的壁纸，表面可印图案或压花。基底透气性好，能使墙体基层中的水分向外散发，不致引起变色、鼓泡等现象。这种壁纸价格便宜，缺点是性能差、不耐水、不便于清洗、不便于施工，目前较少生产。

（2）纺织物壁纸。

纺织物壁纸是壁纸中较高级的品种，是用丝、羊毛、绵、麻等纤维织成面层，以纱布或纸为基材，经压合而成的壁纸。这种壁纸无毒、无静电、不褪色、耐磨、吸音效果好，但价格较贵，可以用作高级房间的墙面和天花板装饰。用它装饰居室，给人以高雅、柔和、舒适的感觉。其中无纺壁纸是用棉、麻等天然纤维或涤、腈合成纤维，经过无纺成形、上树脂、印制彩色花纹而成的一种高级饰面材料。其特性是挺括、不易撕裂、富有弹性、表面光洁，又有羊绒毛的感觉，而且色泽鲜艳、图案雅致、不易褪色，具有一定的透气性，可以擦洗。锦缎墙布是更为高级的一种，缎面织有古雅精致的花纹，色泽绚丽多彩，质地柔软，裱糊的技术性和工艺性要求很高。其价格较贵，属室内高级装饰。

布面墙纸是一种新型墙纸，也称墙布。它也是织物墙纸的一种，但需与涂料搭配使用，颜色可随涂料本身的色彩任意调配。

锦缎墙布是更为高级的一种，要求在3种颜色以上的缎纹底上，再织出绚丽多彩、古雅精致的花纹。锦缎墙布柔软易变形，价格较贵，适用于室内高级饰面装饰用。

（3）天然材料壁纸。

天然材料壁纸是一种用草、麻、木材、树叶等自然植物制成的壁纸，也有用珍贵树种木材切成薄片制成的，其特点是风格淳朴自然。

木纤维墙纸：此种壁纸是我们经常使用的，由木浆聚酯合成，采用亚光型光泽，柔和自然，易与家具搭配，花色品种繁多；对人体没有任何化学侵害，透气性能良好，墙面的湿气、潮气都可透过壁纸；长期使用，不会有憋气的感觉，也就是我们常说的“会呼吸的壁纸”，是健康家居的首选。它经久耐用，它的抗拉扯强度是普通墙纸的5倍。可用水擦洗，更可以用刷子清洗。

（4）塑料壁纸。

塑料壁纸即纸基涂塑壁纸，是目前发展最为迅速、应用最为广泛的墙纸，约占墙纸产量的80%。塑料壁纸是由具有一定性能的原纸，经过涂布、印花等工艺制作而成。所用塑料绝大部分为聚氯乙烯（简称 PVC）。塑料壁纸通常分为：普通壁纸、发泡壁纸等。每一类又分若干品种，每一品种再分为各式各样的花色。

①普通壁纸是以每 $m^2$80 g 的纸做基材，涂以每 $m^2$100 g 左右的 PVC 树脂，经印花、压花而成。普通壁纸包括单色压花、印花压花、有光压花和平光压花等几种，是最普通使用的壁纸。

②发泡壁纸是以每 $m^2$100 g 的纸做基材，涂有每 $m^2$300～400 g 掺有发泡剂的 PVC 糊状树脂，经印花后再加热发泡而成。这类壁纸有高发泡印花、低发泡印花和发泡印花压花等品种。高发泡壁纸表面有弹性凹凸花纹，是一种具有装饰和吸音多功能的壁纸。低发泡壁纸表面有同色彩的凹凸花纹图，有仿木纹、拼花、仿瓷砖等效果，图案逼真，立体感强，装饰效果好，适用于室内墙裙、客厅和楼内走廊等装饰。

（5）玻纤壁纸。

玻纤壁纸也称玻璃纤维墙布。它是以玻璃纤维布作为基材，表面涂树脂、印花而成的新型墙壁装饰材料。它的基材是用中碱玻璃纤维织成，以聚丙烯酸甲酶等作为原料进行染色及挺括处理，形成彩色坯布，再以醋酸乙酶等配置适量色浆印花，经切边、卷筒成为成品。其特点是色彩鲜艳、不褪色、不变形、不老化、防水，且耐洗、施工简单、粘贴方便。

（6）金属壁纸。

金属壁纸是一种在基层上涂布金属膜制成的墙纸。这种墙纸表面经过灯光的折射会产生金碧辉煌的效果，构成的线条异常壮观，给人以庄重大方的感觉，且抗老化性好、无毒、无味、耐擦洗，适用于气氛热烈的公共场所，多用于酒店、餐厅、宾馆等。

（7）硅藻土壁纸。

原料：硅藻土。硅藻土是由生长在海、湖中的植物遗骸堆积，经过数百万年变迁而形成的。

特点：硅藻土表面有无数细孔，可吸附、分解空气中的异味，具有调湿、除臭功能。由于硅藻土的物理吸附作用和添加剂的氧化分解作用可以有效去除空气中的游离甲醛、苯、氨、VOC 等有害物质以及宠物体臭、吸烟、生活垃圾所产生的异味等，所以家里贴上了硅藻土壁纸在使用过程中不仅不会对环境造成污染，还会使居住的环境条件得以改善，去除怪味。同时可擦拭，易于保养。

（8）草编壁纸。

原料：草、麻、竹、藤、木、叶等天然材料干燥后压粘于纸基上。

特点：无毒无味，吸音防潮，保暖通气，具有浓郁的乡土气息，自然质朴。

（9）风景墙纸。

风景墙纸是将风景或油画、图画经摄影放大印刷而成，可代替其他墙纸张贴于墙面。风景墙纸较一般墙纸厚，铺钻工艺相同。

（10）仿真系列壁纸。

仿真系列壁纸是以塑料为原料，用技术工艺手段，模仿砖、石、竹编物，瓷器及木材等真材的纹样和质感，加工成各种花色品种的饰面墙纸，可局部使用。

(11) 荧光壁纸。

荧光壁纸能产生一种特别效果，夜晚熄灯后，可持续 45 min 的荧光效果，深受小朋友们的喜爱。

(12) 无缝壁纸。

无缝壁纸经过特殊的加工处理，纸身较厚，它采用由芬兰进口的吸收胶能力较好的底纸，配上施工过程中采用专门配套的日本原装专业工具和特殊的专业技巧，最终在视觉上达到了隐藏接缝的神奇无缝效果。无缝壁纸除了具有阻燃、防潮能力之外，还具有不易变形、经久耐用的机压花纹，无论是淡蓝色底面配以银光的小碎花，还是淡黄色底面配上波浪细纹的金沙海浪，在掩盖了以往令人扫兴的接缝后，都能让眼睛尽享一望无垠的舒心快乐，让追求完美者不再有遗憾。

(13) 其他新型壁纸。

①报火警壁纸：这种壁纸在高温下会产生一种无味、无色、无害的气体，触发离子型烟雾探测器，从而发出火灾警报。

②消毒杀菌壁纸：在胶面布壁纸上再涂上一层特殊处理的薄膜，壁纸就能防酸防污染，细菌就不能在表面上滋生，特别适用于医院手术室、无菌病房等。

③戒烟壁纸：由于纸质中含有某些化学物质，当空气中有烟味时，壁纸便散发出一种特殊气味，能使吸烟者对香烟"大倒胃口"，从而达到戒烟的目的。

④吸味壁纸：壁纸中不但含有一定量的化学物质，可以吸收和分解一些异味，而且还掺有芳香物质，使房间总是芳香四溢，尤其适用于卫生间和厨房。

⑤发光壁纸：这种壁纸在它的衬托纸上端镶有一条很薄的嵌条，嵌条是用发光物质制成的，能在夜晚中发出亮光。

3. 壁纸、墙布性能的国际通用标志（图 9.1）

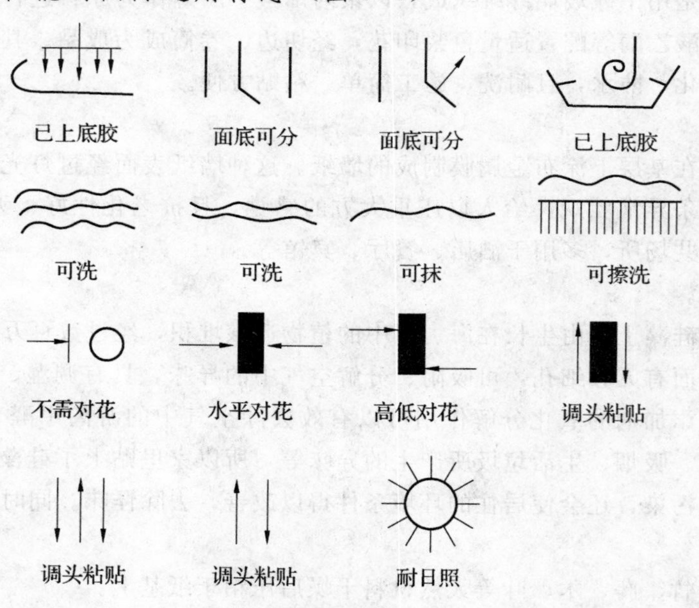

图 9.1 壁纸、墙布性能的国际通用标志

9.1.2 壁纸施工的环境要求

1. 施工基层条件

根据国家标准《建筑装饰装修工程质量验收规范》(GB 50210－2001) 及《住宅装饰装修工程施工规范》(GB 50327－2001) 等的规定，在裱糊之前，基层处理质量应达到下列要求：

(1) 新建筑物的混凝土或水泥砂浆抹灰层在刮腻子前，应先涂刷一道抗碱底漆。

(2) 旧基层在裱糊前，应清除疏松的旧装饰层，并涂刷界面剂，以利于黏结牢固。

(3) 混凝土或抹灰基层的含水率不得大于8%，木材基层的含水率不得大于12%。

(4) 基层的表面应坚实、平整，不得有粉化、起皮、裂缝和突出物，色泽应基本一致。有防潮要求的基体和基层，应事先进行防潮处理。

(5) 基层批刮腻子应平整、坚实、牢固，无粉化、起皮和裂缝；腻子的黏结强度应符合《建筑室内用腻子》(JG/T 3049) 中N型腻子的规定。

(6) 裱糊基层的表面平整度、立面垂直度及阴阳角方正，应符合《建筑装饰装修工程质量验收规范》(GB 50210－2001) 中对于高级抹灰的要求。

(7) 裱糊前，应用封闭底胶涂刷基层。

自然环境中，“湿度、温度”这两个因素对于壁纸施工的影响最大。因为它们直接影响脱水及墙壁的干燥时间，进而影响脱水的浓度、黏结力。

2. 施工现场环境要求

(1) 应是整洁、干燥、无粉尘的施工环境。

(2) 施工现场温度在13 ℃以上，并适当保持通风即可施工。

(3) 施工现场温度在5～13 ℃时，务必关好门窗注意保温，并不能让室外的冷风吹到未干透的壁纸上，否则容易开裂，有条件地使用烘干机或加热装置以提高室内温度，加速墙面壁纸干透。

(4) 施工现场在5 ℃以下时，如无任何供暖设施，尽可能不要施工，因为墙纸胶水活性降低，降低了自身的黏接能力。

(5) 壁纸施工最好避开“梅雨”季节，以免由于空气中湿度过大，墙壁干燥时间太慢，造成墙壁发霉。

(6) 壁纸施工过程中及施工结束一周内，不要开空调及打开门窗让大风直接吹在壁纸上，以免接缝处胶水过快干燥，引起壁纸起翘现象。

(7) 石膏墙和水污染墙湿度不应超过5.5%。

(8) 如果待施工的墙面还有疑问，应试贴3幅，3天后检查，根据实际情况决定是否继续施工。

9.1.3 壁纸的技术要求

常用壁纸、墙布的规格尺寸，可参见表9.1。

表9.1 常用壁纸、墙布的规格

品种	规格尺寸			备注
	宽度/mm	长度/m	厚度/mm	
聚氯乙烯壁纸	530 (±5)	10 (±0.05)		国家标准GB 8945
	900～1000 (±10)	50 (±0.50)		
纸基涂塑壁纸	530	10		
纺织纤维墙布	500，1000	按用户要求		
玻璃纤维墙布	910 (±1.5)		0.15 (±0.015)	统一企业标准CW150
装饰墙布	820～840	50	0.15～0.18	
无纺贴墙布	850～900		0.12～0.18	

根据国家标准《聚氯乙烯壁纸》(GB 8945) 中的规定，每卷壁纸的长度为10 m者，每卷为1段；每卷壁纸的长度为50 m者，其每卷的段数及每段长度应符合表9.2中的要求。

表 9.2 聚氯乙烯壁纸规格要求

级别	每卷段数	每小段长度
优等品	≤2 段	≥10 m
一等品	≤3 段	≥3 m
合格品	≤6 段	≥3 m

塑料壁纸的外观要求，应符合表 9.3 的规定。

表 9.3 塑料壁纸的外观质量要求

缺陷名称	等级指标		
	优等品	一等品	合格品
色差	不允许有	不允许有明显差异	允许有差异，但不影响使用
伤痕和皱褶	不允许有	不允许有	允许基纸有明显折痕，但壁纸表面不许有死褶
气泡	不允许有	不允许有	不允许有影响外观的气泡
套印精度偏差	偏差小于等于 0.7 mm	不允许有偏差小于等于 1 mm	偏差小于等于 2 mm
露底	不允许有	不允许有	允许有 2 mm 的露底，但不允许密集
漏印	不允许有	不允许有	不允许有影响外观的漏印
污染点	不允许有	不允许有目视明显的污染点	允许有目视明显的污染点，但不允许密集

塑料壁纸的物理性能，应符合表 9.4 的规定。

表 9.4 塑料壁纸的物理性能

项目			等级指标		
			优等品	一等品	合格品
褪色性/级			>4	≥4	≥3
耐摩擦色牢度试验/级	干摩擦	纵向 横向	>4	≥4	≥3
	湿摩擦	纵向 横向	>4	≥4	≥3
遮蔽性/级			4	≥3	≥3
湿润拉伸负荷/（N/15 mm）		纵向 横向	>2.0	≥2.0	≥2.0
胶黏剂可拭性①		纵向	20 次无外观上的损伤和变化	20 次无外观上的损伤和变化	20 次无外观上的损伤和变化

①可拭性是指施工操作中粘贴塑壁纸的胶黏剂附在壁纸的正面，在其未干时，应有可能用湿布或海绵拭去，而不留下明显痕迹

9.1.4 裱糊常用的胶黏剂和工具

根据不同种类的墙纸，可选用相应的胶黏剂，也可自行配制。其配方如下：

1. 纸面纸基墙纸胶黏剂

（1） 面粉加明矾 10％或甲醛 0.2％。

（2） 面粉加酚 0.02％或硼酸 0.2％。

(3) 107胶：羧甲基纤维素(4%水溶液) =7.5：1。

2. 塑料墙纸胶黏剂

(1) 107胶：羧甲基纤维素(质量分数2.5%) ：水=100：30：50。

(2) 107胶：聚醋酸乙烯乳液：水=100：20：适量。

(3) 羧甲基纤维素：聚醋酸乙烯乳液(掺少量107胶) =100：30。

有的直接用107胶加水，以1：1比例来裱糊塑料墙纸。

3. 玻璃纤维布墙纸胶黏剂

常用的是聚醋酸乙烯乳液（质量分数50%） ：羧甲基纤维素(2.5%水溶液) =60：40。

4. 无纺贴墙布胶黏剂

(1) 聚醋酸乙烯乳液：品牌化学糨糊：水=5：4：1。

(2) 聚醋酸乙烯乳液：羧甲基纤维素(2.5%溶液) ：水=5：4：1。

一般进口的墙纸多附有配套的黏结材料——胶浆或墙纸粉。

5. 常用工具

(1) 活动裁纸刀。刀片可伸缩，多节，用钝后可截去，使用安全方便。

(2) 油漆批刀。作清除墙面浮灰，批嵌、填平墙面凹陷部分用。

(3) 刮板。用手刮、抹、压平壁纸，可用薄钢片自制，要求表面光洁，富有弹性，厚度以1～1.5 mm为宜。

(4) 不锈钢或铝合金直尺。用于量尺寸和切割壁纸时的压尺，尺的两侧均有刻度，长80 cm，宽4 cm，厚0.3～1 cm。

(5) 滚筒。金属滚筒用于壁纸拼缝处的压边，橡皮滚筒用于赶压壁纸内的气泡。

(6) 其他工具。裁纸台、钢卷尺、剪刀、两米直尺、水平尺、粉线包、排笔、板刷、小台秤、注射用针管、针头、干净软布、弹线和砂布等。

9.2 壁纸裱糊

9.2.1 一般工艺流程

工艺流程：基层处理－吊直、套方、找规矩、弹线－计算用料、裁纸－刷胶－裱糊－修整。

1. 操作工艺

(1) 基层处理。

根据基层不同材质，采用不同的处理方法。

①混凝土及抹灰基层处理。裱糊壁纸的基层是混凝土面、抹灰面（如水泥砂浆、水泥混合砂浆、石灰砂浆等)，要满刮腻子一遍打磨砂纸。但有的混凝土面、抹灰面有气孔、麻点、凸凹不平时，为了保证质量，应增加满刮腻子和磨砂纸遍数。刮腻子时，将混凝土或抹灰面清扫干净，使用胶皮刮板满刮一遍。刮时要有规律，要一板排一板，两板中间顺一板。既要刮严，又不得有明显接搓和凸痕。做到凸处薄刮，凹处厚刮，大面积找平。待腻子干固后，打磨砂纸并扫净。需要增加满刮腻子遍数的基层表面，应先将表面裂缝及凹面部分刮平，然后打磨砂纸、扫净，再满刮一遍后打磨砂纸，处理好的底层应该平整光滑，阴阳角线通畅、顺直，无裂痕、崩角，无砂眼麻点。

②木质基层处理。木质基层要求接缝不显接搓，接缝、钉眼应用腻子补平并满刮油性腻子一遍

(第一遍)，用砂纸磨平。木夹板的不平整主要是钉接造成的，在钉接处木夹板往往下凹，非钉接处向外凸。所以第一遍满刮腻子主要是找平大面。第二遍可用石膏腻子找平，腻子的厚度应减薄，可在该腻子五六成干时，用塑料刮板有规律地压光，最后用干净的抹布轻轻将表面灰粒擦净。

对要贴金属壁纸的木基面处理，第二遍腻子时应采用石膏粉调配猪血料的腻子，其配比为10∶3（质量比）。金属壁纸对基面的平整度要求很高，稍有不平处或粉尘，都会在金属壁纸裱贴后明显地看出。所以金属壁纸的木基面处理应与木家具打底方法基本相同，批抹腻子的遍数要求在3遍以上。批抹最后一遍腻子并打平后，用软布擦净。

③石膏板基层处理。纸面石膏板比较平整，披抹腻子主要是在对缝处和螺钉孔位处。对缝披抹腻子后，还需用棉纸带贴缝，以防止对缝处的开裂。在纸面石膏板上，应用腻子满刮一遍，找平大面，在第二遍腻子进行修整。

④不同基层对接处的处理。不同基层材料的相接处，如石膏板与木夹板、水泥或抹灰基面与木夹板、水泥基面与石膏板之间的对缝，应用棉纸带或穿孔纸带粘贴封口，以防止裱糊后的壁纸面层被拉裂撕开。

⑤涂刷防潮底漆和底胶。为了防止壁纸受潮脱胶，一般对要裱糊塑料壁纸、壁布、纸基塑料壁纸、金属壁纸的墙面，涂刷防潮底漆。防潮底漆用酚醛清漆与汽油或松节油来调配，其配比为清漆∶汽油（或松节油）＝1∶3。该底漆可涂刷，也可喷刷，漆液不宜厚，且要均匀一致。涂刷底胶是为了增加黏结力，防止处理好的基层受潮弄污。底胶一般用108胶配少许甲醛纤维素加水调成，其配比为108胶∶水∶甲醛纤维素＝10∶10∶0.2。底胶可涂刷，也可喷刷。在涂刷防潮底漆和底胶时，室内应无灰尘，且防止灰尘和杂物混入该底漆或底胶中。底胶一般是一遍成活，但不能漏刷、漏喷。

若面层贴波音软片，基层处理最后要做到硬、干、光。要在做完通常基层处理后，还需增加打磨和刷二遍清漆。

⑥基层处理中的底灰腻子有乳胶腻子与油性腻子之分，其配合比（质量比）如下。

乳胶腻子：

白乳胶（聚醋酸乙烯乳液）∶滑石粉∶甲醛纤维素(2溶液)＝1∶10∶2.5。

白乳胶∶石膏粉∶甲醛纤维素（2溶液）＝1∶6∶0.6。

油性腻子：

石膏粉∶熟桐油∶清漆（酚醛）＝10∶1∶2。

复粉∶熟桐油∶松节油＝10∶2∶1。

(2) 吊直、套方、找规矩、弹线。

①顶棚：首先应将顶子的对称中心线通过吊直、套方、找规矩的办法弹出中心线，以便从中间向两边对称控制。墙顶交接处的处理原则是：凡有挂镜线的按挂镜线弹线，没有挂镜线则按设计要求弹线。

②墙面：首先应将房间四角的阴阳角通过吊垂直、套方、找规矩，并确定从哪个阴角开始按照壁纸的尺寸进行分块弹线控制（习惯做法是进门左阴角处开始铺贴第一张），有挂镜线的按挂镜线弹线，没有挂镜线的按设计要求弹线控制。

③具体操作方法如下：按壁纸的标准宽度找规矩，每个墙面的第一条纸都要弹线找垂直，第一条线距墙阴角约15 cm处，作为裱糊时的准线。

在第一条壁纸位置的墙顶处敲进一枚墙钉，将有粉锤线系上，铅锤下吊到踢脚上缘处，锤线静止不动后，一手紧握锤头，按锤线的位置用铅笔在墙面划一短线，再松开铅锤头查看垂线是否与铅笔短线重合。如果重合，就用一只手将垂线按在铅笔短线上，另一只手把垂线往外拉，放手后使其弹回，便可得到墙面的基准垂线。弹出的基准垂线越细越好。

每个墙面的第一条垂线，应该定在距墙角距离约 15 cm 处。墙面上有门窗口的应增加门窗两边的垂直线。

(3) 计算用料、裁纸。

按基层实际尺寸进行测量计算所需用量，并在每边增加 2～3 cm 作为裁纸量。

裁剪在工作台上进行。对有图案的材料，无论顶棚还是墙面均应从粘贴的第一张开始对花，墙面从上部开始，边裁边编顺序号，以便按顺序粘贴。

对于对花墙纸，为减少浪费，应事先计算如一间房需要 5 卷纸，则用 5 卷纸同时展开裁剪，可大大减少壁纸的浪费。

(4) 刷胶。

由于现在的壁纸一般质量较好，所以不必进行润水，在进行施工前将 2～3 块壁纸进行刷胶，使壁纸起到湿润、软化的作用，塑料纸基背面和墙面都应涂刷胶黏剂，刷胶应厚薄均匀，从刷胶到最后上墙的时间一般控制在 5～7 min。

刷胶时，基层表面刷胶的宽度要比壁纸宽约 3 cm。刷胶要全面、均匀、不裹边、不起堆，以防溢出，弄脏壁纸。但也不能刷得过少，甚至刷不到位，以免壁纸黏结不牢。一般抹灰墙面用胶量为 0.15 kg/m^2 左右，纸面为 0.12 kg/m^2 左右。壁纸背面刷胶后，应是胶面与胶面反复对叠，以避免胶干得太快，也便于上墙，并使裱糊的墙面整洁平整。

金属壁纸的胶液应是专用的壁纸粉胶。刷胶时，准备一卷未开封的发泡壁纸或长度大于壁纸宽的圆筒，一边在裁剪好的金属壁纸背面刷胶，一边将刷过胶的部分向上卷在发泡壁纸卷上。

(5) 裱贴。

①吊顶裱贴。在吊顶面上裱贴壁纸，第一段通常要贴近主窗，与墙壁平行。长度过短时（小于 2 m），则可跟窗户成直角贴。

在裱贴第一段前，须先弹出一条直线。其方法为，在距吊顶面两端的主窗墙角 10 mm 处用铅笔做两个记号，在其中的一个记号处敲一枚钉子，按照前述方法在吊顶上弹出一道与主窗墙面平行的粉线。按上述方法裁纸、浸水、刷胶后，将整条壁纸反复折叠。然后用一卷未开封的壁纸卷或长刷撑起折叠好的一段壁纸，并将边缘靠齐弹线，用排笔敷平一段，再展开下褶的端头部分，并将边缘靠齐弹线，用排笔敷平一段，再展开弹线敷平，直到整截贴好为止。剪齐两端多余的部分，如有必要，应沿着墙顶线和墙角修剪整齐。

②墙面裱贴。裱贴壁纸时，首先要垂直，后对花纹拼缝，再用刮板用力抹压平整。原则是先垂直面后水平面，先细部后大面。贴垂直面时先上后下，贴水平面时先高后低。裱贴时剪刀和长刷可放在围裙袋中或手边。先将上过胶的壁纸下半截向上折一半，握住顶端的两角，在四脚梯或凳上站稳后。展开上半截，凑近墙壁，使边缘靠着垂线成一直线，轻轻压平，由中间向外用刷子将上半截敷平，在壁纸顶端作出记号，然后用剪刀修齐或用壁纸刀将多余的壁纸割去。再按上法同样处理下半截，修齐踢脚板与墙壁间的角落。用海绵擦掉沾在踢脚板上的胶糊。壁纸贴平后，3～5 h 内，在其微干状态时，用小滚轮（间微起拱）均匀用力滚压接缝处，这样做比传统的有机玻璃片抹刮能有效地减少对壁纸的损坏。

裱贴壁纸时，注意在阳角处不能拼缝，阴角边壁纸搭缝时，应先裱糊压在里面的转角壁纸，再粘贴非转角的正常壁纸。搭接面应根据阴角垂直度而定，搭接宽度一般不小于 2～3 cm，并且要保持垂直无毛边。

裱糊前，应尽可能卸下墙上电灯等开关，首先要切断电源，用火柴棒或细木棒插入螺丝孔内，以便在裱糊时识别，以及在裱糊后切割留位。不易拆下的配件，不能在壁纸上剪口再镶上去。操作时，将壁纸轻轻糊于电灯开关上面，并找到中心点，从中心开始切割十字，一直切到墙体边。然后用手按出开关体的轮廓位置，慢慢拉起多余的壁纸，剪去不需要的部分，再用橡胶刮子刮平，并擦去刮出的胶液。

除了常规的直式裱贴外，还有斜式裱贴，若设计要求斜式裱贴，则在裱贴前的找规矩中增加找斜贴基准线这一工序。具体做法是：先在一面墙两个墙角间的中心墙顶处标明一点，由这点往下在墙上弹上一条垂直的粉笔灰线。从这条线的底部，沿着墙底，测出与墙高相等的距离。由这一点再和墙顶中心点连接，弹出另一条粉笔灰线。这条线就是一条确实的斜线。斜式粘贴壁纸比较浪费材料。在估计数量时，应预先考虑到这一点。

当墙面的墙纸完成 40 m^2 左右或自裱贴施工开始 40～60 min 后，需安排一人用滚轮，从第一张墙纸开始滚压或抹压，直至将已完成的墙纸面滚压一遍。工序的原理和作用是，因墙纸胶液的特性为开始润滑性好，易于墙纸的对缝裱贴，当胶液内水分被墙体和墙纸逐步吸收后但还没干时，胶性逐渐增大，时间均为 40～60 min，这时的胶液黏性最大，对墙纸面进行滚压，可使墙纸与基面更好贴合，使对缝处的缝口更加密合。

9.2.2 金属壁纸裱糊施工工艺

部分特殊裱贴面材，因其材料特征，在裱贴时有部分特殊的工艺要求，下面介绍下金属壁纸施工工艺。

金属壁纸的施工工艺流程为：基层表面处理—刮腻子—封闭底层—弹线—预拼—裁纸、编号—刷胶—上墙裱贴—修整表面—养护。

金属壁纸的收缩量很少，在裱贴时可采用对缝辕，也可用搭缝裱糊。

金属壁纸对缝时，部有对花纹拼缝的要求。裱贴时，先从顶面开始对花纹拼缝，操作需要两个人同时配合，一个负责对花纹拼缝，另一个人负责手托金属壁纸卷，逐渐放展。一边对缝一边用橡胶刮平金属壁纸，刮时由纸的中部往两边压刮。使胶液向两边滑动而粘贴均匀，刮平时用力要均匀适中，刮子面要放平。不可用刮子的尖端来刮金属壁纸，以防刮伤纸面。若两幅间有小缝，则应用刮子在刚粘的这幅壁纸面上，向先粘好的壁纸这边刮，直到无缝为止。裱贴操作的其他要求与普通壁纸相同。

9.2.3 其他壁纸裱糊施工工艺

1. PVC 壁纸的裱贴

PVC 壁纸裱糊施工工艺流程为：基层处理—封闭底涂一道—弹线—预拼—裁纸编号—润纸—刷胶—上墙裱糊—修整表面—养护。

2. 波音软片的裱贴

波音软片是一种自黏性饰面材料，因此，当基面做到硬、干、光后，不必刷胶。裱贴时，只要将波音软片的自黏底纸层撕开一条口。在墙壁面的裱贴中，首先对好垂直线，然后将撕开一条口的波音软片粘贴在饰面的上沿口。自上而下，一边撕开底纸层，一面用木块或有机玻璃夹片贴在基面上。如表面不平，可用吹风加热，以干净布在加热的表面处摩擦，可恢复平整，也可用电熨斗加热，但要调到中低档温度。

9.3 锦缎的裱糊施工工艺

锦缎裱糊施工工艺流程为：基层表面处理—刮腻子—封闭底层、涂防潮底漆—弹线—锦缎上浆—锦缎裱纸—预拼—裁纸、编号—刷胶—上墙裱贴—修整墙面—涂防虫涂料—养护。

由于锦缎柔软光滑，极易变形，难以直接裱糊在木质基层面上。裱糊时，应先在锦缎背后上浆，并裱糊一层宣纸，使锦缎挺括，以便于裁剪和裱贴上墙。

上浆用的浆液是由面粉、防虫涂料和水配合成，其配比为（质量比）5：40：20，调配成稀而薄的浆液。上浆时，把锦缎正面平铺在大而干的桌面上或平滑的大木夹板上，并在两边压紧锦缎，用排刷沾上浆液从中间开始向两边刷，使浆液均匀地涂刷在锦缎背面，浆液不要过多，以打湿背面为准。

在另一张大平面桌子（桌面一定要光滑）平铺一张幅宽大于锦缎幅宽的宣纸，并用水将宣纸打湿，使纸平贴在桌面上。用水量要适当，以刚好打湿为佳。

把上好浆液的锦缎从桌面上抬起来，将有浆液的一面向下，把锦缎粘贴在打湿的宣纸上，并用塑料刮片从锦缎的中间开始向四边刮压，以便使锦缎与宣纸粘贴均匀。待打湿的宣纸干后，便可从桌面取下，这时，锦缎与宣纸就贴合在一起。

锦缎裱贴前要根据其幅宽和花纹认真裁剪，并将每个裁剪完的开片编号，裱贴时，对号进行。裱贴的方法同金属纸。

【知识拓展】

壁纸、壁布清洗可用蒸汽清洗机、多功能吸尘吸水机，结合专用消毒、除污药剂对壁纸、壁布蒸汽杀螨虫杀菌，泡沫清洗除污，吸尘吸水机吸污水，风干，最后用防污喷剂处理，使纸壁布表面形成防水薄膜，达到防水防尘效果。具体操作方法如下：

(1) 用吸尘器全面吸尘。

(2) 稀释清洁剂，也可注入喷雾器。

(3) 在壁纸、壁布上全面喷洒清洁剂。

(4) 作用 10～15 min 后，污渍脱离纤维。

(5) 用蒸汽清洗机清洗，最少经过两次抽洗。

(6) 在清洗壁纸、壁布的同时，用吸水机吸净已洗完的壁纸、壁布。

(7) 让壁纸、壁布完全干透，为加快壁纸、壁布干透，可开动壁纸、壁布吹干机。

9.4 皮革、软包饰面工程

9.4.1 基本构造

软包墙面是现代室内墙面装修常用做法，它具有吸声、保温、防儿童碰伤、质感舒适、美观大方等特点。

特别适用于有吸声要求的会议厅、会议室、多功能厅、娱乐厅、消声室、住宅起居室、儿童卧室等处。

软包墙面的构造基本上可分为底层、吸声层和面层三大部分。

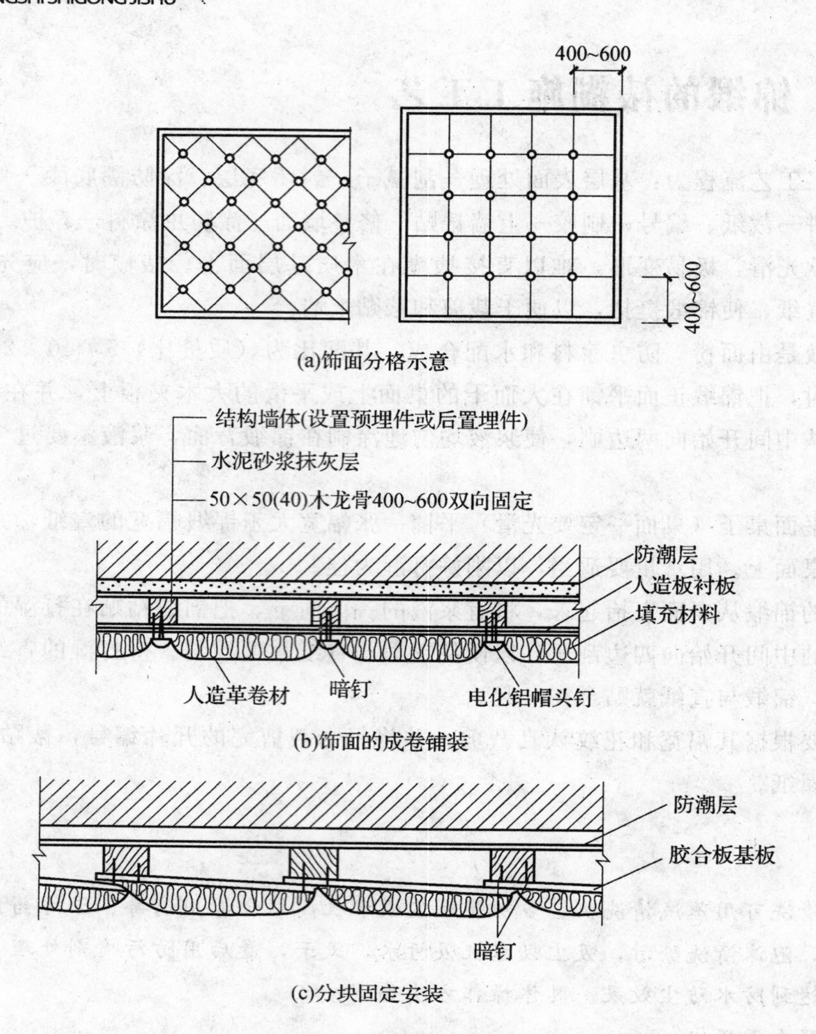

图 9.2　软包饰面做法示例

(1) 底层。

软包墙面的底层要求平整度好，有一定的强度和刚度，多用阻燃型胶合板。

(2) 吸声层。

软包墙面的吸声层必须采用轻质不燃多孔材料，如玻璃棉、超细玻璃棉、自熄型泡沫塑料等。

(3) 面层。

软包墙面的面层必须采用阻燃型高档豪华软包面料，如各种人造革及装饰布。

9.4.2 施工工艺

顶棚施工基本完成，墙面和细木装修底板做完，开始做面层装修时插入软包墙面镶贴装饰和安装工程。

工艺流程：基层或底板处理—吊直、套方、找规矩、弹线—计算用料、截面料—粘贴面料—安装贴脸或装饰边线，刷镶边油漆—修整软包墙面。

1. 操作工艺

(1) 基层或底板处理。在结构墙上预埋木砖抹水泥砂浆找平层。如果是直接铺贴，则应先将底板拼缝用油腻子嵌平密实，满刮腻子 1～2 遍，待腻子干燥后，用砂纸磨平，粘贴前基层表面满刷清油一道。

（2）吊直、套方、找规矩、弹线。根据设计图纸要求，把该房间需要软包墙面的装饰尺寸、造型等通过吊直、套方、找规矩、弹线等工序，把实际尺寸与造型落实到墙面上。

（3）计算用料，套裁填充料和面料。首先根据设计图纸的要求，确定软包墙面的具体做法。

（4）粘贴面料。如采取直接铺贴法施工时，应待墙面细木装修基本完成时，边框油漆达到交活条件，方可粘贴面料。

（5）安装贴脸或装饰边线。根据设计选定和加工好的贴脸或装饰边线，按设计要求把油漆刷好（达到交活条件），便可进行装饰板安装工作。首先经过试拼，达到设计要求的效果后，便可与基层固定和安装贴脸或装饰边线，最后涂刷镶边油漆成活。

（6）修整软包墙面。除尘清理，钉黏保护膜和处理胶痕。

2. 施工工艺

（1）基层处理。

采用人造革软包，要求基层牢固，构造合理。如果是将它直接装设于建筑墙体及柱体表面，为防止墙体柱体的潮气使其基面板底翘曲变形而影响装饰质量，要求基层做抹灰和防潮处理。通常的做法是，采用 1∶3的水泥砂浆抹灰至 20 mm 厚。然后刷涂冷底子油一道并作一毡二油防潮层。

（2）木龙骨及墙板安装。

当在建筑墙柱面做皮革或人造革装饰时，应采用墙筋木龙骨，墙筋龙骨一般为（20～50）mm×（40～50）mm 截面的木方条，钉于墙、柱体的预埋木砖或预埋的木楔上，木砖或木楔的间距与墙筋的排布尺寸一致，一般为 400～600 mm 间距，按设计图纸的要求进行分格或平面造型形式进行划分。常见形式为 450～450 mm 见方划分。

固定好墙筋之后，即铺钉夹板作基面板；然后以人造革包填塞材料覆于基面板之上，采用钉将其固定于墙筋位置；最后以电化铝帽头钉按分格或其他形式的划分尺寸进行钉固。也可同时采用压条，压条的材料可用不锈钢、铜或木条，既方便施工，又可使其立面造型丰富。

（3）面层固定。

皮革和人造革饰面的铺钉方法，主要有成卷铺装和分块固定两种形式。此外尚有压条法、平铺泡钉压角法等，由设计而定。

①成卷铺装法。由于人造革材料可成卷供应，当较大面积施工时，可进行成卷铺装。但需注意，人造革卷材的幅面宽度应大于横向木筋中距 50～80 mm，并保证基面五夹板的接缝置于墙筋上。

②分块固定。这种做法是先将皮革或人造革与夹板按设计要求分格，划块进行预裁，然后一并固定于木筋上。安装时，以五夹板压住皮革或人造革面层，压边 20～30 mm，用圆钉钉于木筋上，然后将皮革或人造革与木夹板之间填入衬垫材料进而包覆固定。须注意的操作要点是：首先必须保证五夹板的接缝位于墙筋中线；其次，五夹板的另一端不压皮革或人造革而是直接钉于木筋上；再就是皮革或人造革剪裁时必须大于装饰分格划块尺寸，并足以在下一个墙筋上剩余 20～30 mm 的料头。如此，第二块五夹板又可包覆第二片革面，压于其上进而固定，照此类推完成整个软包面。这种做法，多用于酒吧台、服务台等部位的装饰。

9.5 质量标准及检验方法

9.5.1 一般规定

1. 裱糊和软包工程验收时应检查相关文件和记录

(1) 裱糊和软包工程的施工图、设计说明及其他设计文件。

(2) 饰面材料的样板及确认文件。

(3) 材料的产品合格证书、性能检测报告、进场验收记录和复验报告。

(4) 施工记录。

2. 各分项工程的检验批应按相关规定划分

同一品种的裱糊或软包工程每50间（大面积房间和走廊按施工面积 30 m^2 为一间）划分为一个检验批，不足50间也应划分为一个检验批。

检查数量应符合以下相关规定：

(1) 裱糊工程每个检验批应至少抽查10%，并不得少于3间，不足3间时应全数检查。（板材隔墙和骨架隔墙）

(2) 软包工程每个检验批应至少抽查20%，并不得少于6间，不足6间时应全数检查。（活动隔墙和玻璃隔墙）

裱糊前，基层处理质量应达到以下要求：

(1) 新建筑物的混凝土或抹灰基层墙面在刮腻子前应涂刷抗碱封闭底漆。

(2) 旧墙面在裱糊前应清除疏松的旧装修层，并涂刷界面剂。

(3) 混凝土或抹灰基层含水率不得大于8%；木材基层的含水率不得大于12%（水蒸气过大会导致壁纸黏结不牢固，出现发霉、变色、空鼓等现象）。

(4) 基层腻子应平整、坚实、牢固，无粉化、起皮和裂缝；腻子的黏结强度应符合《建筑室内用腻子》(JG/T 3049) N型的规定。

(5) 基层表面平整度、立面垂直度及阴阳角方正应达到本规范高级抹灰的要求（高级抹灰3 mm,一般抹灰偏差4 mm)。

(6) 基层表面颜色应一致（否则易导致壁纸表面发花，出现色差）。

(7) 裱糊前应用封闭底胶涂刷基层（防止腻子粉化，防止基层吸水）。

9.5.2 裱糊工程质量标准及检验方法

1. 主控项目

(1) 壁纸、墙布的种类、规格、图案、颜色和燃烧性能等级必须符合设计要求及国家现行的有关规定。

(2) 裱糊工程基层处理质量应符合要求。

(3) 裱糊后各幅拼接应横平竖直，拼接处花纹、图案应吻合，不离缝，不搭接，不显拼缝。

(4) 壁纸、墙布应粘贴牢固，不得有漏贴、补贴、脱层、空鼓和翘边。

2. 一般项目

(1) 裱糊后的壁纸、墙布表面应平整，色泽应一致，不得有波纹起伏、气泡、裂缝、皱褶及污斑，斜视时应无胶痕。

(2) 复合压花壁纸的压痕及发泡壁纸的发泡层应无损伤。

(3) 壁纸、墙布与各种装饰线、设备线盒应交接严密。

(4) 壁纸、墙布边缘应平直整齐，不得有纸毛、飞刺。

(5) 壁纸、墙布阴角处搭接应顺光，阳角处应无接缝。

3. 成品保护

(1) 墙布、锦缎装修饰面已裱糊完的房间应及时清理干净，不准做临时料房或休息室，避免污染和损坏，应设专人负责管理，如及时锁门，定期通风换气、排气等。

(2) 在整个墙面装饰工程裱糊施工过程中，严禁非操作人员随意触摸成品。

(3) 暖通，电气，上、下水管工程裱糊施工过程中，操作者应注意保护墙面，严防污染和损坏成品。

(4) 严禁在已裱糊完墙布、锦缎的房间内剔眼打洞。若纯属设计变更所至，也应采取可靠有效措施，施工时要仔细，小心保护，施工后要及时认真修补，以保证成品完整。

(5) 实施二次补油漆、涂浆及地面磨石，花岗石清理时，要注意保护好成品，防止污染、碰撞与损坏墙面。

(6) 墙面裱糊时，各道工序必须严格按照规程施工，操作时要做到干净利落，边缝要切割整齐到位，胶痕迹要擦干净。

(7) 冬期在采暖条件下施工，要派专人负责看管，严防发生跑水、渗漏水等灾害性事故。

4. 安全环保措施

(1) 操作前检查脚手架和跳板是否搭设牢固，高度是否满足操作要求，合格后才能上架操作，凡不符合安全之处应及时修整。

(2) 禁止穿硬底鞋、拖鞋、高跟鞋在架子上工作，架子上人员不得集中在一起，工具要搁置稳定，防止坠落伤人。

(3) 在两层脚手架上操作时，应尽量避免在同一垂直线上工作。

(4) 夜间临时用的移动照明灯，必须用安全电压。机械操作人员必须培训持证上岗，非操作人员一律禁止乱动现场一切机械设备。

(5) 选择材料时，必须选择符合国家规定的材料。

5. 施工应注意事项

(1) 墙布、锦缎裱糊时，在斜视壁面上有污斑时，应将两布对缝时挤出的胶液及时擦干净，已干的胶液用温水擦洗干净。

(2) 为了保证对花端正，颜色一致，无空鼓、气泡，无死褶，裱糊时应控制好墙布面的花与花之间的空隙(应相同)；裁花布或锦缎时，应做到部位一致，随时注意壁布颜色、图案、花型，确有差别时应予以分类，分别安排在另一墙面或房间；颜色差别大或有死褶时，不得使用。墙布糊完后出现个别翘角、翘边现象，可用乳液胶涂抹滚压粘牢，个别鼓泡应用针管排气后注入胶液，再用滚压实。

(3) 上下不亏布，横平竖直。如有挂镜线，应以挂镜线为准，无挂镜线以弹线为准。当裱糊到一个阴角时要断布，因为用一张布糊在两个墙面上容易出现阴角处墙布空鼓或皱褶，断布后从阴角另一侧开始仍按上述首张布开始糊的办法施工。

(4) 裱糊前必须做好样板间，找出易出现问题的原因，确定试拼措施，以保证花型图案对称。

(5) 周边缝宽窄不一致：在拼装预制镶嵌过程中，由于安装不细致、捻边时松紧不一或在套割底板时弧度不均等造成边缝宽窄不一致，应及时进行修整和加强检查验收工作。

(6) 裱糊前一定要重视对基层的清理工作。因为基层表面有积灰、积尘、腻子包、小砂粒、胶浆疙瘩等，会造成表面不平，斜视有疙瘩。

(7) 裱糊时，应重视边框、贴脸、装饰木线、边线的制作工作。制作要精细，套割要认真细致，拼装时钉子和涂胶要适宜，木材含水率不得大于8%，以保证装修质量和效果。

9.5.3 软包工程质量标准及检验方法

1. 主控项目

(1) 软包的面料、内衬材料及边框的材质、颜色、图案、燃烧性能等级和木材的含水率应符合设计要求及国家现行标准的有关规定。

(2) 软包工程的安装位置及构造做法应符合设计要求。

(3) 软包工程的龙骨、衬板、边框应安装牢固，无翘曲，拼缝应平直。

(4) 单块软包面料不应有接缝，四周应绷压严密。

2. 一般项目

(1) 软包工程表面应平整、洁净，无凹凸不平及皱褶；图案应清晰、无色差，整体应协调美观。

(2) 软包边框应平整、顺直、接缝吻合。其表面涂饰质量应符合本规范涂饰的相关规定（表9.5）。

表 9.5　软包工程边框涂饰质量的允许偏差和检验方法

项次	项目	普通涂饰	高级涂饰	检验方法
1	颜色	基本一致	均匀一致	观察
2	木纹	棕眼刮平 木纹清楚	棕眼刮平 木纹清楚	观察
3	光泽、光滑	光泽基本均匀 光滑	光泽均匀 一致、光滑	观察、手摸检查
4	刷纹	无刷纹	无刷纹	观察
5	裹棱、流坠、皱皮	明显处不允许	不允许	观察

清漆涂饰木制边框的颜色、木纹应协调一致。

(3) 软包工程安装的允许偏差和检验方法应符合表9.6的规定。

表 9.6　软包工程安装的允许偏差和检验方法

项次	项目	允许偏差/mm	检验方法
1	垂直度	3	用1 m垂直检测尺检查
2	边框宽度、高度	0，−2	用钢尺检查
3	对角线长度差	3	用钢尺检查
4	裁口、线条接缝高低差	1	用直尺和塞尺检查

3. 成品保护

(1) 施工过程中对已完成的其他成品注意保护，避免损坏。

(2) 施工结束后将面层清理干净，现场垃圾清理完毕，洒水清扫或用吸尘器清理干净，避免扫起灰尘，造成软包二次污染。

(3) 软包相邻部位需作油漆或其他喷涂时，应用纸胶带或废报纸进行遮盖，避免污染。

4. 安全措施

(1) 对软包面料及填塞料的阻燃性能严格把关，达不到防火要求的，不予使用。

(2) 软包布附近尽量避免使用碘钨灯或其他高温照明设备，不得动用明火，避免损坏。

5. 施工注意事项

（1）切割填塞料“海绵”时，为避免“海绵”边缘出现锯齿形，可用较大铲刀及锋利刀沿“海绵”边缘切下，以保整齐。

（2）在黏结填塞料“海绵”时，避免用含腐蚀成分的黏结剂，以免腐蚀“海绵”，造成“海绵”厚度减少，底部发硬，以至于软包不饱满，所以黏结“海绵”时应采用中性或其他不含腐蚀成分的胶黏剂。

（3）面料裁割及黏结时，应注意花纹走向，避免花纹错乱影响外观。

（4）软包制作好后用黏结剂或直钉将软包固定在墙面上，水平度、垂直度达到规范要求，阴阳角应进行对角。

6. 环境因素控制

木作软包环境因素控制见表 9.7。

表 9.7　木作软包环境因素控制

序号	环境因素	排放去向	环境影响
1	水、电的消耗	周围空间	资源消耗，污染土地
2	电锯、切割机等施工机具产生的噪声排放	周围空间	影响人体健康
3	锯末粉尘的排放	周围空间	污染大气
4	甲醛等有害气体的排放	大气	污染大气
5	油漆、稀料、胶、涂料的气味的排放	大气	污染大气
6	油漆刷、涂料滚筒的废弃	垃圾场	污染土地
7	油漆桶、涂料桶的废弃	垃圾场	污染土地
8	油漆、稀料、胶、涂料的泄漏	土地	污染土地
9	油漆、稀料、胶、涂料的运送遗洒	土地	污染土地
10	防火、防腐涂料的废弃	周围空间	污染土地
11	废夹板等施工垃圾的排放	垃圾场	污染土地
12	木制作、加工现场火灾的发生	大气	污染土地，影响安全

【重点串联】

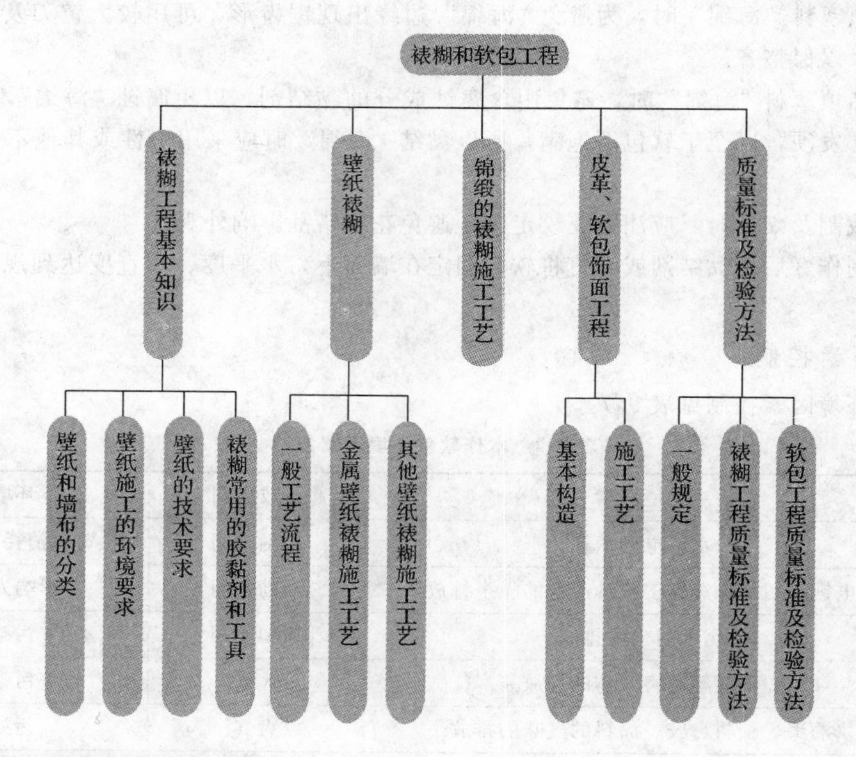

拓展与实训

职业能力训练

一、选择题

1. 裱糊和软包工程施工时，混凝土或抹灰层基层含水率不得大于（　　）。（单选题）
   A. 5%　　B. 8%　　C. 10%　　D. 12%
2. 裱糊和软包工程施工时，木材基层含水率不得大于（　　）。（单选题）
   A. 5%　　B. 8%　　C. 10%　　D. 12%
3. 裱糊工程施工质量控制要点中，下列选项正确的是（　　）。（多选题）
   A. 裱糊后各幅拼接应横平竖直，拼接处图案、花纹应吻合，不离缝、不搭接
   B. 壁纸、墙布应粘贴牢固，不得有脱层、翘边、漏贴，可补贴
   C. 复合压花壁纸的压痕及发泡壁纸的发泡层应无损坏
   D. 壁纸、墙布边缘应平直整齐，不得有纸毛、飞刺
   E. 壁纸、墙布搭接应逆光，阳角处应无接缝

二、简答题

1. 壁纸装饰材料主要有什么特点？目前有哪些新的品种？
2. 壁纸和墙布主要分为哪几类？各适用于什么场合？
3. 简述裱糊饰面工程施工的常用胶黏剂种类和施工机具。
4. 裱糊饰面工程施工的主要施工工艺是什么？

5. 软包工程施工有哪些相关规定?
6. 人造革软包饰面施工的基本方法是什么?
7. 装饰布软包饰面施工的基本方法是什么?

工程模拟训练

1. 工程完工后裱糊墙面出现翘曲现象要如何解决?
2. 软包工程施工时应如何解决接缝平直的问题?

链接职考

建造师考试历年真题

【2009 年度真题】裱糊前，关于基层处理质量下列陈述符合要求的是（　　）。

A. 新建混凝土墙面刮耐水腻子
B. 旧墙面应清除疏松的旧装修层，并涂刷界面剂
C. 混凝土或抹灰基层含水率不得大于 10%，木材基层含水率不得大于 12%
D. 裱糊前应用封闭底胶涂刷基层
E. 混凝土或抹灰基层含水率不大于 8%，木材基层含水率不得大于 12%

【2006 年度真题】壁纸裱糊前，应在腻子面层上涂刷封闭（　　）。

A. 底漆　　B. 底胶　　C. 界面剂　　D. 防护剂

模块 10

细部工程

【模块概述】

细部工程属于装饰装修分部工程的子分部工程。细部工程应在隐蔽工程已完成并经验收后进行。主要包括：装饰木门窗、门窗套制作与安装，橱柜制作与安装，窗帘盒、窗台板和暖气罩制作与安装，护栏和扶手制作与安装，花饰制作与安装等。细部装饰具有使用功能和装饰作用。在室内装饰中，细部工程往往处于醒目位置，细部装饰应严格选材，精心制作，仔细安装，力求工程质量达到规定标准。

为贴近目前装饰施工实际，本模块主要介绍细部工程中木龙骨的制作与安装、基层板和饰面板的制作与安装、橱柜的制作与安装和花式安装工程施工。

【学习目标】

1. 吊顶与墙面木龙骨制作与安装的材料要求、基本构造与施工要点。
2. 木门窗的构造与施工要点。
3. 基层板与饰面板的安装方法及施工要点。
4. 橱柜制作与安装的质量要求及安装方法。
5. 墙面木饰、室内线饰常用种类及安装方法。

【能力目标】

1. 掌握各类木龙骨制作安装的施工工艺。
2. 掌握基层板和饰面板制作安装的施工工艺。
3. 能够正确合理选用和使用罩面板板材。
4. 掌握吊柜、壁柜、厨房台柜制作安装的施工工艺。
5. 掌握墙面木饰与室内常用线饰制作安装的施工工艺。
6. 会检验木门窗制作与安装工程的质量。
7. 会检验细部工程的质量。

【学习重点】

吊顶木龙骨、墙面木龙骨安装制作施工工艺及质量标准；基层板与饰面板制作安装的施工工艺及质量标准。

【课时建议】

理论 4 课时+实践 4 课时

工程导入

某木龙骨吊顶工程完工后，经过短期使用，产生凹凸变形，有表面目测不平、面层板下垂的现象，且接缝不均匀，靠墙处接缝板边不直，木吊顶与抹灰墙接触处开裂；还出现了木龙骨太湿收缩变形将部分灰皮黏掉脱落、明露钉帽生锈等情况。

为什么会出现上述情况呢？希望通过本模块的学习能让你分析出原因及预防措施，并在工程实际避免所施工的木龙骨工程及其他细部工程发生的各种质量问题。

10.1 木龙骨制作与安装

木龙骨俗称为木方，主要由松木、椴木、杉木等树木加工成截面长方形或正方形的木条。木龙骨是装修中常用的一种材料，有多种型号，用于固定和支撑外面的装饰板，起支架作用。

木龙骨的优点是容易造型、价格便宜且易施工，握钉力强易于安装，特别适合与其他木制品的连接。但木龙骨也有一些缺点，如易变形、易燃、不防潮、易霉变腐朽、可能生虫发霉等。适用于干燥、无防火要求的环境。在客厅等房间的吊顶使用木龙骨时，由于内部有电线暗敷，应涂防火涂料。作为吊顶和隔墙龙骨时，需要在其表面再刷上防火涂料。作为实木地板龙骨时，则最好进行相应的防霉处理，因为木龙骨比实木地板更容易腐烂，腐烂后产生的霉菌会使居室产生异味，并影响实木地板的使用寿命。

木龙骨是家庭装修中最常用的骨架材料之一，根据使用部位来划分，木龙骨分为吊顶龙骨、竖墙龙骨、铺地龙骨以及悬挂龙骨等。

10.1.1 木门窗制作与安装

装饰木门窗在装饰工程中占有重要地位，尽管新型装饰材料层出不穷，但木材的独特质感、自然花纹、特殊性能是任何材料无法替代的。木门窗是室内装饰造型的一个重要组成部分，也是创造装饰气氛与效果的一个重要手段。

1. 木门窗的基本构造与开启方式

(1) 木门的基本构造。

门是由门框（门樘）和门扇两部分组成的。门的高度超过 2.1 m 时，还要增加门上窗，亦称亮子或幺窗。门的各部分名称如图 10.1 所示。各种门的门框构造基本相同，但门扇却各不一样。

(2) 木窗的基本构造。

木窗由窗框、窗扇组成，在窗扇上按设计要求安装玻璃。如图 10.2 所示。

窗框：窗框由梃、上冒头、下冒头等组成，若有上窗时，需设有中贯横档。

窗扇：窗扇由上冒头、下冒头、扇梃、扇棂等组成。

玻璃：安装于冒头、窗扇梃、窗棂之间。

(3) 木门窗的连接构造。

木窗与木门的连接构造基本相同，采用榫结合，在梃上凿眼，冒头上开榫。如果采用先立窗框再砌墙的安装方法，应在上、下冒头两端留出走头，也就是延长 120 mm 端头。窗梃与窗棂的连接，也是在梃上凿眼，在窗棂上做榫。

(4) 木门窗的开启方式。

木门的开启方式主要是由使用要求决定的，包括：平开门、弹簧门、推拉门、折叠门、转门等，如图 10.3 所示。另外还有上翻门、升降门、卷帘门等，一般适用于较大活动空间，如车库、车间及某些特定性质的公共建筑外门。

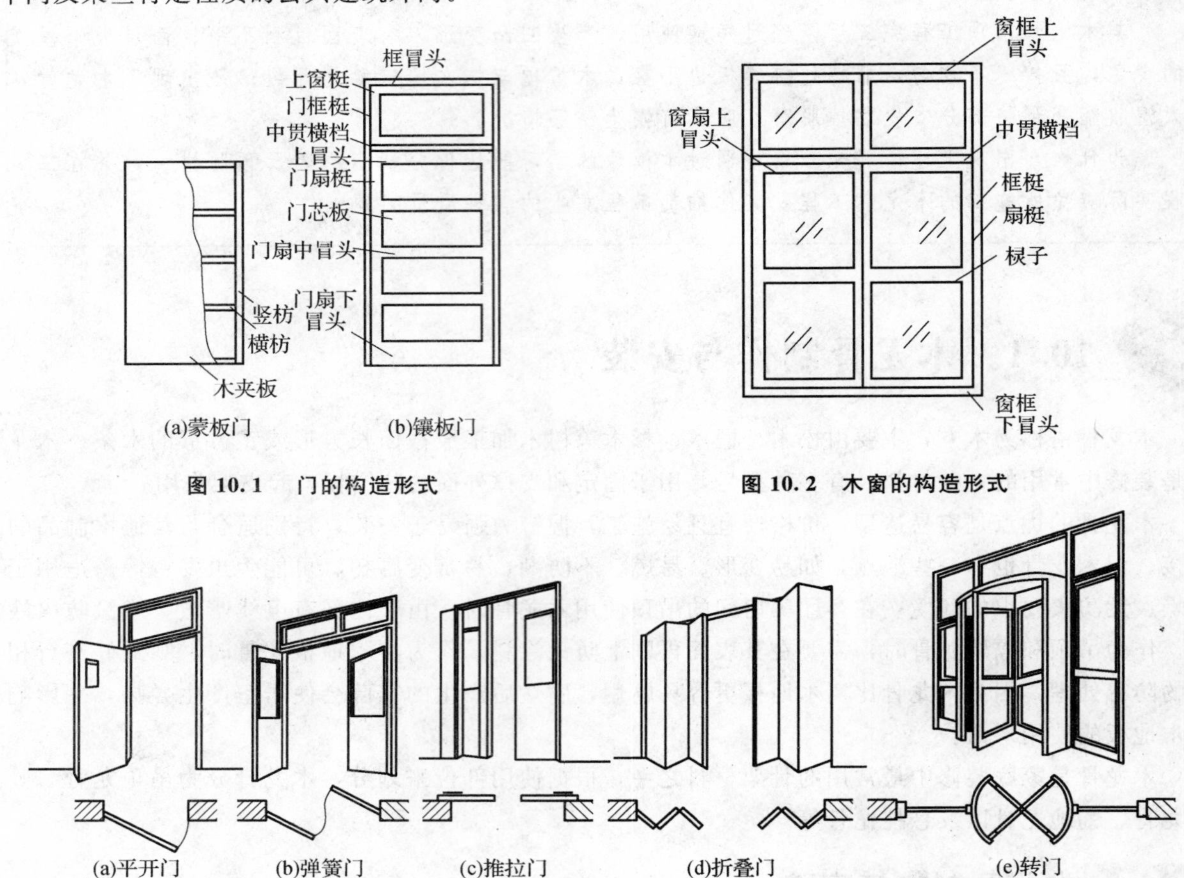

图 10.1　门的构造形式

图 10.2　木窗的构造形式

图 10.3　木门的开启方式

木窗的开启方式主要取决于窗扇的转动五金的部位和转动方式，包括：固定窗、平开窗、横式悬窗、立体转窗（上、下冒头设转轴，立向转动的窗）、推拉窗和百叶窗等。

【知识拓展】

装饰木门常用的规格有：750 mm×2 000 mm、900 mm×2 000 mm、1 000 mm×2 000 mm、1 500 mm×2 000 mm、750 mm×2 100 mm、900 mm×2 100 mm、1 000 mm×2 100 mm、1 500 mm×2 100 mm。

2. 木门窗的制作

(1) 木门窗制作的材料。

①木材：门窗应该选择木质较好、无腐朽、不潮湿、无扭曲变形的材料。所用木材类别、材质等级、含水率、规格、尺寸、框扇的线型应符合设计要求，并且必须有出厂合格证。

②木门面板：胶合板应该选择不潮湿、无脱胶开裂的板材，饰面胶合板应选择木纹流畅、色调一致、无节疤点、不潮湿、无脱落的板材。各种人造板，包括硬质纤维板、中密度纤维板、胶合板、刨花板等应符合相应国家标准及设计要求。

③辅助材料：各类门窗所使用的胶黏剂、防腐剂、油漆、木螺丝、合页、插销、挺钩、门锁等五金配件和蜂窝纸等辅助材料的质量要求应符合产品技术标准的规定并满足设计要求。

(2) 木门窗制作工艺。

木门窗制作的施工工序：放样—配料、截料—刨料—划线—打眼—裁口、倒棱—开榫、拉肩—

拼装。

木门窗制作施工工艺要点：

①放样。放样是根据施工图纸上设计好的木制品，按照足尺 1∶1将木制品构造画出来，做成样板（或样棒），样板采用松木制作，双面刨光，厚约 25 cm，宽等于门窗樘子梃的断面宽，长比门窗高度大 200 mm 左右，经过仔细校核后才能使用，放样是配料和截料、划线的依据，在使用的过程中，注意保持其划线的清晰，不要使其弯曲或折断。

②配料与截料。配料是在放样的基础上进行的，要计算出各部件的尺寸和数量，列出配料单，按配料单进行配料。

配料时，对原材料要进行选择，有腐朽、斜裂节疤的木料，应尽量避开不用；不干燥的木料不能使用。注意木材的缺陷，如节疤应避开榫头和榫眼的部位，防止凿劈或榫头断掉；起线部位也禁止有节疤。应精打细算，长短搭配，先配长料，后配短料；先配框料，后配扇料。门窗樘料有顺弯时，其弯度一般不超过 4 mm，扭弯者一律不得使用。

配料时必须加大木料尺寸，各部件的毛料尺寸要比净料尺寸加大些，因为制作门窗时需要大量刨削，拼装时也会有一定损耗，要合理地确定加工余量。

另外，在选配的木料上按毛料尺寸划出截断、锯开线，考虑到锯解木料时的损耗，一般留出 2～3 mm的耗损量。锯切时要注意锯线直、断面平，并注意不要锯冒线，以免造成浪费。

③刨料。刨料要将纹理清晰、无节疤的材面作为正面，樘子料、框料任选一个窄面为正面，扇料任选一个宽面为正面。对于门、窗框的梃及冒头可只刨面，不刨靠墙的一面；门、窗扇的上冒头和梃也可先刨三面，靠樘子的一面待安装时根据缝的大小再进行修刨。

刨料时应注意木料的顺纹和逆纹，顺着木纹刨削，刨削过程中需常用尺子测量部件的尺寸是否满足设计要求，不要刨过量而影响门窗质量。

正面刨平直以后，要打上记号，再刨平直的一面，两个面的夹角必须都是 90°，一面刨料一面用角尺测量。然后以这两个面为准，用勒子在料面上划出所需要的厚度和宽度线，整根料刨好后，这两根线也不能刨掉。

料刨好后，应按同类型、同规格樘扇分别堆放，上、下对齐，每个正面相合，放置门窗料的场地要垫实平整，以免刨好的木料变形。

门窗木料配料加工余量见表 10.1。

表 10.1　门窗木料配料加工余量

名称	加工余量
门窗料的断面尺寸	单面刨光加大 1～1.5 mm 双面刨光加大 2～3 mm
机械加工门窗料时的断面尺寸	单面刨光加大 3 mm 双面刨光加大 5 mm
门樘立梃	按图纸规格放长 7 cm
门窗樘冒头	按图纸放长 10 cm，无走头时放长 4 cm
门窗樘中冒头、窗樘中竖梃	按图纸规格放长 1 cm
门窗扇梃	按图纸规格放长 4 cm
门窗扇冒头、玻璃棂子	按图纸规格放长 1 cm
门扇中冒头	在 5 根以上者，有一根可考虑做半榫
门芯板	按图纸冒头及扇梃内净距放长各 2 cm

④划线。划线前，先弄清图纸要求和样板式样，尺寸、规格必须一致，并先做样品，经审查合格后再正式划线。先确定榫、眼的尺寸、形式和位置。眼的位置应在木料的中间，宽度不超过木料厚度的1/3,由凿子的宽度确定。榫头的厚度是根据榫眼的宽度确定的，半榫长度应为木料宽度的1/2。

成批画线，应先选出两根刨好的木料，大面相对放在一起，划上榫与眼的位置，要注意，使用角尺、画线竹笔、勒子时，都应靠在记号的大面和小面上。划的位置线经检查无误后，以这两根木料为样板再成批划线，划线要求准确、清晰、齐全。

⑤打眼。打眼之前，应选择等于眼宽的凿子，凿出的眼，顺木纹两侧要直，不得打错槎。先打全眼，后打半眼。全眼要先打背面，凿到 1/2～2/3 眼深时，把木料翻起来凿正面，直至将眼凿透。翻转过来再打正面直到贯穿。眼的正面要留半条里线，反面不留线，但比正面略宽。这样装榫头时，可减少冲击，以免挤裂眼口四周。凿好的眼要求形状方正，两侧平直。

成批生产时，要经常核对，检查榫眼的位置尺寸，以免发生误差。

⑥裁口与倒棱。裁口和倒棱是在门框梃上做出，裁口是对门扇在关闭时起到限位作用，倒棱主要起到装饰作用。

裁口即刨去框的一个方形角部分，供装玻璃用。用裁口刨子或用歪嘴子刨。快刨到要刨的部分时，用单线刨子刨，去掉木屑，刨到为止，最忌讳裁口的角上木料没有刨净。裁好的口要求方正平直，不能有戗槎起毛、凹凸不平的现象。

倒棱也称为倒八字，即沿框刨去一个三角形部分。倒棱要平直、板实，宽度均匀。裁口也可用电锯切割需留 1 mm，再用单线刨子刨到需求位置为止。

⑦开榫与拉肩。开榫和拉肩操作就是为了制成榫头。开榫就是按榫的纵向线锯开，锯到榫的根部时，要把锯竖直锯几下，但不能锯过线。开榫时要留半线，其半榫长为木料宽度的 1/2，应比半眼深少 1～2 mm，以备榫头因受潮而伸长。为确保开榫尺寸的准确，开榫时要用锯小料的细齿锯。

拉肩就是把榫两端的肩膀锯断。拉肩时也要留线，快锯掉时要慢些，防止伤了榫眼。拉肩时要用小锯。

榫头锯好后插进榫眼里，以不松不紧为宜。锯好的半榫应比眼稍微大些。组装时在四面磨角倒棱，抹上胶用锤敲进去，这样的榫使用比较长久，一般不易松动。锯成的榫头要求方正平直，不能伤榫眼，否则会使门窗不能组装得方正结实。

⑧拼装与净面。拼装门窗框、扇之前，应对部件进行检查，选出各部件的正面，要求部件方正、平直，线脚整齐分明，表面光滑，尺寸规格、式样符合设计要求，并用细刨将遗留墨线刨光。

门窗框的组装，是把一根边梃平放，将中贯档、上冒头（窗框还有下冒头）的榫插入梃的眼里，再装上另一边的梃，用锤轻轻敲打拼合，敲打时要垫木块防止打坏榫头或留下敲打的痕迹。待整个门窗框拼好归方以后，再将所有的榫头敲实，锯断露出的榫头。

门窗扇的组装，与门窗框基本相同。但木扇有门芯板，须先把门芯板按尺寸裁好，一般门芯板应比扇边上量得的尺寸小 3～5 mm，门芯板的四边去棱，刨光净好。然后，先把一根门梃平放，将冒头逐个装入，门芯板嵌入冒头与门梃的凹槽内，再将另一根门梃的眼对准榫装入，用锤垫木块敲紧。

门窗框、扇组装好后，必须在眼中加木楔，将榫在眼中挤紧。木楔长度为榫头的 2/3，宽度比眼宽窄 1/2，如 4′眼，楔子宽为 $3\frac{1}{2}'$。楔子头用扁铲顺木纹铲尖，加楔时应先检查门窗框、扇的方正，掌握其歪扭情况，以便在加楔时调整、纠正。

一般每个榫头内必须加两个楔子。加楔时，用凿子或斧子把榫头凿出一道缝，将楔子两面抹上胶插进缝内。敲打楔子要先轻后重，逐步敲入，不要用力太猛。当楔子已打不动，眼已扎紧饱满，就不要再敲，以免将木料撑裂。在加楔的过程中，对框、扇要随时用角尺或尺杆卡窜角找方正，并校正框、扇的不平处。

组装好的门窗、扇用细刨刨平或砂纸修平修光。双扇门窗要配好对，对缝的裁口刨好。安装前，门窗框靠墙的一面，均要刷一道防腐剂，以增强防腐能力。

为了防止在运输过程中门窗框变形，在门框下端钉上拉杆，拉杆下皮正好是锯口。大的门窗框，在中贯档与梃间要钉八字撑杆，外面四个角也要钉八字撑杆。

门窗框组装、净面后，不要在露天堆放，要用油布盖好，以防止日晒雨淋。门窗框进场后应尽快刷一道底油防止风裂和污染。

3. 木门窗的安装

(1) 木门窗框的塞口式安装。

门窗框与墙体的固定方式分为立口和塞口两种。国家规范规定，门窗框安装应采用塞口式的安装方法，以确保门窗框不受挤压变形和保护表面保护层。门窗洞口要按施工图纸上的位置和尺寸预先留出，洞口应比窗口大 30～40 mm。砌墙时洞口两侧按规定砌入经过防腐处理的木砖，木砖大小约为 115 mm×115 mm×53 mm，间距不大于 1.2 m，每边 2～3 块。

安装门窗框时，先把门窗框塞进门窗洞口内，用木楔临时固定，用线锤和水平尺进行校正。校正无误后，用钉子把门窗框钉牢在木砖上，并将钉帽砸扁冲入梃框内，每个木砖钉两颗钉子。

高档硬木门框应用钻打孔木螺丝拧固并拧进木框 5 mm 用同等木补孔。立口时要特别注意门窗的开启方向和整个大窗的上窗位置。

(2) 木门窗扇的安装。

安装门窗扇前，核对门、窗扇的开启方向，打好记号，以免安错门窗扇。仔细检查门窗框上、中、下三部分是否一样宽，如果相差超过 5 mm，就必须修正。

试装门窗扇时，应先用木楔塞在门窗扇的下边，然后再检查缝隙，并注意窗楞和玻璃芯子平直对齐。合格后画出合页的位置线，剔槽装合页。合页槽应外浅里深，保证合页合上后框与扇齐缝平整。

装扇前预先量出门窗框口的净尺寸，考虑留缝宽度，以便进一步确定扇的宽度和高度尺寸进行修刨。先画出中间缝处的中线，再画出边线，并保证梃宽一致，四边画线。高度方向修刨时，下冒头边略微修刨下，主要是修刨上冒头边。宽度上的修刨，应将门扇定于门窗框中，并检查与门窗框配合的松紧度。修刨时应先锯余头，再行修刨。门窗扇为双扇时，应先作打叠高低缝，增加一道“错口”的工序，双扇应按开启方向右扇压左扇。

若门窗扇高、宽尺寸过小，可在下边或装合页一边用胶和钉子绑钉刨光的木条。钉帽砸扁，钉入木条内 1～2 mm，然后锯掉余头刨平。

平开扇的底边、中悬扇的上下边、上悬扇的下边、下悬扇的上边等与框接触且容易发生摩擦的边，应刨成 1 mm 斜面。

(3) 门窗小五金的安装。

门窗的所有小五金应安装齐全，位置适宜，固定可靠，必须用木螺丝固定安装，严禁用钉子代替。使用木螺丝时，先用手锤钉入全长的 1/3，接着用螺丝刀拧入。当木门窗为硬木时，先钻孔径为木螺丝直径 0.9 倍的孔，孔深为木螺丝全长的 2/3，然后再拧入木螺丝。

合页铰链距门窗扇上下宜取立梃高度的 1/10，且避开上下冒头，安好后必须灵活。

门锁距地面约高 0.9～1.05 m。门窗拉手应位于门窗扇中线以下，窗拉手距地面 1.5～1.6 mm。门插销位于门拉手下边。装窗插销时应先固定插销底板，再关窗打插销压痕，凿孔，打入插销。

窗风钩应装在窗框下冒头与窗扇下冒头夹角处，使窗开启后成 90°角，并使上下各层窗扇开启后整齐划一。

门扇开启后易碰墙的门，为固定门扇应安装门吸。

技术提示

木门窗的安装过程中，须采取防水防潮措施。在雨季或湿度大的地区应及时油漆门窗。门窗框四周的内外接缝缝隙不能采用嵌填水泥砂浆的做法。嵌填封缝材料应当能承受墙体与框间的相对运动，并且保持其密封性能，雨水不能由嵌填封缝材料处渗入。

10.1.2 吊顶木骨架安装

吊顶木骨架即木龙骨吊顶，吊顶的结构骨架全部或主要采用被切成一块块长条的木质材料作为建筑用骨架支撑结构。木龙骨吊顶形式施工灵活、适应性强，是传统的悬吊式顶棚做法，当前依然被广泛应用于较小规模且造型较为复杂多变的室内装饰工程。木龙骨一般宜选用变形小、不易开裂、易于加工的针叶树类，如红松、白松或杉木等干燥的木料。树种及规格应符合设计要求，进场后进行筛选，并将其中腐蚀部分、斜口开裂部分、虫蛀以及腐烂部分剔除，其含水率宜控制在12%以内。

1．吊顶木龙骨料的处理

木龙骨的断面一般为方形或矩形，钉接或拴接在吊杆上，主龙骨的底部钉装次龙骨，龙骨与龙骨之间的连接可采用钉接或榫接的方式。木龙骨的规格没有具体的规定，优质木龙骨稳定性好，尺寸规格以 30 mm×40 mm 为宜，龙骨没有树皮，没有豁边，尺寸足。原则上使用时主要考虑龙骨受力的刚度、稳定性，考虑龙骨跨度和面层材料的质量和主龙骨、次龙骨的分布情况。另外，作为木龙骨的木方料不宜直接用于结构部位，应做以下处理并干燥后方可使用。

(1) 防腐处理。

作为吊顶木龙骨材料，应按规定选材并实施在构造上的防潮处理，同时亦应涂刷防腐防虫药剂。

(2) 防火处理。

工程中木构件的防火处理，一般是将防火涂料涂刷或喷于木材表面，也可把木材置于防火涂料槽内浸渍。

2．木龙骨吊顶的施工工艺

木龙骨吊顶之前，对于现浇钢筋混凝土板中，要预埋吊顶固定件或钢筋。顶棚上部的电气布线空调管道、消防管道、供水管道、报警装置线路等均已安装就位并调试完毕，顶棚至墙体各开关和插座的相关线路铺设已基本就绪，施工机具准备齐全，在现场搭好顶棚施工操作、材料加工台，吊顶房间需做完墙面及地面的湿作业和屋面防水等工程，并将顶棚基层和吊顶空间全部清理无误后方可开始木龙骨的吊顶作业。

木龙骨吊顶的施工工艺流程：施工放线—龙骨拼装—安装吊点紧固件—固定沿墙龙骨—龙骨吊装固定—基层板的安装—安装压条。

(1) 施工放线。

木龙骨吊顶放线主要包括：标高线、天花造型位置线、吊挂点布置线、大中型灯具吊点线等。标高线弹到墙面或柱面，其他线、点弹到楼板底面。弹线时应同时检查处于吊顶上部空间的设备和管线对设计标高的影响及其对吊顶艺术造型的影响，如有影响需根据现场实际情况及时修改设计。

(2) 龙骨拼装。

为方便安装，吊顶的龙骨架在吊装前，应在楼（地）面上进行分片拼装，拼装的面积一般控制在 10 m^2 以内，否则不便吊装。拼装时，先拼装大片的龙骨骨架，再拼装小片的局部骨架，接口处应涂胶并用钉子固定；对于截面尺寸为 25 mm×30 mm 的木龙骨，拼接时须选用市售成品或自制凹方型材（即在长木方上按中心线距 300 mm 的尺寸开出深 15 mm、宽 25 mm 的凹槽）按凹槽对凹槽的方法咬口拼接，在拼口处用小圆铁钉固定并涂胶。一般情况下，胶结木质材料普遍使用耐水和抗菌性能好、黏结力强的酚醛树脂胶、尿醛树脂胶和聚醋酸乙烯乳液等。

（3）安装吊点紧固件。

吊点紧固件的固定根据楼板的类型不同有所区别：

①无预埋的顶棚楼板，可用金属胀铆螺栓或射钉将角钢块固定于楼板底或梁底作为安设吊杆的连接件。对于小面积轻型的木龙骨装饰吊顶，也可用胀铆螺栓固定截面约为 40 mm×50 mm 的木方，吊顶骨架直接与木方固定或采用木吊杆。

②预制楼板内预埋短钢筋、通长钢筋和钢筋弯钩时，须另设钢筋钩、吊筋钩或吊杆。具体安装方法如图 10.4 所示。

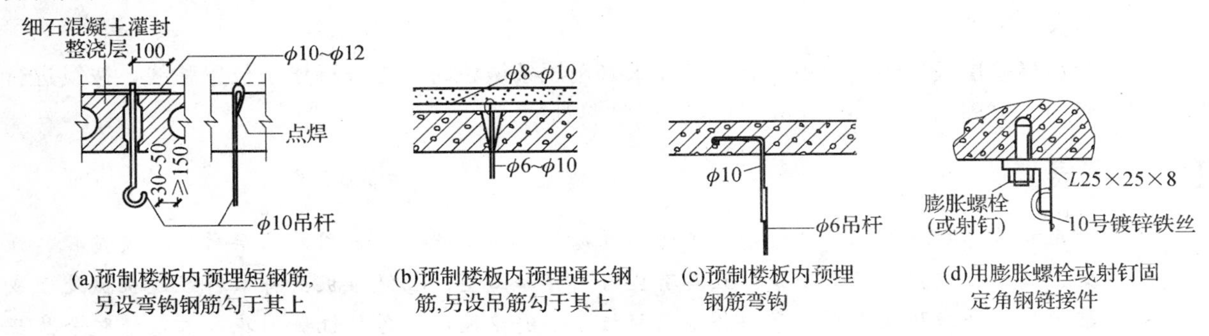

图 10.4 木龙骨吊顶的吊点固定形式

（4）固定沿墙龙骨。

沿四周墙柱面的吊顶标高线固定边龙骨。一般是用冲击钻在标高线以上 10 mm 处的建筑墙面打孔，孔径 12 mm，孔距 500～800 mm，孔内塞入木楔，将边龙骨钉固在木楔上，沿墙木龙骨固定后，其底边与其他次龙骨底边标高一致。若是混凝土墙、柱面，亦可先在木龙骨上钻孔，再用水泥钉通过钻孔将边龙骨钉固于墙、柱面上。

（5）龙骨吊装固定。

①木龙骨吊装一般先从一个墙角开始，将拼装好的木龙骨架托起至标高位置，对于高度低于 3 000 mm的吊顶骨架，可在高度定位杆上作临时支撑，高度超过 3 000 mm 时，可用铁丝在吊点作临时固定。

②木龙骨架与吊点紧固件固定。木龙骨架与吊点紧固件的固定方法有多种，根据选用的吊杆材料和吊点构造而定，常采用绑扎、钩挂、木螺钉固定等方法。如利用扁铁与吊点角钢以 M6 螺栓连接，或利用角钢作吊杆与上部吊点角钢连接等。另外，根据吊杆材料的不同，亦可采用绑扎、钩挂及固定等方法对吊杆与木龙骨进行连接。

③木龙骨分片连接。木龙骨架分片吊装在同一平面对接后，要进行分片连接形成整体，其方法是：将端头对正，用短木方进行加固，短木方钉于木龙骨架对接处的侧面或顶面均可，对于一些重要部位的龙骨连接，可采用铁件进行连接加固。

④ 木龙骨的整体调平。木龙骨全部安装到位后，即在面下拉出十字或对角交叉的标高线，检查吊顶骨架的整体平整度。各个吊杆的下部端头均按准确尺寸截平，不得伸出骨架的底部平面。

（6）基层板的安装。

吊顶常用及基层板材料有胶合板、纤维板、刨花板、纸面石膏板、装饰吸音板和钙塑板等。根据木龙骨基层板安装的种类不同，其安装方法可大致概括为 3 种：

①圆钉钉固法。用于石膏板、胶合板、纤维板的基层板安装以及灰板条吊顶和 PVC 吊顶。用铁钉将基层板直接固定在木龙骨上。如石膏板的钉固，钉子与板边距离应不小于 15 mm，钉子间距

宜为150～170 mm，与板面垂直。钉帽嵌入石膏板深度宜为0.5～1 mm，并应涂刷防锈涂料；塑料装饰板的钉固，一般用20～25 mm宽的木条，制成500 mm×500 mm方形木格，用小圆钉钉，再用20 mm宽的塑料压条或铝压条固定板面。

②木螺钉钉固法。用于塑料板、石膏板、石棉板、珍珠岩装饰吸音板以及抹灰板条吊顶。安装基层板前，先在板四边按木螺钉间距钻孔，其后安装顺序基本与圆钉钉固法相同。

③胶结黏固法。即用各种胶黏剂将基层板黏接于木龙骨上。用于钙塑板、矿棉吸音板等轻质板材。板材不同，胶黏剂亦有所变化。如矿棉吸声板可用1∶1水泥石膏粉加入适量107胶进行黏接。胶黏时先由吊顶中间开始，然后向两侧分行逐块粘贴，粘贴前须进行预装，然后在顶装部位木龙骨框底面刷胶，同时在基层板四周刷胶，操作5～10 min后，将基层板压黏在木龙骨预装部位。也可采用黏、钉结合的方法，则固定更为结实牢固。

（7）安装压条。

木龙骨吊顶基层板安装固定后，若设计要求采用压条做法时，先进行压条位置弹线，按线进行压条安装钉固，钉固间距为300 mm，也可用胶结料粘贴。

【知识拓展】

吊顶常用的饰面材料有以下几种：①纸面石膏板：吊顶工程中最常用的基层衬板，质量轻、强度高、防火、隔热、吸声、变形小，并且具有良好的可加工型；②纤维板：将木料经过机械处理成木纤维，经过化学处理热压成型，常用作基层衬板；③刨花板：用各种机械刨花和木屑经胶合热压成型，具有良好的吸声、隔热性能；④胶合板：含三合板和五合板等，将木料软化处理后弦切成单板，交错重叠起来经热压成型，常作为基层衬板；⑤矿棉吸音板：由矿棉或岩棉制成的装饰板，有很好的吸声、隔热、防火阻燃性能；⑥金属板：新兴装饰材料，装饰性强，色彩艳丽。

木吊顶与墙面间节点，通常采用固定木线条或塑料线条的处理方法，线条式样及钉装方法多种多样，常用的有实心角线、斜位角线、八字角线和阶梯形角线等。

10.1.3 墙面木骨架安装

在室内隔断墙的设计和施工中，木龙骨轻质隔断墙（亦称木骨架隔墙）是一种广泛应用的形式。这种隔断墙主要采用木龙骨作墙体骨架，以4～25 mm厚的木质罩面板、石膏板及其他一些建筑平板作罩面板组装而成的室内非承重轻质墙体。其具有安装方便、成本较低、使用价值高等优点，可广泛用于家庭装修及其他普通房间。

1. 木骨架隔墙的种类

木骨架隔墙采用的木材、材质等级、含水率以及防腐、防虫、防火处理，必须符合设计要求和《建筑装饰装修工程质量验收规范》(GB 50210—2001）规定。常用骨架木材有落叶松、云杉、硬木松、水曲柳、桦木等。

木骨架隔墙的木龙骨由上槛、下槛、立筋（主柱或墙筋）和斜撑组成。按立面构造，木龙骨隔断墙分为全封隔墙、有门窗隔墙和隔断3种，其结构形式不尽相同。

（1）大木方构架结构的木隔墙。通常用50 mm×80 mm或50 mm×100 mm的大木方做主框架，框体规格为边长500的方框架或500 mm×800 mm的长方框架，再用4～5 mm厚的木夹板做基面板。该结构多用于墙面较高较宽的隔墙。

（2）小木方双层结构的木隔墙。为了使木隔墙有一定的厚度，常用25 mm×30 mm带凹槽木方作成双层骨架的框体，每片规格为@300或@400，间隔为150 mm，用木方横杆连接。

（3）小木方单层结构的木隔墙。单层小木方构架常用25 mm×30 mm的带凹槽木方组装，框体@300，多用于3 m以下隔墙或隔断。

2. 木骨架隔墙的施工工艺

木骨架隔墙的施工工艺流程：弹线、打孔—安装木龙骨—安装饰面基层板—饰面处理。

(1) 弹线、钻孔。

施工时首先应找规矩，在需要固定木隔墙的地面和建筑墙面上弹出隔墙的边缘线和中心线，画出固定点的位置，间距300～400 mm，打孔深度在45 mm左右，用膨胀螺栓固定。如用木楔固定，则孔深应不小于50 mm。根据所弹的位置线，检查墙上预埋木砖，检查楼板或梁底部预留钢丝的位置和数量是否正确，如有问题及时修理。

(2) 安装木龙骨。

①木龙骨的固定通常是在沿墙、沿地和沿顶面处。先靠墙立直钉靠墙立筋，再将上槛托到楼板或梁的底部，两端顶住靠墙立筋钉固。将下槛对准地面事先弹出的隔墙边线，两端撑紧于靠墙立筋底部，并在下槛上画出其他立筋的位置线。立筋完成后在立筋之间钉斜撑，斜撑的垂直间距宜为1.2～1.5 m。对隔断来说，主要是靠地面和端头的建筑墙面固定。如端头无法固定，常用铁件来加固端头，加固部位主要是在地面与竖木方之间。对于木隔墙的门框竖向木方，均应用铁件加固，否则会使木隔墙不牢固、门框松动以及木隔墙松动。

②如果隔墙的顶端不是建筑结构，而是吊顶，处理方法要依照具体情况而定：

a. 没有门窗的木骨架隔墙只需相接缝隙小而平直即可。当隔墙木龙骨与铝合金或轻钢龙骨吊顶接触时，可直接与吊顶内建筑楼板以木楔圆钉固定；当其与木龙骨吊顶接触时，须将隔墙木龙骨沿顶龙骨与吊顶木龙骨钉接起来。

b. 有门或窗的隔墙顶端必须采用牢靠坚固的加固方法，如图10.5所示。即隔墙的竖向龙骨应穿过吊顶面，再与建筑物的顶面进行固定，必要时须采用方木、角钢等斜角支撑。以防止开关门窗时引起的墙体颤动和振动。

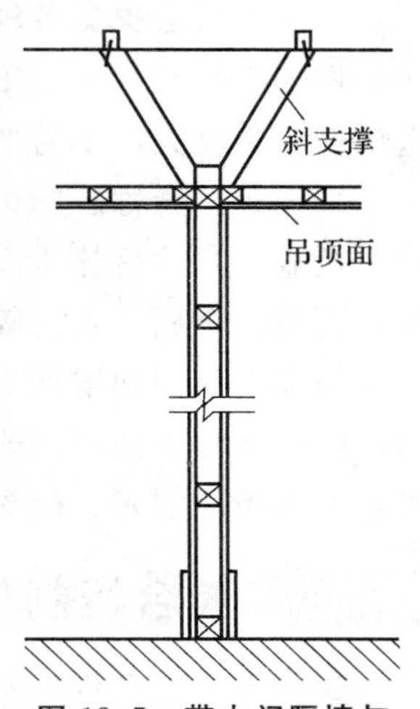

图10.5 带木门隔墙与建筑顶面的连接固定

木隔墙中的门框是以门洞两侧的竖向木方为基体，配以挡位框、饰边板或饰边线条组合而成。其中，大木方骨架隔墙门洞竖向木方较大，其挡位框可直接固定在竖向木方上；小木方双层构架隔墙的木方小，应先在门洞内测钉上厚夹板或实木板之后，再固定挡位框。若木骨架隔墙上有窗户，窗框是在制作时预留的，然后用木夹板和木线条进行压边定位；隔断墙的窗户分为固定窗和活动窗，固定窗是用木压条把玻璃板固定在窗框中，活动窗与同他普通活动窗相同。

(3) 安装饰面基层板。

木骨架隔墙的饰面基层板通常采用木夹板、石膏板等板材。

墙面木夹板的安装方式主要有明缝和拼缝两种。明缝固定是在两板之间留一条有一定宽度的缝，图纸无特殊规定时，缝宽以8～10 mm为宜。明缝如果不加垫板，则应将木龙骨面刨光，使明缝上下宽度一致，锯割木夹板时应用靠尺来保证锯口的平直与准确，锯完后用0号砂纸打磨修边。拼缝固定时，要对木夹板正面四边进行3 mm长的45°倒角处理。5 mm厚度以下的木夹板用25 mm枪钉或铁钉固定在木龙骨上，9 mm厚度左右的木夹板用30～35 mm钉子固定在木龙骨上，要求布钉均匀，钉距100 mm左右。

墙面石膏板的安装宜竖向铺设用自攻螺钉固定，其长边接缝应落在竖龙骨上。若是曲面墙体罩面可横向铺设石膏板。沿石膏板中间部分向周边顺序固定螺钉，周边螺钉间距不应大于200 mm，中间部分螺钉间距不应大于300 mm，螺钉与石膏板边缘距离应为10～16 mm。自攻螺钉头埋入板内但不得损坏纸面。石膏板上下两端与上下楼地面，与墙、柱面之间均应留出3 mm间隙，尤其是与顶、地面的缝隙还应先加注嵌缝膏再铺设。

技术提示

在木龙骨夹板墙身基面上，可进行的饰面种类有：涂料饰面、裱糊饰面和镶嵌各种饰面板等。

在施工墙时，一般检查墙体的平整度与垂直度。基本要求墙面平整度误差为 10 mm 以内（对于质量要求高的工程，必要时进行重新抹灰浆修正），遇到误差大于 10 mm 的，需要加木垫来调整。

10.2 基层板和饰面板制作与安装

从装饰材料的实用功能上进行区分，罩面板分为基层板和饰面板两类。

基层板材是相对于饰面板材而言的。在实际运用中，任何板材均可作为基层板材。但一般情况下，施工人员会根据各种板材自身的特征及价格来选择哪种板材可作基层板材。基层板材的种类繁多，例如胶合板、细木工板（大芯板）、密度板、纤维板和石膏板等。一般来说，基层板材料具有造价低、强度大、不易变形、附着力强，可满足造型及以后贴面施工需要等特点。

饰面板，全称装饰单板贴面胶合板。它是将天然木材或科技木刨切成一定厚度的薄片，黏附于胶合板表面，然后热压而成的一种用于室内装修或家具制造的表面材料。饰面板采用的材料有石材、瓷板、金属、木材等。

吊顶、墙面的罩面板多安装在木龙骨上，一般采用钉子、木螺钉、木压条固定。罩面板安装前，应在龙骨表面拉通线。板面设计为明缝时，缝要横平竖直、宽度一致。板面设计为压条盖缝时，木压条应刨光、接头严密、分格方正。

10.2.1 胶合板制作与安装

胶合板又称夹板，是将原本经蒸煮轻化，沿年轮切成 1 mm 厚的薄片，通过干燥、整理、涂胶、组胚、热压、锯边而成的。可按层数和厚度分为 3 层、5 层、9 层、12 层、18 层等各种板材。

1. 胶合板的分类及使用

胶合板的分类：

(1) 按形成材料分：木胶合板（普通胶合板、特种胶合板）和竹胶合板（竹材胶合板、竹编胶合板和竹材层压板）。

(2) 按板的结构分：胶合板、夹心胶合板和复合胶合板。

(3) 按使用性能分：室外用胶合板（建筑模板）和室内用胶合板（家具板、装饰板）。

(4) 按表面加工分：砂光胶合板、刮光胶合板、贴面胶合板和预饰面胶合板。

(5) 按处理情况分：未处理过的胶合板和处理过的胶合板（如浸渍防腐剂）。

(6) 按形状分：平面胶合板、成型胶合板。

(7) 按用途分：普通胶合板、特种胶合板。

胶合板常用作基层板使用。在装饰施工中，基层板材就像装饰板材中的幕后英雄，任何墙面、顶面、地面结构及造型的深化，均需通过基层板材来成型、塑造。因此，基层板材是装饰中的基石。

目前的建筑装饰施工中，必须使用阻燃型两面刨光一级胶合板。阻燃型胶合板是当今建筑装饰装修不可缺少的一种难燃型木质板材，它的阻燃剂无毒、无臭、无污染，遇火熔化，在胶合板表面形成一层阻火层，且能分解出大量不燃气体排挤板面空气，有效阻止火势蔓延。

2. 胶合板的安装

安装胶合板的基体表面，如用油毡、油纸防潮时，应铺设平整，搭接严密，不得有裂缝、起皱和透孔的现象。

用钉子固定胶合板时，钉距不能过大，以防止铺钉的胶合板不牢固而出现翘曲、起鼓等现象。钉距为 80～150 mm，钉长为 20～30 mm，钉帽不得外露，将钉帽打扁进入板面 0.5～1 mm，钉眼处用油性腻子抹平，以防生锈。

胶合板应在木龙骨上接缝，如设计为明缝且缝隙设计无规定时，缝宽以 8～10 mm 为宜，以便适应面板可能发生的微量伸缩。缝隙可做成方形，亦可做成三角形。装饰要求高时，接缝处可钉制木压条或嵌金属压条。如缝隙无压条，则木龙骨正面应刨光，使接缝看上去美观齐整。胶合板的接缝处理如图 10.6 所示。

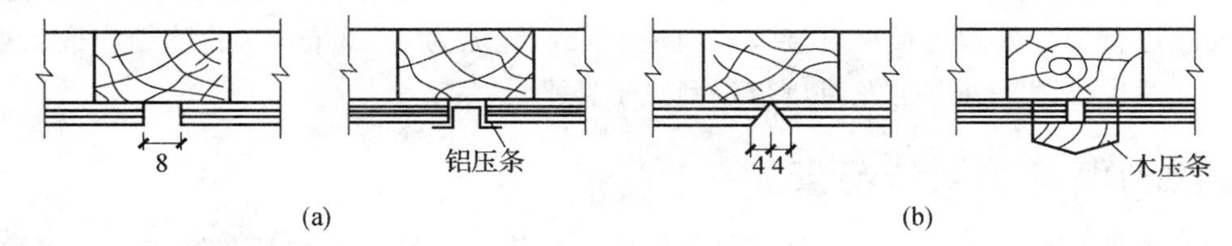

图 10.6　人造板镶板嵌缝

墙面安装胶合板时，为防止板边棱角损坏，其阳角处应覆盖胶合板或做护角，还能增强装饰效果。墙板安装胶合板时，其阴角处应安装装饰木压条，如不安装则应使看面不露板边来增强装饰效果。

技术提示

大部分木材饰面板的安装工艺流程基本可以概括为：墙体表面处理—墙体表面涂防潮（水）层—安装木龙骨—选板—饰面板试拼、下料、编号—安装饰面板—检查、修整—封边、收口—漆面。其中，饰面板安装的工艺要点是：a. 清理修整木龙骨及饰面板表面；b. 在饰面板背面均匀满涂防腐剂一道、防火涂料三道；c. 弹线；d. 涂胶；e. 粘贴饰面板。

10.2.2 石膏装饰板制作与安装

随着科学技术的发展，石膏板在建筑装饰工程中应用越来越广泛，品种也越来越多，如装饰石膏板、纸面石膏板、纤维石膏板和石膏复合墙板等。石膏板是以建筑石膏（$CaSO_4 \cdot 1/2H_2O$）为主要原料生产制成的一种质量轻、强度高、厚度薄、加工方便、隔声、隔热和防火性能较好的建筑材料。石膏板既可做基层板也可做面层板。

1. 石膏平板、穿孔石膏板及半穿孔石膏板的安装

（1）钉固法安装。

螺钉与板边距离应不小于 15 mm，螺钉间距以 150～170 mm 为宜，均匀布置，并与板面垂直。钉头嵌入石膏板深度以 0.5～1 mm 为宜，钉帽应涂刷防锈涂料，并用石膏腻子抹平。

（2）黏结法安装。

胶黏剂应涂抹均匀，黏实黏牢，不得漏涂。

2. 纸面石膏板安装

纸面石膏板要铺设平均，布局合理，板材应在无应力状态下进行固定，防止出现弯棱、凸鼓现象。

纸面石膏板的长边应沿纵向次龙骨铺设。固定石膏板的次龙骨间距一般不应大于600 mm。在南方潮湿地区，间距以300 mm为宜。纸面石膏板与龙骨固定，应从一块板的中间向四周固定，不得多点同时作业。

自攻螺钉与纸面石膏板边距离：面纸包缝的板边以10～15 mm为宜；切割的板边以15～20 mm为宜，钉距以150～170 mm为宜，螺钉应与板面垂直，变形弯曲的螺钉应剔除，并在距离50 mm的部位另安螺钉。螺钉头宜略埋入板面并不使纸面破损，嵌入石膏板深度以0.5～1 mm为宜。钉眼应作防锈除锈处理并用石膏腻子抹平。拌制石膏腻子时必须用干净的容器和清洁水。

安装双层石膏板时，面层板与基层板的接缝应错开，不得在同一根龙骨上接缝。石膏板的接缝应按设计要求进行板缝处理，板材对接缝要均匀一致，缝隙为3～5 mm。缝隙处应嵌入嵌缝腻子，用白乳胶（分两次处理）外贴尼龙封口带，刮腻子补平。

10.2.3 塑料装饰板制作与安装

塑料装饰板是一种建筑装修常用的塑料面层板，是将表层纸、装饰纸、覆盖纸、底层纸分别浸渍树脂干燥后组坯，经热压后制成的具有装饰功能的贴面装饰板材。原料为树脂板与表层纸、底层纸、装饰纸、覆盖纸和脱模纸等。

常用塑料装饰板有塑料贴面装饰板、聚氯乙烯塑料板、覆塑装饰板、硬质PVC透明板等。由于其质量轻、造型美观、施工方便，故在目前的装饰装修工程中应用广泛。

塑料装饰板安装方法有黏结法和钉结法两种。

1. 黏结法

聚氯乙烯塑料板（又称PVC塑料板）多采用聚氯乙烯胶黏剂（601胶）或聚醋酸乙烯胶黏结。要求粘贴板材的水泥砂浆基层必须洁净、坚硬、平整，含水率不得大于8%。基层表面如有麻面，应采用乳胶腻子修平整，再用乳胶水溶液涂刷一遍，以增强黏结力。粘贴前，基层表面应按分块尺寸弹线预排，涂胶应用橡皮刮板或短毛板刷同时在墙面和塑料板背面涂刷，不应漏刷。涂胶后静停3～4 min，见胶液无明显性流动，用手接触胶层感到黏性较大时，即可粘贴。粘贴时将板材对准控制线沿周边均匀托压一边，再用小木条拖压，使粘贴紧密。粘贴后，应采取临时固定措施，同时将挤压在板缝中的多余胶液刮除，将板面擦净。

2. 钉结法

安装塑料贴面复合板，多采取先钻孔，再用木螺钉加垫圈固定，也可以采用金属压条或塑料花固定。木螺钉钉距一般为400～500 mm，钉帽应排列整齐。当采用金属压条时，应拉横竖通线找直，并应先用钉子将塑料贴面复合板临时固定，然后加盖金属压条，用垫圈找平。

10.2.4 微薄木装饰板制作与安装

微薄木装饰板又名薄木皮饰面板，是以微薄木（薄木皮）预先复合于胶合板或其他人造板上加工而成的装饰板，包括豪华珍木装饰板在内。微薄木装饰板有一般及拼花两种。旋切者表面裂纹较大，花纹粗犷，变化多样。刨切者表面裂纹小，易于拼装。这种装饰木纹逼真，真实感强，美观大方，施工方便。

1. 微薄木装饰板施工工艺流程

工艺流程：墙内预埋防腐木砖—墙面清理修补—自攻螺钉钉孔处理—板缝处理—墙体表面涂防

水、防潮层—钉木龙骨—选板—翻样、试拼、下料、编号—安装—检查、修整—封边、收口—漆面。

(1) 墙内预埋防腐木砖：砌筑、浇筑砖墙或混凝土墙时，要在墙内沿横、竖木龙骨中心线每1 000 mm中距预埋一块防腐木砖，或根据具体方案设计实施。

(2) 墙面清理修补：墙体表面灰尘、污垢、垃圾、油渍等应清除干净，凡有缺棱掉角之处，应用黏结石膏（配套产品）修补完整。

(3) 自攻螺钉钉孔处理：所有自攻螺钉钉孔，均须用嵌缝石膏腻子封严嵌平（共涂两道腻子，比钉宽出 25 mm 左右），干燥后用 2 号砂纸打平磨光。

(4) 板缝处理。

①凡用直角边纸面石膏板构造的石膏板墙，板缝须用刮刀将嵌缝石膏腻子嵌实拉平。腻子完全干燥后用 2 号砂纸磨光打平。但须特别小心，不得将石膏板纸磨破。

②凡用楔形边、侧角边、半圆角边纸面石膏板构造的石膏板墙，板缝用嵌缝石膏腻子嵌满嵌匀；板缝处贴 50 mm 宽通长玻璃纤维网。

(5) 墙体表面涂防水、防潮层：墙体表面须均匀满涂一道防水层，不得漏涂。涂 5～10 mm 厚度平齐防潮层。

(6) 钉木龙骨。

木龙骨须正面刨光，满涂防腐剂一道，防火涂料三道，规格为 40 mm×40 mm，按中距双向钉于墙体内预埋防腐木砖之上。龙骨与墙面之间有缝隙处，须以防腐木片或木块找垫平实，并检查墙体阴阳角及上下边线是否平直方正。

(7) 选板。

根据具体设计的要求，对微薄木装饰板进行花色、质量、规格的选择，并一一归类。所有不合格未选中的装饰板，应送离现场，以免混淆。

(8) 翻样、试拼、下料、编号。

将微薄木装饰板按建筑内墙装修具体设计的规格、花色、具体位置等，绘制施工翻样详图，翻样试拼（并严格注意木纹图案的拼接），下料，编号，校正尺寸，四角套方。下料时须根据具体设计对微薄木装饰板拼花图案的要求进行加工。锯切时须特别小心，锯路要直，须防止崩边。并须预留 2～3 mm 的刨削余量。刨削时须非常细致，一般可将数块微薄木装饰板成叠地夹于两块木板中间，露出应刨部分，用夹具将木板夹住，然后用刨十分谨慎地缓缓刨削，直至刨到夹木边沿为止。刨刀须锋利，用力要均匀，每次刨削量要小，否则微薄木装饰板表面在边口处易于崩边脱落，致使板边出现缺陷，影响装修美观。上述加工完毕检查合格后，将高级微薄木装饰板分别编号备用。

(9) 安装。

①清理、修整木龙骨及微薄木装饰板。上述工序完后，须将木龙骨表面及微薄木装饰板背面加以清理。凡有灰尘、钉头、硬粒、杂屑之处，均须清理干净。粘贴前对全部龙骨再行检查、抄平，如龙骨表面装饰板背面仍有微小凹陷之处，可用油性腻子补平，上凸处用砂纸磨平。

②微薄木装饰板涂防腐、防火涂料。微薄木背面满涂氟化钠防腐剂一道，防火涂料三道。须涂刷均匀，不得有漏涂之处。

③弹线：根据具体工程的具体设计及翻样、试拼的编号，在墙面龙骨上将微薄木装饰板的具体位置一一弹出。所弹之线，必须准确无误，横平竖直，不得有歪斜错位之处。

④涂胶：在微薄木装饰板背面与木龙骨粘贴之处以及木龙骨上满涂黏剂一层，胶黏剂应根据微薄木装饰板所用的胶合板底板的品种而定。涂胶须薄而均匀，不得有厚薄不均匀及漏胶之处。胶中严禁吹入任何屑粒、灰尘及其他杂物。

⑤微薄木装饰板上墙粘贴：根据微薄木装饰板的编号及龙骨上的弹线，将装饰板顺序上墙，变位粘贴。粘贴时须注意拼缝对口、木纹图案拼接等，不得疏忽。接缝对口越少越好。因原边较平

直，且无崩边缺口现象，最好用装饰板原来板边对口，并使对口拼缝尽可能安装在不显眼处。阴阳角处的对口接缝，最好用装饰板原边对口，侧边须非常平直，不得有不正、不平、不直之处。每块微薄木装饰板上墙就位后，须用手在板面上（龙骨处）均匀按压，随时与相邻各板调平理直，并注意使木纹纹理与相邻各板拼接严密、对称、准确，符合设计要求。粘贴完后用净布将挤出的多余胶液擦净。

（10）检查、修整。

全部微薄木装饰板安装完毕，须进行全面抄平及严格的质量检查。凡有不平、不直、对缝不齐、木纹错位以及其他与质量标准不符之处，均彻底纠正、修理。

（11）封边、收口。

根据具体设计对微薄木装饰板建筑内墙装修封边、收口之具体要求进行封边、收口。所有有关封边、收口的线角、饰条等均按具体设计办理。

（12）漆面。

根据具体设计要求进行漆面，并严格保证质量（如产品表面已漆过者，本工序取消）。

2. 微薄木饰面（即单纯的薄木皮）装修内墙工艺

（1）胶合板用3～5 mm厚的两面刨光的一级阻燃型胶合板，表面满刮厚度均匀油性石膏腻子一遍，不得漏刮。腻子彻底干后用砂纸打磨平。

（2）微薄木饰面浸入温水中稍加润湿后在其背面及胶合板表面均匀涂刷胶黏剂（白乳胶），不得漏涂。

（3）涂胶10～15 min后，当胶液呈半干状态时，粘贴微薄木饰面，须由板上端开始，按垂直线逐步向下压贴，赶出气泡，切记整张向底板粘贴。接缝处应对严靠紧，花纹及颜色一致，用电熨斗将饰面板熨平。熨烫时底部须垫湿布，电熨斗温度应在60 ℃左右。

（4）微薄木粘贴后约一天左右，检查是否有不平之处，若有可用砂纸打平。

（5）微薄木饰面板装修全部完工后，经检查无质量问题可刷油漆或按具体设计办理。

3. 成品保护

（1）木饰面工程已完工的房间应及时清理干净，不准做料房或休息室，避免污染和损坏成品，应设专人管理。

（2）在整个木饰面装饰工程施工过程中，严禁非操作人员随意触摸成品。

（3）暖卫、电气及其他设备等在进行安装或修理工作中，应注意保护墙面，严防污染或损坏墙面。

（4）严禁在已完木饰面装饰房间内剔眼打洞。若属设计变更，也应采取相应的可靠有效的措施，施工时要小心保护，施工后要及时认真修复，以保证成品完整。

（5）二次修补油、浆工作及地面磨石清理打蜡时，要注意保护好成品，防止污染、碰撞和损坏。

10.3　橱柜制作与安装施工

现代建筑装饰装修工程中越来越注重实用、高效、美观。尤其是在实用、储藏功能极强的厨房空间中，橱柜的优势逐渐显现出来，用既实用又美观的橱柜来划分空间、利用空间、方便主人操作流程的空间规划布置方法备受人们喜爱，因此人们对厨房间的吊柜、壁柜、台柜越来越强调采用工厂化定制产品或依据实体空间情况按图设计施工。

从橱柜的柜形分类，分为吊柜、壁柜、地柜、特殊柜形等。其功能包括存储、收纳、洗涤、料理、烹饪等。吊柜和壁柜以存储、收纳为主。还经常会出现一些装饰柜，比如玻璃门柜、酒柜、吊柜端头和圆头层板柜等。

10.3.1 吊柜、壁柜的一般尺寸与材料质量要求

1. 吊柜、壁柜的一般尺寸

一般情况下，吊柜、壁柜的尺寸要根据实际空间和用户的要求确定。如果用户无具体要求，其制作的一般尺寸为：吊柜的高度以 500 mm 为宜，深度不宜大于 450 mm，长度 1 200 mm ～3 900 mm。柜子的间隔宽度不宜大于 700 mm，例如，以 600 mm 为一间，每间设两扇门。壁柜的尺寸可以根据被收纳物品的大小来设计。深度不宜大于 620 mm。吊柜和壁柜之间的尺寸依据使用者身高决定，现场安装时可根据使用者不借助其他工具能方便打开吊柜门为依据。

2. 吊柜、壁柜的材料质量要求

(1) 吊柜、壁柜制作与安装所用材料应按设计要求进行防火、防腐和防虫处理。橱柜制作所采用的材料必须符合《民用建筑工程室内环境污染控制规范》(GB 50325—2001) 的规定。

(2) 木方料。木方料是用于制作骨架的基本材料，应选用木质较好、无腐朽、不潮湿、无扭曲变形的合格材料，含水率不大于 12%。一般木材应该提前运到现场，放置 10 d 以上，尽量与现场湿度相吻合。

(3) 板材。柜用板材可选用细木工板、胶合板、饰面板等。胶合板应选择不潮湿、无脱胶开裂的板材；饰面胶合板应选择木纹流畅、色泽纹理一致、无疤痕、无脱胶空鼓的板材。

(4) 五金配件。选择正规厂家有质量保证的产品，具有产品合格证。根据橱柜的连接方式及造型与色彩选择五金配件，如拉手、铰链、镶边条等，以适应各种形式颜色的橱柜使用。

(5) 胶黏剂。胶黏剂应存放在阴凉、干燥、通风处，并检验其涂胶量、黏结强度、TVOC、苯和游离甲醛含量。

10.3.2 吊柜、壁柜制作安装方法与质量要求

1. 吊柜、壁柜的制作安装方法

吊柜、壁柜由框架、旁板、顶板、底板、搁板、面板、柜扇、隔板、抽屉等组合而成，其施工工艺流程为：找线定位—框、架安装—壁柜、隔板、支点安装—壁（吊）柜扇安装—五金安装。

(1) 找线定位。抹灰前利用室内统一标高线，按设计施工图要求的壁柜、吊柜标高及上下口高度，考虑抹灰厚度的关系，确定相应的位置。

(2) 框、架安装。壁柜、吊柜的框和架应在室内抹灰前进行，安装在正确位置后，两侧框每个固定件钉 2 个钉子与墙体木砖钉固，钉帽不得外露。若隔断墙为加气混凝土或轻质隔板墙时，应按设计要求的构造固定。如设计无要求时可预钻 ϕ5 mm 孔，深 70～100 mm，并事先在孔内预埋木楔黏 107 胶水泥浆，打入孔内黏结牢固后再安装固定柜。采用钢柜时，需在安装洞口固定框的位置预埋铁件，进行框件的焊固。在框、架固定时，应先校正、套方、吊直、核对标高、尺寸、位置准确无误后再进行固定。

(3) 壁柜、隔板、支点安装。按施工图隔板标高位置及要求的支点构造安设隔板支点条（架）。木隔板的支点一般是将支点木条钉在墙体木砖上，混凝土隔板一般是匚形铁件或设置角钢支架。

(4) 壁（吊）柜扇安装。

①按扇的安装位置确定五金型号、对开扇裁口方向，一般应以开启方向的右扇为盖口扇。

②检查框口尺寸。框口高度应量上口两端；框口宽度应量两侧框间上、中、下三点，并在扇的相应部位定点划线。

③根据划线进行框扇第一次修刨，使框、扇留缝合适，试装并划第二次修刨线，同时划出框、扇合页槽位置，注意划线时避开上下冒头。

④铲、剔合页槽安装合页：根据标划的合页位置，用扁铲凿出合页边线，剔合页槽。

⑤安装扇：安装时应将合页先压入扇的合页槽内，找正后拧好固定螺丝，进行试装，调好框扇间缝隙，修整框上的合页槽，固定时框上每支合页先拧一个螺丝，然后关闭、检查框与扇的平整，无缺陷符合要求后，将全部螺丝装上拧紧。木螺丝应钉入全长 1/3，拧入 2/3，如框、扇为黄花松或其他硬木时，合页安装螺丝应划位打眼，眼孔直径为木螺丝直径的 0.9 倍，眼深为螺丝的2/3长度。

⑥安装对开扇：先将框、扇尺寸量好，确定中间对口缝、裁口深度，划线后进行刨槽，试装合适时，先装左扇，后装盖扇。

（5）五金安装。

五金的品种、规格、数量按设计要求安装，安装时注意位置的选择，无具体尺寸时操作就按技术交底进行，一般应先安装样板，经确认后再大面积安装。

2. 吊柜、壁柜制作安装的质量要求

（1）框扇品种、型号、安装位置必须符合设计要求。

（2）框扇必须安装牢固，固定点符合设计要求和施工及验收规范规定的标准。

（3）柜扇裁口顺直，刨面平整光滑，活扇安装应开关灵活、稳定，无回弹和倒翘。

（4）五金安装位置适宜，槽深一致，边缘整齐，尺寸准确。五金规格符合要求，数量齐全，木螺丝拧紧卧平，插销开插灵活。

（5）框的盖口条、压缝条压边尺寸一致。

（6）项目应符合表 10.2 的质量要求。

表 10.2　吊柜、壁柜制作安装允许偏差表

序号	项　目	允许偏差/mm
1	框、正侧面垂直度	3
2	框对角线	2
3	框与扇、扇与扇高低差	2
4	框与扇、对口扇间留缝宽度值	1.5～2.5

10.3.3 厨房台柜的尺寸与制作安装要求

1. 厨房台柜的尺寸

厨房台柜是与人的使用最为密切相关的设施之一，其尺寸要根据人的身高来确定。厨房台柜的台面宽度应不小于 500 mm，高度宜为 800 mm。台柜底板距地面宜不小于 100 mm。切菜台板以距地 700～800 mm 为佳。厨房灶台的高度不应大于 700 mm（包括台面铺贴材料厚度），锅底应离火口 30 mm，这样可最大限度地利用火力。抽油烟机与灶台的距离以 600～800 mm 为宜，距地不高于1 700 mm。操作台上方的吊柜要能使主人操作时不碰头为宜。吊柜与操作台之间的距离应在 550 mm 以上。很多家庭进厨房操作的是家庭主妇，因此，取放物的最佳高度应设计为 950～1 600 mm。

2. 厨房台柜的制作安装要求

（1）厨房台柜基本与吊柜、壁柜的制作安装施工工艺一致，其施工操作要点如下：

①橱柜小五金安装。小五金应安装齐全，位置适宜，固定可靠；柜门与柜体连接宜采用弹性连接件安装，用木螺钉固定，亦可用合页连接；拉手应在柜门中点下安装。

②其上方吊柜宜用膨胀螺栓吊装。安装后应与墙及顶棚紧靠，无缝隙，安装牢固，无松动、安全可靠，位置正确合理，不变形。

③所有橱柜安装后，必须垂直、水平，所有外角应用砂纸磨钝。

④凡混凝土小型空心砌块墙、空心砖墙、多孔砖墙、轻质非承重墙，不允许用膨胀管木螺钉固定安装吊柜，应采取加固措施后，用膨胀螺栓安装吊顶。

(2) 厨房台柜制作安装质量要求。

①橱柜应采取榫连接，立梃、横挡、中梃、中挡等拼装时，榫槽应严密嵌合，应用胶料黏结，并用木楔加紧，不得用钉子固定连接。

②橱柜骨架拼装完毕后，应校正规方，并用斜拉条及横拉条临时固定。

③面板在骨架上铺贴应用胶料胶结，位置准确，并用钉子固定，钉距 80～100 mm，钉长为面板厚度的 2～2.5 倍。钉帽应敲扁，并进入面板 0.5～1 mm。钉眼用与板材同色的油性腻子抹平。

④橱柜体及柜门的线型应符合设计要求，棱角整齐光滑，拼缝严密平整。

⑤台柜底板距地面宜不小于 100 mm。

⑥橱柜门框与门扇或柜体与门扇装配的偏差与缝隙宽度应符合表 10.3 要求。

表 10.3 橱柜门框与门扇或柜体与门扇装配的偏差与缝隙宽度

橱柜门框与门扇或柜体与门扇装配允许偏差				缝隙宽度		
序号	项目	构件名称	允许偏差/mm	序号	项目	缝隙宽度/mm
1	翘曲	柜体	3			
		柜门	2	1	柜门对口缝	＜0.8
2	对角线长度	柜体、柜门	2	2	柜门与柜体上缝	＜0.8
3	高度、宽度	柜体	0、−2	3	柜门与柜体下缝	＜0.8
		柜门	2、0	4	柜门与柜体铰链立缝	＜0.8

10.4 花饰安装工程施工

花饰是建筑装饰装修工程中的一个重要组成部分。它是根据建筑物的使用功能和装饰艺术风格确定的。花饰的材料质地、图案设计、色调体型必须从建筑空间总体要求出发，保持装饰效果与空间环境的协调配合，才能充分发挥花饰工程的综合效果。

花饰按照其制作与安装施工的材料可划分为：木质花饰、水泥砂浆花饰、混凝土花饰、金属花饰、塑料花饰和石膏花饰等。按照其制作形式可划分为条形花饰和单独花饰。

10.4.1 墙面木饰种类与制作安装

1. 墙面木饰种类

墙面木饰工程施工主要在中、高级内墙、柱面装饰中使用。墙面木饰在住宅室内墙面装饰中越来越强调居室功能要求，充分体现业主的装饰风格。

按照室内墙面装饰的木质护墙板的饰面方式，墙面木饰可分为全高护墙板和局部墙裙；按照墙面木饰的形式划分，墙面木饰可分为护壁板、板筋墙和壁龛等；依据墙面木饰的组成，墙面木饰一般由木骨架、基层板、面层板和装饰线脚组成。

(1) 墙面木饰一般尺寸规定和要求。

①局部墙裙护墙板高度宜为 900～1 200 mm，全高护墙板须依据墙的高度满铺。

②横向主龙骨上宜开通气孔，孔间距宜 900 mm 左右，立梃主龙骨间距应控制在 350～600 mm。

③木龙骨上宜用 24 mm×30 mm 方木，面板宜用夹板。

（2）墙面木饰质量要求。

①墙面木饰是用木龙骨（主筋、横撑）、板材（胶合板、实木板、纤维板、细木工板、刨花板、防火板和三聚氰胺板等）、装饰线条（天花线、天花角线等）构造的护墙装饰设施。

②处理无腰带的墙裙时应设计拼缝方法，一般有平缝、八字缝、线条压缝 3 种形式，家庭装修中一般采用线条压缝法。

③在施工前，地面基体应当处理平整，消除浮灰，对不平整的墙面应用腻子刮平。

④对于比较潮湿的地面，应涂刷防潮剂一道。

2. 墙面木饰制作安装

（1）墙面木饰施工工艺流程：弹线、定位—固定龙骨、垫木—安装基层板、贴饰面板—固定踢脚板—饰面处理。操作要点如下：

①弹线、定位。施工时，应按设计图样及尺寸在墙面上弹出水平标高线、护墙板的高度线，按龙骨设计布置方位及垫木位置，在墙上钻孔、下木榫。木榫入孔深度应离墙面 10 mm，沿龙骨方向的钻孔间距应为 500 mm。木楔应做防腐处理，墙面也要进行防潮、阻燃处理。

②固定龙骨及垫木。按横龙骨间距 400 mm，竖龙骨间距 600 mm，用钉子对准木榫的位置固定，钉长应为龙骨或垫木的 2～2.5 倍。也可以用射钉进行固定，射钉入砖深度宜为 30～50 mm，射钉入混凝土墙深度应为 27～32 mm，射钉尾部不得露出龙骨或垫木的表面。距地面 5 mm 处应在竖龙骨底部钉垫木，垫木宽度与龙骨一致，厚度高 3 mm，横龙骨上打通气孔，每档至少一个。

③安装基层板，贴饰面板。安装面板前应先按尺寸下料，面板固定可采用黏结的方法，木龙骨外面刷胶，将墙板固定在木龙骨上，并用射钉加固。面板固定也可以单独采用钉子固定，钉帽应敲扁，顺面板木纹敲进板 0.5～1.0 mm，钉眼用与面板同色的油性腻子抹平，钉子长度为面板厚度的 2.0～2.5 倍。护墙板面板的高差应小于 0.5 mm；面板间留缝宽度应均匀一致，尺寸偏差不大于 2 mm;单块面板对角线长度偏差不大于 2 mm；面板垂直度偏差不大于 2 mm。墙板接缝处必须在竖龙骨上，并用压条压缝。护墙板阴阳角必须垂直、水平，对缝拼接为 45°角。

④固定踢脚板。将踢脚板固定在垫木及墙板上，踢脚板高度 150 mm。固定踢脚板和压条应紧贴面板，不得留有缝隙。钉固时沿顺木纹敲进，钉距不得大于 300 mm，钉入深度 0.5～1.0 mm，钉帽应敲扁，钉眼用同色油性腻子抹平。

⑤饰面处理。墙面木饰安装后，应立即进行饰面处理，涂刷一遍清油，以防止污染板面。

（2）墙面木饰质量通病。

①骨架与结构固定不牢。

②墙面粗糙，接头处不平、不严。

③细部做法不规矩。

10.4.2 室内线饰种类及制作安装要点

在装饰装修工程中，室内线饰所处的位置十分醒目，根据线饰的制作材料划分，线饰可分为木质线饰、石材线饰、混凝土线饰、塑料及金属线饰和玻璃线饰等。本节主要介绍木质线饰工程。为取得满意的装饰效果，木质线饰一般宜选用优质硬木的工厂制品精心制作安装。

1. 室内线饰的种类及尺寸

按照线饰的使用部位及功能，室内线饰的种类可分为挂镜线、顶角线、门窗贴脸和窗帘盒等。其中木质线饰由于木材的特有质地还可以制作成各种圆弧线条、异形线条的高级装饰木线、木花线、木雕花、木花格和木百叶等品种。

室内线饰一般尺寸为：

（1）挂镜线、顶角线规格是指最大宽度与最大高度，一般为 10～100 mm，长为 2～5 mm。

（2）木贴脸搭盖墙的宽度一般为 20 mm，最小不应少于 10 mm。

（3）窗帘盒搭接长度不少于 20 mm，一般长度比窗洞口的宽度大 300 mm。

2. 室内线饰安装要点

（1）挂镜线，顶角线制作安装要点。

①应挂在墙面上弹出位置线，钻孔、下木榫，木榫应入墙面 10 mm，孔间距沿水平方向为 500 mm。

②挂镜线对接接长时的对接缝应为 45°。

③挂镜线安装应用钉对准墙的木榫钉固，钉长应为线板厚的 2～2.5 倍，钉帽应敲扁，顺木纹钉入表面 0.5～1 mm，钉眼用同色油性腻子抹平。

④挂镜线应与墙面紧贴，不得有缝隙。安装后与墙平直，通长水平高差不得大于 3 mm。

（2）木贴脸制作安装要点。

木贴脸是装饰门窗洞口的一种木质装饰品，亦称门头线或窗头线。木贴脸式样很多，尺寸各异，应按照设计施工。其安装要点为：

①在门窗框及室内墙洞处装饰，应紧贴墙面，不得有缝隙，与窗框压接应紧密，棱角顺直。

②固定木贴脸一般为先横后竖，先量出横向贴脸板所需的长度，紧贴在框的上槛上，其两端伸出的长度应一致，转角采取割角 45°斜面对接，接缝要严密，贴脸板的内侧要与筒子板对齐，用钉对准墙的木榫钉固。接着量出竖向贴脸板的长度，钉在边框上。钉长应为线板厚的 2 倍，钉帽应敲扁，顺木纹钉入表面 0.5～2 mm，钉眼用同色油性腻子抹平。

③木贴脸安装好之后，要先刷一遍清漆，以防潮变形干裂，底油要细，以免涂装时调色困难。

（3）窗帘盒制作安装要点。

窗帘盒是用来遮挡窗帘杆及其轨道以及窗帘上部的装饰件。一般有明、暗两种，明窗帘盒整个明露，暗窗帘盒是由安装吊顶时预留的挂窗帘的位置。本节主要介绍在施工现场加工制作的明窗帘盒的安装要点。

①定位划线。将施工图中窗帘盒的具体位置画在墙面上，按窗帘盒的定位位置和固定件的间距画定位线。

②支架与墙体连接。在装窗帘盒的墙上将角钢固定件或 5 mm×5 mm 的扁铁支架预埋入墙内，间距 500 mm。也可在钢筋混凝土过梁内预埋铁件，安装时再与扁铁焊牢，或用射钉、膨胀螺栓固定支架。支架安装位置正确，平直通顺，出墙尺寸一致。

③窗帘盒与支架连接。木窗帘盒应用木螺钉与扁铁支架拧紧，牢固连接。

④窗帘盒面板上部与顶棚连接，通常可不设上盖板，若玻璃窗宽度占墙宽度 3/5 以上，窗帘盒可不设上盖板及盖端，直接固定于俩侧墙面。面板高度宜为 100～140 mm，盒内净宽：安装双轨时应为 180 mm，安装单轨时应为 140 mm。木窗帘盒须与墙面紧贴，缝隙严密。

⑤双扇窗窗帘盒长度，应向窗洞宽度的两边延伸，每边延伸长度不小于 180 mm。

⑥窗帘盒安装后，下沿应水平，全长的高度偏差不得大于 2 mm。表面平直光滑，棱角方正，线条顺直。

⑦窗帘盒外观必须光洁，必要时可在面板上钉饰和雕刻花饰。

【知识拓展】

制作窗帘盒的木材一般采用红、白松及硬杂木干燥料，含水率不大于 12%，并不得有裂缝、扭曲现象；通常采用市售的工厂生产半成品或成品，施工现场安装；可根据设计要求选用五金配件，例如，不锈钢滑轮、PVC 塑钢滑道、镀锌挂钩、铝制烤漆窗帘杆和不锈钢窗帘杆等。

制作窗帘盒若使用大芯板时，开燕尾槽黏胶对接，如饰面为清油涂刷，应做与窗框套同材质的饰面板粘贴，粘贴面为窗帘盒的外侧面及底面。贯通式窗帘盒可直接固定在两侧墙面及顶面上。

10.5 质量标准及检验方法

10.5.1 木门窗制作与安装工程质量标准及检验方法

1. 主控项目

(1) 木门窗的木材品种、材质等级、规格、尺寸、框扇的线型及人造木板的甲醛含量应符合设计要求。设计未规定材质等级时，所用木材的质量应依据情况符合普通木门窗用木材的质量要求（表 10.4）或高级木门窗用木材的质量要求（表 10.5）的规定。

表 10.4 普通木门窗用木材的质量要求

木材缺陷		门窗扇的立梃、冒头、中冒头	窗棂、压条、门窗及气窗的线脚，通风窗立梃	门芯板	门窗框
活节	不计个数，直径/mm	≤15	≤5	≤15	≤15
	计算个数，直径	≤材宽的 1/3	≤材宽的 1/3	≤30 mm	≤材宽的 1/3
	任 1 延米个数	≤3	≤2	≤3	≤5
死节		允许，计入活节总数	不允许	允许，计入活节总数	
髓心		不露出表面的，允许	不允许	不露出表面的，允许	
裂缝		深度及长度小于等于厚度及材长的 1/5	不允许	允许可见裂缝	深度及长度小于等于厚度及材长的 1/4
斜纹的斜率/%		≤7	≤5	不限	≤12
油眼		非正面，允许			
其他		浪形纹理、圆形纹理、偏心及化学变色，允许			

表 10.5 高级木门窗用木材的质量要求

木材缺陷		门窗扇的立梃、冒头、中冒头	窗棂、压条、门窗及气窗的线脚，通风窗立梃	门芯板	门窗框
活节	不计个数，直径/mm	≤10	≤5	≤10	≤10
	计算个数，直径	≤材宽的 1/4	≤材宽的 1/4	≤20 mm	≤材宽的 1/3
	任 1 延米个数	≤2	≤0	≤2	≤3
死节		允许，包括在活节总数中	不允许	允许，包括在活节总数中	不允许
髓心		不露出表面的，允许	不允许	不露出表面的，允许	
裂缝		深度及长度小于等于厚度及材长的 1/6	不允许	允许可见裂缝	深度及长度小于等于厚度及材长的 1/5
斜纹的斜率/%		≤6	≤4	≤15	≤10
油眼		非正面，允许			
其他		浪形纹理、圆形纹理、偏心及化学变色，允许			

检验方法：观察；检查材料进场验收记录和复验报告。

(2) 木门窗应采用烘干的木材，含水率应符合《建筑木门、木窗》(JG/T 122) 的规定。

检验方法：检查材料进场验收记录。

(3) 木门窗的防火、防腐、防虫处理应符合设计要求。

检验方法：观察；检查材料进场验收记录。

(4) 木门窗的结合处和安装配件处不得有木节或已填补的木节。木门窗如有允许限值以内的死节及直径较大的虫眼时，应用同一材质的木塞加胶填补。对于清漆制品，木塞的木纹和色泽应与制品一致。

检验方法：观察。

(5) 门窗框和厚度大于 50 mm 的门窗扇应用双榫连接。榫槽应采用胶料严密嵌合，并用胶楔加紧。

检验方法：观察；手扳检查。

(6) 胶合板、纤维板门和压模门不得脱胶。胶合板不得刨透表层单板，不得有戗槎。制作胶合板门、纤维板门时，边框和横楞应在同一平面上，面层、边框及横楞应加压胶结。横楞和上、下冒头应各钻两个以上的透气孔，透气孔应畅通。

检验方法：观察。

(7) 木门窗的品种、类型、规格、开启方向、安装位置及连接方式应符合设计要求。

检验方法：观察；尺量检查；检查成品门的产品合格证书。

(8) 木门窗框的安装必须牢固。预埋木砖的防腐处理，木门窗框固定点的数量、位置及固定方法应符合设计要求。

检验方法：观察；手扳检查；检查隐蔽工程验收记录和施工记录。

(9) 窗扇必须安装牢固，开关灵活，关闭严密，无倒翘。

检验方法：观察；开启和关闭检查；手扳检查。

(10) 木门窗配件的型号、规格、数量应符合设计要求，安装应牢固，位置应正确，功能应满足使用要求。

检验方法：观察；开启和关闭检查；手扳检查。

2. 一般项目

(1) 木门窗表面应洁净，不得有刨痕、锤印。

检验方法：观察。

(2) 木门窗的割角、拼缝应严密平整。门窗框、扇裁口应顺直，刨面应平整。

检验方法：观察。

(3) 木门窗上的槽、孔应边缘整齐，无毛刺。

检验方法：观察。

(4) 木门窗与墙体间缝隙的填嵌材料应符合设计要求，填嵌应饱满。寒冷地区外门窗或门窗框与砌体间的空隙应填充保温材料。

检验方法：轻敲门窗框检查；检查隐蔽工程验收记录和施工记录。

(5) 木门窗披水、盖口条、压缝条、密封条的安装应顺直，与门窗结合应牢固、严密。

检验方法：观察；手扳检查。

(6) 木门窗制作的允许偏差和检验方法应符合表 10.6 的要求。

表 10.6 木门窗制作的允许偏差和检验方法

序号	项目	构件名称	允许偏差/mm		检验方法
			普通	高级	
1	翘曲	框	3	2	将框、扇平放在检查平台上，用塞尺检查
		扇	2	2	
2	对角线长度差	框、扇	3	2	用钢尺检查，框量裁口里角，扇量外角
3	表面平整度	扇	2	2	用 1 m 靠尺和塞尺检查
4	高度、宽度	框	0；-2	0；-1	用钢尺检查，框量裁口里角，扇量外角
		扇	+2；0	+1；0	
5	裁口、线条结合处高低差	框、扇	1	0.5	用钢直尺和塞尺检查
6	相邻棂子两端间距	扇	2	1	用钢直尺检查

（7）木门窗安装的留缝限值、允许偏差和检验方法应符合表 10.7 的要求。

表 10.7 木门窗安装的留缝限值、允许偏差和检验方法

序号	项目		留缝限值/mm		允许偏差/mm		检验方法
			普通	高级	普通	高级	
1	门窗槽口对角线长度差		—	—	3	2	用钢尺检查
2	门窗框的正、侧面垂直度		—	—	2	1	用 1 m 垂直检查尺检查
3	框与扇、扇与扇接缝高低差		—	—	2	1	用钢直尺和塞尺检查
4	门窗扇对口缝		1～2.5	1.5～2	—	—	用塞尺检查
5	门窗扇与上框间留缝		1～2	1～1.5	—	—	
6	门窗扇与侧框间留缝		1～2.5	1～1.5	—	—	
7	窗扇与下框间留缝		2～3	2～2.5	—	—	
8	门扇与下框间留缝		3～5	3～4	—	—	
9	双层门窗内外框间距		—	—	4	3	用钢尺检查
10	无下框时门扇与地面间留缝	外门	4～7	5～6	—	—	用塞尺检查
		内门	5～8	6～7	—	—	
		卫生间门	8～12	8～10	—	—	

10.5.2 细部工程质量标准及检验方法

1. 细部工程质量一般规定

（1）本节适用于下列分项工程的质量验收：①橱柜制作与安装；②窗帘盒制作与安装；③花饰制作与安装。

（2）细部工程验收时应检查下列文件和记录：

①施工图、设计说明及其他设计文件。

②材料的产品合格证书、性能检测报告、进场验收记录和复验报告。

③隐蔽工程验收记录。

④施工记录。

(2) 细部工程应对人造木板的甲醛含量进行复验。

(3) 细部工程应对下列部位进行隐蔽工程验收:

①预埋件(或后置埋件)。

②施工记录。

(4) 各分项工程的检验批应按下列规定划分:

①同类制品每50间(处),应划分为一个检验批。

②不足50间(处)也应划分为一个检验批。

2. 橱柜细部工程质量标准及检验方法

(1) 主控项目。

①橱柜制作与安装所用材料的材质和规格、木材的燃烧性能等级和含水率、花岗石的放射性及人造木的甲醛含量应符合设计要求及国家现行标准的有关规定。

检验方法:观察;检查产品合格证、进场验收记录、性能检测报告和复验报告。

②橱柜安装预埋件或后置埋件的数量、规格、位置应符合设计要求。

检验方法:检查隐蔽工程验收记录和施工记录。

③橱柜的造型、尺寸、安装位置、制作和固定方法应符合设计要求,橱柜安装必须牢固。

检验方法:观察;尺量检查;手扳检查。

④橱柜配件的品种、规格应符合设计要求。配件应齐全,安装应牢固。

检验方法:观察;手扳检查;检查进场验证记录。

⑤橱柜的抽屉和柜门应开关灵活,回位正确。

检验方法:观察;开启和关闭检查。

(2) 一般项目。

①橱柜表面应平整、洁净、色泽一致,不得有裂缝、翘曲及损坏。

检验方法:观察。

②橱柜裁口应顺直,拼缝应严密。

检验方法:观察。

③橱柜安装的允许偏差和检验方法应符合表10.8的规定。

表10.8 橱柜安装的允许偏差和检验方法

序号	项 目	允许偏差/mm	检验方法
1	外形尺寸	3	用钢尺检查
2	立面垂直度	2	用1 mm垂直检测尺检查
3	门与框架的平行度	2	用钢尺检查

3. 窗帘盒制作与安装工程质量标准及检验方法

(1) 主控项目。

①窗帘盒制作与安装所使用材料的材质和规格、木材的燃烧性能等级和含水率及人造木的甲醛含量应符合设计要求及国家现行标准的有关规定。

检验方法:观察;检查产品合格证、进场验收记录、性能检测报告和复验报告。

②窗帘盒造型、规格、尺寸、安装位置和固定方法必须符合设计要求。窗帘盒的安装必须牢固。

检验方法:观察;尺量检查;手扳检查。

③窗帘盒配件的品种、规格应符合设计要求,安装应牢固。

检验方法:观察;手扳检查;检查进场验证记录。

(2) 一般项目。

①窗帘盒表面应平整、洁净、线条顺直、接缝严密、色泽一致，不得有裂缝、翘曲及损坏。

检验方法：观察。

②窗帘盒与墙面衔接应严密、顺直、光滑。

检验方法：观察。

③窗帘盒安装的允许偏差和检验方法应符合表10.9的规定。

表10.9 窗帘盒安装的允许偏差和检验方法

序号	项目	允许偏差/mm	检验方法
1	水平度	2	用1 mm水平尺和塞尺检查
2	上口、下口直线度	3	拉5 mm线，不足5 m拉通线，用钢尺检查
3	两端距窗洞口长度差	2	用钢尺检查
4	两端出墙厚度差	3	用钢尺检查

4. 花饰制作与安装工程质量标准及检验方法

(1) 主控项目。

①花饰制作与安装所使用材料的材质、规格应符合设计要求。

检验方法：观察；检查产品合格证书和进场验收记录。

②花饰的造型、尺寸应符合设计要求。

检验方法：观察；尺量检查。

③花饰的安装位置和固定方法必须符合设计要求，安装应牢固。

检验方法：观察；尺量检查；手扳检查。

(2) 一般项目。

①花饰表面应洁净，接缝应严密吻合，不得有歪斜、裂缝、翘曲及损坏。

检验方法：观察。

②花饰安装的允许偏差和检验方法应符合表10.10的规定。

表10.10 花饰安装的允许偏差和检验方法

序号	项目		允许偏差/mm		检验方法
			室内	室外	
1	条形花饰的水平度或垂直度	每米	1	2	拉线和用1 mm垂直检测尺检查
		全长	3	6	
2	单独花饰中心位置偏移		10	15	拉线和用钢直尺检查

【重点串联】

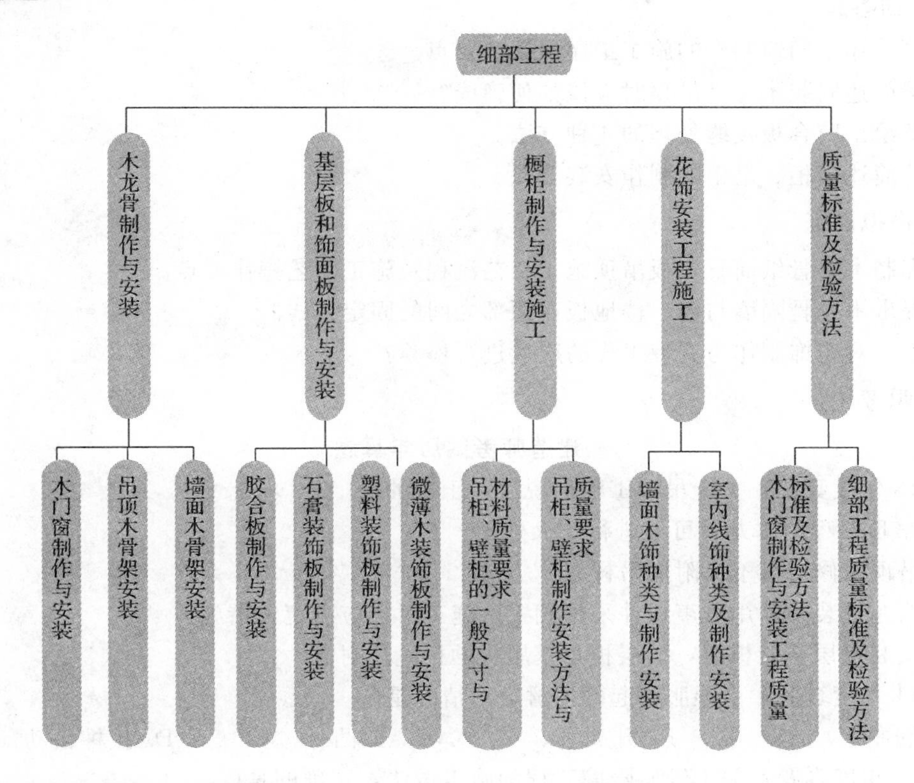

拓展与实训

职业能力训练

一、填空题

1. 门窗框与墙体的固定方式分为________和________两种。

2. 木龙骨的木方料不宜直接用于结构部位，应做________处理和________处理并干燥后方可使用。

3. 墙面木夹板的安装方式主要有________和________两种。

4. 塑料装饰板安装方法有________和________两种。

二、单项选择题

1. 不属于木门面板制作材料的是(　　)。

A. 胶合板　　B. 硬质纤维板饰　　C. 刨花板　　D. 石膏板

2. 木龙骨架与吊点紧固件的固定方法有多种，不属于两者固定方法的是(　　)。

A. 绑扎法　　B. 胶黏法　　C. 钩挂法　　D. 木螺钉固定法

3. 固定木贴脸时，其转角采取(　　)形式对接，接缝要严密。

A. 割角 45°斜面　　B. 割角 60°斜面　　C. 90°垂直对接　　D. 90°明缝对接

4. 窗帘盒安装后，应表面平直光滑，棱角方正，下沿水平，全长的高度偏差不得大于(　　)。

A. 5 mm　　B. 8 mm　　C. 2 mm　　D. 10 mm

三、简答题

1. 请简述木门窗制作的施工工序及工艺要点。
2. 请简述安装木龙骨吊顶时应该如何弹线?
3. 请绘出胶合板接缝处理的 4 种方法。
4. 请简述橱柜、吊柜的制作安装要点。

工程模拟训练

1. 编制木龙骨纸面石膏板吊顶施工工艺流程及施工工艺操作要点。
2. 提出木龙骨隔墙与墙、楼地板、顶部之间的固定方式。
3. 怎样对花饰制作与安装工程的质量进行检验?

链接职考

建造师考试历年真题

【2013 年度真题】关于吊顶工程的说法，正确的是(　　)。

A. 吊顶工程的木龙骨可不进行防火处理

B. 吊顶检修口可不设附加吊杆

C. 明龙骨装饰采用吸声板并采用搁置法施工时，应有定位措施

D. 安装双层石膏板时，面层板与基层板的接缝应对齐

【2011 年度真题】由湿胀引起的木材变形情况是(　　)。

A. 翘曲　　B. 开裂　　C. 鼓凸　　D. 接榫松动

【2010 年度真题】关于轻质隔墙工程的施工做法，正确的是(　　)。

A. 当有门洞口时，墙板安装从墙的一端向另一端顺序安装

B. 抗震设防区的内隔墙安装采用刚性连接

C. 在板材隔墙上直接剔凿打孔，并采取保护措施

D. 在设备管线安装部位安装加强龙骨

吊顶工程施工中，明龙骨饰面板的安装应符合(　　)的规定。

A. 确保企口的相互咬接及图案花纹吻合

B. 玻璃吊顶龙骨上留置的玻璃搭接应采用刚性连接

C. 装饰吸声板严禁采用搁置法安装

D. 饰面板与龙骨嵌装时，饰面板应事先加工成坡口

根据《建筑内部装修设计防火规范》(GB 50222—95)，纸面石膏板属于(　　)建筑材料。

A. 不燃性　　B. 难燃性　　C. 可燃性　　D. 易燃性

【2007 年度真题】背景材料:

某装饰公司承接了寒冷地区某商场的室内、外装饰工程。其中，室内地面采用地面砖镶贴，吊顶工程部分采用木龙骨，室外部分墙面为铝板幕墙，采用进口硅酮结构密封胶、铝塑复合板，其余外墙为加气混凝土外镶贴陶瓷砖。施工过程中，发生如下事件。

事件一：因木龙骨为甲方供材料，施工单位未对木龙骨进行检验和处理就用到工程上。施工单位对新进场外墙陶瓷砖和内墙砖的吸水率进行了复试，对铝塑复合板核对了产品质量证明文件。

事件二：在送待检时，为赶工期，施工单位未经监理许可就进行了外墙饰面砖镶贴施工，待复验报告出来，部分指标未能达到要求。

事件三：外墙面砖施工前，工长安排工人在陶粒空心砖墙面上做了外墙饰面砖样板件，并对其质量验收进行了允许偏差的检验。

问题：

1. 进口硅酮结构密封胶使用前应提供哪些质量证明文件和报告?

2. 在事件一中，施工单位对甲方供的木龙骨是否需要检查验收?木龙骨使用前应进行什么技术处理?

3. 在事件一中，外墙陶瓷砖复试还应包括哪些项目?是否需要进行内墙砖吸水率复试?铝塑复合板应进行什么项目的复验?

4. 在事件二中，施工单位的做法是否妥当?为什么?

5. 指出事件三中外墙饰面砖样板件施工中存在的问题，写出正确做法，补充外墙饰面砖质量验收的其他检验项目。

模块 11 楼地面工程

【模块概述】

楼地面是建筑物底层地坪和楼层地面的总称，它既要满足使用要求，又要满足一定的装饰要求。楼地面的使用要求包括：保护主体结构、防潮防渗、耐磨宜清洁、隔音保温等，其装饰要求是美观大方、舒适、富有弹性。

楼地面工程作为装饰三大面的一个重要组成部分，是装饰工程施工中的一项重要工作。因此，本模块重点介绍石材地面，瓷砖地面，木、竹地面，塑料地面及地毯等施工工艺、质量要求及施工质量验收标准。

【学习目标】

1. 楼地面工程的组成和分类。
2. 楼地面工程材料的技术要求和施工环境要求。
3. 石材地面，瓷砖地面，木、竹地面，塑料地面及地毯等工程基层处理的要求。
4. 石材地面，瓷砖地面，木、竹地面，塑料地面及地毯等工程施工工艺及质量通病产生原因。
5. 石材地面，瓷砖地面，木、竹地面，塑料地面及地毯等工程施工要点。

【能力目标】

1. 能够正确选用和使用各种装饰材料。
2. 能清楚楼地面工程对施工环境的要求。
3. 会对楼地面工程基层进行正确恰当的处理。
3. 掌握石材地面，瓷砖地面，木、竹地面，塑料地面及地毯等工程施工工艺。
4. 会分析产生各种楼地面工程质量问题的原因并会防治。
5. 会检验楼地面工程质量。

【学习重点】

楼地面工程基层处理的要求，石材地面，瓷砖地面，木、竹地面，塑料地面及地毯等施工工艺及质量通病防治。

【课时建议】

理论 6 课时＋实践 6 课时

工程导入

1. 某装饰工程地面为木地面，工程于2012年10月竣工投入使用，第二年春天，铺设的木地面出现起拱现象。

2. 某装饰工程在铺设大理石地面，施工后质量检查时发现了空鼓、砖缝高低不一、起碱等施工质量问题。

为什么会出现上述情况呢？希望通过本模块的学习能让你分析出原因，并在工程实际避免所施工的楼地面工程发生各种质量问题。

11.1 楼地面工程基本知识

11.1.1 楼地面工程的分类、组成

1. 楼地面工程的组成

(1) 楼地面工程的概念。

楼地面是建筑物底层地坪和楼层地面的总称，两者的主要区别是其饰面承托层不同。地坪装饰面层的承托层是室内回填土，楼层装饰面层的承托层是架空的楼面结构层。地面饰面要注意防潮问题，楼面饰面要注意防渗漏问题。

(2) 楼地面工程组成。

楼地面按其构造可分为面层、垫层、基层三部分，如图11.1所示。

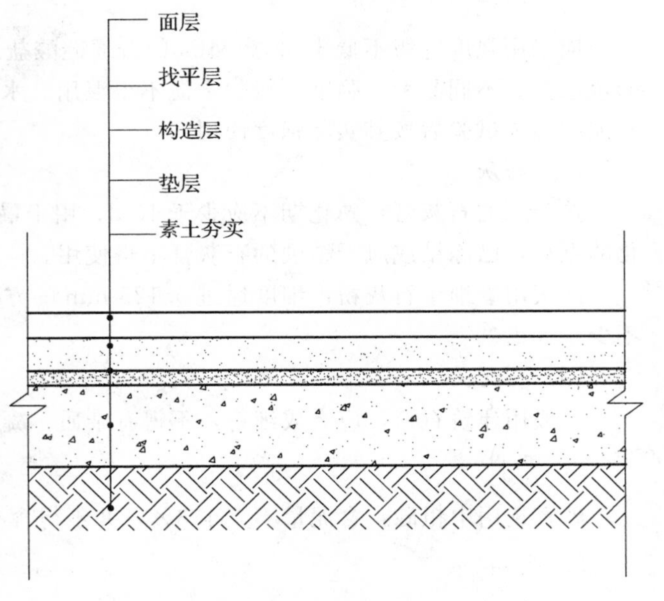

图11.1 楼地面的组成

①基层。基层的作用是承担其上面的全部荷载，它是楼地面的基体。地面基层多为素土或加入石灰、碎砖的夯实土，楼层的基层一般是现浇或预制钢筋混凝土楼板。

②垫层。垫层位于基层之上，其作用是将上部的各种荷载均匀地传给基层，同时还起着隔声和找平作用。垫层按材料性质的不同，分为刚性垫层和非刚性垫层两种。可增设填充层、隔离层、找平层、结合层等其他构造层。

a. 填充层是在建筑地面上起隔声、保温、找坡和暗敷管线等作用的构造层。

b. 隔离层是防止建筑地面上各种液体或地下水、潮气渗透到地面等作用的构造层；仅防止地下潮气透过地面时，可称作防潮层。

c. 找平层是在垫层、楼板上或填充层（轻质、松散材料）上起整平、找坡或加强作用的构造层。

d. 结合层是指面层与下一构造层相联结的中间层。

(3) 面层。

面层是楼地面的表层，即装饰层，是直接承受各种物理和化学作用的建筑地面表面层。地面的名称通常以面层所用的材料来命名，如大理石地面、木地面等。

2. 楼地面工程的分类

按建筑部位不同，楼地面可分为室外地面、室内地面；按面层材料和做法不同，楼地面可分为整体铺设地面，块板铺贴楼地面，竹、木铺装地面，塑料铺设地面，以及涂料涂布地面等。

技术提示

在装饰空间中进行地面装饰，应结合具体空间及设计风格来选择什么样的地面装饰材料以达到使用和装饰效果。楼地面的形式作为基础知识应掌握。

工程实践中，整体式楼地面逐渐退出市场。人们往往更关注按功能区域的使用要求，楼地面除了具有装饰美化空间的功能外，还应具有适合不同环境的具体的实用要求。如耐磨、有光泽、宜清洁的玻化地砖、花岗岩等块材地面，舒适而富有弹性的地毯，竹、木地板，耐磨轻质、脚感舒适的塑料地面、涂料地面等都是目前工程实践中常见的楼地面种类。

11.1.2 楼地面工程常用材料及技术要求

1. 胶凝材料

(1) 水泥。

应采用强度等级不低于32.5 MPa的普通硅酸盐水泥或矿渣硅酸盐水泥，搽缝可以用白水泥和彩色水泥。不同品种、强度等级的水泥不得混用。水泥应存放在仓库内，不得受潮。受潮后结块的水泥应过筛试验后按其实际强度使用。

(2) 石灰。

抹灰用的石灰膏：熟化期不应少于15 d，用于罩面时熟化期不少于30 d。石灰膏不得含有未熟化的颗粒，已冻结或风干结硬的石灰膏不得使用。

抹灰用磨细生石灰粉：细度通过0.125 mm的方孔筛，累计筛余量不大于13%，使用前熟化期不少于3 d。

(3) 石膏。

一般用建筑石膏，应磨成细粉，不得有杂质，凝结时间不迟于30 min。

2. 骨料

砂宜选用中粗砂，含泥量不大于3%，并不得含有杂质。

3. 颜料

应用耐碱、耐光的矿物颜料。常用品种有：氧化铁黄、铬黄（铅铬黄）、氧化铁红、甲苯胺红、群青、铬蓝、钛青蓝、钴蓝、铬绿、群青与氧化铁黄配用、氧化铁棕、氧化铁紫、氧化铁黑、炭黑、梦黑、松烟和钛白粉等。选用时应根据砂浆种类、抹灰部位、结合造价等因素综合考虑。

【知识拓展】

在建筑地面工程施工时，环境温度的控制应符合下列规定：

(1) 采用掺有水泥、石灰的拌和料铺设以及用石油沥青胶结料铺贴时，不应低于5 ℃；

(2) 采用有机胶黏剂粘贴时，不应低于10 ℃；

(3) 采用砂、石料铺设时不应低于0 ℃。

11.1.3 楼地面工程施工环境要求

（1）楼地面工程进行前，主体工程必须经有关部门验收合格。

（2）卫生间、厨房的地面工程要做地面防水工程，并经过闭水 24 h 不渗漏后，才能做地面装饰。

（3）地砖铺设应连续进行，尽快完成。夏季防止暴晒，冬季应有保温防冻措施，防止受冻；在雨、雪、低温、强风条件下，在室外或露天不宜进行砖面层作业。同时注意施工环境，不得在扬尘、湿度大等不利条件下作业。

（4）地毯铺设应连续进行，尽快完成。周边环境应干燥、无尘。室内已处于竣工交验结束。

（5）塑料地面施工应连续进行，尽快完成。冬季应有保温防冻措施，防止受冻；在雨、雪、低温、强风条件下，在室外或露天不宜进行塑料板面层作业。

（6）木地面在施工过程中应注意对已经完成的隐蔽工程管线和机电设备的保护，各工种间搭接配合。

（7）楼地面施工的环境温度一般不应低于 5 ℃，当必须在低于 5 ℃的气温下施工时，应采取保证工程质量的有效措施。

11.2 块材地面施工

11.2.1 石材地面施工

1. 常用建筑石材

（1）建筑石材基本知识。

建筑石材：具有一定的物理、化学性能，可用作建筑材料的岩石统称。我国建筑石材目前基本分为三大类：花岗石材类，大理石材类，板石类。

①花岗石：各类岩浆岩和以岩浆岩为原岩的变质岩的总称，主要成分为硅酸盐矿物，一般质地较硬，适合室内外墙面及地面。

②大理石：各类沉积岩和以深积岩为原岩的变质岩的总称，主要成分为碳酸盐矿物，一般质地较软。适合室内墙面，部分大理石也适合室内地面。

③板石：指以天然板岩、页岩等片状岩石及与其有关的变质岩所组成的一类石材。

技术提示

大理石或花岗岩板材分为薄板（厚度小于等于 15 mm 的板材），厚板（厚度大于 15 mm 的板材）。

（2）常用建筑石材的品种。

①大理石的特点及品种。大理石是以云南省大理县的大理城命名的，大理城以盛产优质大理石而名扬中外。大理石有许多别名，在古代多用作建筑物的柱础，故称为“础石”。又因其给人清新凉爽之感，也称“醒酒石”。此外，还有文石、凤凰石、榆石等称呼。

饰面用大理石板材，常以磨光后所显现的花纹、色泽、特征及原料产地来命名。

我国大理石矿产资源丰富，储量大，品种多，据调查资料统计，花色品种有 390 多种。如汉白玉，产于北京房山及湖北黄石，特点是玉白色，略有杂点和纹脉；云灰大理石、白色大理石、彩花大理石，产于云南大理，特点是石质细腻、光泽柔润、绚丽多彩。大理石品种还有很多，不一一列举，可参见图 11.2。

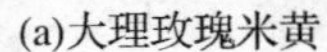
(a)大理玫瑰米黄

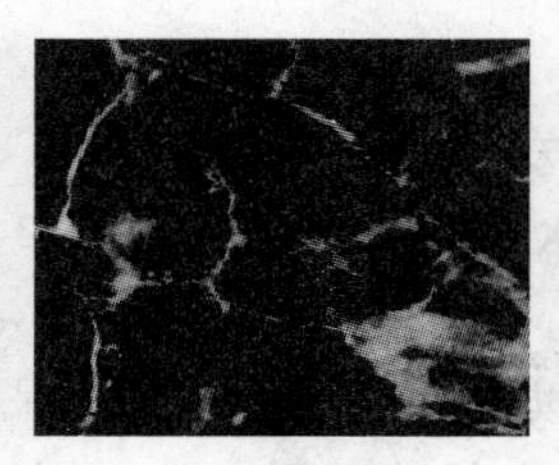
(b)广西黑金花

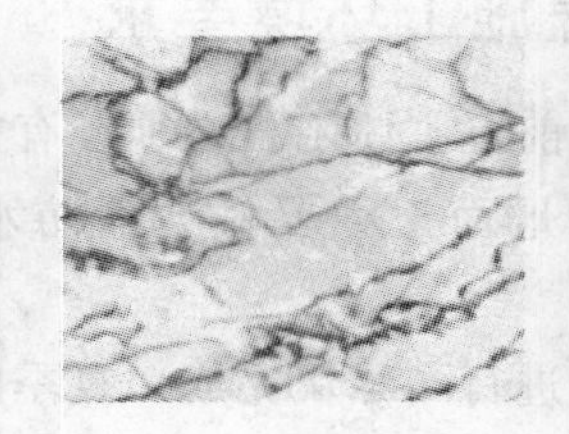
(c)湖北斑彩玉

(d)台湾大花绿

图 11.2　大理石

②花岗岩的特点及品种。天然花岗石构造致密，呈整体的均粒状结构。常按其结晶颗粒大小分为“伟晶”“粗晶”“细晶”3 种。其颜色主要是由长石的颜色和少量云母及深色矿物的分布情况而定，通常为灰色、红色、蔷薇色或灰、红相间的颜色，在加工磨光后，便形成色泽深浅不同的美丽斑点状花纹，花纹的特点是晶粒细小均匀，并分布着繁星般的云母亮点与闪闪发光的石英结晶。我国花岗石矿产资源也极为丰富，储量大，品种达 100 多种。如菊花青、雪花青、云里梅产于河南偃师；济南青产于山东济南；石棉产于四川石棉；豆绿色产于江西上高；中山玉产于广东中山；贵妃红橘、麻点白、绿黑花、黄黑花产于山西灵邱等，花岗岩品种还有很多，不一一列举，可参见图 11.3。大理石和花岗岩板材的质量要求见表 11.1。

(a)江西仙人红

(b)广西金点黑麻

(c)山东白珠白麻

(d)印度红(小花)

图 11.3　花岗岩

表 11.1　大理石和花岗岩板材的质量要求

<table>
<tr><th rowspan="3">品种</th><th colspan="4">允许偏差/mm</th><th rowspan="3">外观要求</th></tr>
<tr><th rowspan="2">长、宽度</th><th colspan="2">厚度</th><th rowspan="2">平整度</th></tr>
<tr><th>≤15</th><th>>15</th></tr>
<tr><td>花岗岩</td><td>0～1.5</td><td>±0.5～2.0</td><td>±1.0～3.0</td><td>≤400，0.2～0.6
≤400，0.5～0.9</td><td rowspan="2">板材表面要求无刀痕、暗痕、裂纹、无扭曲、缺角、掉边，色泽鲜明、光洁、方正、质地坚固</td></tr>
<tr><td>大理石</td><td>0～1.5</td><td>±0.5～1.0</td><td>±0.5～±2.0</td><td>≤400，0.3～0.6
≤400，0.5～0.8</td></tr>
</table>

常用规格：300 mm×300 mm、400 mm×400 mm、500 mm×500 mm、600 mm×600 mm、400 mm×800 mm 等。其构造做法如图 11.4 所示。

2. 施工材料及工具

(1) 材料。

天然石材的品种、规格应符合设计要求，技术等级、光泽度、外观质量要求应符合国家标准《天然大理石建筑板材》(JC/T 79—2001)、《天然花岗岩建筑板材》(JC 205)、《民用建筑室内环境污染控制规范》(GB 50325—2001) 的规定。

水泥：采用强度等级应不低于 42.5 MPa 的硅酸盐水泥、普通硅酸盐水泥或矿渣硅酸盐水泥。擦缝用白水泥的强度等级应不低于 42.5 MPa。

砂：中、粗砂，过筛没有杂质，含泥量不大于3%。

颜料：耐光矿物颜料。

其他辅材：蜡、草酸；石材保护液、养护液等。

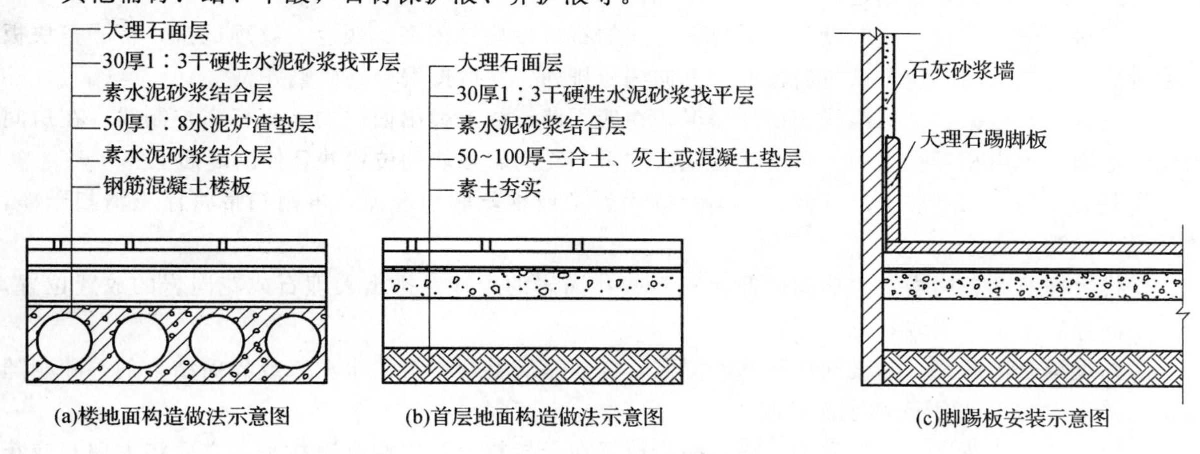

图 11.4 石材地面构造

（2）机具。

①根据施工条件，应合理选用适当的机具设备和辅助用具，以能达到设计要求为基本原则，兼顾进度及经济要求。

②常用机具设备有：云石机、手推车、计量器、筛子、木耙、铁锹、大桶、小桶、钢尺、水平尺、小线、胶皮锤、木抹子和铁抹子等。

【知识拓展】

高级地面大理石在铺贴前应根据设计要求刷养护液，可避免石材表面在施工中被损坏。矿物颜料应一次采购，避免分批采购时无法保证色彩一致。

石材地板因具有天然吸水性，所以若不小心将咖啡、茶等有颜色饮料翻倒于石材地面上，被其吸收后便会留下黄色的污渍，若不留意处理随便以清洁剂抹擦，则将留下腐蚀的痕迹，也许污渍去除了，但光泽也不见了。故需选择纯中性的色素污染清洁剂，将油污分解掉即可。

3. 天然石材地面施工

（1）作业条件。

①材料检验已经完毕并符合要求。

②应已对所覆盖的隐蔽工程进行验收且合格，并进行隐蔽工程会签。

③墙面做好+50 cm水平控制线，以控制铺设的高度和厚度。

④已对所有作业人员进行技术交底，特殊工种必须持证上岗。

⑤作业时的室内环境温度不得低于5 ℃。

⑥竖向穿过地面的立管已安装完，并装有套管。若有防水层，基层和构造层已找坡，立管已做好防水处理。

⑦供水管道埋设在地面时，应做好加压试水试验并符合要求。

⑧门框安装到位，并通过验收。

⑨基层洁净，缺陷已处理完，并做隐蔽验收。

⑩施工前，弹出铺设石材地面的施工大样图。

（2）施工工艺要点。

天然石材地面的施工工艺流程为：准备工作—试拼—弹线—试排—基层处理—铺砂浆—铺大理

石或花岗岩板材—勾缝—打蜡。

①准备工作：以加工单或施工图为依据，熟悉了解待铺贴地面的部位尺寸和做法，弄清边角、孔洞等部位之间的关系，确定矿物颜料的配色比重。

②试拼、编号：在正式铺设前，对每一房间的石材板块按图案、颜色、纹理试拼，将非整块板对称排放在房间靠墙部位，试拼后按两个方向编号排列，然后按编号码放整齐。

③找标高：根据水平标准线和设计厚度，在四周墙、柱上弹出面层的水平标高控制线。在房间中间的地面上弹出相互垂直的十字线，控制大理石和花岗岩板块的位置并延伸到墙面上。

④基层处理：把基层上的浮浆、落地灰等用錾子或钢丝刷清理掉，再用扫帚将浮土清扫干净，然后洒水湿润。

⑤排大理石和花岗岩：将房间依照大理石或花岗岩的尺寸，排出大理石或花岗岩的放置位置，并在地面弹出十字控制线和分格线。

⑥铺设结合层砂浆：铺设前应将基底湿润，并在基底上刷一道素水泥浆或界面结合剂，随刷随铺设搅拌均匀的 1∶3干硬性水泥砂浆。

⑦铺大理石或花岗岩：将大理石或花岗岩放置在干拌料上，用橡皮锤找平，之后将大理石或花岗岩拿起，在干拌料上浇适量素水泥浆，同时在大理石或花岗岩背面涂厚度约 1 mm 的素水泥膏，再将大理石或花岗岩放置在找过平的干拌料上，用橡皮锤按标高控制线和方正控制线坐平坐正。

铺大理石或花岗岩时应先在房间中间按照十字线铺设十字控制板块，之后按照十字控制板块向四周铺设，并随时用 2 m 靠尺和水平尺检查平整度。大面积铺贴时应分段、分部位铺贴。

如设计有图案要求时，应按照设计图案弹出准确分格线，并做好标记，防止差错。

技术提示

在铺贴大理石时前应根据设计要求刷养护液，可避免石材表面在施工中被损坏。矿物颜料应一次采购，避免分批采购时无法保证色彩一致。

⑧养护：当大理石或花岗岩面层铺贴完后应养护，养护时间不得小于 7 d。

⑨勾缝：当大理石或花岗岩面层的强度达到可上人的时候（结合层抗压强度达到 1.2 MPa），进行勾缝，用同品种、同强度等级、同色的掺色水泥膏或专用勾缝膏。颜料应使用矿物颜料，严禁使用酸性颜料。缝隙要求清晰、顺直、平整、光滑、深浅一致，缝色与石材颜色一致。

⑩打蜡：采用机械打蜡的操作工艺，用打蜡机将蜡均匀渗透到铺大理石或花岗岩面上，打蜡机的转速和温度应满足要求。

冬季施工时，环境温度不得低于 5 ℃。如果在负温下施工时，所掺抗冻剂必须经过试验室试验合格后方可使用。不宜采用氯盐、氨等作为抗冻剂，必须使用时，掺量必须严格按照规范规定的控制量和配合比通知单的要求加入。

【知识拓展】

质量通病防治

(1) 板面空鼓。

产生原因有：基层清理不干净或润湿不够，刷素水泥浆不均匀或漏刷；面层板块与基层黏结不牢；干硬性水泥砂浆的水灰比偏大或结合层未压实；板块四角部位由于铺放方法不当等形成空鼓；结合层未达到设计强度时上人或堆放物料等。

防治措施：做好基层清理，使其洁净、湿润；水泥浆结合层涂刷均匀，不得漏涂；施工时严格控制水灰比；结合层砂浆铺平压实后铺放板块，板块也铺平、压实；结合层未达到设计强度时严禁上人或堆放物料。

(2) 接缝高差偏大。

产生原因有：板材厚薄不均，板块角度偏差大；操作时检查不严，未严格按拉线对准校核；铺设干硬性砂浆不平整等。

防治措施：严格选材；操作时严格拉准线铺砖校核。

(3) 门槛板块松动。

产生原因有：门槛板材是在预留的位置上铺设的，产生门槛板块松动的主要原因是基层清理不干净、未湿润或湿润不够；未按要求涂刷结合层；过早上人或堆放物料等。

防治措施应对预留位置清扫浮灰等杂质，并洒水湿润，刷水泥素浆后，随即铺设门槛石板；结合层未达到设计强度时严禁上人或堆放物料。

11.2.2 瓷砖地面施工

1. 瓷砖的基本知识

瓷砖地面具有耐磨、耐腐蚀、美观、易于清洁等特点。它可分为两大类：釉面砖和同质砖。

釉面砖是由陶土经高温烧制成坯，并施釉二次烧制而成。釉面砖可以印花，花色多变，图案丰富多彩。釉面砖具有釉面光滑、不沾油、易清洁的特点，所以多用于厨房、卫生间。仿古砖是一种釉面砖，通过压机压制，烧成技术的应用与丝网印花机、刷釉机的共同应用生产出来的，表面具有仿古效果，很像是在自然中经历了日久天长的风化磨损而产生的。表面不像其他地砖光滑平整，视觉效果有凹凸不平感，有很好的防滑性。如图 11.5 所示。

(a)釉面砖

(b)抛光砖

(c)玻化砖

图 11.5 瓷砖种类

同质砖的正面和反面的材质和色泽一致，也称通体砖。广泛使用于厅堂、过道和室外走道等处。常见的抛光砖、玻化砖都属同质砖。

抛光砖是用黏土和石材的粉末经压机压制，烧制而成。其坚硬耐磨，但在打磨过程中会产生气孔，这些气孔会藏污纳垢，被污染后不宜清理。

玻化砖由石英砂、泥按照一定比例烧制而成，然后再经过打磨抛光。其密度更大、硬度更大、吸水率更小。克服了抛光砖宜污染的问题。

瓷砖常见的规格为 300 mm×300 mm、600 mm×600 mm、800 mm×800 mm、1 000 mm×1 000 mm,厚度 6～15 mm，其构造做法如图 11.6 所示。

技术提示

如何辨别玻化砖？我们在瓷砖上滴一滴墨水，如果吸收就不是玻化砖。

石材地板根据釉面砖的釉面光泽的不同，还可以分为亮光与哑光两种，亮光砖由于耐油污、宜清洁保养等特点多用于厨房，哑光砖因为视觉效果温馨典雅多用于卫生间。

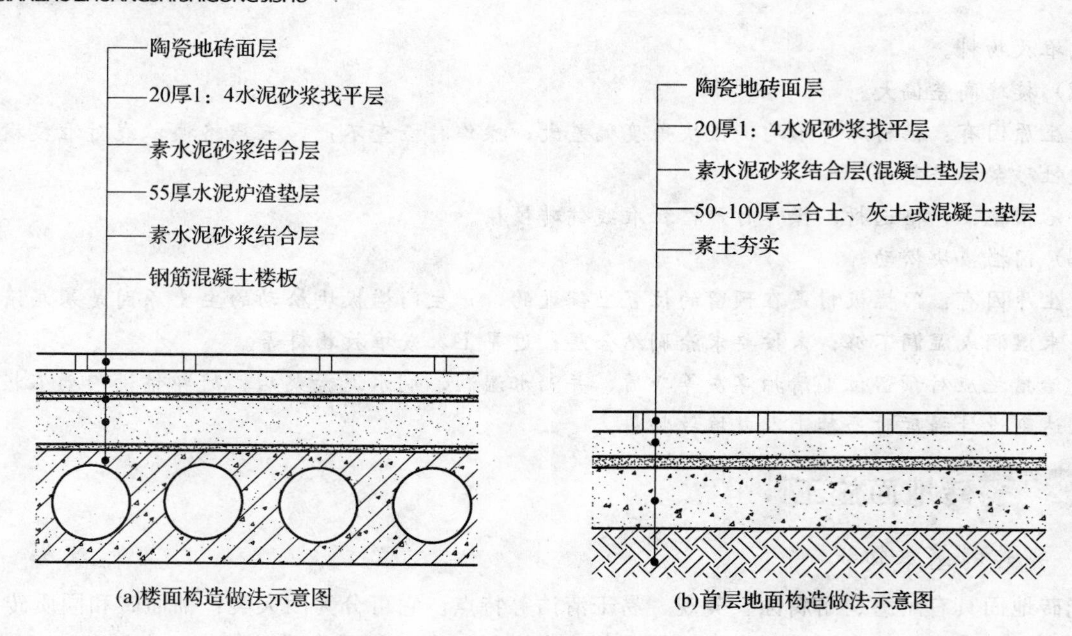

图 11.6 瓷砖地面

2. 施工材料及工具

(1) 材料。

室内用的地砖，可选用强度高、耐磨性好的干压法或挤压法成型的吸水率 $E \leqslant 10\%$ 的陶瓷砖。砖面层的允许偏差应符合国家标准《建筑地面工程施工质量验收规范》（GB 50209－2002）中表 6.1.8 的规定。

水泥：采用硅酸盐水泥或普通硅酸盐水泥，其强度等级应在 32.5 级以上；不同品种、不同强度等级的水泥严禁混用。

砂：中砂或粗砂，过筛没有杂质，含泥量不得大于 3%。

瓷砖：均有出厂合格证及性能检测报告，抗压、抗折及规格品种均符合设计要求，外观颜色一致、表面平整，图案花纹正确，边角齐整，无翘曲、裂纹等缺陷。

胶黏剂：如采用沥青胶结料或胶黏剂，其技术指标应符合设计要求，有出厂合格证和进场复试报告，并通过试验确定其适用性和使用要求。

颜料：耐光矿物颜料。

(2) 机具。

①根据施工条件，应合理选用适当的机具设备和辅助用具，以能达到设计要求为基本原则，兼顾进度、经济要求。

②常用机具设备有：云石机、手推车、计量器、筛子、木耙、铁锹、大桶、小桶、钢尺、水平尺、小线、胶皮锤、木抹子和铁抹子等。

3. 瓷砖地面施工

(1) 作业条件。

①进场复试和相关试验已经完毕并符合要求。

②应已对所覆盖的隐蔽工程进行验收且合格，并进行隐蔽工程会签。

③施工前，应做好水平标志，以控制铺设的高度和厚度，可采用竖尺、拉线、弹线等方法。

④对所有作业人员已进行了技术交底，特殊工种必须持证上岗。

⑤作业时的环境如天气、温度、湿度等状况应满足施工质量可达到标准的要求。

⑥竖向穿过地面的立管已安装完，并装有套管。如有防水层，管道已作防水处理。

⑦门框已安装到位，并通过验收。

⑧基层洁净，缺陷已处理完，已做隐蔽工程验收。

(2) 施工工艺要点。

施工工艺流程：基层处理—找标高—铺抹结合层砂浆—铺砖—养护—勾缝—踢脚板安装。

①基层处理：把沾在基层上的浮浆、落地灰等用錾子或钢丝刷清理掉，再用扫帚将浮土清扫干净。

②找标高：根据水平标准线和设计厚度，在四周墙、柱上弹出面层的水平标高控制线。

③排砖：将房间依照砖的尺寸留缝大小，排出砖的放置位置，并在基层地面弹出十字控制线和分格线。排砖应符合设计要求，当设计无要求时，宜避免出现板块小于1/4边长的边角料。

④铺设结合层砂浆：铺设前应将基底湿润，并在基底上刷一道素水泥浆或界面结合剂，随刷随铺设搅拌均匀的干硬性水泥砂浆。

⑤铺砖：将砖放置在干拌料上，用橡皮锤找平，之后将砖拿起，在干拌料上浇适量素水泥浆，同时在砖背面涂厚度约1 mm的素水泥膏，再将砖放置在找过平的干拌料上，用橡皮锤按标高控制线和方正控制线坐平坐正。

⑥铺砖时应先在房间中间按照十字线铺设十字控制砖，之后按照十字控制砖向四周铺设，并随时用2 m靠尺和水平尺检查平整度。大面积铺贴时应分段、分部位铺贴。

技术提示

在铺贴瓷砖地面时，若地砖规格较小且吸水率较大时，采用湿铺法；若地砖规格较大且吸水率小时，采用干铺法。

瓷砖在铺贴前，用清水浸泡晾干后才能使用，避免瓷砖表面有一层水膜，导致黏结不牢固，出现空鼓、脱落的现象。

⑦如设计有图案要求时，应按照设计图案弹出准确分格线，并做好标记，防止差错。

⑧养护：当砖面层铺贴完24 h内应开始浇水养护，养护时间不得小于7 d。

⑨勾缝：当砖面层的强度达到可上人的时候，进行勾缝，用同品种、同强度等级、同色的水泥膏或1：1水泥砂浆，要求缝清晰、顺直、平整、光滑、深浅一致，缝应低于砖面0.5～1 mm。

⑩踢脚板安装：设计没有要求时，踢脚板一般采用与地面块材同品种、同规格、同颜色的材料，注意踢脚板的立缝与地面缝对齐。铺贴时先在墙面两端阴角各镶贴一块砖，以此为标准拉线，开始铺贴其他的踢脚板。在砖背面满抹1：2水泥砂浆，及时粘贴上墙，拍实，将挤出的砂浆清理干净。

【知识拓展】

质量通病防治

(1) 空鼓。

产生原因有：基层处理不干净或润湿不够，刷素水泥浆不均匀或漏刷；瓷砖黏结不牢；干硬性水泥砂浆的水灰比偏大或结合层未压实；板块四角部位由于铺放方法不当等形成空鼓；结合层未达到规定强度时上人或堆放物料。

(2) 砖缝不顺直。

产生原因有：铺贴前，没有按要求选砖；铺贴时没有拉十字线。

(3) 接缝高差偏大。

产生原因有：操作时检查不严，未严格按拉线对准校核；铺设干硬性砂浆不平整等。过早上人或堆放物料。

(4) 有地漏的房间积水。

产生原因有：未按要求做好泛水坡度。

11.3 木、竹地面施工

11.3.1 木、竹地面种类及材料要求

1. 木、竹地面的基本知识

实木地板是天然木材经烘干、加工后形成的地面装饰材料。其特点是具有自重轻、弹性好、热导率低、构造简单、施工方便等优点，缺点是不耐磨、不耐腐、不耐火。

用作地板的木材，应注意选择抗弯强度较高，硬度适当，胀缩性小，抗劈裂性好，比较耐磨、耐腐、耐湿的木材。杉木、杨木、柳木、七叶树、横木等适于制作轻型地板；铁杉、柏木、红豆杉、桦木、槭木、楸木、榆木等适于制作普通地板；槐木、核桃木、悬铃木、黄檀木和水曲柳等适于制作高级地板。

(1) 普通木地板。

普通木地板由龙骨、水平撑、地板等部分组成。地板一般用松木或杉木，宽度不大于 12 cm，厚约 2～3 cm，拼缝做成企口或错口，直接铺钉在木龙骨上，端头拼缝要互相错开。

(2) 硬木地板。

硬木地板多采用水曲柳、椴木、榉木、柞木、红木等硬杂木作面层板，松木、杨木等作毛地板、格栅、垫木、剪刀撑等。裁口缝硬木地板应采用粘贴法。这种地板施工复杂、成本高，适用于高级住宅房间、室内运动场等。

技术提示

由于各地气候差异，湿度不同，制木地板条时木材的烘干程度不同，其含水率也有差异，对使用过程中是否出现脱胶、隆起、裂缝有很大影响。北方若用南方产含水率高的木地板，则会产生变形，铺贴困难，或者安装后出现裂纹，影响装饰效果。一般来说，西北地区（包头、兰州以西）和西藏地区，选用拼木地板的含水率应控制在 10%以内；华北、东北地区选用拼木地板的含水率应控制在 12%以内；中南、华南、华东、西南地区选用拼木地板的含水率应控制在 15%以内。一般居民无法测定木材含水率，所以购买时要凭经验判断木地板干湿，买回后放置一段时间再铺贴。

(3) 硬质纤维板地板。

硬质纤维板地板是利用热压制成 3～6 mm 厚裁剪成一定规格的板材，再按图案铺设而成的地板。这种地板既有树脂加强，又是用热压工艺成型的，因此，质轻高强，收缩性小，克服了天然木材易于开裂、翘曲等缺点，同时又保持了木地板的某些特性。

(4) 拼木地板。

拼木地板分高、中、低档 3 个档次。高档产品适合于高级宾馆及大型会场会议室室内地面装饰；中档产品适合于办公室、疗养院、托儿所、体育馆、舞厅等装饰。拼木地板条一般为硬杂木，如水曲柳、柞木、柚木、桦木、核桃木等。

【知识拓展】

拼木地板的优点有：

①有一定弹性，软硬适中，并有一定的保温、隔热、隔声功能。

②易清洁，使用寿命长。拼木地板铺在一般居室内，可用 20 年以上，可视为永久性装修。

③款式多样，可铺成多种图案，经刨光、油漆、打蜡后木纹清晰美观，漆膜丰满光亮，易与家具色调、质感浑然协调，给人以自然、高雅的享受。

拼木地板分带企口和不带企口六面光两种。带企口地板规格较大较厚，具有拼缝严密，有利于邻板之间的传力、整体性好、拼装方便等优点；不带企口的木板条较薄。

（5）复合木地板。

复合木地板又叫强化木地板，由硬质纤维、中密度纤维板为基材的浸渍纸胶膜贴面层复合而成，表面再涂以三聚氰胺和三氧化二铝等耐磨材料。这种复合木地板既改掉了普通木地板的一些缺点，保持了优质木材具有天然花纹的良好装饰效果，又达到了节约优质木材的目的。

复合木地板具有耐磨、典雅美观、色泽自然、花色丰富、防潮、阻燃、抗冲击、不开裂变形、安装便捷、保养简单、打理方便等优点，如图 11.7 所示。

(a)实木地板

(b)复合木地板

(c)竹面地板

(d)塑木地板

图 11.7　复合木地板种类

复合木地板的规格有 900 mm×300 mm×11 mm、900 mm×300 mm×14 mm 两种。

（6）竹制地板。

竹制地板是用经过脱去糖分、淀粉、脂肪、蛋白质等特殊无害处理后的竹板用胶黏剂拼接，施以高温高压而成的。地板无毒，牢固稳定，不开胶，不变形，具有超强的防虫蛀功能。地板六面用优质耐磨漆密封，阻燃，耐磨，防霉变。地板表面光洁柔和，几何尺寸好，品质稳定，是住宅、宾馆和写字间等的高级装潢材料。

竹材是节约木材，取代木材的理想材料。毛竹的抗拉强度为 202.9 MPa，是杉木的 2.5 倍；抗压强度为78.7 MPa,是杉木的 2 倍；抗剪强度为 160.6 MPa，是杉木的 2.2 倍。此外，毛竹的硬度和抗水性都优于杉木，就物理力学性能而言，以竹代木是完全可行的。

（7）塑木地板。

塑木地板是一种主要由木材（木纤维素、植物纤维素）为基础材料与热塑性高分子材料（PE 塑料）和加工助剂等，混合均匀后再经模具设备加热挤出成型而制成的高科技绿色环保材料，兼有木材和塑料的性能与特征，能替代木材和塑料的新型环保高科技材料 ，其英文为 Wood Plastic Composites，缩写为 WPC。

塑木材料是新型的环保节能复合材料，是木材的替代品，适用于内外墙装饰、地板、护栏、花池、凉亭及园林景观等。

木、竹地面一般采用悬浮式、实铺式、粘贴式安装。本节重点介绍悬浮式强化复合木地板、实铺式实木地板的安装工艺。

【知识拓展】

竹制地板的优点：

（1）具有别具一格的装饰性。竹制地板色泽自然，色调高雅，纹理通直，刚劲流畅，可为居室增添文化氛围。

（2）具有良好的质地和质感。竹制地板富有弹性，硬度强，密度大，质感好。

（3）适合地热采暖。竹制地板的热传导性能、热稳定性能、环保性能、抗变形性能都要比木制地板好一些，而且非常适合地热采暖，在越来越多房地产楼盘采用地热采暖的情况下，竹制地板的优势性就更显珍贵。

2. 施工材料及工具

（1）材料。

实木复合地板：实木复合地板面层所采用的条材和块材，其技术等级和质量要求应符合设计要求，含水率不应大于12%。木格栅、垫木和毛地板等必须做防腐、防蛀及防火处理。

强化复合地板：强化复合地板面层所采用的条材和块材，其技术等级和质量要求应符合设计要求。木格栅、垫木和毛地板等必须做防腐、防蛀、防火处理。木格栅应选用烘干料，毛地板如选用人造板，应有性能检测报告，而且对甲醛含量复验。

竹地板：竹地板面层所采用的材料，其技术等级及质量要求必须符合设计要求，木格栅、垫木和毛地板等必须做防腐、防蛀、防火处理。

踢脚板：宽度、厚度、含水率均应符合设计要求，背面应满涂防腐剂，花纹颜色应力求与面层地板相同。

胶黏剂：应采用具有耐老化、防水和防菌、无毒等性能的材料，或按设计要求选用。胶黏剂应符合现行国家标准《民用建筑工程室内环境污染控制规范》（GB 50325—2001）的规定。

（2）机具。

①根据施工条件，应合理选用适当的机具设备和辅助用具，以能达到设计要求为基本原则，兼顾进度、经济要求。

②常用机具设备有：刨地板机、砂带机、手刨、角度锯、螺机、水平仪、水平尺、方尺、钢尺、小线、錾子、刷子和钢丝刷等。

11.3.2 木、竹地面施工

1. 作业条件

（1）材料检验已经完毕并符合要求。

（2）应已对所覆盖的隐蔽工程进行验收且合格，并进行隐蔽工程会签。

（3）施工前，应做好水平标志，以控制铺设的高度和厚度，可采用竖尺、拉线、弹线等方法。

（4）对所有作业人员已进行了技术交底，特殊工种必须持证上岗。

（5）作业时的施工条件（工序交叉、环境状况等）应满足施工质量可达到标准的要求。

（6）木地板作业应待抹灰工程和管道试验等分项工程施工完成后进行。

2. 施工工艺要点

木地面的铺设有两种构造形式，分别为架空式和实铺式。

首层地面铺设的木地板，当回填土工作量较大时，或需要检修设备管道的空间时；当同一层楼内，因结构或使用等原因，造成楼层标高不一致，而设计要求标高一致时，应采用的构造形式为架空式，如图11.8所示。而一般楼地面铺设的木地板，采用的构造形式多为实铺式，如图11.9所示。

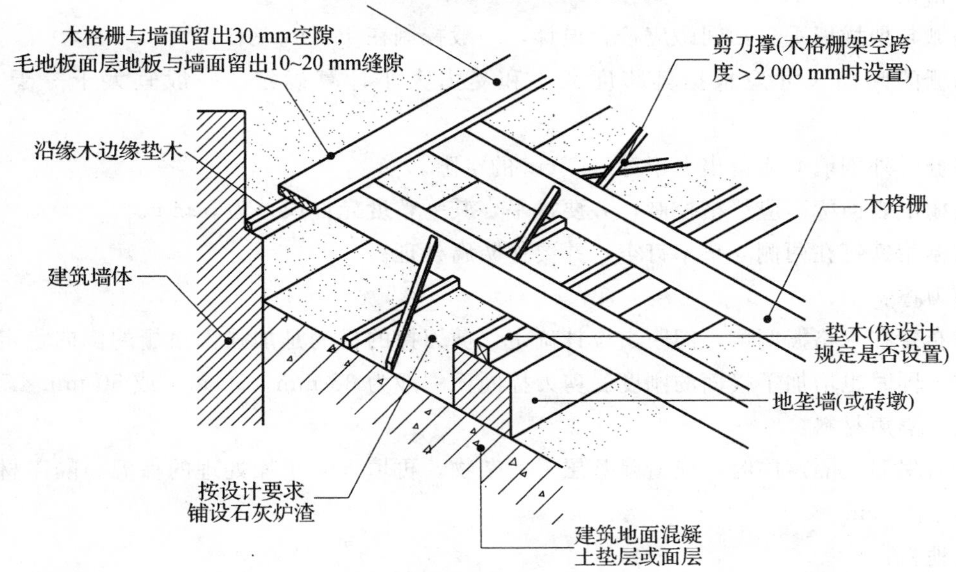

图 11.8　架空式木地面构造做法

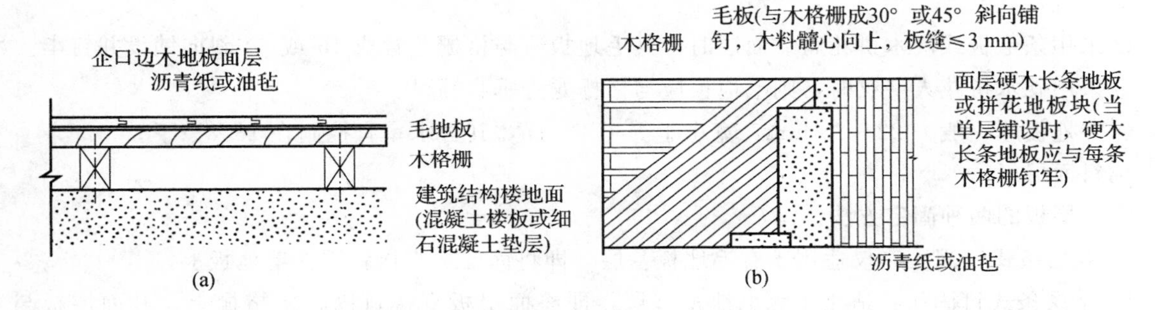

图 11.9　实铺式木地面构造做法

(1) 架空式木基层地面施工。

架空式木基层地面施工工艺流程：砌筑地垅墙—放置垫木—安装木格栅—安装剪刀撑—填保温、隔声材料—铺钉毛地板—铺钉面层板。

砌筑地垅墙：

①地垅墙一般用水泥砂浆砌普通砖，高度应符合设计要求和使用要求。地垅墙的间距宜小于等于 2 m。地板面距建筑地面一般大于 25 cm。

②为了保证木基层有良好的通风，地垅墙上应设 12 cm×12 cm 的通风孔洞；在地垅墙高度范围内的外墙上，每隔 3～5 m 预留尺寸小于等于 18×18 cm 的通风孔洞，并在外侧安装风篦子，且洞口下沿应高于室外地坪 20 cm 以上。

放置垫木：

①垫木的厚度一般为 5 cm，可沿地垅墙通长布置，也可锯成一段段铺在地垅墙与木格栅交接处。垫木也可用混凝土垫板或圈梁代替。

②垫木可涂煤焦油或氢氧化钠水溶液作防腐处理。

③垫木与地垅墙的连接：

a. 先在地垅墙与木格栅交接处预埋木砖，再将垫木与预埋木砖钉接。

b. 先在地垅墙内预埋 8 号铁丝，再与垫木绑扎连接。

④垫木的作用：将木格栅传来的力进行均匀分布。

安装木格栅：

①木格栅与地垅墙垂直，间距应符合设计，一般控制在 40 cm 左右。

②木格栅的断面尺寸应根据其跨度大小和受力大小计算确定。一般宜大于等于 70 mm×70 mm。

③木格栅与外围墙面应留出大于等于 3 cm 的空隙。

④木格栅上表面标高应严格控制，并要抄平，其平整度允许误差为 3 mm。

⑤木格栅用铁钉在两侧与垫木钉牢，并要作防腐处理。

安装剪刀撑：

剪刀撑布置在木格栅两侧，间距由设计确定。剪刀撑的目的是加强木格栅的侧向稳定，使木格栅连成整体，同时也增加了楼面的刚度。剪刀撑断面一般为 38 mm×50 mm 或 50 mm×50 mm。

填保温、隔声材料：

如设计有保温、隔声层时，应清除基层上的杂物，再填入经干燥处理的保温、隔声材料，铺设高度应不低于 30 cm。

铺钉毛地板：

①毛地板是用较窄的松、杉等软木板条铺钉在木格栅上，缝隙宽可控制在 2～3 mm，但相邻板条的接缝应错开。

②采用条形板或硬木拼花席纹面层时，其毛地板应与格栅龙骨成 45°或 30°斜向铺设并钉牢。

③采用硬木拼花人字纹时，则毛地板应与格栅龙骨垂直铺设。

④毛地板厚一般为 22～25 mm，宽小于等于 12 cm，其含水率宜控制在 18%以下。

铺钉面层板：

①面层板的两种固定方法。

a. 双层条式钉固法：仅适用于有毛地板基层，即将面层板直接钉固在毛地板上。

b. 单层条式钉固法：适用于无毛地板基层，即将面层板直接钉固在木格栅上，其面层板与木格栅相垂直。

②过道、走廊等部位的条形面层板，应顺着行走方向铺设；房间内的条形面层板应顺着光线方向铺设。

③条形木板的材心应向上，铺设时应从房间一侧开始，其板块间缝隙应小于等于 1 mm，接口应放在木格栅上。硬木板应先钻孔，孔径一般为 0.7 倍的钉径。钉长为板厚的 2～2.5 倍。

④用于普通木地板的条形板，多选用松木、杉木等软木。板宽一般为 75～120 mm，厚度为 20～25 mm,其含水率宜控制在 15%以下。

硬木条形板多选用水曲柳、榆木、柚木等硬质木材。板宽一般为 50 mm，厚度为 18～23 mm，其含水率宜控制在 15%以下。

⑤钉固的两种方法。

a. 明钉法：先将钉帽砸扁，再将钉斜向打入板内，钉帽冲入板内 3～5 mm。

b. 暗钉法：先将钉帽砸扁，再将钉从板边凹角处斜向打入。

(2) 实铺式木基层地面施工。

实铺式木基层地面是将木格栅直接固定在楼地面的基底上。

实铺式木基层地面施工工艺流程：基层处理—弹线—安装木格栅—钉毛地板—铺贴面层板—打蜡。

基层处理：地面清扫洁净，水泥砂浆地面不起砂、不空鼓、不开裂。

弹线：根据房间的尺寸、光线走向来确定面板安装的方向，从而弹出格栅的位置线。

安装木格栅：先在楼板上弹出各木格栅的安装位置线（间距 300 mm 或按设计要求）及标高，将格栅（断面梯形、宽面在下）放平、放稳，并找好标高，用膨胀螺栓和角码（角钢上钻孔）把格栅牢固固定在基层上，木格栅下与基层间缝隙应用干硬性砂浆填密实。

钉毛地板和铺贴面层板与架空式木基层地面施工相同。

上蜡：地板铺贴完成后，将地板表面清扫干净，进行抛光上蜡处理。

（3）竹地板的施工工艺流程：基层处理—弹线—防腐、防火、防虫处理—安装木格栅—铺毛地板—铺竹地板—安装踢脚线—上蜡。

安装木格栅：先在楼板上弹出各木格栅的安装位置线（间距 300 mm 或按设计要求）及标高，将格栅（断面梯形，宽面在下）放平、放稳，并找好标高，用膨胀螺栓和角码（角钢上钻孔）把格栅牢固固定在基层上，木格栅下与基层间缝隙应用干硬性砂浆填密实。

铺毛地板：根据木格栅的模数和房间的情况，将毛地板下好料。将毛地板牢固钉在木格栅上，钉法采用直钉和斜钉混用，直钉钉帽不得突出板面。毛地板可采用条板，也可采用整张的细木工板或中密度板等类产品。采用整张板时，应在板上开槽，槽的深度为板厚的 1/3，方向与格栅垂直，间距 200 mm 左右。

铺竹地板：从墙的一边开始铺钉企口竹地板，靠墙的一块板应离开墙面 10 mm 左右，以后逐块排紧。钉法采用斜钉。竹地板面层的接头应按设计要求留置。

铺竹地板时应从房间内退着往外铺设。

刨平磨光：需要刨平磨光的地板应先粗刨后细刨，使面层完全平整后再用砂带机磨光。

不符合模数的板块，其不足部分在现场根据实际尺寸将板块切割后镶补，并应用胶黏剂加强固定。

（4）强化复合木地面的施工工艺流程：基层处理—弹线—防火、防腐处理—铺衬垫—铺强化复合地板—安装踢脚线—上蜡。

基底清理：基层表面应平整、坚硬、干燥、密实、洁净、无油脂及其他杂质，不得有麻面、起砂裂缝等缺陷。条件允许时，用自流平水泥将地面找平为佳。

铺衬垫：将衬垫铺平，用胶黏剂点涂固定在基底上。

铺强化复合地板：从墙的一边开始铺设企口强化复合地板，靠墙的一块板应离开墙面 10 mm 左右，以后逐块排紧。板间企口应满涂胶，挤紧后溢出的胶要立刻擦净。强化复合地板面层的接头应按设计要求留置。

铺强化复合地板时应从房间内往外铺设。

不符合模数的板块，其不足部分在现场根据实际尺寸将板块切割后镶补，并应用胶黏剂加强固定。

上蜡：地板铺贴完成后，将地板表面清扫干净，进行抛光上蜡处理。

技术提示

在铺贴木地板时，要注意面层的方向走势。有床的房间，木面层的方向应与床的长向一致；其他的室内按行走的方向或光线的方向铺设木地面。

木格栅应距离墙边 30 mm，且木格栅应用出气孔或出气槽；面层木地板应距离墙边 10 mm，且板缝隙为 3 mm。

（5）木踢脚板安装施工。

①木地板房间的四周墙角应设木踢脚板，踢脚板高一般为 10～20 cm，常为 15 cm 高。要求弹线控制，使上口平直。

②踢脚板所用木材应与木地板面层所用材质相同，板厚约 20～25 mm。且预先应刨光，一般在其上口刨成线条。踢脚板背面应刷防腐剂。

③为防止翘曲，在靠墙的一面开凿凹槽。当踢脚板高 10 cm，只开一条凹槽；当踢脚板高 15 cm 时，则开两条凹槽；如踢脚板高大于 15 cm 时，应开三条凹槽；凹槽的深度约 3～5 mm。

④为了防潮通风，在踢脚板上每隔 1～1.5 m 设一组 ϕ6 通风孔。

⑤为了固定踢脚板，一般在墙内每隔 40 cm左右，砌入一块防腐木砖，在防腐木砖外面再钉防腐木垫块，垫块厚度与墙面抹灰层厚度相同。

⑥一般在木踢脚板与地面转角处，安装木压条或安装圆角成品条。其构造做法如图 11.10 所示。

⑦木踢脚板应在木地板刨光后和墙面抹灰罩面后安装。

⑧木踢脚板接缝处应做暗榫或斜坡压槎；在 90°阴阳转角处可做 45°斜角接缝，接缝处一定要在防腐垫块上。

⑨木踢脚板要与立墙贴紧，采用明钉法固定。木踢脚板的油漆应与木地板面层同时进行。

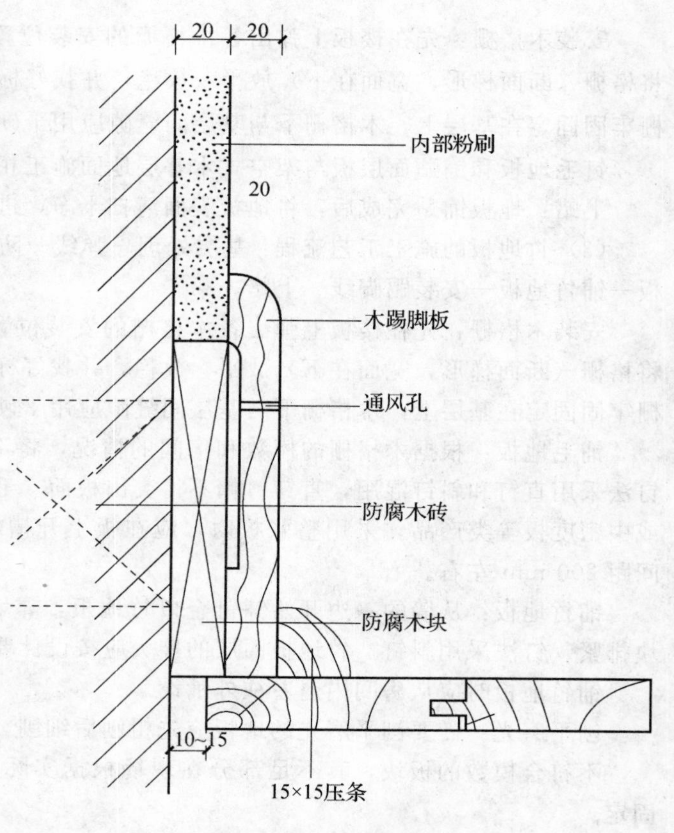

图 11.10 木踢脚板

【知识拓展】

质量通病防治

(1) 行走有声响。

产生原因有：格栅固定不牢固、毛地板与格栅间连接不牢固、面层与毛地板间连接不牢固都会造成走动有声响；木格栅含水率高，安装后收缩；地板的平整度不够，格栅或毛地板有凸起的地方；地板的含水率过大，铺设后变形；复合木地板胶黏剂涂刷不均匀。

(2) 板面不洁净。

产生原因有：地面铺完后未做有效的成品保护，受到外界污染。

(3) 踢脚板变形。

产生原因有：木砖间距过大，踢脚板含水率高。

(4) 板缝不严。

产生原因有：竹含水率高，变形产生。

(5) 表面不平整。

产生原因有：房间水平线弹得不准，木格栅本身不平，地面标高不一，房间的木地板表面用电刨手刨不平等。

(6) 局部起鼓。

产生原因有：室内湿作业刚完，湿度太大使地板受潮；未按要求铺防潮层；毛地板未拉开缝隙，引起面层起鼓；室内埋设的管道有渗漏，引起面层起鼓等。

11.4 地毯铺贴地面施工

11.4.1 地毯种类及材料要求

1. 地毯地面的基本知识

地毯是用羊毛、植物麻、合成纤维等为原料，经过编织、裁剪等加工制造的一种高级地面装饰品，可分为天然纤维和合成纤维两种。地毯具有隔热、保温、吸音、挡风及弹性好等特点，而且铺设后可以使室内具有高贵、华丽、悦目的氛围。所以，它是自古至今经久不衰的装饰材料，广泛应用于现代建筑和民用住宅，如图 11.11 所示。

(a)手工羊毛地毯

(b)簇绒地毯

(c)混纺地毯

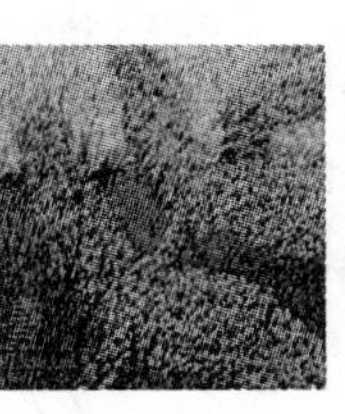

(d)化纤地毯

图 11.11　地毯地面

(1) 地毯的分类。

①按材料分类。按材质的不同，地毯可分为纯毛地毯、混纺地毯、化纤地毯和塑料地毯等。

a. 纯毛地毯也就是羊毛地毯，是以绵羊蛋白质粗羊毛为主要原料加工制成的。纯毛地毯质软厚实，非常耐用，具有良好的弹性与拉伸性，染色方便，不易褪色，吸湿性强，抗污能力强，羊毛地毯容易招衣蛾和甲虫的虫蛀。其装饰效果好，为高档装饰材料。

b. 混纺地毯是以两种及两种以上纤维混纺编织而成的地毯，一般采用羊毛纤维与合成纤维混纺。如在羊毛纤维加入 20%尼龙，可使耐磨性提高 5 倍，装饰性能优于纯毛地毯，并且价格较便宜。

c. 化纤地毯也叫合成纤维地毯，是用簇绒法或机织法将合成纤维制成面层，再与麻布底层缝合或黏结而成。常用的地毯合成纤维材料有腈纶、丙纶、涤纶等。化纤地毯的外观和触感不及纯手工地毯，虽然耐磨性好、有弹性，但易产生静电，易招灰，却好清洗，是目前用量较大的中、低档地毯品种。

d. 塑料地毯是以聚氯乙烯树脂为基料，加入填料、增塑剂等多种辅助材料和添加剂，然后经混炼、塑化，并在地毯模具中成型而制成的一种新型地毯。它质地柔软，色彩鲜艳，氧指数高，耐水洗，耐老化，常为宾馆、商场、浴室等公共建筑和居室门厅地面选用。

②按编织工艺分类。

a. 手工编织地毯。手工编织地毯专指纯手工地毯，采用双经双纬，通过人工裁绒打结，将绒毛层与基底一起编织成。做工精细，图案富于变化，是地毯中的上品，但由于人工成本高，价格昂贵。

b. 簇绒地毯。簇绒地毯也称栽绒地毯，是目前化纤地毯生产的主要工艺方式。它是通过纺机复式穿针，制成地毯圈绒，再用刀片在地毯端面横向切割毛圈顶部而成的厚重地毯，也叫割绒地毯或切绒地毯。

c. 无纺地毯。无纺地毯是指无经纬编织的短毛地毯，是用于生产合纤地毯的一种方法。这种地毯工艺简单，弹性和耐磨性较差。为提高其强度和弹性，可在地毯的底面加贴一层麻布底衬。

地毯铺设一般有固定式和活动式。本节重点介绍固定式地毯的铺设。

2. 施工材料及工具

(1) 材料。

地毯：地毯的品种、规格、颜色、花色、胶料和辅料及其材质必须符合设计要求和国家现行地毯产品标准的规定。污染物含量低于室内装饰装修材料地毯中有害物质释放限量标准。

倒刺板：顺直，倒刺均匀，长度、角度符合设计要求。

胶黏剂：地毯的生产厂家一般会推荐或配套提供的胶黏剂；如没有，可根据基层和地毯以及施工条件选用。所选胶黏剂必须通过试验确定其适用性和使用方法。污染物含量低于室内装饰装修材料胶黏剂中有害物质限量标准。

(2) 机具。

①根据施工条件，应合理选用适当的机具设备和辅助用具，以能达到设计要求为基本原则，兼顾进度、经济要求。

②常用机具设备有：大撑子撑头、大撑子承脚、小撑子、扁铲、墩拐、手握裁刀和手推裁刀等，如图 11.12 所示。

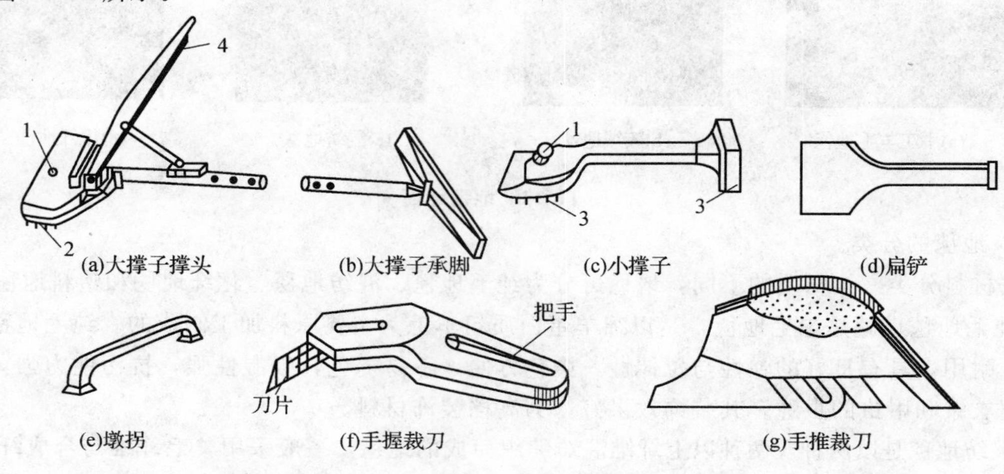

图 11.12　部分施工工具

11.4.2 地毯铺贴地面施工

1. 固定式地毯固定方法与施工工艺

(1) 作业条件。

①材料检验已经完毕并符合要求。

②应已对所覆盖的隐蔽工程进行验收且合格，并进行隐检会签。

③施工前，应做好水平标志，以控制铺设的高度和厚度，可采用竖尺、拉线、弹线等方法。

④对所有人员已进行了技术交底，特殊工种必须持证上岗。

⑤作业时的环境如天气、温度、湿度等状况应满足施工质量可达到标准的要求。

⑥水泥类面层（或基层）表面层已验收合格，其含水率应在 10%以下。

(2) 施工工艺。

施工工艺流程：检验地毯质量—技术交底—准备机具设备—基底处理—弹线套方、分格定位—地毯剪裁—钉倒刺板条—铺衬垫—铺地毯—细部处理收口—检查验收。

①基层处理：把沾在基层上的浮浆、落地灰等用錾子或钢丝刷清理掉，再用扫帚将浮土清扫干净。如条件允许，用自流平水泥将地面找平为佳。

②弹线套方、分格定位：严格依照设计图纸对各个房间的铺设尺寸进行度量，检查房间的方正情况，并在地面弹出地毯的铺设基准线和分格定位线。活动地毯应根据地毯的尺寸，在房间内弹出定位网格线。

③地毯剪裁：根据放线定位的数据，剪裁出地毯，长度应比房间长度大 20 mm。

④钉倒刺板条：沿房间四周踢脚边缘，将倒刺板条牢固钉在地面基层上，倒刺板条应距踢脚 8～10 mm，如图 11.13 所示，铝合金收口条如图 11.14 所示。

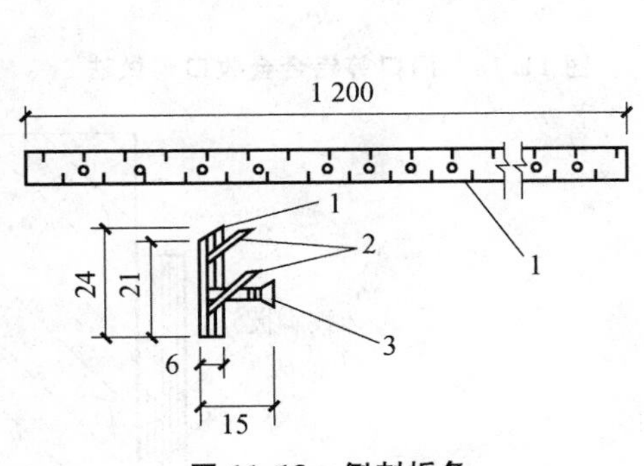

图 11.13 倒刺板条

1—胶合板条；2—挂毯朝天钉；3—水泥钉

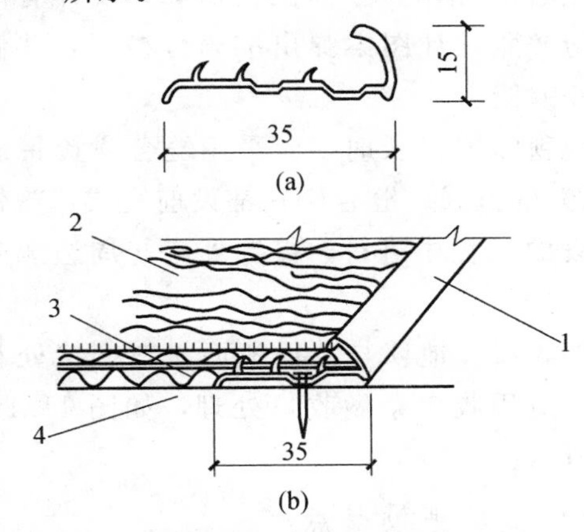

图 11.14 铝合金收口条

1—收口条；2—地毯；3—地毯垫层；4—混凝土楼板

⑤铺衬垫：将衬垫采用点黏法黏在地面基层上，要离开倒刺板 10 mm 左右。

⑥铺设地毯：先将地毯的一条长边固定在倒刺板上，毛边掩到踢脚板下，用地毯撑子拉伸地毯，直到拉平为止；然后将另一端固定在另一边的倒刺板上，掩好毛边到踢脚板下。一个方向拉伸完，再进行另一个方向的拉伸，直到四个边都固定在倒刺板上。在边长较长的时候，应多人同时操作，拉伸完毕时应确保地毯的图案无扭曲变形，如图 11.15 所示。

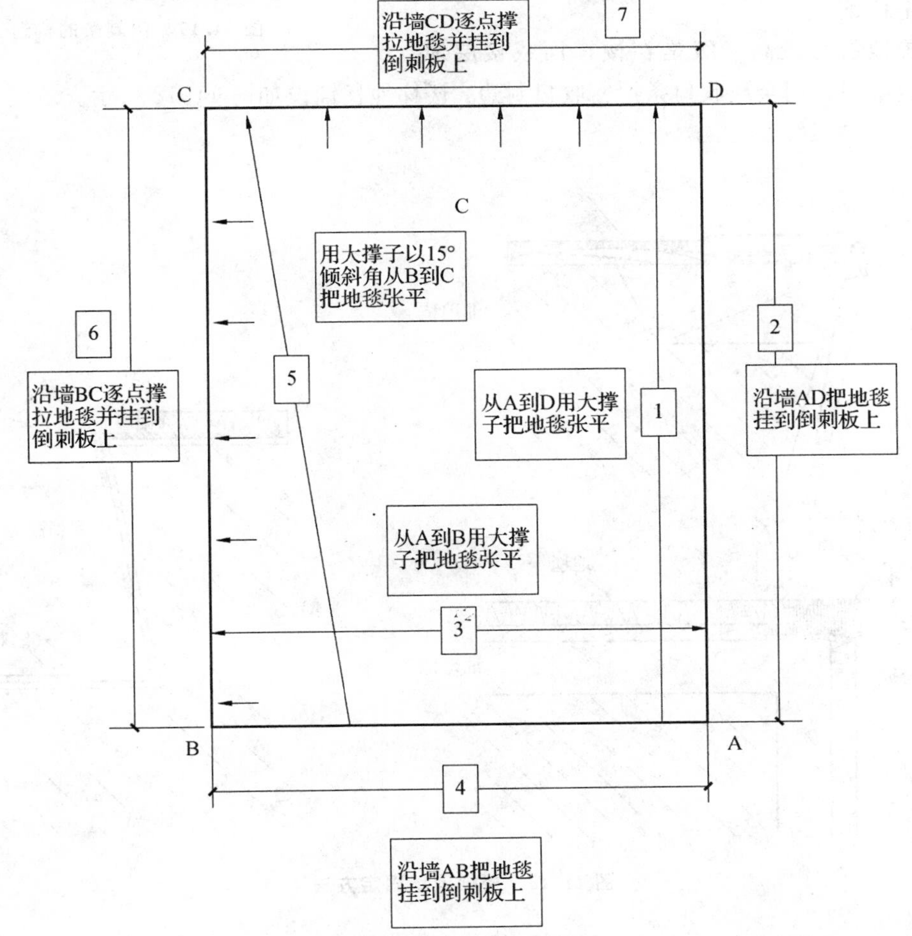

图 11.15 地毯张拉示意图

⑦铺活动地毯时应先在房间中间按照十字线铺设十字控制块，之后按照十字控制块向四周铺设。大面积铺贴时应分段、分部位铺贴。如设计有图案要求时，应按照设计图案弹出准确分格线，并做好标记，防止差错。

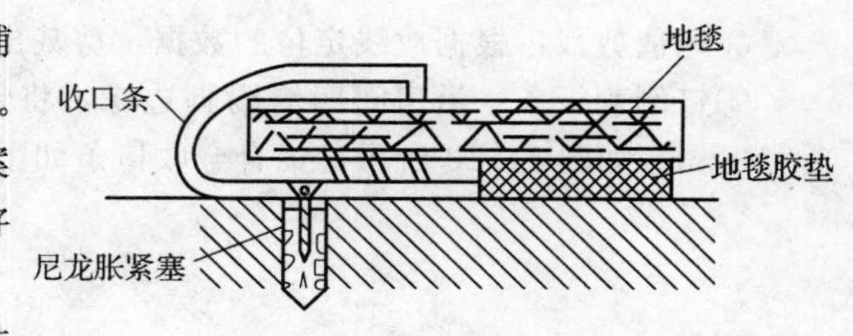

图 11.16　门口等铝合金收口条做法

⑧当地毯需要接长时，应采用缝合或烫带黏结（无衬垫时）的方式，缝合应在铺设前完成，烫带黏结应在铺设的过程中进行，接缝处应与周边无明显差异。

⑨细部收口：地毯与其他地面材料交接处和门口等部位，应用收口条做收口处理，如图 11.16 及图 11.17 所示。

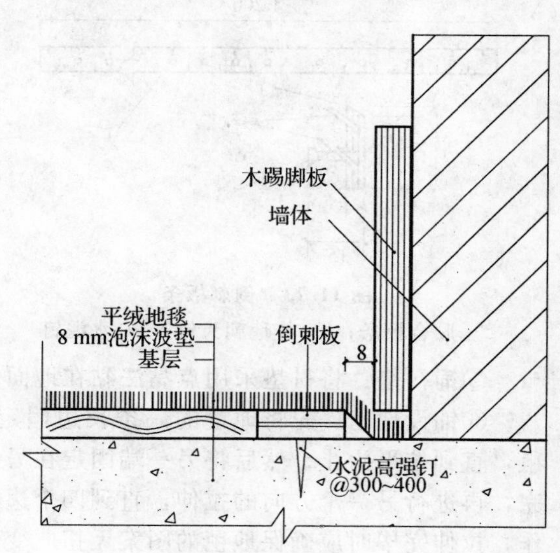

图 11.17　倒刺条的构造

2. 楼梯地毯铺设要点

(1) 将衬垫材料用地板木条分别钉在楼梯阴角两边，两木条之间应留 1.5 mm 的间隙。

(2) 地毯首先要从楼梯的最高一级铺起，将始端翻起在顶级的踢板上钉住，然后用扁铲将地毯压在第一套角铁的抓钉上。

(3) 所用地毯如果已有海绵衬底，可用地毯胶黏剂代替固定角钢。

(4) 楼梯地毯的最高一级是在楼梯面或楼层地面上，应固定牢固并用金属收口条严密收口封边。楼梯地毯铺设如图 11.18 所示。

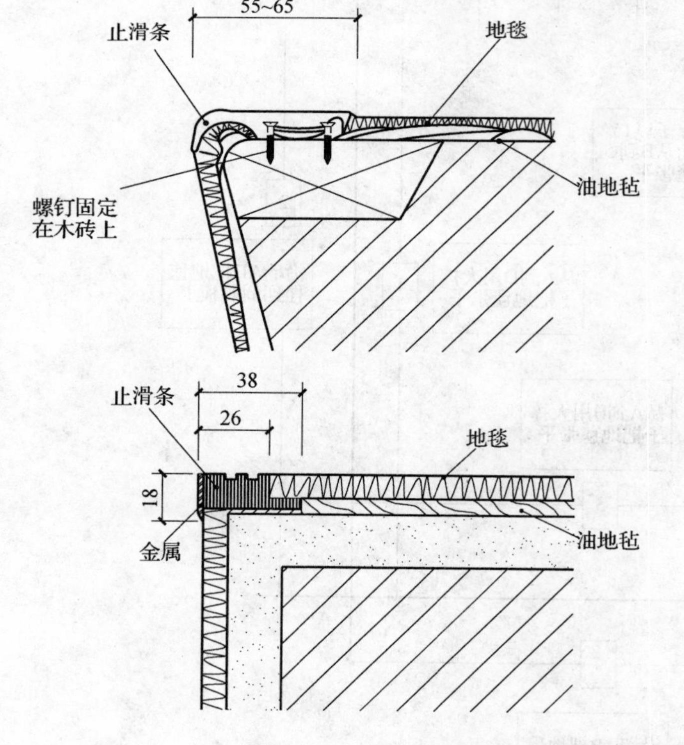

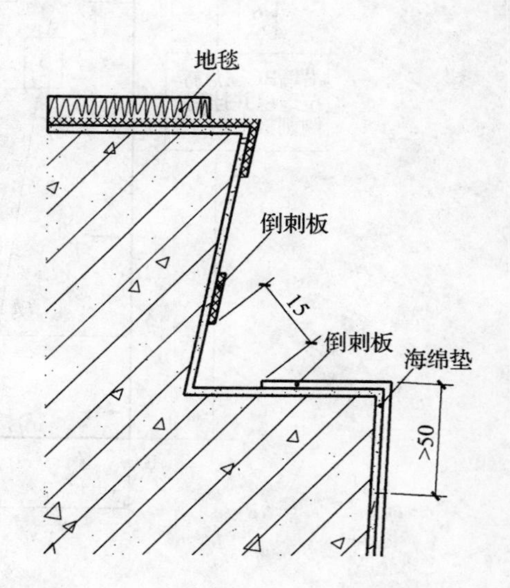

图 11.18　楼梯地毯固定方法

【知识拓展】

质量通病防治

(1) 地毯起皱、不平。

产生原因有：基层不平整或地毯受潮后出现胀缩；地毯未牢固固定在倒刺板上，或倒刺板不牢固；未将毯面完全拉伸至抻平，铺毯时两侧用力不均或黏结不牢。

(2) 毯面不洁净。

产生原因有：铺设时刷胶将毯面污染；地毯铺完后未做有效的成品保护，受到外界污染。

(3) 接缝明显。

产生原因有：缝合或黏合时未将毯面绒毛捋顺，或是绒毛朝向不一致，地毯裁割时尺寸有偏差或不顺直。

(4) 图案扭曲变形。

产生原因有：拉伸地毯时，各点的力度不均匀，或不是同时作业造成图案扭曲变形。

11.5 塑料地面施工

11.5.1 塑料种类及材料要求

1. 塑料地面的基本知识

塑料地面具有脚感舒适、噪声小、防滑、耐磨和耐腐蚀等特点，多用于室内公共场所。塑料地板以共聚物树脂为基料，加入填料、各种试剂，经捏合、混炼、压延、层压、压花或印花、表面处理和切割等工序制成。按外形分有块状与卷材状，结构分有单层与复层，硬度分有硬质、半硬质和弹性等。

2. 施工材料及工具

(1) 材料。

水泥：宜采用硅酸盐水泥、普通硅酸盐水泥，其强度等级应在 32.5 以上；不同品种、不同强度等级的水泥严禁混用。

砂：应选用中砂或粗砂，含泥量不得大于 3%。

塑料板：板块和卷材的品种、规格、颜色、等级应符合设计要求和现行国家标准的规定。

胶黏剂：塑料板的生产厂家一般会推荐或配套提供胶黏剂；如没有，可根据基层和塑料板以及施工条件选用乙烯类、氯丁橡胶类、聚氨酯、环氧树脂和建筑胶等。所选胶黏剂必须通过试验确定其适用性和使用方法。如室内用水性或溶剂型黏胶剂，应测定其总挥发性有机化合物（TVOC）和游离甲醛的含量。

(2) 机具。

①根据施工条件，应合理选用适当的机具设备和辅助用具，以能达到设计要求为基本原则，兼顾进度、经济要求。

②常用机具设备有：梳形刮板、橡胶双滚筒、橡胶单滚筒、橡胶锤、橡胶压边滚筒、裁切刀、划线器等，如图 11.19 所示。

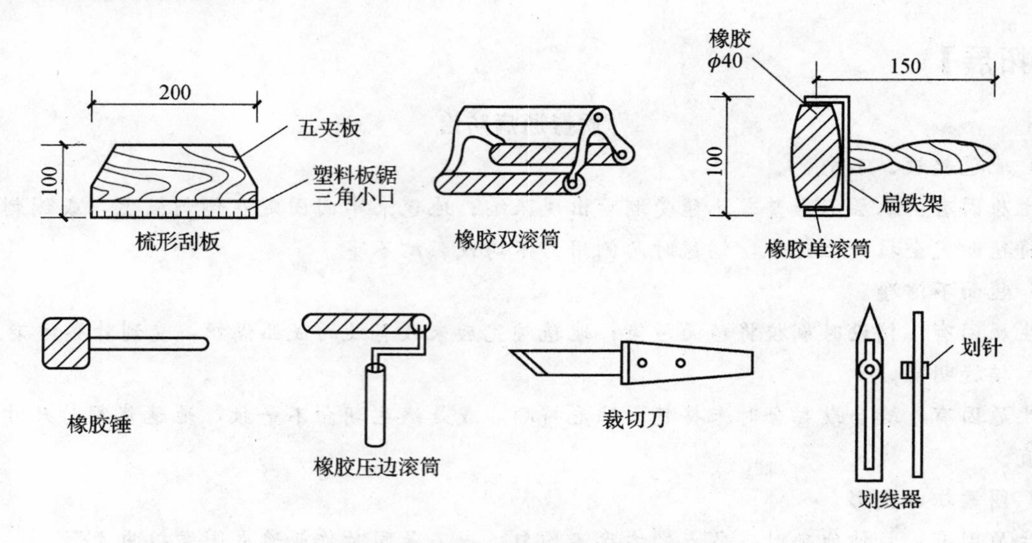

图 11.19　铺设塑料地板常用的工具

技术提示

塑料地板使用前应贮存于干燥、洁净的库房，并距热源 3 m 以外，其环境温度不宜大于 32 ℃。

11.5.2 塑料地面施工

1. 作业条件

(1) 材料检验已经完毕并符合要求。

(2) 基层符合建筑装饰装修验收规范第 9.2.1.3 基本规定的第 2 条，并用水清洗干净。面层与基层黏结牢固，不允许有空鼓、起壳。阴阳角必须方正，无灰尘和砂粒。基层含水率低于 10%。

(3) 检查验收门框，竖向穿楼板管线以及预埋件。

(4) 应已对所覆盖的隐蔽工程进行验收且合格，并进行隐蔽工程会签。

(5) 施工前，应做好水平标志，以控制铺设的高度和厚度，可采用竖尺、拉线、弹线等方法。

(6) 对所有作业人员已进行了技术交底，特殊工种必须持证上岗。

(7) 作业时的环境如天气、温度、湿度等状况应满足施工质量可达到标准的要求。

2. 施工工艺流程

施工工艺流程：检验水泥、砂、塑料板质量—试验—技术交底—准备机具设备—处理—弹线—刷胶底—铺塑料板—擦光上蜡—检查验收。

(1) 基层处理。把基层上的浮浆、落地灰等用錾子或钢丝刷清理掉，再用扫帚将浮土清扫干净。用水泥砂浆将地面找平，养护至规定强度。清水冲洗，不允许残留白灰。

(2) 弹线。将房间依照塑料板的尺寸，排出塑料板的放置位置，并在地面弹出十字控制线和分格线。可直角铺板，也可弹 45°或 60°斜角铺板线，如图 11.20 所示。当遇到非整块的塑料地板需要裁剪时，可按如图 11.21 所示的方法进行裁切。

(3) 刷底胶。铺设前应将基底清理干净，并在基底上刷一道薄而均匀的底胶，底胶干燥后，按弹线位置沿轴线由中央向四面铺贴。

(4) 铺塑料板：将塑料板背面用干布擦净，在铺设塑料板的位置和塑料板的背面各涂刷一道胶。在涂刷基层时，应超出分格线 10 mm，涂刷厚度应小于 1 mm。在粘贴塑料板块时，应待胶干

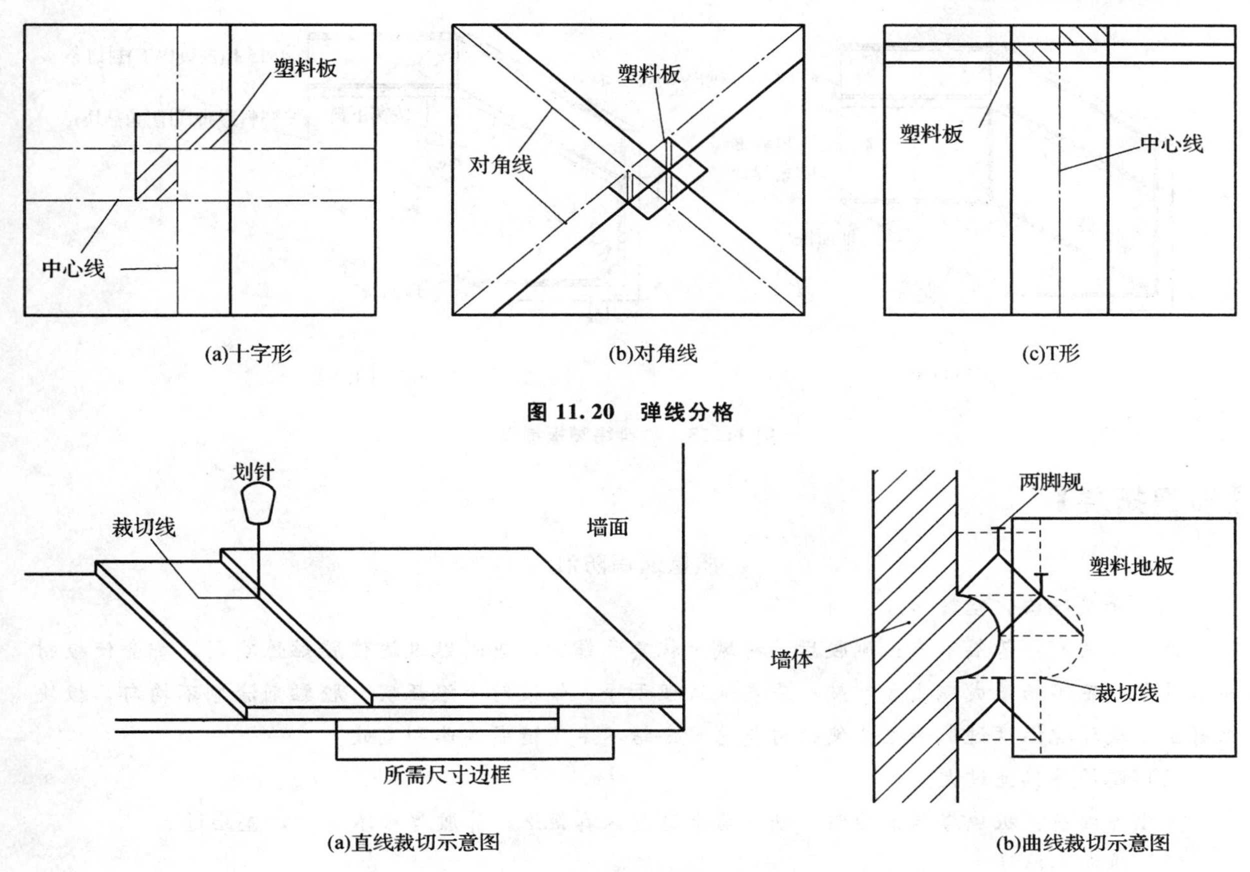

图 11.20 弹线分格

图 11.21 塑料地板的裁切方法

燥至不沾手为宜，按已弹好的线铺贴，应一次就位准确，粘贴密实。基层涂刷胶黏剂时，不得面积过大，要随贴随刷，如图 11.22 所示。

（5）铺塑料板时应先在房间中间按照十字线铺设十字控制板块，之后按照十字控制板块向四周铺设，并随时用 2 m 靠尺和水平尺检查平整度。大面积铺贴时应分段、分部位铺贴。

（6）塑料卷材的铺贴：预先按已计划好的卷材铺贴方向及房间尺寸裁料，按铺贴的顺序编号，刷胶铺贴时，将卷材的一边对准所弹的尺寸线，用压滚压实，要求对线连接平顺，不卷不翘。然后依以上方法铺贴。

（7）铺踢脚板：塑料踢脚板铺贴如图 11.23 所示。

（8）如设计有图案要求时，应按照设计图案弹出准确分格线，并做好标记，防止差错。

（9）当板块缝隙需要焊接时，宜在 48 h 以后施焊，亦可采用先焊后铺贴。焊条成分、性能与被焊的板材性能要相同。

（10）冬季施工时，环境温度不应低于 10 ℃。

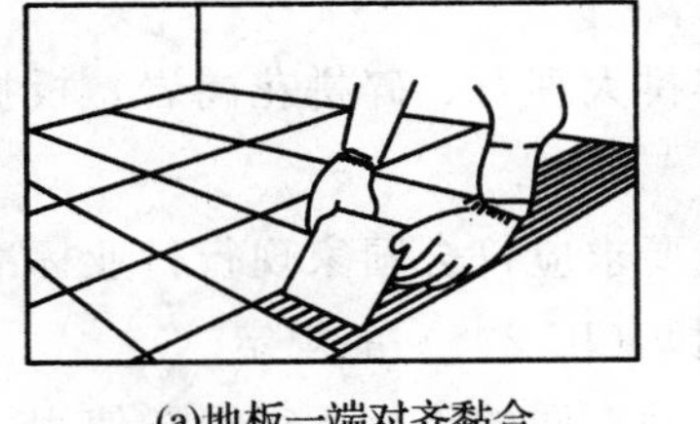
(a)地板一端对齐黏合

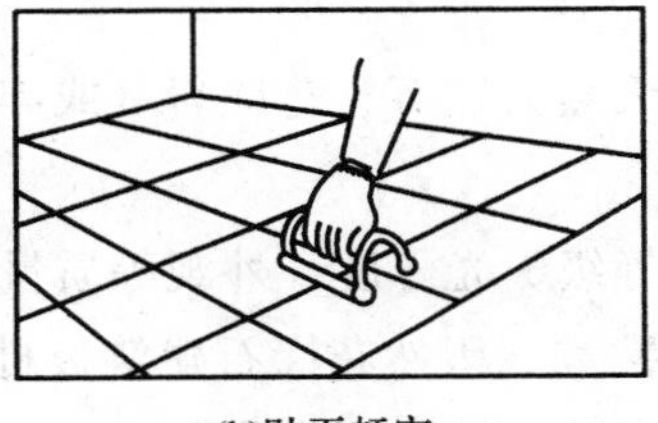
(b)贴平赶实

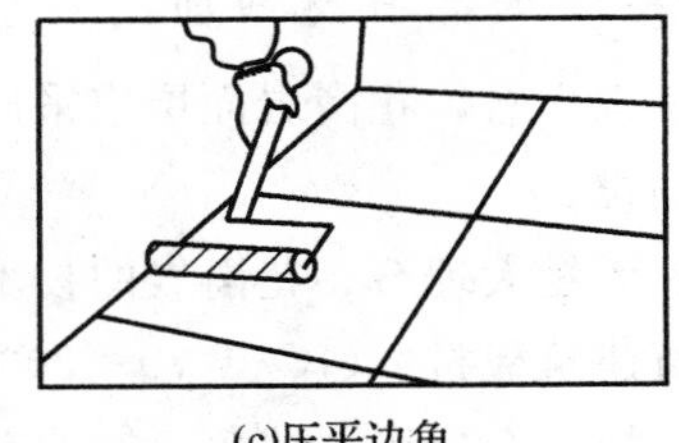
(c)压平边角

图 11.22 塑料地板的铺贴

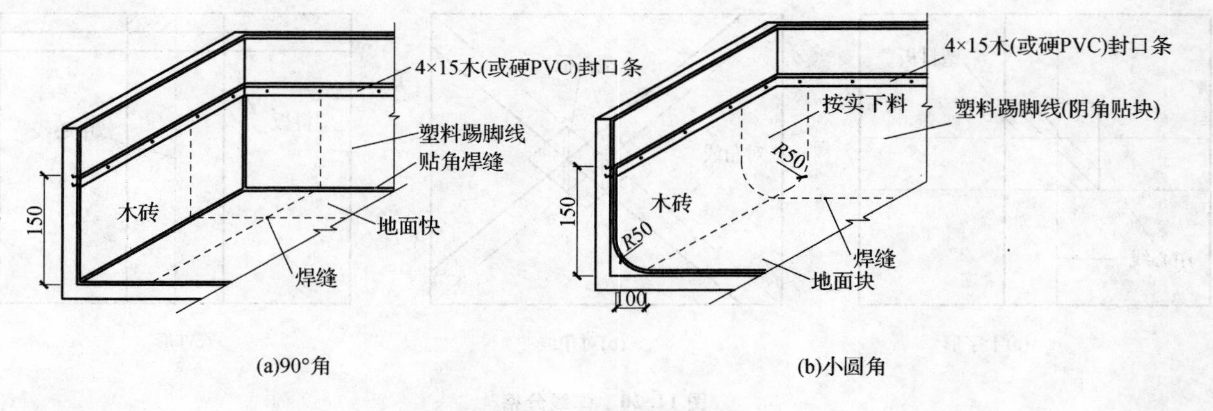

图 11.23 塑料踢脚板铺贴

【知识拓展】

质量通病防治

(1) 面层翘曲、空鼓。

产生原因有：基层不平；刷胶后没有风干就急于铺贴，或粘贴过迟使胶黏性减弱，都会使板材与基层黏结不牢而造成翘曲和空鼓；底层未清理干净，铺设时未滚压实，胶黏剂涂刷不均匀，板块上有尘土或环境温度过低等也会使板材与基层黏结不牢而造成翘曲和空鼓。

(2) 高低差偏差过大。

产生原因有：板块厚薄不均匀，铺设前未进行认真挑选；涂胶厚度不一致，差距过大。

(3) 板面不洁净。

产生原因有：铺设时刷胶太多太厚，铺贴后胶液外溢未清理干净；地面铺完后未做有效的成品保护，受到外界污染。

(4) 面层凹凸不平。

产生原因有：表面平整度差；涂胶用力不均，温度过低；做自流平找平时未按要求施工，或上人过早，造成基底不平整。

(5) 错缝。

产生原因有：板的规格尺寸误差大，角度不准，施工方法不正确。

11.6 楼地面施工的质量标准与检验方法

11.6.1 一般规定

1. 铺设天然石材地面的一般规定

(1) 大理石、花岗岩面层应采用天然大理石、花岗岩（或碎拼大理石、碎拼花岗岩）板材在结合层上铺设。

(2) 天然大理石、花岗岩的技术等级、光泽度、外观等质量要求应符合国家现行行业标准《天然大理石建筑板材》(JC/T 79—2001) 和《天然花岗石建筑板材》(JC 205) 的规定。

(3) 板材有裂缝、掉角、翘曲和表面有缺陷时应予剔除，品种不同的板材不得混杂使用；在铺设前应根据石材的颜色、花纹、图案、纹理等按设计要求试拼编号。

(4) 铺设大理石、花岗岩面层前，板材应浸湿、晾干；结合层与板材应分段同时铺设。

(5) 采用大理石和花岗岩面层时，应符合现行国家标准《民用建筑室内环境污染控制规范》(GB 50325—2001) 的规定。

(6) 大理石和花岗岩面层的允许偏差应符合国家标准《建筑地面工程施工质量验收规范》(GB 50209—2002)中表 6.1.8 的规定。

(7) 应遵守《建筑装饰装修工程质量验收规范》(GB 50210—2001) 中 9.1.3 和 9.1.6 的有关的规定。

2. 铺设瓷砖地面的一般规定

(1) 瓷砖面层应采用陶瓷锦砖、缸砖、陶瓷地砖和水泥花砖，应在结合层上铺设。

(2) 有防腐蚀要求的瓷砖面层采用的耐酸瓷砖、浸渍沥青砖、缸砖的材质、铺设以及施工质量验收应符合现行国家标准《建筑防腐蚀工程施工及验收规范》(GB 50212－2002) 的规定。

(3) 在水泥砂浆结合层上铺贴缸砖、陶瓷地砖和水泥花砖面层时，应符合下列规定：

①在铺贴前，应对瓷砖的规格尺寸、外观质量、色泽等进行预选，浸水湿润晾干待用。

②勾缝和压缝应采用同品种、同强度等级、同颜色的水泥，并做养护和保护。

(4) 在水泥砂浆结合层上铺设陶瓷锦砖面层时，陶瓷锦砖底面应洁净，每联陶瓷锦砖之间、与结合层之间以及在墙角、镶边和靠墙处，应紧密结合。在靠墙处不得采用砂浆填补。

(5) 在沥青胶结料结合层上铺贴缸砖面层时，缸砖应干净，铺贴时应在摊铺热沥青胶结料上进行，并应在凝结前完成。

(6) 采用胶黏剂在结合层上粘贴瓷砖面层时，胶黏剂选用应符合现行国家标准《民用建筑室内环境污染控制规范》(GB 50325—2002) 的规定。

(7) 瓷砖面层的允许偏差应符合国家标准《建筑地面工程施工质量验收规范》(GB 50209—2002) 中表 6.1.8 的规定。

(8) 应遵守《建筑装饰装修工程质量验收规范》(GB 50210—2001) 中 9.1.3 和 9.1.6 的有关规定。

3. 铺设木、竹地面的一般规定

(1) 实木、强化复合木地板面层采用条材和块材实木地板或采用拼花实木地板，以空铺或实铺方式在基层上铺设；竹地板面层采用条材和块材竹地板，以实铺方式在基层上铺设。

(2) 实木、强化复合木地板可采用双层面层和单层面层铺设，其厚度应符合设计要求。实木地板面层的条材和块材应采用具有商品检验合格证的产品，其产品类别、型号、适用树种、检验规则以及技术条件等均应符合现行国家标准《实木地板块》(GB/T 15036.1～6) 规定；竹子具有纤维硬、密度大、水分少、不易变形等优点，竹地板应经严格选材、硫化、防腐、防蛀处理，并采用具有商品检验合格证的产品，其技术等级及质量要求均应符合国家现行行业标准《竹地板》(LY/T 1573) 的规定。

(3) 铺设实木、强化复合木地板面层时，其木格栅的截面尺寸、间距和稳固方法等均应符合设计要求。木格栅固定时，不得损坏基层和预埋管线。木格栅应垫实钉牢，与墙之间应留出 30 mm 的缝隙，表面应平直。木格栅应作防火、防虫、防腐处理，应选用烘干料。

(4) 毛地板铺设时，木材髓心应向上，其板间缝隙不应大于 3 mm，与墙之间应留 8～12 mm 的空隙，表面应刨平。毛地板如选用人造木板应有性能检测报告，而且应对甲醛含量复验。

(5) 实木、强化复合木地板面层铺设时，面板与墙之间应留 8～12 mm。

(6) 采用实木制作的踢脚线，背面应抽槽并做防腐处理。

(7) 实木、强化复合木地板面层的允许偏差应符合国家标准《建筑地面工程施工质量验收规范》（GB 50209－2002）中表 7.1.7 的规定；竹地板面层的允许偏差应符合国家标准《建筑地面工程施工质量验收规范》（GB 50209－2002）中表 6.1.8 的规定。

（8）应遵守《建筑装饰装修工程质量验收规范》（GB 50210—2001）中 9.1.3 和 9.1.7 的有关规定。

4. 地毯地面施工的一般规定

（1）地毯面层应采用方块、卷材地毯在水泥类面层（或基层）上铺设。

（2）水泥类面层（或基层）表面应平整、坚硬、光洁、干燥，无凹坑、麻面、裂缝，并应清除油污、钉头和其他突出物。

（3）海绵衬垫应满铺平整，地毯拼缝处不露底衬。

（4）固定式地毯（满铺地毯）铺设应符合下列规定：

①固定式地毯用的金属卡条（倒刺板）、金属压条、专用双面胶带等必须符合设计要求。

②铺设的地毯张拉应适宜，四周卡条固定牢；门口处应用金属压条等固定。

③地毯周边应塞入卡条和踢脚线之间的缝中；粘贴地毯应用胶黏剂与基层粘贴牢固。

（5）活动式地毯（块料地毯）铺设应符合下列规定：

①地毯拼成整块后直接铺在洁净的地上，地毯周边应塞入踢脚线下。

②与不同类型的建筑地面连接处，应按设计要求收口。

③小方块地毯铺设，块与块之间应挤紧服贴。

（6）楼梯地毯铺设，每梯段顶级地毯应用压条固定于平台上，每级阴角处应用卡条固定牢。

（7）地毯面层的允许偏差应符合国家标准《建筑地面工程施工质量验收规范》（GB 50209—2002）中表 6.1.8 的规定。

（8）应遵守《建筑装饰装修工程质量验收规范》（GB 50210—2001）中 9.1.3 和 9.1.6 的有关规定。

5. 塑料地面的一般规定

（1）塑料板面层应采用塑料板块材、塑料板焊接、塑料卷材以胶黏剂在水泥类基层上铺设。

（2）水泥类基层表面应平整、坚硬、干燥、密实、洁净、无油脂及其他杂质，不得有麻面、起砂裂缝等缺陷。

（3）胶黏剂选用应符合现行国家标准《民用建筑工程室内环境污染控制规范》（GB 50325－2001）的规定。其产品应按基层材料和面层材料使用的相容性要求，通过试验确定。

（4）塑料板面层的允许偏差应符合国家标准《建筑地面工程施工质量验收规范》（GB 50209—2002）中表 6.1.8 的规定。

（5）应遵守《建筑装饰装修工程质量验收规范》（GB 50210—2001）中 9.1.3 和 9.1.6 的有关规定。

11.6.2 质量验收标准及检验方法

1. 天然石材地面的一般质量要求

（1）石材板块铺贴地面允许偏差及检验方法（表 11.2）。

表 11.2　石材板块铺贴地面允许偏差及检验方法

项次	项目	允许偏差/mm	检验方法
1	表面平整度	1.0	用 2 m 靠尺和楔形塞尺检查
2	缝格平直	2.0	拉 5 m 线，不足 5 m 者拉通线和尺量检查
3	接缝高低	0.5	尺量和楔形塞尺检查
4	板块间隙宽度	1.0	尺量检查
5	踢脚线上口平直	1.0	拉 5 m 线和尺量检查

（2）大理石和花岗岩板块面层的质量标准和检验方法（表 11.3）。

表 11.3　大理石和花岗岩板块面层的质量标准和检验方法

项目	项次	质量要求	检验方法
主控项目	1	大理石、花岗岩面层所用的板块的品种、质量应符合设计要求	观察检查和检查材质合格记录
	2	面层与下一层应结合牢固，无空鼓	用小锤敲击检查
一般项目	3	理石、花岗岩面层的表面应洁净、平整、无磨痕，且应图案清晰、色泽一致、接缝均匀、周边顺直、镶嵌正确，板块无裂缝、掉角和缺棱等缺陷	观察检查
	4	踢脚线表面应洁净、高度一致、结合牢固、出墙厚度一致	用小锤敲击及尺量检查
	5	楼梯踏步和台阶板块的缝隙宽度应一致、齿角整齐，楼梯段相邻踏步高度差不应大于 10 mm；防滑条应顺直、牢固	观察和尺量检查
	6	面层表面的坡度应符合设计要求，不倒泛水，无积水；与地漏、管道结合处应严密牢固，无渗漏	观察、泼水或坡度尺及蓄水检查
	7	大理石和花岗岩面层的允许偏差应符合表 11.2 规定	

2. 瓷砖地面的一般质量要求

（1）参见石材板块铺贴地面允许偏差及检验方法（表 11.2）。

（2）参见大理石和花岗岩板块面层的质量标准和检验方法（表 11.3）。

3. 木、竹地面的一般质量要求

（1）实木地板面层、复合地板面层的允许偏差和检验方法应符合表 11.4 的规定。

表 11.4　木地板面层的允许偏差和检验方法

项次	项目	允许偏差/mm				检验方法
		实木地板面层			中密度（强化）复合地板面层	
		实木地板	硬木地板	拼花地板		
1	板面缝隙宽度	1.0	0.5	0.2	0.5	用钢尺检查
2	表面平整度	3.0	2.0	2.0	2.0	踢脚线上口平整
3	踢脚线上口平整	3.0	3.0	3.0	3.0	拉 5 m 线，不足 5 m 者拉通线和尺量检查
4	板面拼缝平直	3.0	3.0	3.0	3.0	
5	相邻板面高差	0.5	0.5	0.5	0.5	用钢尺和楔形塞尺检查
6	踢脚线与面层的接缝	1.0				楔形塞尺检查

（2）实木地板面层的质量标准和检验方法见表11.5。

表11.5 实木地板面层的质量标准和检验方法

项目	项次	质量要求	检验方法
主控项目	1	实木地板面层所采用和铺设时的木材含水率必须符合设计要求，木格栅、垫木和毛地板等必须做防腐、防蛀处理	观察检查和检查材质合格证明文件及检测报告
	2	木格栅安装应牢固、平直	观察，脚踩检查
	3	面层铺设应牢固，黏结无空鼓	观察，脚踩或用小锤轻击检查
一般项目	4	实木地板面层应刨平、磨光，无明显刨痕和毛刺等现象；图案清晰，颜色均匀一致	观察，手摸和脚踩检查
	5	面层缝隙应严密；接头位置应错开，表面洁净	观察检查
	6	拼花地板接缝应对齐，黏、钉严密；缝隙宽度均匀一致；表面洁净；胶黏无溢胶	观察检查
	7	踢脚线表面应光滑，接缝严密，高度一致	观察和尺量检查
	8	实木地板面层的允许偏差应符合表11.4的规定	

（3）复合地板面层的质量标准和检验方法见表11.6。

表11.6 复合地板面层的质量标准和检验方法

项目	项次	质量要求	检验方法
主控项目	1	复合地板面层所采用的材料，其技术等级及质量要求应符合设计要求；木格栅、垫木和毛地毯等应做防腐、防蛀处理	观察检查和检查材质合格证明文件及检测报告
	2	木格栅安装应牢固、平直	观察，脚踩检查
	3	面层铺设应牢固	观察，脚踩检查
一般项目	4	复合地板面层图案和颜色应符合设计要求，图案清晰、颜色一致，板面无翘曲	观察，用2 m靠尺和楔形塞尺检查
	5	面层的接头应错开，缝隙严密，表面洁净	观察检查
	6	踢脚线表面应光滑，接缝严密，高度一致	观察，用钢尺检查
	7	中密度（强化）复合地板面层的允许偏差应符合表11.4的规定	

4. 地毯地面的一般质量要求

地毯面层的质量标准和检验方法见表11.7。

表11.7 地毯面层的质量标准和检验方法

项目	项次	质量要求	检验方法
主控项目	1	规格、颜色、花色、胶料和辅料及其材质必须符合设计要求和国家现行地毯产品标准规定	观察检查；检查材质合格记录
	2	地毯表面应平服，拼缝处黏结牢固、严密平整、图案吻合	观察检查
一般项目	3	地毯表面不应起鼓、起皱、翘边、卷边、显拼缝、露线和无毛边，绒面毛顺光一致，毯面干净，无污染和损伤	观察检查
	4	地毯同其他面层连接处、收口处和墙边、柱子周围应顺直、压紧	观察检查

5. 塑料地面的一般质量要求

(1) 塑料地板面层允许偏差及检验方法见表 11.8。

表 11.8 塑料地板面层允许偏差及检验方法

项次	项目	允许偏差/mm	检验方法
1	表面平整度	2.0	用 2 m 靠尺和楔形塞尺检查
2	缝格平直	3.0	拉 5 m 线，不足 5 m 者拉通线和尺量检查
3	脚线上口平直	3.0	拉 5 m 线，不足 5 m 者拉通线和尺量检查
4	接缝高低差	0.5	用尺量和楔形塞尺检查
5	板块间隙宽度	2.0	用钢尺检查

(2) 塑料地板面层的质量标准和检验方法见表 11.9。

表 11.9 塑料板（板块及卷材）面层的质量标准和检验方法

项目	项次	质量要求	检验方法
主控项目	1	塑料板面层所用的塑料板块和卷材的品种、规格、颜色、等级应符合设计要求和现行国家标准	观察检查，检查材质合格证明文件及检测报告
	2	面层与下一层的黏结应牢固，不翘边、不脱胶、不溢胶	观察检查和用锤击及钢尺检查
一般项目	3	塑料板面层应表面洁净、图案清晰、色泽一致、接缝严密、美观；拼缝处的图案、花纹吻合，无胶痕；与墙面交接严密，阴阳角收边方正	观察检查
	4	板块的焊接、焊缝应平整、光洁，无焦化变色、斑点、焊瘤和起鳞等缺陷，其凹凸允许偏差为±0.6 mm；焊缝的抗拉强度不得小于塑料板强度的 75%	观察检查，检查检测报告
	5	镶边用料应尺寸准确、边角整齐、拼缝严密、接缝顺直	观察检查，钢尺检查
	6	塑料板面层的允许偏差应符合表 11.8 的规定	

【重点串联】

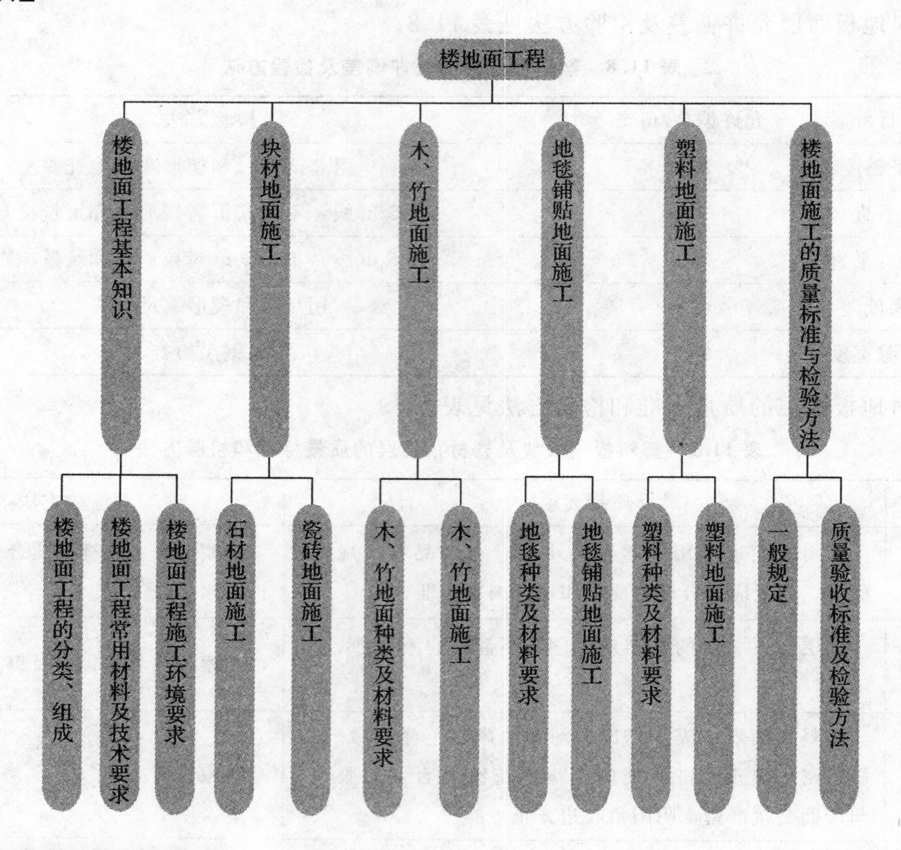

拓展与实训

工程模拟训练

实训项目一　天然石材地面装饰工程实训

1. 实训目的与要求

实训目的：熟悉天然石材的类型、特点，根据地面空间（图 11.24）确定天然石材地面布置图案。掌握天然石材构造做法，熟练绘制出天然石材地面的装饰施工图，了解其质量验收要点，并能正确指导现场施工。

实训要求：2～4 人一组完成某装饰空间的天然石材地面布置图，不同材质交界处节点详图，拼花及踢脚线详图。

2. 实训成果

要求用 AutoCAD 按国家制图标准，能达到装饰施工图深度的天然石材地面布置图、各节点详图一份；装饰施工技术交底文件一份。

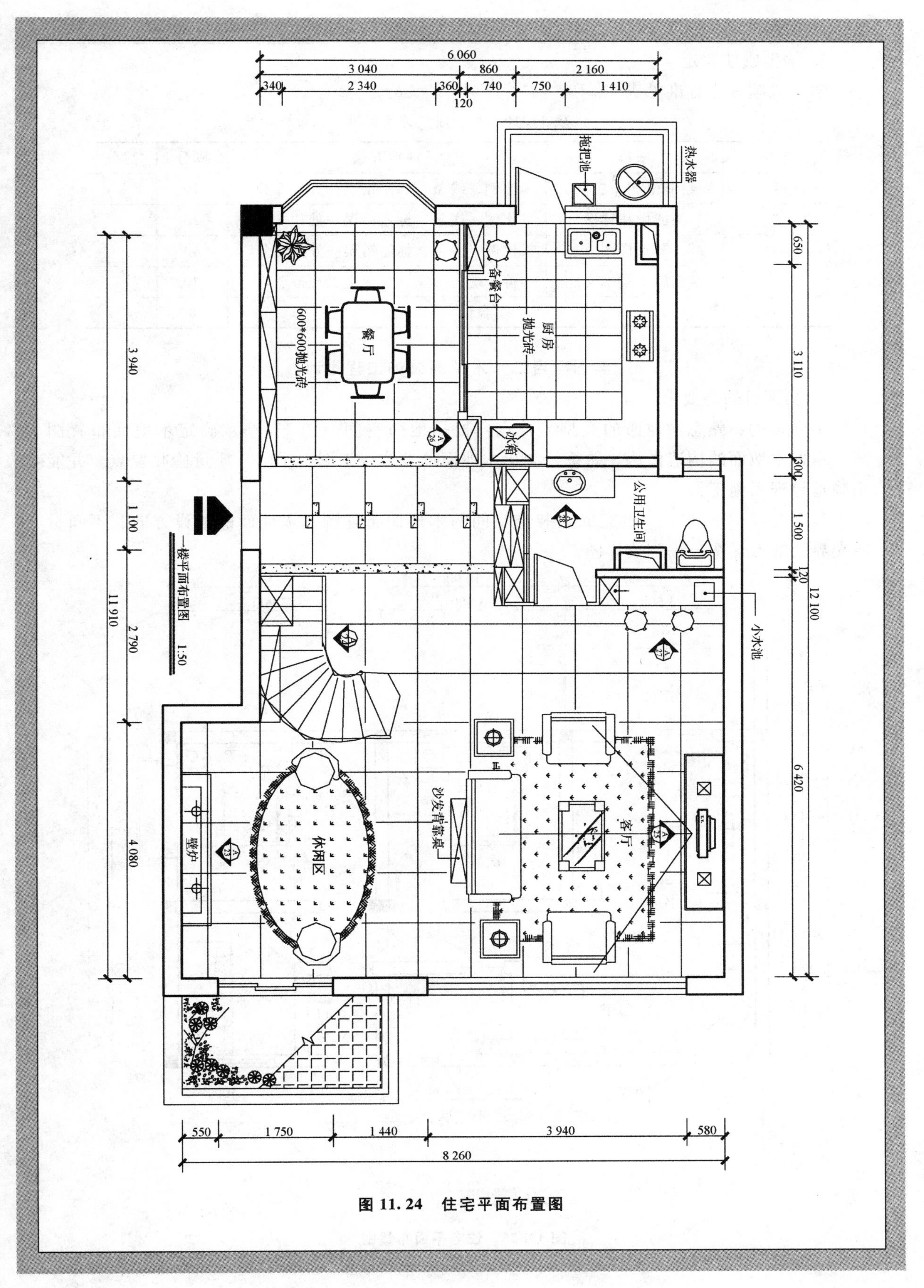

图 11.24 住宅平面布置图

3. 学生成绩评定

学生成绩评定标准见表 11.10。

表 11.10　学生成绩评定标准

序号	项目	评定方法	满分	得分
1	绘制平面布置图	比例、线条、标注错误一处扣 5 分	10	
2	构造做法详图	比例、线条、标注错误一处扣 5 分	20	
3	节点详图	比例、线条、标注错误一处扣 5 分	40	
4	编制施工技术交底	符合现行国家、行业施工规范要求	30	
5		合计	100	

实训项目二　木地面装饰工程实训

1. 实训目的与要求

实训目的：熟悉木地面的类型、特点，根据地面空间（图 11.25）确定木地面布置图案。掌握木地面的构造做法，熟练绘制出木地面的装饰施工图，了解其质量验收要点，并能正确指导现场施工。

实训要求：4～6 人一组完成某装饰空间的木地面布置图、木地面的铺设方向、不同材质交界处节点详图、踢脚线详图。

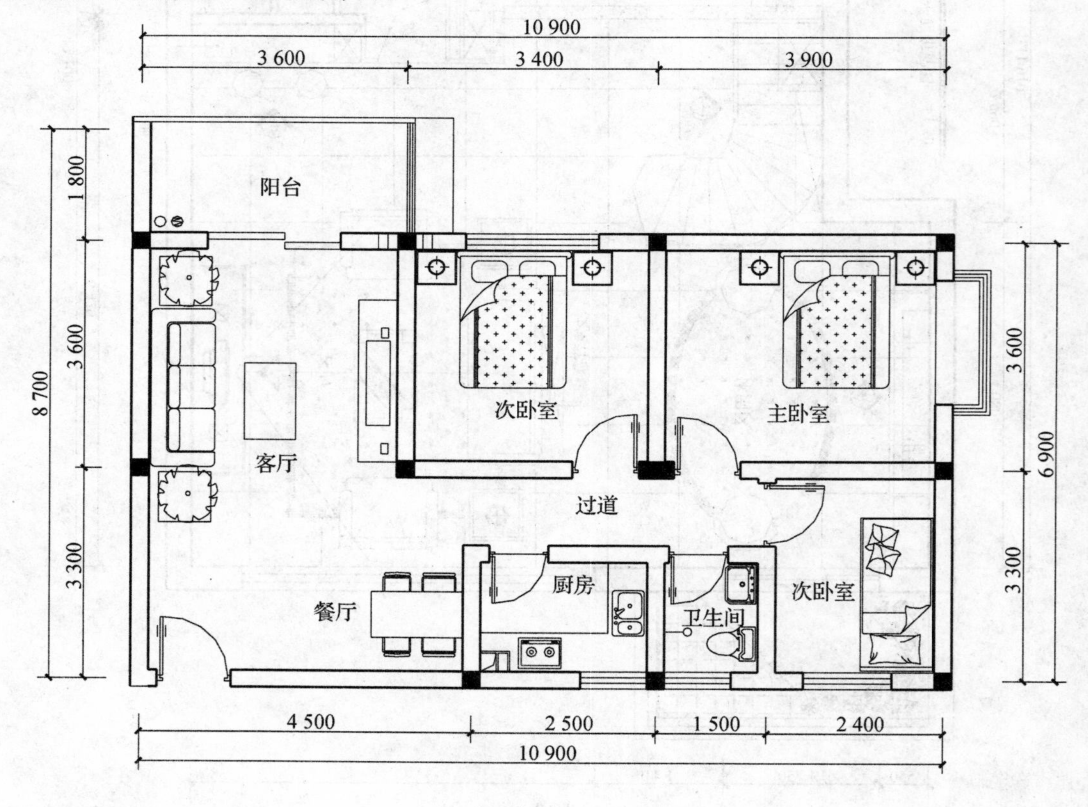

图 11.25　住宅平面布置图

2. 实训的条件、内容及深度

根据实训条件及图 11.25 平面布置图，用 AutoCAD 绘制施工图，能达到装饰施工图深度的木地面布置、各节点详图一份；装饰施工技术交底文件一份。

3. 实训准备

(1) 主要材料。

面层材料：强化木地板，其规格见实训材料。

基层材料：木格栅（可以用龙骨）、垫木、防潮层、毛地板等。

(2) 作业条件。

①地面找平层已完成，并验收合格。

②基层清理干净，无杂质，含水率不大于 15%。

③严禁交叉作业。

(3) 主要机具。

主要机具包括：电锤、电钻、手刨、角度锯、螺机、水平仪、水平尺、方尺、钢尺、小线、錾子、刷子和钢丝刷等。

(4) 施工工艺。

施工工艺流程：基层处理—弹线—防火、防腐处理—铺衬垫—铺强化复合地板—安装踢脚线—上蜡。

(5) 施工质量控制要点。

①强化木地板采用双层铺设，并符合设计要求。面层材料有出厂合格证书，强化复合木地板面层的允许偏差应符合国家标准《建筑地面工程施工质量验收规范》(GB 50209—2002) 中表 7.1.7 的规定。

②在铺设时，应注意面层地板的走向；铺设木格栅时，距离墙边 30 mm 的缝隙；地板面层距离墙边应留出 10 mm 的缝隙。

③采用浮铺法施工，注意在木地板企口处不用上胶水。

4. 学生成绩评定

学生成绩评定标准见表 11.11。

表 11.11 学生成绩评定标准

序号	项目	评定方法	满分	得分
1	绘制平面布置图	比例、线条、标注错误一处扣 2 分	5	
2	构造做法详图	比例、线条、标注错误一处扣 2 分	5	
3	节点详图	比例、线条、标注错误一处扣 2 分	5	
4	基层处理	不洁净、不平整一处扣 2 分	10	
5	弹线、面层走向	位置错误、面层走向不合理等各扣 5 分	15	
6	木格栅安装	不牢固一处扣 5 分；安装错误一处扣 2 分	15	
7	面层接缝	不平整一处扣 2 分	10	
8	面层铺设	有松动一处扣 5 分	15	
9	踢脚线	收边不整齐一处扣 2 分	10	
10	实训总结报告	报告每缺一项扣 2 分	10	
	合计		100	

链接职考

装饰施工员考试题

一、单项选择题

1. 天然花岗石和天然大理石相比，性能较差的是(　　)。

A. 强度　　B. 耐腐蚀性　　C. 耐热性　　D. 装饰性

2. 天然大理石和天然花岗石相比，性能较差的是(　　)。

A. 强度　　B. 耐腐蚀性　　C. 耐热性　　D. 装饰性

3. 天然花岗石和青石板相比，性能较差的是(　　)。

A. 耐热性　　B. 耐腐蚀性　　C. 强度　　D. 装饰性

4. 天然大理石和青石板相比，性能较差的是(　　)。

A. 强度　　B. 装饰性　　C. 耐热性　　D. 耐腐蚀性

5. 在下列人造石材中，化学性能最好的是(　　)。

A. 水泥型人造大理石　　B. 树脂型人造大理石

C. 复合型人造石材　　D. 烧结型人造石材

6. 在下列人造石材中，物理性能最好的是(　　)。

A. 水泥型人造大理石　　B. 树脂型人造大理石

C. 复合型人造石材　　D. 烧结型人造石材

7. 在下列人造石中，装饰效果最好的是(　　)。

A. 水泥型人造大理石　　B. 树脂型人造大理石

C. 复合型人造石材　　D. 烧结型人造石材

8. 实木地板出现人行走时有响声的质量原因是(　　)。

A. 基层处理不当　　B. 面板尺寸不一致

C. 毛地板钉子少钉　　D. 上述都不是

9. 实木地板出现局部起鼓的质量原因是(　　)。

A. 基层含水率过高　　B. 面板尺寸不一致

C. 毛地板钉子少钉　　D. 上述都不是

10. 为了预防木踢脚板出现表面不平，与地面不垂直，在安装时要求预埋在墙面的木砖间距不大于(　　)为宜。

A. 300 mm　　B. 400 mm　　C. 450 mm　　D. 500 mm

11. 为了防止木踢脚板翘曲，应在其靠墙的一面设两道变形，槽深 3～5 mm，宽度不少于(　　)。

A. 5 mm　　B. 8 mm　　C. 10 mm　　D. 15 mm

12. 塑料地板在粘贴前应做除蜡处理，一般将塑料板放进(　　)左右的热水中浸泡 10～20 min。然后取出晾干，并除去表面蜡膜。

A. 30 ℃　　B. 55 ℃　　C. 75 ℃　　D. 80 ℃

二、多项选择题

1. 下列地面属于板块地面的有（　　）。

A. 现浇水磨石地面　　B. 预制水磨石地面

C. 马赛克地面　　D. 大理石地面

E. 地毯地面

2. 木地板行走有响声的原因有（　　）。

A. 木格栅本身含水率大或受潮，完工后木格栅干燥收缩松动

B. 固定木格栅的连接件松动

C. 毛地板、面板钉子少钉或钉得不牢固

D. 木格栅铺完后，未认真进行自检

E. 施工不当

3. 实木地板出现局部起鼓的质量原因有（　　）。

A. 基层含水率过高　　B. 未铺防潮层

C. 毛地板钉子少钉　　D. 毛地板缝隙过小

E. 面板受潮

4. 塑料地板出现空鼓的质量原因有（　　）。

A. 基层含水率大　　B. 基层表面粗糙

C. 施工气温低　　D. 基层表面不干净

E. 胶黏剂过期变质

三、思考题

1. 楼地面常用的装饰材料有哪些？

2. 石材地面的施工工艺和操作要点有哪些？

3. 瓷砖地面的施工工艺和操作要点有哪些？

4. 实木地板有哪些类型？实木地面的施工工艺和操作要点有哪些？

5. 地毯施工有哪些铺设方法？

6. 地毯有哪些种类？其施工工艺及施工注意事项是什么？

模块 12

幕墙工程

【模块概述】

幕墙是用金属板材、装饰石板、玻璃等板材悬挂在建筑主体结构上的建筑外围护结构。幕墙不承受主体结构传来的荷载与作用，对主体结构起着一定的保护和装饰作用。幕墙根据所用面板材料的不同分为玻璃幕墙、金属幕墙、石材幕墙和复合板材幕墙等。

幕墙工程与一般的外墙装饰做法相比，具有工业和装配化程度高、施工速度快、装饰效果好、耐久性好、便于维修等优点，同时，安全性和技术性要求也较高。本模块重点介绍幕墙施工前的准备工作以及工程中广泛应用的玻璃幕墙、金属幕墙、石材幕墙的施工技术和质量要求。同时，对建筑幕墙的节能、防火、防雷做法和要求以及幕墙的成品保护和清洗也做了较为详细和实用的介绍。

【学习目标】

1. 建筑幕墙施工前的准备工作：预埋件制作与安装，施工测量要求，后置埋件施工要求。
2. 玻璃幕墙的种类和施工方法、技术要求。
3. 金属幕墙、石材幕墙骨架安装方法和面板安装要求。
4. 建筑幕墙节能与防火、防雷构造要求。
5. 幕墙工程质量验收标准和检验方法。

【能力目标】

1. 能够正确对与幕墙有关的主体结构部位进行施工测量。
2. 能清楚幕墙工程对基体、预埋件、骨架的要求。
3. 掌握常用玻璃幕墙、金属幕墙、石材幕墙的施工工艺、施工方法。
3. 掌握幕墙的节能构造与做法，防雷、防火构造和施工要求。
4. 会分析产生幕墙工程各种质量问题的原因并会防治。
5. 会检验、控制幕墙工程质量。
6. 会控制幕墙施工过程中的安全。

【学习重点】

1. 预埋件安装要求。
2. 玻璃幕墙施工方法和技术要求。
3. 金属与石材幕墙施工方法和技术要求。

【课时建议】

理论 4 课时＋实践 4 课时

工程导入

某高层综合楼外墙幕墙工程，主楼采用铝合金隐框玻璃幕墙，玻璃为6low－E＋12A＋6中空玻璃，裙楼为12 mm厚单片全玻幕墙，在现场打注硅酮结构胶。入口大厅的点支撑玻璃幕墙采用钢管焊接结构，主体结构施工中已埋设了预埋件，幕墙施工时，发现部分预埋件漏埋。经设计单位同意，采用后置埋件替代。在施工中，监理工程师检查发现：

(1) 中空玻璃密封胶品种不符合要求。

(2) 点支撑玻璃幕墙支撑结构焊缝有裂缝。

(3) 防雷连接不符合规范要求。

这些问题该怎样解决呢？

下面我们将通过对本模块的学习，学会解决这些问题的方法。

12.1 建筑幕墙施工前的准备工作

幕墙的制作和安装除涉及装饰、围护、防水、保温隔热、防火、避雷和抗震等技术要求外，还有较高的力学（强度、刚度、稳定性）要求。幕墙的力学性能直接影响到其安全性，影响到人们的生命财产安全。因此国家有关建筑法规规定从事幕墙设计、制作、安装的企业，必须有相应的专业资质才能承揽幕墙工程。施工时保证幕墙的安全性要从准备工作做起。

12.1.1 预埋件制作与安装

幕墙的承载结构体系与建筑主体结构的连接，通常都是通过预埋件或后置埋件（锚栓）来实现的。幕墙除了承受自重荷载外，还要承受风荷载、地震荷载等，因此预埋件与建筑主体结构的连接是否可靠耐久，直接关系到幕墙的结构安全与使用寿命。预埋件的制作与安装应在主体结构施工阶段进行。建筑幕墙预埋件主要有平板型和槽型两种，其中，平板型预埋件应用广泛。

1. 平板型预埋件制作要求

平板型预埋件的锚板宜采用Q235B级钢，钢板厚度应不小于8 mm，锚板表面面积不应小于900 cm^2。锚筋应采用HPB 235、HRB 335或HRB 400级钢筋。严禁使用冷加工（冷拉或冷拔）钢筋。当采用HPB 235级钢筋（光圆钢筋）时，末端应弯成半圆弯钩（受压直锚筋除外），锚筋的构造长度不小于180 mm，半圆弯钩的构造长度不应小于150 mm。当采用HRB 335或HRB 400级钢筋钢筋（带肋钢筋）时，锚筋构造长度不小于180 mm。

直锚筋与锚板的连接应采用T型焊。焊接方法宜采用埋弧压力焊（锚筋直径不大于20 mm）或穿孔塞焊（锚筋直径大于20 mm），不允许把锚筋完成L型或Ⅱ型与锚板焊接。焊缝高度应符合规范要求，当锚筋采用HPB 235级钢筋时，焊缝高度不应小于6 mm及0.5 d；当锚筋采用HRB 335、HRB 400级钢筋时，焊缝高度不应小于6 mm及0.6 d（d为钢筋直径）。

预埋件应进行防腐、防锈处理。当采用热镀锌防腐处理时，锌膜厚度不应小于45 μm。

预埋件制作时的锚板、锚筋尺寸偏差以及锚筋与锚板面的垂直度偏差应在规范要求范围内，其中，锚筋长度不允许出现负偏差。

2. 槽型预埋件制作要求

材料要求与平板型预埋件相同。

槽型预埋件的长度、宽度和厚度的制作精度偏差，以及锚筋尺寸、槽口和锚筋与槽板的垂直度允许偏差应按规范要求控制，其中，槽口尺寸、锚板尺寸和锚筋长度不允许有负偏差。

3. 预埋件安装要求

(1) 预埋件应在浇筑主体结构混凝土时按照设计要求的位置、规格进行预埋安装。

(2) 为确保预埋件与主体结构可靠连接，连接部位的主体结构混凝土强度等级不应低于C20。幕墙安装在砌体结构上时，宜在连接部位的砌体结构上增设钢筋混凝土或钢结构梁、柱。轻质填充墙不应作为幕墙的支撑结构。

(3) 预埋件的锚筋应位于主体钢筋混凝土构件最外排受力主筋的内侧，并与构件的钢筋或模板连接固定，以防止预埋件在混凝土浇筑过程中产生位移。梁、板顶面的预埋件安装宜与混凝土浇筑同时进行，边浇筑混凝土边埋设预埋件。浇筑过程中，应仔细捣实预埋板底下的混凝土。

(4) 预埋件安装完成后，应在浇筑混凝土前进行隐蔽工程验收。验收内容包括预埋件规格、型号、数量、位置、锚固方式和防腐处理等。

(5) 在埋入混凝土构件内的预埋件锚板上焊接连接件时，应采取措施避免焊接产生的高温对混凝土造成灼伤。外露的预埋件锚板表面，应在焊接好连接件后及时做防腐处理。

连接件与预埋件的连接节点构造如图12.1所示。

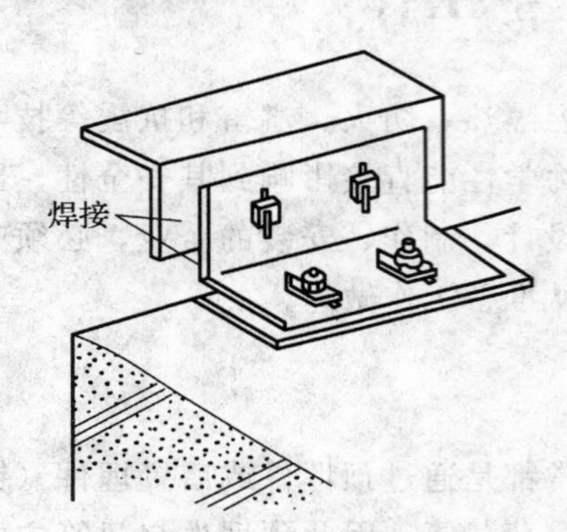

(a)焊接，与主体完全固定

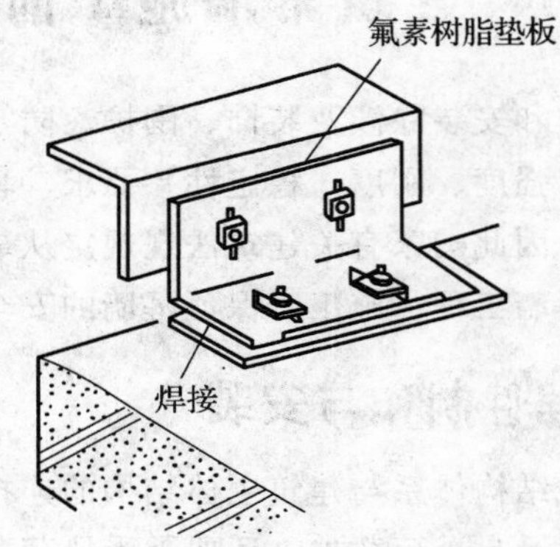

(b)有树脂垫片，可以滑动

图12.1　连接件与预埋件的连接节点构造

技术提示

作为承受幕墙荷载的基础，幕墙钢连接件的预埋钢板应尽量采用原主体结构预埋钢板，只有当无条件采用预埋钢板时才可采用后置锚栓的方法。

12.1.2 施工测量

施工测量是幕墙施工前重要的准备工作，应由专业技术人员进行操作。具体包括以下3个方面的工作：

(1) 基体复测。

根据土建施工单位提供的标高、基准点和轴线位置，对主体结构与幕墙有关的部位使用经纬仪、水准仪等测量设备，配合钢卷尺、垂球、水平尺等进行全面复测。复测内容包括轴线位置、各层标高、垂直度、构件的局部偏差和平整度等。

(2) 绘制测量成果图。

根据复测得到的主体结构实际偏差绘制成测量成果图，并提出调整意见。对微小偏差，可通过调整幕墙的分格、平面位置分段消除，避免偏差累积。幕墙施工单位应将施工图调整意见提交给建设、监理、设计等有关单位，经洽商并征得同意后，绘制修改后的施工图，方可按图施工。

(3) 绘制预埋件位置图。

对预埋件的实际位置进行测量，并绘出预埋件的位置偏差数据。预埋件位置的上下左右偏差均不应大于 20 mm，当预埋件的位置偏差过大或没有预埋件时，必须进行处理或应提出补救措施，处理措施征得监理、设计、建设等单位同意后方可实施。

高层建筑幕墙的施工测量工作应在风力不大于 4 级时进行，以确保施工安全和测量结果的准确。

12.1.3 后置埋件施工要求

当预埋件的位置偏差过大或未设预埋件时，可设置后置埋件（即锚栓）进行补救。后置埋件的施工须遵守以下要求：

(1) 锚栓的类型、规格、数量、位置、锚固深度必须符合设计要求和规范规定。

(2) 埋置锚栓的混凝土强度等级应满足设计要求或规范规定。如果混凝土强度等级不满足设计或规范要求，幕墙施工单位应报告设计单位修改锚固参数。

(3) 埋置锚栓的混凝土应坚实、平整，不应有起砂、麻面、蜂窝、裂缝、孔洞以及油污等影响锚固效果的缺陷。

(4) 已经风化的混凝土、裂缝破损严重的混凝土、抹灰层、装饰层等，均不得作为幕墙的锚固基材。

(5) 锚栓不得布置在混凝土保护层中。锚固深度不包括混凝土的饰面层或抹灰层。

(6) 锚栓不宜设置在配筋密集的部位，且应避开受力主筋。钻孔时不得碰伤钢筋。

(7) 对于扩孔型锚栓和膨胀型锚栓的锚孔，应先使用空气压缩机或气筒吹净孔内粉尘和碎屑，再用丙酮擦拭孔道。扩孔型锚栓和膨胀型锚栓的埋设应牢固、可靠，套管不得外露。

(8) 化学植筋或化学锚栓植入锚孔后，应按厂家规定的养护条件进行养护固化，养护期间禁止扰动。不宜在化学植筋或与化学锚栓接触的连接件上进行焊接作业。化学锚栓的锚固胶起着黏结砼基材与锚筋的作用。锚固胶的物理化学性能直接影响锚固效果，目前，市场上出现多种化学成分的化学黏结剂，比较常见的是改性环氧树脂、乙烯丙烯酸树脂和不饱和树脂 3 类。

(9) 碳素钢锚栓须经过防腐处理。

(10) 每个连接点不少于两个锚栓。锚栓直径由承载力计算确定，且不应小于 10 mm。

(11) 废孔应用锚固胶或高强树脂水泥砂浆填塞密实。

(12) 在安装连接件之前，应按规范要求的比例对后置锚栓的承载力现场抽样进行拉拔试验，合格后方可进行幕墙安装。幕墙工程由于未预埋、预埋件偏差过大或旧建筑物上安装幕墙，经常使用后置埋件来解决幕墙构件与主体结构的连接问题。规范规定检验其连接可靠度，要采用现场拉拔试验确定其承载力。对于现场拉拔试验应在幕墙安装工程现场随机抽样，确保后置埋件与主体结构可靠连接。

12.2 玻璃幕墙

玻璃幕墙施工技术和安装精度、安全施工要求高，应由专业资质的幕墙公司设计、施工。

12.2.1 有框玻璃幕墙（构件式玻璃幕墙）

玻璃幕墙根据构造不同分为有框玻璃幕墙和无框玻璃幕墙（即全玻璃幕墙）两大类。而有框玻璃幕墙又分为明框玻璃幕墙、半隐框玻璃幕墙和全隐框玻璃幕墙 3 种。有框玻璃幕墙由立柱、横梁、连接件、连接螺栓和开启扇等组成。

1. 明框玻璃幕墙

明框玻璃幕墙常用型钢或铝合金型材做骨架。用型钢骨架时，玻璃镶嵌在铝合金框架的凹槽内，铝合金框再与型钢骨架固定。用特殊断面的铝合金型材作为玻璃幕墙骨架时，玻璃镶嵌在骨架凹槽内。框架型材兼有龙骨和固定饰面板双重作用，这种结构构造合理、可靠，施工安装简便，应用较广。明框玻璃幕墙构造如图 12.2 所示。

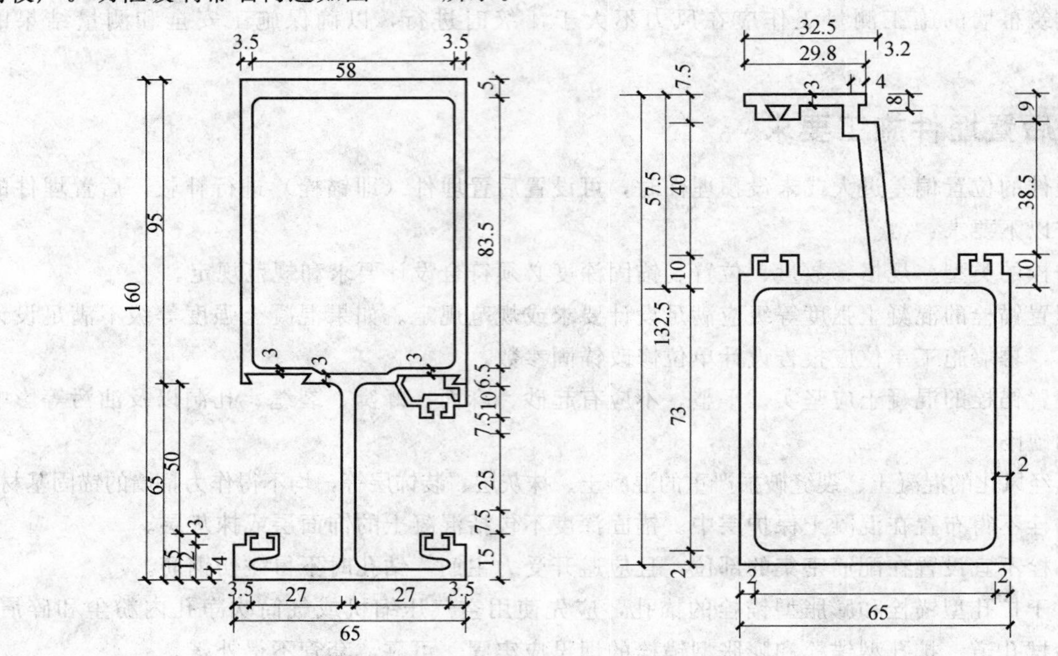

图 12.2 明框玻璃幕墙铝合金骨架构造

明框玻璃幕墙的施工工艺流程：施工测量—调整预埋件或安装后置埋件—确定主体结构轴线和各面幕墙中心线—从中心线向两侧排基准竖线—安装连接件—安装立柱并校正—连接件满焊固定、表面防腐处理—安装横梁—上下边修整—安装玻璃组件—安装开启扇—填充泡沫棒并注胶—清洁整理—检查验收。

(1) 弹线、定位。

在对基体和预埋件复测（见 12.1.2）的基础上，以建筑物轴线为准，根据设计要求先将骨架的位置线弹到主体结构上，首先确定竖向杆件的位置，然后在主体上以中部水平线为基准，向上、下弹线。每层水平线确定后，即可用水平仪抄平横向节点的标高。

(2) 连接件安装。

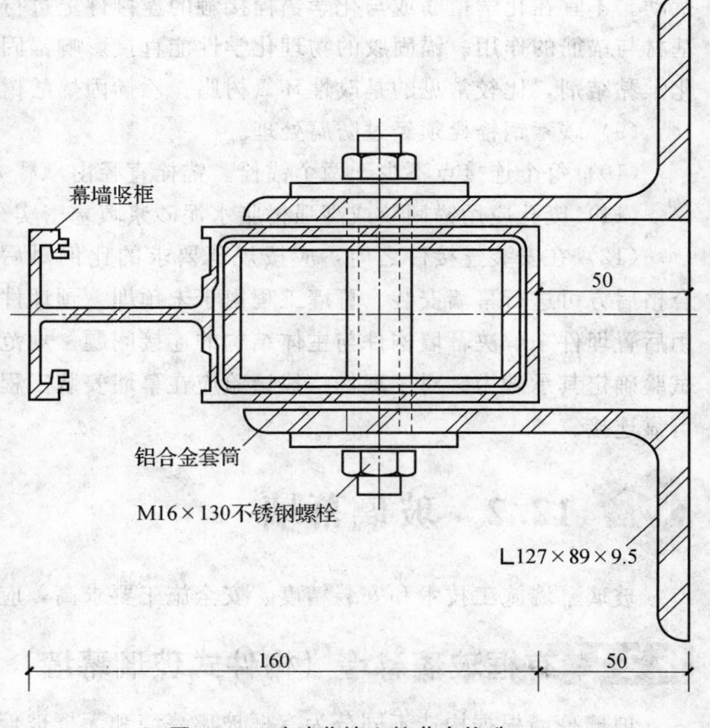

图 12.3 玻璃幕墙立柱节点构造

玻璃幕墙的立柱与主体结构之间用连接板固定（图 12.3）。目前，玻璃幕墙与主体结构连接的钢构件一般采用三维可调连接件，其特点是对预埋件的埋设精度要求不高。安装骨架时，上下左右及幕墙平面垂直度可调整自如。

(3) 立柱安装。

①立柱安装是玻璃幕墙施工的关键环节。安装前应认真核对立柱的编号、规格、尺寸、数量是否与施工图一致。

②立柱常采用铝合金型材或钢型材。立柱的截面尺寸应符合规范要求，铝合金型材开口部位的厚度不应小于 3.0 mm，闭口部位的厚度不应小于 2.5 mm；型钢截面受力部位的厚度不应小于 3.0 mm。

③单根立柱长度通常为一层楼高，使立柱的支座处于每层楼板位置。上下立柱之间用活动接头连接，使该处形成铰接，从而适应和消除幕墙的温度变形和荷载变形。当每层设两个支点时，一般应设计成受拉构件，不宜设计成受压构件。

④立柱需接长时，应采用专门的连接件连接固定，同时应满足温度变形的需要，如图 12.4 所示。

立柱接长时，立柱上、下柱之间应留有不小于 15 mm 的缝隙。闭口型材可采用长度不小于 250 mm 的芯柱连接。芯柱与立柱应紧密贴合。芯柱与上、下柱之间可用不锈钢螺栓连接。开口型材上、下柱之间可采用等强型材机械连接。上、下柱之间的缝隙应注耐候密封胶密封。

⑤立柱应先进行预装，初步定位后，先进行自检，不符合规范之处进行校正修正。自检合格后，报请质检、监理部门检验，检验合格后，才能将连接件最终焊接牢固。

⑥安装时先将立柱与连接件（角码）连接，然后连接件再与主体结构预埋件焊接或膨胀螺栓锚固，并及时调整、固定。立柱安装的标高偏差不应大于 3 mm，轴线前后偏差不应大于 2 mm，左右偏差不应大于 3 mm。立柱安装就位、调整后，应及时紧固。立柱与主体结构的连接节点构造如图 12.5 所示。

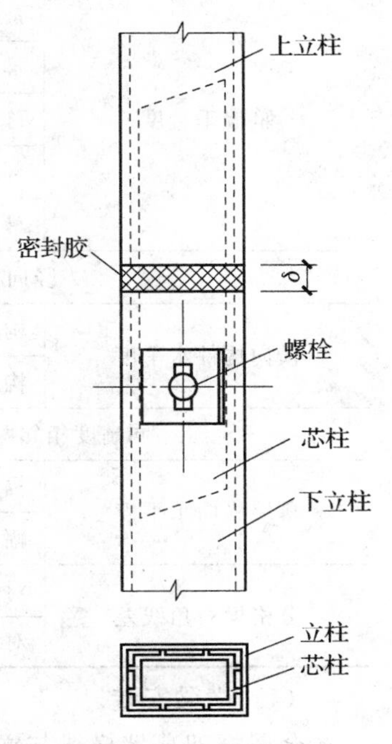

图 12.4　立柱接长

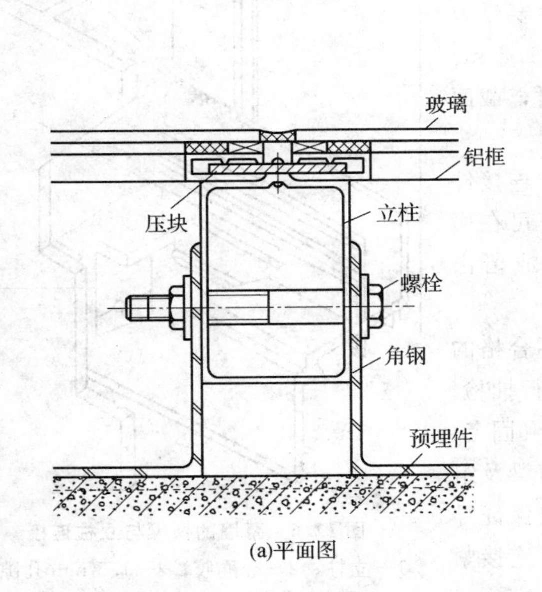

(a)平面图

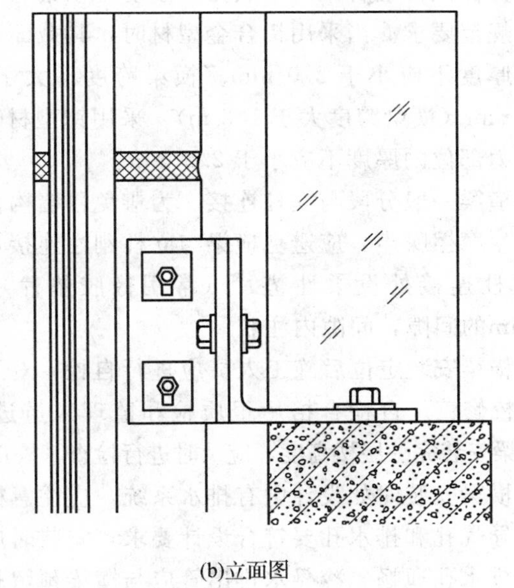

(b)立面图

图 12.5　立柱与主体结构连接节点构造

⑦铝合金立柱与镀锌钢连接件之间一定要加防腐隔离柔性垫片，以防止不同金属接触面产生电化腐蚀。

⑧为防止偶然因素的作用降低连接强度，每个连接部位的受力螺栓不少于两个。螺栓直径不小于 10 mm。

⑨立柱的安装质量要求见表 12.1。

表 12.1　铝合金构件安装质量要求

项　　目		允许偏差/ mm	检查方法
幕墙垂直度	幕墙高度不大于 30 m	10	激光仪或经纬仪
	幕墙高度大于 30 m，不大于 60 m	15	
	幕墙高度大于 60 m，不大于 90 m	20	
	幕墙高度大于 90 m，不大于 150 m	25	
	幕墙高度大于 150 m	30	
竖向构件直线度		2.5	2 m 靠尺、塞尺
横向构件水平度	构件长度不大于 2 000 mm	2	水平仪
	构件长度大于 2 000 mm	3	
同高度相邻两根横向构件高度差		1	钢直尺、塞尺
幕墙横向水平度	幅宽不大于 35 m	7	水平仪
	幅宽大于 35 m	3	
分格框对角线差	对角线长不大于 2 000 mm	3	3 m 钢卷尺
	对角线大于 2 000 mm	3.5	

(4) 横梁安装。

金属框架幕墙横梁与立柱的连接一般通过连接件、铆钉或不锈钢螺栓连接，如图 12.6 所示。

①为保证幕墙骨架的承载力和刚度，横梁的截面尺寸应符合规范要求。当采用铝合金型材时，其截面主要受力部位的厚度不应小于 2.0 mm（横梁跨度不大于 1.2 m）或 2.5 mm（横梁跨度大于 1.2 m）。采用钢型材时，截面主要受力部位的厚度不应小于 2.5 mm。

②横梁一般分段与立柱连接。为避免幕墙构件连接件部位产生摩擦噪声，应避免横梁与立柱刚性连接，可在横梁与立柱连接处设柔性垫片（常用橡胶垫片）或留出 1～2 mm的间隙，间隙内注胶。

③横梁安装定位后施工人员应进行自检，对不合格的进行调校修正。自检合格后报质检和监理人员进行抽检。每当横梁安装完一层楼高度，应及时进行检查、校正和固定。

④横梁安装时如设计中有排水系统，应注意横梁及组件上的导气孔和排水孔要符合设计要求，安装时应保证导气孔和排水孔通畅。冷凝水排出管应与横梁预留孔连接紧密，与内衬板出水孔连接处应设橡胶密封条。

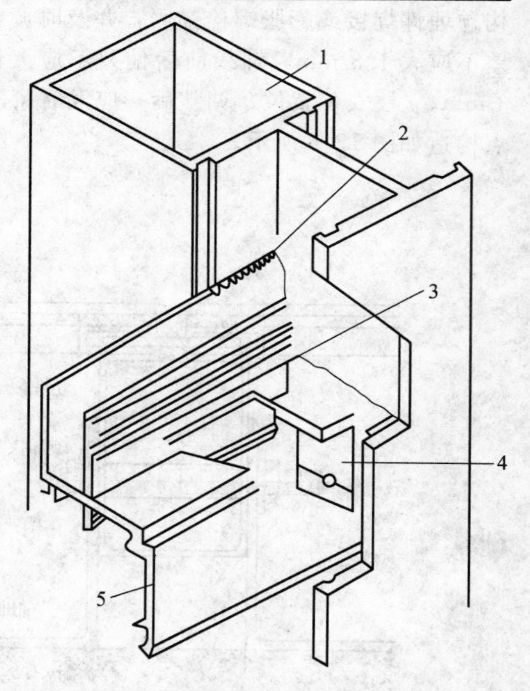

图 12.6　幕墙的横梁与立柱连接

1—立柱；2—硅酮胶；3—1.5 mm 孔隙；4—铁脚；5—上框

(5) 玻璃面板安装。

①玻璃面板出厂前应按规格编号。运到施工现场后应分别放置在其所在楼层的室内。玻璃面板

应靠墙放置或用专用钢架放置。面板在存放和搬运、安装过程中应加强防护，防止碰撞、倾倒、损坏和划伤涂膜层。

②当玻璃面积或质量较大时，一般采用机械或人工吸盘安装。玻璃安装前应将表面尘土、污物擦拭干净，以避免吸盘漏气，保证施工安全。安装时，镀膜玻璃的膜面应朝向室内。

③为防止因温度变化引起的胀缩破坏，明框玻璃幕墙的玻璃与构件不得直接接触。玻璃四周与构件凹槽底部应留出一定的空隙，每块玻璃底部应设不少于 2 块宽度与槽宽相同、长度不小于 100 mm的弹性定位垫块（如氯丁橡胶垫块）。玻璃周边嵌入量及空隙应符合设计要求。

④橡胶条镶嵌应平整、密实，橡胶条长度应比框内槽口长 1.5%～2%，断口应留在四角，且呈斜面断开。拼角处要用胶黏剂黏结牢固。不得采用自攻螺钉固定承受水平荷载的玻璃压条。

⑤幕墙开启窗的开启角度不宜大于 30°，开启距离不宜大于 300 mm，开启扇四周缝隙橡胶密封条密封。

2. 半隐框玻璃幕墙

(1) 竖隐横不隐玻璃幕墙。

这种玻璃幕墙是立柱隐在玻璃后面，玻璃安放在横梁的镶嵌槽内，镶嵌槽外加盖铝合金压板。盖在玻璃外面，形成竖隐横不隐的装饰效果，如图 12.7 所示。

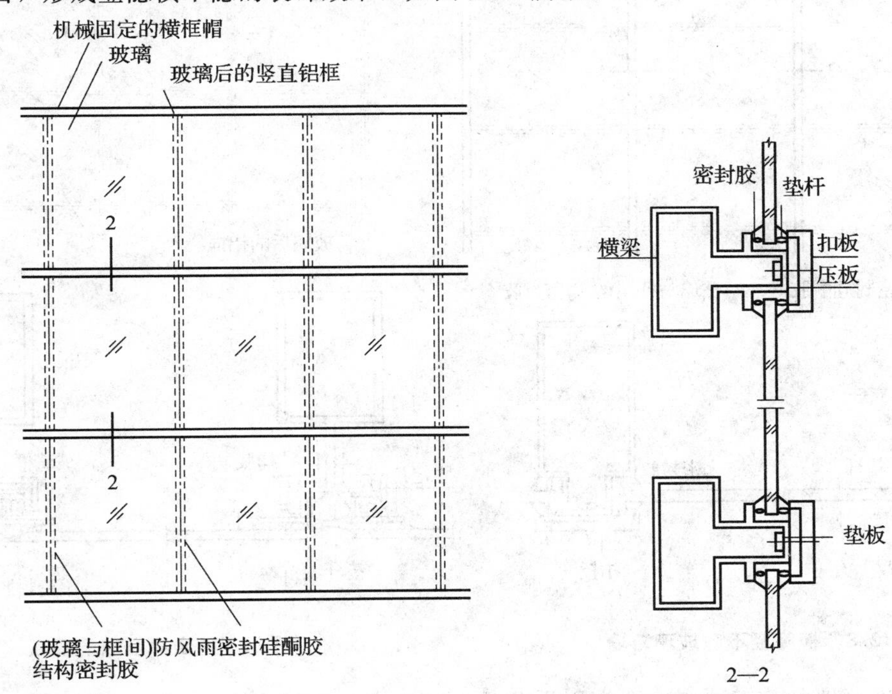

图 12.7 竖隐横不隐玻璃幕墙

这种体系的幕墙一般在车间内进行玻璃面板的镶嵌拼装。一般先将玻璃用专用胶黏剂粘贴在两竖边有安装沟槽的铝合金玻璃框上，再将玻璃框竖边固定在铝合金框格体系的立柱上。玻璃的上、下两横边则固定在横梁的镶嵌槽中。待结构胶完全固化后将玻璃框运往施工现场进行安装。这种玻璃幕墙的施工要点为：

①玻璃板块安装前，为保证嵌缝密封胶的黏结强度，应对四周的立柱、横梁和铝合金副框进行清洁，使之洁净、干燥。

②固定玻璃板块的压块或勾块的规格和间距应符合设计要求，固定点的间距不宜大于300 mm。不得采用自攻螺钉固定玻璃板块。

(2) 横隐竖不隐玻璃幕墙。

这种玻璃幕墙与竖隐横不隐玻璃幕墙正好相反，是横梁隐在玻璃后面，竖框外显。如图 12.8 所示。

与竖隐横不隐玻璃幕墙类似，玻璃面板也是在专用车间内预先装配好，待结构胶固化后运到施工现场安装。不同的是玻璃横向采用结构胶粘贴，竖向采用玻璃嵌槽内固定。施工工艺与要求基本与竖隐横不隐玻璃幕墙相同。

3. 全隐框玻璃幕墙

这种体系的玻璃幕墙是玻璃预先用结构胶粘贴在玻璃框上，玻璃框再固定在铝合金构件组成的框格上。玻璃常采用各种颜色镀膜镜面反射玻璃，玻璃框和铝合金框格体系均隐藏在玻璃后面，形成一个大面积的彩色镜面反射玻璃幕墙，装饰效果好，如图 12.9 所示。

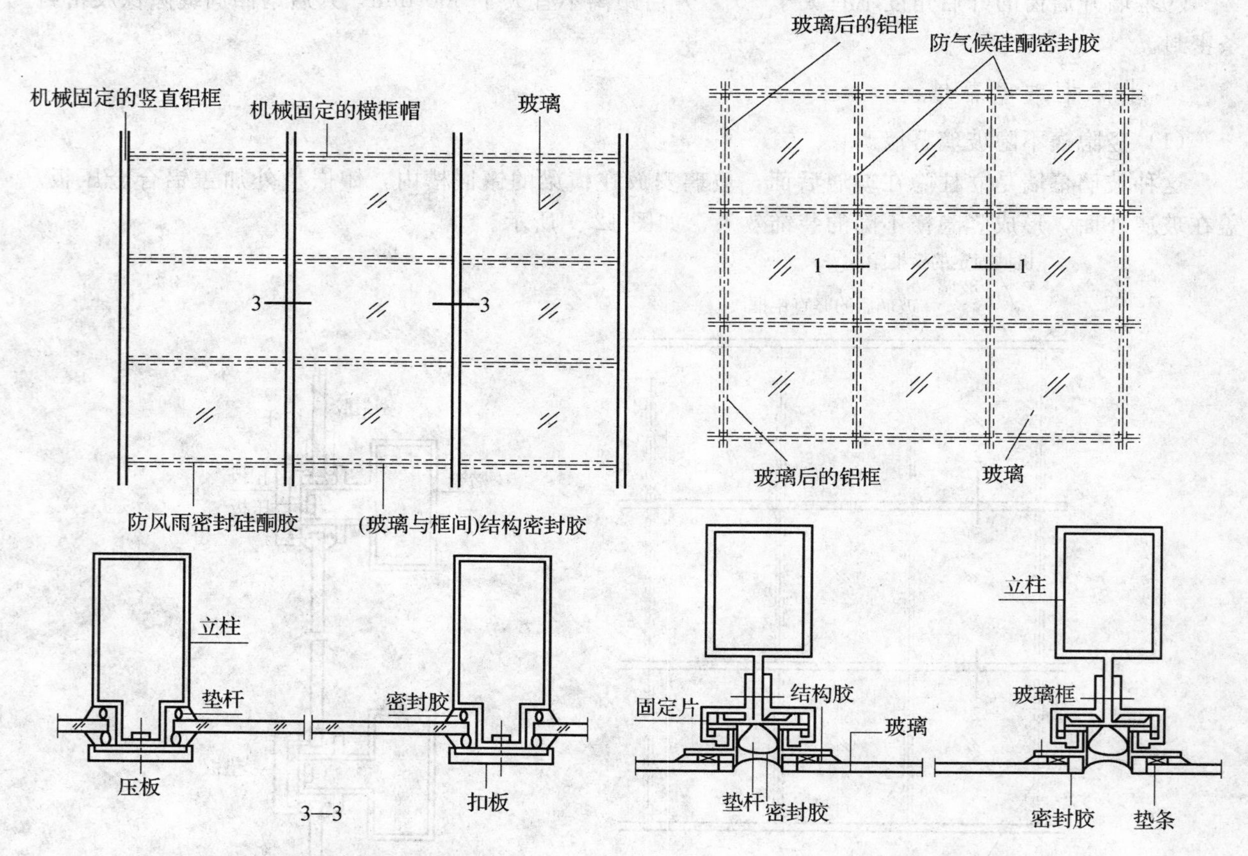

图 12.8　横隐竖不隐玻璃幕墙

图 12.9　全隐框玻璃幕墙

全隐框玻璃幕墙的施工要点主要有以下几条：

(1) 玻璃框的上端挂在铝合金整个框格体系的横梁上，其余 3 边可分别用不同方法固定在立柱及横梁上。当采用挂钩式固定玻璃板块时，挂钩接触面宜设置柔性垫片，以防止产生摩擦噪声。

(2) 全隐框幕墙的玻璃板组件安装，必须牢固，固定点间距不宜大于 300 mm，不得采用自攻螺钉固定玻璃板块。

(3) 隐框玻璃板块下部应设置厚度不小于 2 mm、长度不小于 100 mm 的支撑托板。

(4) 隐框玻璃板块安装后幕墙平面度允许偏差不应大于 2.5 mm，相邻两玻璃之间的接缝高低差不应大于 1 mm。

(5) 隐框玻璃幕墙玻璃板块安装完成后，应按规范要求对“隐框玻璃板块固定”项目进行隐蔽工程验收。验收合格后应及时进行密封胶嵌缝。

(6) 隐框玻璃幕墙的玻璃拼缝宽度不宜小于 15 mm。隐框玻璃幕墙玻璃拼缝质量标准及检验方法见表12.2。

表12.2　隐框玻璃幕墙的玻璃拼缝质量标准及检验方法

项次	项目	技术指标	检验方法
1	拼缝外观	横平竖直、宽度均匀	观察检查
2	密封胶施工质量	嵌填密实、均匀、光滑、无气泡，符合规范要求	检查材料合格证及检测报告，观察
3	拼缝整体垂直度偏差	$h\leqslant30$ m时，$\leqslant10$ mm	用经纬仪或激光全站仪
		30 m$<h\leqslant$60 m时，$\leqslant15$ m	
		60 m$<h\leqslant$90 m时，$\leqslant20$ m	
		$h>90$ m时，$\leqslant25$ m	
4	拼缝直线度	$\leqslant2.5$ m	用2 m靠尺检查
5	缝宽度施工误差	$\leqslant2$ m	用卡尺检查
6	相邻面板接缝高低差	$\leqslant1$ m	用深度尺检查

4. 隐框、半隐框玻璃幕墙施工质量控制要点

隐框、半隐框玻璃幕墙的玻璃板块制作是影响玻璃幕墙质量的关键环节。需从以下环节控制板块制作质量：

(1) 注胶前对铝框及玻璃面板的清洁应采用“两次擦”工艺。即先用一块干净的抹布，上面倒点溶剂，把黏在玻璃和铝框上的尘污、油渍等污物清除干净，再在溶剂完全挥发之前，用第二块干净的抹布（不倒溶剂）将表面擦干。需注意的是：每清洁一个构件或一块玻璃，应更换干净的干抹布；一块抹布只能用一次，不允许重复使用（可洗净晾干后再用）；第一次用溶剂清洁时，不能将抹布浸泡在溶剂里，而应将溶剂倾倒在抹布上；玻璃槽口可用干净的布包裹油灰刀进行清洁。应用干净的容器贮存和使用溶剂。

(2) 应在玻璃面板和铝框清洁干净1 h内注胶。注胶前再度污染的部位，应重新清洁干净后方可注胶。

(3) 硅酮结构密封胶注胶前必须取得相容性检验合格的报告，必要时应加涂底漆。过期的结构密封胶不得使用。

(4) 隐框、半隐框玻璃幕墙的玻璃板应在洁净、通风的室内注胶。注胶室内温度、湿度应符合结构密封胶产品的规定。一般温度宜在15～30 ℃之间，相对湿度不宜低于50%。

(5) 当采用低辐射镀膜玻璃板时，因镀膜层在空气中非常容易氧化，且镀膜层与硅酮结构密封胶的相容性较差，易发生化学反应，故应根据层材料的黏结性能和其他的技术要求制定加工工艺。必要时应采取在注胶部位除膜、加涂底漆等措施。当镀膜层与硅酮结构密封胶不相容时，应在注胶部位除去镀膜层。

(6) 镀膜玻璃板块制作时，应控制好玻璃的朝向。单片镀膜玻璃的膜面一般朝向室内一侧；阳光控制镀膜（热辐射）中空玻璃的镀膜面应朝向中空气体层；低辐射镀膜中空玻璃的镀膜面朝向应按设计要求确定。

(7) 硅酮结构密封胶有单组分和双组分两种。双组分硅酮结构密封胶与单组分相比具有固化时间短、成本低等优点。适用于工程量大、工期紧的幕墙工程。双组分硅酮结构密封胶是由基剂和固化剂两个组分组成，使用前应进行混匀性（蝴蝶）试验和拉断（胶杯）试验。混匀性试验用来检验两个组分的混匀程度；拉断试验用于检验两个组分的配合比是否正确。

(8) 注胶应饱满、密实、均匀、无气泡，胶缝表面应平整、光滑。收胶缝的余胶不得重复使用。

(9) 板块的养护要求：隐框、半隐框玻璃幕墙的玻璃板在打注硅酮结构密封胶后，应在温度为20 ℃左右、相对湿度 50%以上的干净室内养护。养护时间：单组分硅酮结构密封胶一般为 14～21 d;双组分硅酮结构密封胶一般为 7～10 d。

(10) 加工好的玻璃板块，应在安装前随机进行剥离试验。

(11) 因硅酮结构密封胶承受永久荷载的能力很低，规范规定隐框或半隐框玻璃幕墙的每块玻璃下端应设置两个不锈钢或铝合金托条。托条应在玻璃板块制作时设置。为确保托条能承受玻璃的自重，托条长度不应小于 100 mm，厚度不应小于 2 mm，高度不应超过玻璃外表面，托条上应设置衬垫。

(12) 隐框、半隐框玻璃幕墙的玻璃板加工过程中应做好生产记录和硅酮结构密封胶的混匀性试验、拉断试验、剥离试验等试验报告。生产记录应记录以下基本内容：生产日期，黏结面的清洁情况，环境温、湿度，每批产品规格、数量，操作人员姓名等。

【知识拓展】

玻璃拼缝及密封要求

玻璃幕墙嵌缝密封常用耐候硅酮密封胶。嵌缝前应将板缝清洁干净，并保持干燥。为防止已安装的玻璃表面被污染，应在胶缝两侧可能导致污染的部位粘贴纸基胶带，胶缝嵌好后及时除去。

密封胶在缝内应两对面黏结，不得三面黏结。否则，胶缝在反复拉压作用下易被撕裂。明框玻璃幕墙的铝合金凹槽内玻璃应先用定型的橡胶压条嵌填，然后再用耐候密封胶嵌缝。

耐候密封胶的厚度应大于 3.5 mm，一般也不宜大于 4.5 mm。太薄不能密封质量，太厚容易被拉断。密封胶的施工宽度不应小于其厚度的 2 倍。

半隐框、隐框及点支撑玻璃幕墙用中空玻璃的第二道密封胶应采用硅酮结构密封胶。半隐框、隐框玻璃幕墙用的中空玻璃胶缝尺寸应通过设计计算确定，在委托加工时应明确。

注胶完成后，应检查胶缝，如有气泡、空心、断缝、夹杂等缺陷，应及时处理。胶缝要饱满、表面光滑、细腻，且横平竖直、缝宽均匀、深浅一致。

不宜在夜晚、雨天注胶，注胶时的温度应符合设计要求和产品要求。严禁使用过期的密封胶。

12.2.2 全玻璃幕墙

全玻璃幕墙是由玻璃肋和玻璃面板构成的幕墙。这种幕墙的特点是：玻璃本身既是饰面材料，又是承受自重和风荷载的结构构件。全玻璃幕墙由于采用大块厚玻璃饰面，所以，透明性更好，造型简洁明快；由于接缝少，玻璃厚度大，隔声保温效果也好。多用于建筑物首层，类似落地窗。

1. 全玻璃幕墙的分类

全玻璃幕墙根据构造方式不同，分为坐落式和悬挂式两种。

(1) 坐落式全玻璃幕墙。

坐落式全玻璃幕墙的通高玻璃板和玻璃肋的上、下两边均镶嵌在槽内，玻璃下端支撑在槽内支座上，玻璃上端与镶嵌玻璃的槽顶之间要留出一定空隙，使玻璃热胀冷缩时有伸缩的余地。这种坐落式全玻璃幕墙构造简单、造价较低。当幕墙高度较低（一般不超过 4 m）时采用。坐落式全玻璃幕墙的构造如图 12.10 所示。

(2) 吊挂式全玻璃幕墙。

吊挂式全玻璃幕墙是将通高的玻璃肋和玻璃板用专用金属夹具吊挂在顶部钢梁上，玻璃底部两角附近垫上垫块，镶嵌在底部金属槽内，槽内两侧用密封胶及密封条嵌实。

吊挂式全玻璃幕墙与坐落式全玻璃幕墙相比，构造复杂、工序多、造价较高。当建筑物层高很大，幕墙高度很大时采用。一般当在下列情况下应采用吊挂式全玻璃幕墙：幕墙玻璃厚度为

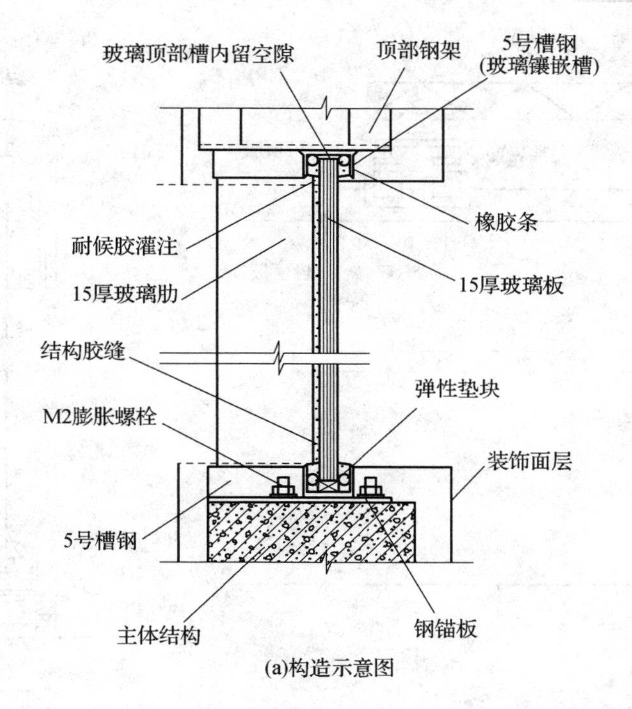

(a)构造示意图

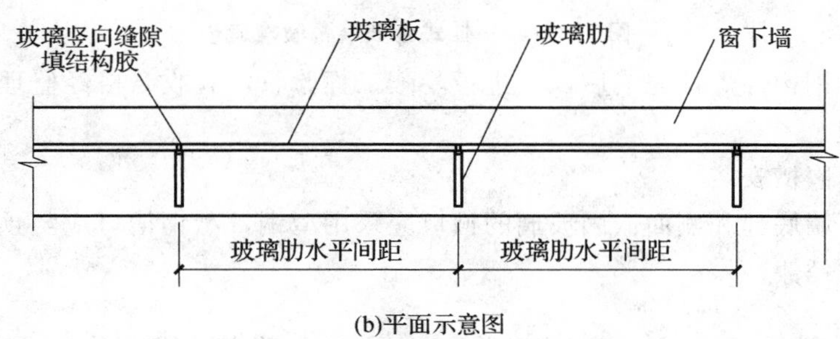

(b)平面示意图

图 12.10　坐落式玻璃幕墙的构造

10 mm、12 mm时，幕墙高度超过 4 m；玻璃厚度为 15 mm 时，幕墙高度超过 5 m；玻璃厚度为 19 mm时，幕墙高度超过 6 m。

吊挂式全玻璃幕墙构造如图 12.11 所示。

2. 全玻璃幕墙施工工艺及要点

全玻璃幕墙因玻璃尺寸大、质量大，移动困难，技术和安全要求高，施工难度大。施工前必须做好施工组织设计，落实好各项施工准备工作，严格按规范规定操作，确保施工质量和安全。现以吊挂式全玻璃幕墙为例说明其施工工艺及要点。

(1) 定位放线。

定位放线方法、要求、设备等与有框玻璃幕墙相同。

(2) 顶部钢梁安装。

顶部钢梁是用于安装玻璃吊具的受力构件，必须有足够的强度和稳定性，应使用热渗镀锌钢材。安装时，应注意以下几点：

①钢梁的中心线必须与幕墙中心线一致。椭圆螺孔中心线应与幕墙吊杆锚栓位置一致。

②安装前检查预埋件或钢锚板的质量，锚栓离混凝土构件边缘不小于 50 mm。

③相邻柱间的钢梁、吊夹安装必须顺直，要分段拉通线校核，对焊接造成的偏位要进行调直。吊夹与主体结构之间应设置刚性水平传力结构。每块玻璃的吊夹应位于同一铅垂平面内，吊夹的间距应均匀一致，吊夹的受力应均匀。

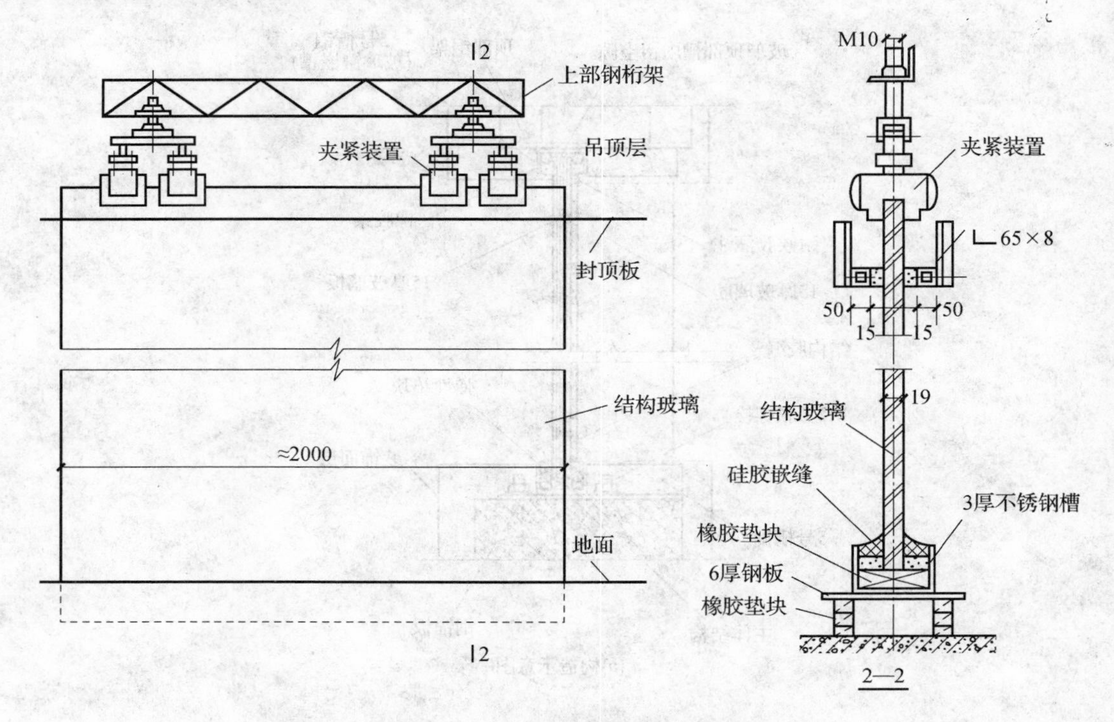

图 12.11　吊挂式全玻璃幕墙构造

④钢梁以及所有钢构件焊接完成后，应进行隐蔽工程验收，验收合格经监理等各方签字后再对施焊处进行防锈处理。

(3) 底部和侧面嵌槽安装。

吊挂式全玻璃幕墙底部和侧面嵌固玻璃的槽口应采用型钢，型钢槽口应与预埋件焊接牢固，经验收合格后再涂刷防锈漆。

(4) 玻璃安装。

吊挂式全玻璃幕墙的玻璃板块大，安装难度大，技术、安全要求高，安装前要检查各项技术、安全措施是否妥当，各种设备、机具、工具是否齐全、适用。吊挂玻璃的夹具等支撑装置应符合现行行业标准《吊挂式玻璃幕墙支撑装置》(JGJ 139) 的规定。一切准备就绪后方可开始吊装。吊装过程的施工要点有：

①玻璃检查。全玻璃幕墙的面板玻璃厚度不宜小于 10 mm；采用夹层玻璃时单片玻璃的厚度不应小于 8 mm；玻璃肋截面厚度不应小于 12 mm，截面高度不应小于 100 mm。安装前要检查玻璃面板有无裂纹和崩边，黏结在玻璃上 的铜夹片的位置是否正确。用干净干抹布将玻璃擦拭干净，用笔标出安装中心线。

②安装电动吸盘。全玻璃幕墙玻璃面板的尺寸一般较大，宜采用机械吸盘安装。吸盘要对称吸附于玻璃两侧，吸附必须牢固。

③清洁镶嵌槽。全玻璃幕墙安装前，应清洁玻璃镶嵌槽，以保证密封胶黏结质量。中途暂停施工时，应对槽口采取保护措施。

④试起吊。吸盘固定牢固后，需先将玻璃试吊起 2～3 m，检查各个吸盘是否都吸附牢固，确保都合格后方正式起吊。

⑤玻璃吊装就位。为便于在起吊后控制玻璃板的运动，应在玻璃板的适当位置安装手动吸盘(便于安装工人能够用手协助玻璃板就位）和拉绳（控制玻璃板的摆动，防止失控）和侧面保护胶套（防止玻璃边缘受到碰撞)。

在镶嵌玻璃的上、下槽口内侧要粘贴低发泡垫条，垫条宽与嵌缝胶宽度相同，并留出足够的注胶深度。

起重机械将玻璃起吊至安装位置，将玻璃对准安装位置后慢慢下落。这时，上层的安装工人要把握好玻璃，防止玻璃碰到钢架。待下层的安装工人都能握住手动吸盘时，将玻璃一侧的保护胶套除去。当上层工人利用吊挂电动吸盘的吊链将玻璃吊至玻璃下端略高于底部槽口时，下层工人及时将玻璃拉入槽内。在玻璃入槽过程中工人要用木板遮挡，防止碰撞相邻玻璃。同时，在吊链慢慢下放玻璃时，为防止玻璃下端与金属槽口相碰，也要有工人用木板轻轻托扶玻璃下端，使玻璃平缓地落入底部槽口中。

为满足玻璃伸长变形要求，吊挂玻璃下端与槽底应留出一定空隙，每块玻璃在两角附近的玻璃与槽底之间应放置两块弹性垫块（如氯丁橡胶垫块）。垫块的长度不小于 100 mm，厚度不小于 10 mm。

全玻璃幕墙玻璃与主体结构连接处，应嵌入安装槽口内。玻璃嵌入两边槽口深度及预留空隙应符合设计和规范要求，以防止玻璃受力产生弯曲变形后从槽内拔出和因空隙不足而使玻璃变形受到限制造成破坏。玻璃嵌入两边槽口的空隙宜相同。

⑥玻璃上端固定。安装好玻璃夹具，上下调节吊挂螺栓的螺杆，使玻璃提升和准确就位。夹具与玻璃之间应垫衬垫材料，不得直接接触。夹具衬垫材料应与玻璃平整、紧密贴合。第一块玻璃就位后要检查其侧边的垂直度，以后安装的玻璃只需检查缝隙宽度是否符合要求即可。

⑦垫条嵌固。玻璃上部吊挂固定后，要及时嵌固上、下及侧面边框槽口外侧的垫条。使安装好的玻璃嵌固到位。

（5）灌注密封胶。

全玻璃幕墙的玻璃板面不得与刚性材料直接接触。玻璃板面与装修面或结构面之间均应留出不小于 8 mm 的空隙，并用密封胶密封。注胶要求如下：

①所有注胶部位的玻璃和金属表面，注胶前要用丙酮或专用清洗剂擦拭干净。不能用湿布和清水擦洗，以保证注胶部位干净、干燥。

②为防止注胶污染玻璃，应在胶缝两侧玻璃上粘贴纸基胶带。

③注胶不应在风雨天和低于 5 ℃的气温下进行。

④注胶时内外两侧应同时进行。注胶速度要均匀，厚度要一致，不得有气泡。胶缝表面呈凹曲面。

⑤采用镀膜玻璃、夹层玻璃和中空玻璃时，不能采用酸性硅酮结构密封胶嵌缝（酸性硅酮结构密封胶对镀膜玻璃的膜层、夹层玻璃的夹层材料和中空玻璃的合片胶缝都有腐蚀作用）。

全玻璃幕墙玻璃面板承受的荷载和作用是通过胶缝传递给玻璃肋，再由玻璃肋传递给主骨架。为保证胶缝的承载能力，胶缝必须采用硅酮结构密封胶。胶缝尺寸应通过设计计算确定。施工中必须保证胶缝尺寸，不得削弱胶缝的承载能力。全玻璃幕墙允许在现场注胶。

12.2.3 点支撑玻璃幕墙

点支撑玻璃幕墙是由玻璃面板、点支撑装置和支撑结构组成的全玻璃幕墙。这种幕墙是在玻璃面板四角打孔，用幕墙专用钢爪将玻璃连接起来并将荷载传递给相应构件，最后传递给主体结构。其支撑结构形式常用的有 4 种：玻璃肋支撑、单根钢管或型钢支撑、桁架支撑和张拉杆索体系支撑。点支撑玻璃幕墙的点支撑装置多采用四爪式不锈钢挂件。挂件与立柱焊接，每块玻璃的四角钻 4 个直径 20 mm 的孔，挂件的每个爪与一块玻璃的一个孔相连接，即一个挂件同时与 4 块玻璃相连，一块玻璃也可固定于 4 个挂件上。

玻璃肋支撑点支撑玻璃幕墙是用玻璃肋支撑在主体结构上，在玻璃肋上安装连接板和钢爪，玻璃面板开孔后与钢爪用专用螺栓连接。

单根钢管或型钢支撑式点支撑玻璃幕墙是单根钢管或型钢固定在主体结构上，在钢管或型钢上安装钢爪，玻璃面板四角打孔后与钢爪用特殊螺栓连接固定的幕墙形式。

钢桁架支撑点式玻璃幕墙是将玻璃面板用钢爪固定在钢桁架上的玻璃幕墙。

张拉杆索支撑点式玻璃幕墙是将玻璃面板用钢爪固定在张拉杆索（索桁架）上，张拉杆索悬挂在支撑结构上的玻璃幕墙。索桁架由按一定规律布置的预应力索具和连系杆等组成，起着形成幕墙支撑系统、承受玻璃面板荷载并将其传递给支撑结构的作用。

点支撑玻璃幕墙与传统的玻璃幕墙相比，不再用厚重的横竖龙骨来支撑、悬挂或黏结玻璃。是在玻璃面板打孔后穿过加有柔性垫圈的螺栓，固定在钢爪上，钢爪再与玻璃肋或钢桁架等支撑结构连接。人们可透过玻璃清晰地看到支撑玻璃的整个构架，从而具有形式美和结构美的双重元素，装饰效果更好。

点支撑玻璃幕墙的安装要点有：

(1) 点支撑玻璃幕墙的玻璃面板与钢爪的连接有浮头式连接、沉头式连接和背拴式连接。其中，浮头式连接和沉头式连接均有外露连接件，尽管垫有柔性垫圈和嵌填密封胶，但还是容易形成“冷桥”现象，且易形成渗漏通道。背拴式连接的螺栓不穿透玻璃，背栓扩孔的深度在玻璃厚度的一半处，玻璃外表面无任何紧固件外露，消除了“冷桥”现象。而且，背栓式螺栓扩大头套有耐候塑料胶圈，能缓冲背栓与玻璃之间的接触应力。另外，背栓式点式玻璃幕墙从幕墙外侧看到的是完整无缺的玻璃板面，反射光影连续、平展，艺术效果较好。

(2) 点支撑玻璃幕墙的玻璃面板应采用钢化玻璃或由钢化玻璃合成的中空玻璃和夹层玻璃；玻璃肋应采用钢化夹层玻璃。厚度应符合规范要求：采用背拴式连接件时，玻璃板厚度为 10 mm（背栓孔深 6 mm）或 12 mm（背栓孔深为 7 mm），采用浮头式连接件时，不小于 6 mm；采用沉头式连接件时，不小于 8 mm。安装连接件的中空玻璃和夹层玻璃，其单片厚度也应符合上述要求。点支撑玻璃幕墙玻璃上的开孔应在玻璃未钢化前用专用工具打好。

(3) 点支撑玻璃幕墙玻璃上的开孔应在玻璃未钢化前用专用工具打好，再进行钢化处理。

(4) 玻璃支撑孔边与板边的距离不宜小于 70 mm。孔洞边缘应做倒棱并磨边。玻璃采用沉头式连接件时应采用锥形孔洞，以使连接件能沉入玻璃面板而与面板平齐。

(5) 点支撑玻璃幕墙的支撑钢结构安装过程中的制孔、组装、焊接、螺栓连接、组装好涂装等工序应符合《钢结构过程施工质量及验收规范》(GB 50205－2001) 的规定。

(6) 点支撑玻璃幕墙爪件安装前，应精确定位，通过爪件三维调整，使玻璃板面位置准确。爪件表面应与玻璃板面平行。

(7) 玻璃面板之间的空隙宽度不应小于 10 mm，也应用硅酮耐候密封胶嵌缝。

【知识拓展】

单元式玻璃幕墙

单元式玻璃幕墙是将玻璃面板和金属框架在工厂预先组装成幕墙单元，然后运往现场进行安装的框支撑玻璃幕墙。它与构件式玻璃幕墙构造相同，但施工安装方法有差异。主要有以下特点：

(1) 生产工厂化程度高。大部分工作在工厂完成，产品精度较高。有利于提高现场施工的文明程度。

(2) 工期短。幕墙单元的组装可以在主体结构施工阶段进行，且因大量工作在工厂完成，不占用现场的工作面和时间，现场工作量少，可使工期缩短工期。

(3) 丰富建筑立面造型。幕墙单元在工厂生产，可采用多种不同材料的骨架和面板，实现不同风格的构图组合，构成丰富的建筑立面造型。

(4) 现场施工组织和施工技术要求高。幕墙单元块体大、质量大，需选择适合的吊装设备，并对吊装设备的布置、吊装顺序等事先进行周密的施工组织设计。施工中应严格执行，不能随意更改。

(5) 造价高。因单元式幕墙单方材料消耗量大，故造价较高。

(6) 水密性差。幕墙的接缝、封口和防渗漏技术要求高、施工难度大，幕墙的水密性还不理想，有待于进一步改进。

12.3 金属与石材幕墙

除玻璃幕墙之外，金属幕墙、石材幕墙等幕墙形式在实际过程中也有较广泛的应用，如干挂石材幕墙、铝塑板幕墙等。这类幕墙不论在装饰效果上还是在构造和施工工艺上，都与玻璃幕墙有较大区别。其加工制作、骨架安装、面板安装等施工工序必须按照《金属与石材幕墙工程技术规范》(JGJ 133—2001) 的规定。

12.3.1 金属与石材幕墙加工制作要求

1. 金属幕墙加工制作要求

金属幕墙按面板材质不同分为单层铝板、蜂窝铝板、搪瓷板、不锈钢板、铝塑复合板、金属夹芯板幕墙。构造上都是由金属饰面板、连接件、金属骨架、预埋件、密封条和胶缝等组成。

(1) 金属幕墙的金属板加工制作要求。

金属板材的品种、规格和色泽应符合设计要求。单层铝板厚度不应小于 2.5 mm。

①铝合金板材（包括单层铝板、铝塑复合板、蜂窝铝板）的表面氟碳树脂层厚度应符合设计要求：海边及严重酸雨地区，应采用三道或四道氟碳树脂涂层，其厚度应大于 40 μm；其他地区，可采用两道氟碳树脂涂层，其厚度应大于 25 μm。

②单层铝板、蜂窝板、铝塑复合板和不锈钢板在制作时，四周应折边；蜂窝板、铝塑复合板应采用机械刻槽折边。

③各种金属板应按需要设置加劲肋（边肋和中肋），铝塑复合板折边处应设边肋，加劲肋可采用金属方管或金属型材（槽型、角形）。

④单层铝板折弯加工时折弯外圆弧半径不应小于板厚的 1.5 倍。铝单板的加劲肋可用电栓钉固定，但应确保铝板外表面不变形、不褪色且固定牢固。铝单板的折边上要做耳子用于安装。耳子的规格、间距应符合设计要求，一般中心间距 300 mm，角部 150 mm 左右。板面与耳子可采用焊接、铆接或直接在铝板上冲压连接。板块四周应采用铆接、螺栓或机械连接与黏结相结合的方式固定。

⑤铝塑复合板有内外两层铝板，中间是复合聚乙烯塑料。在切割内层铝板和聚乙烯塑料时，应保留不小于 0.3 mm，并不得划伤外层铝板的内表面。打孔、切孔后外露的聚乙烯塑料及角缝应用中性硅酮密封胶密封。加工过程中严禁铝塑板与水接触。

⑥蜂窝铝板加工时应根据组装要求确定切口的形状和尺寸。在切除铝芯时不得划伤外层铝板的内表面，各部位外层铝板上，应保留 0.3～0.5 mm 的铝芯。直角部位的折角应弯成圆弧状，角缝应用硅酮密封胶密封。边缘应将外层铝板折合 180°，将铝芯包封。

(2) 金属幕墙的连接件、吊挂件。

金属幕墙的连接件、吊挂件应采用不锈钢件或铝合金件，并应有可调整的范围。

2. 石材幕墙加工制作要求

(1) 石材幕墙分类。

石材幕墙是将石板饰面板直接悬挂在主体结构上或先用金属挂件将石板材连接在金属骨架上，再将金属骨架固定于主体结构上的幕墙。前者称为直接式干挂幕墙，由石材面板、金属挂件（多用不锈钢挂件）、金属骨架及预埋件组成。后者称为骨架式干挂幕墙，这种幕墙无需金属骨架，但对主体结构的墙体强度要高，最好是钢筋混凝土墙，且墙面平整度和垂直度要符合要求，否则应采用骨架式干挂幕墙。

石材幕墙根据石板的固定方法分为短槽式、通槽式、钢销式和背拴式。短槽式是在石板侧边中间开短槽，用金属挂件连接和支撑石板，这种做法构造简单，技术成熟，目前应用较多。通槽式是在石板侧边中间开通槽，槽内嵌入和安装通长金属卡条，石板固定在金属卡条上。钢销式是在石板侧边打孔，穿不锈钢钢销将两块石板连接，钢销再与挂件连接将石材挂接起来。通槽式和钢销式幕墙目前均已较少应用。背栓式石材幕墙是在石板背面钻四个扩底孔，孔内安装柱锥式锚栓，锚栓再通过连接件与幕墙横梁连接。这种幕墙受力合理，维修更换方便，是正在推广应用的石材幕墙。

(2) 石材幕墙石板加工要求。

各类石材幕墙的石板均需事先进行加工，加工要求有：

①石板厚度不应小于 25 mm，火烧板的厚度要比抛光板厚 3 mm。

②石板连接部位应无崩坏、暗裂等缺陷，其加工尺寸允许偏差及外观质量应符合国家标准《天然花岗石建筑板材》(GB/T 18601) 的要求。

③钢销式、通槽式、短槽式石材幕墙的石板加工应符合行业标准《金属与石材幕墙过程技术规范》(JGJ 133) 的要求。

④石材加工后表面应用高压水冲洗或用刷子蘸水刷洗，严禁用溶剂型的化学清洁剂清洗石材。

12.3.2 金属与石材幕墙骨架安装方法和技术要求

金属与石材幕墙的骨架最常用的是钢管或型钢，较少采用铝合金型材。当采用钢型材时，立柱和横梁主要受力部位的截面厚度不应小于 3.5 mm。当采用铝合金型材时，其主要受力部位截面的最小厚度为 2.5 mm（跨度不大于 1.2 m 的横梁）和 3 mm（立柱和跨度大于 1.2 m 的横梁）。铝合金骨架的安装要求与有框玻璃幕墙的骨架安装相同。钢骨架的安装要求有：

(1) 钢管或型钢骨架安装前，应对进场的构件进行检验和校正，不合格的构件不得安装使用。

(2) 在进行测量放线、预埋件检查调整增补和基体偏差修整后，先将立柱安装到墙上。立柱与主体结构的连接应有一定的相对位移能力。基本方法是：

①先安装固定立柱的铁件（角码）。立柱应通过螺栓与角码连接。

②安装同一立面两端的立柱。立柱通过角码与主体结构上的预埋件或钢构件连接。

③拉通线依次安装中间立柱，使同一层的立柱在同一水平位置。一般立柱可每层设一个支撑点，也可设两个支撑点。在混凝土实体墙面上，支撑点应加密。砌体结构上不宜设支撑点，确需设置时应在连接部位加设钢筋混凝土或钢结构梁、柱。上、下立柱之间应留出不小于 15 mm 缝隙。

(3) 将施工水平控制线引至立柱上，并用水平尺校核。

(4) 按照设计尺寸安装钢管或型钢横梁，保证横梁与立柱垂直。

①横梁与立柱应通过角码、螺钉或螺栓连接。

②采用螺钉连接时，螺钉直径不得小于 4 mm，每处连接螺钉不应少于 3 个。如用螺栓连接，每处不少于 2 个。

③采用焊接连接时，应采取措施对其下方和临近的已完工饰面进行成品保护。焊接时要采用对称施焊，以减少因焊接引起的变形。焊缝质量检查合格后，应对所有的焊点、焊缝除去焊渣后做防锈、防腐处理。

④安装横梁时，应将横梁两端的连接件及垫片安装在立柱的预定位置，并应安装牢固、接缝严密。横梁与立柱之间应有一定的相对位移能力。

(5) 立柱、横梁安装的轴线、标高，以及相邻两根立柱的距离偏差均应符合规范要求。

12.3.3 金属与石材幕墙面板安装方法和技术要求

金属板与石板通常是在加工厂加工成型后，运到施工现场安装。板材进场时应按照板块规格及安装顺序直接分送到相应楼层的适当位置。

1. 金属面板安装

（1）金属面板的安装与有框玻璃幕墙中的组合件安装相似。金属面板是预先经过折边加工的，侧边带有耳子（连接件）的组合件。可通过紧固件（铆钉、螺栓）将耳子固定在横竖骨架上。紧固件的品种、规格和间距应符合设计和规范要求。

（2）金属面板加工和安装时应注意金属面板的纹理方向，通常成品保护膜上应印有安装方向标记，安装时与产品安装方向指示箭头一致。

（3）个别情况下需现场加工金属板材时，应使用专业设备和工具，由专业人员操作，确保板材加工质量和操作安全。

2. 石材饰面板安装

（1）检查运到施工现场的石材面板的尺寸是否准确，有无破损（如缺棱、掉角），编号分类后按施工要求运至相应楼层的施工面附近，摆放可靠。

（2）石材幕墙的面板与骨架的连接方式有短槽式、通槽式、钢销式和背栓式等。其中钢销式是薄弱连接方式，规范规定只能在非抗震设防地区和6°、7°抗震设防地区的幕墙中应用，且幕墙高度不宜大于20 m，单块石板面积不宜大于1.0 m²。其他连接方式的石材幕墙的单块石板面积不大于1.5 m²。

（3）短槽式石材幕墙是应用较多的一种石材幕墙。安装时先按幕墙墙面基准线仔细安装好底层第一层石材面板，然后依次向上逐层安装。短槽内注胶，以保证石板与挂件的可靠连接。

（4）为保证连接牢固，金属挂件的厚度应符合规范要求。不锈钢挂件的厚度不小于3.0 mm，铝合金挂件的厚度不小于4.0 mm。安装时，应注意每层金属挂件安放的标高。金属挂件应紧托上层饰面板（背栓式除外），与下层石板之间应留出一定间隙。当使用铝合金挂件时，应在与镀锌钢连接件接触处垫隔离垫片，以免产生双金属腐蚀。

（5）石板的转角应采用不锈钢支撑件或铝合金型材组装。

（6）安装至门窗洞口位置时，宜先完成门窗洞口周边的石材镶边。

（7）每安装完一层楼标高，应检查调整垂直度，不得使误差累积。

（8）金属板材与石板空缝安装时，必须有防水措施，并应有排水出口。

（9）金属与石材幕墙的板缝尺寸及填充材料应符合设计要求，嵌缝方法与玻璃幕墙相同。嵌缝应采用中性硅酮耐候密封胶。石板材嵌缝要求用经耐污染性实验合格的石材专用硅酮耐候密封胶。

（10）金属和石材幕墙上的滴水线的水流方向应正确、顺直。

12.4 建筑幕墙节能与防火、防雷构造

幕墙打破了传统的外墙与窗的界限，巧妙地把两者结合为一体，同时起着装饰作用和主体围护作用，为确保满足整体建筑的节能要求和安全，幕墙必须有相应的节能要求（保温隔热）和防火、防雷构造要求。

12.4.1 建筑幕墙节能工程的技术要点

幕墙的节能技术要求有：

（1）幕墙气密性应符合设计规定的等级要求。

幕墙的密封条是保证密封性能的关键，密封条的品种、规格很多，选择时应同时考虑两点：一是选择硬度适中、弹性好、抗老化性能好的材质；二是断面和尺寸要符合工程实际，不能出现过宽、过窄或厚度与型材间隙不配套等情况。密封条应镶嵌牢固、位置正确、对接严密。

(2) 幕墙的开启扇也是影响幕墙气密性的关键。

首先应选用与开启扇匹配的五金件，并严格按照玻璃幕墙技术规范要求，保证开启扇的开启角度不超过30°，开启距离不大于300 mm。

(3) 幕墙工程使用的保温材料及其安装应注意以下4点。

①保温材料的燃烧性能必须满足设计和有关规范、标准的要求。当建筑高度大于等于24 m时，幕墙保温材料的燃烧性能等级应为A级；建筑高度小于24 m时，幕墙保温材料的燃烧性能等级应为A级或B1级。当采用B1级保温材料时，应在每层设置水平防火隔离带，且保温材料应用不燃材料做防护层。防护层厚度不应小于3 mm，而且要将保温材料完全覆盖。

②保温材料的厚度应满足设计要求。

检查保温材料的厚度可以采用针插法或剖开法。

③安装牢固。

对非透明幕墙如金属幕墙或石材幕墙来说，保温材料的厚度和安装质量直接影响到节能效果。如果厚度不足或安装不牢固，很有可能达不到设计要求的传热系数指标限值而不能通过验收。

④保温材料在安装过程中应采取防潮、防水措施。

(4) 若有遮阳设施，应严格按设计的位置安装，对安装的牢固程度进行全数检查。

(5) 幕墙热桥部位的处理要求。

①金属型材截面要通过隔热型材或隔热垫进行有效隔断。隔热型材与金属型材的结合要牢固、安全。隔热型材或隔热垫及其配件的材质要符合要求。

②通过金属连接件、紧固件的传热路径要采取隔断措施。

③中空玻璃要采用暖边间隔条。

(6) 幕墙隔气层的设置要求。

①幕墙隔气层的设置是为了避免非透明幕墙部位内部结露而使保温材料形状发生改变，降低保温效果，所以隔气层应设置在保温材料靠近室内一侧。

②对需穿透保温层的部件的节点处，应采取密封措施，以保证隔气层的完整。

(7) 幕墙与周边墙体间的接缝处应采用弹性闭孔材料嵌填，并用硅酮耐候密封胶密封。

相同材料、工艺和施工条件的室外抹灰工程每500～1 000 m^{2}应划分为一个检验批，不足500 m^{2}也应划分为一个检验批。

(8) 幕墙节能工程除按一般建筑幕墙要求进行复验的材料外，还应增加对下列材料的性能复验：

①保温材料的导热系数、密度。

②幕墙玻璃的可见光透射比、传热系数、遮阳系数和中空玻璃露点。

③隔热型材的抗拉、抗剪强度。

12.4.2 建筑幕墙防火、防雷构造要求

1. 建筑幕墙防火构造及施工要求

(1) 为保证建筑物的防火能力，幕墙与各层楼板、隔墙以及窗间墙、窗槛墙的缝隙处应采用不燃材料嵌填严密，在楼层间形成水平防火隔层。填缝材料可采用岩棉或矿棉，其厚度不小于100 mm，且应满足设计要求的耐火极限时间。防火隔离层必须用经过防火处理的厚度不小于1.5 mm的镀锌钢板承托，不得使用铝板、铝塑板等耐火等级低的材料。主体结构与承托钢板、承托钢板与幕墙结构之间的缝隙应采用防火密封胶密封。防火密封胶应有法定检测机构出具的防火性

能检验报告。

（2）无窗槛墙的幕墙，应在每层楼的外沿设置不燃烧实体墙裙或防火玻璃墙。其耐火极限不低于1.0 h，高度不低于0.8 m（计算不燃烧实体墙裙或防火玻璃墙高度时可计入钢筋混凝土楼板厚度或钢梁高度）。

检验方法：检查产品合格证书、进场验收记录、复验报告和施工记录。

（3）当建筑设计要求防火分区分隔有通透装饰效果时，可采用单片防火玻璃或由单片防火玻璃加工成的夹层或中空玻璃。

检验方法：检查隐蔽工程验收记录和施工记录。

（4）防火层不应与玻璃直接接触，防火材料与玻璃接触处应采用装饰材料覆盖。

（5）同一玻璃幕墙单元不应跨越两个防火分区。

（6）防火构造措施施工完成均应进行隐蔽工程验收。

2. 建筑幕墙防雷构造及施工要求

（1）幕墙的防雷设计应符合现行国家标准《建筑物防雷设计规范》（GB 50057）和《民用建筑电气设计规范》（JGJ 16）的有关规定。

（2）幕墙的金属框架应与主体结构的防雷体系可靠连接：

①铝合金立柱，应在不大于10 m的范围内，有一处用柔性导线把上、下立柱的连接处连通。采用铜质导线时导线截面面积不宜小于25 mm^2，采用铝质导线式截面面积不宜小于30 mm^2。

②主体结构设有水平均压环的楼层，对应导电通路的立柱预埋件或固定件应用圆钢或扁钢与均压环焊接连通，形成防雷通路。圆钢的直径不宜小于12 mm，扁钢截面不宜小于5 mm×40 mm。幕墙的避雷接地设施应每隔三层与水平均压环连接。

（3）兼有防雷功能的幕墙压顶板宜采用厚度不小于3 mm的铝合金制造，与主体结构屋顶的防雷系统应有效连接。

（4）在有镀膜层的构件进行防雷连接，应除去镀膜层。

（5）使用不同材料的金属进行防雷接地时，应避免产生双金属腐蚀。

（6）一般防雷连接的钢构件在完成后都应进行防锈处理。

（7）防雷连接构造措施施工完成均应进行隐蔽工程验收。防雷连接的电阻值一般不大于1 Ω。

12.4.3 建筑幕墙的成品保护和清洗

（1）幕墙骨架安装后，不得作为操作人员和物料进出的通道。工人不得踩在骨架上操作。

（2）贴有保护膜的铝合金型材和面板，在不妨碍下道工序施工的前提下，不应提前撕去。应待面板安装完成，嵌缝胶完全固化后再撕去。

（3）施工中的幕墙骨架、面板应采取防护措施，防止污染、碰撞受损和变形。

（4）玻璃幕墙完工后应从上到下用中性清洗剂对玻璃表面进行清洗。清洗剂应事先进行腐蚀性实验，证明对玻璃及铝合金无腐蚀作用后方可使用。用清洗剂清洗后要用清水冲洗干净。

（5）玻璃面板安装后，应在易撞易碎部位设置醒目的警示标志或防护装置。

（6）石材幕墙安装完成后，应除去石材表面的胶带纸，用清洗剂和清水将石材表面擦洗干净，按要求进行打蜡或刷防护剂。

12.5 建筑幕墙质量标准与验收

12.5.1 玻璃幕墙质量验收一般规定

(1) 玻璃幕墙验收前应将其表面清洗干净。

(2) 玻璃幕墙验收时应提交下列资料：

①幕墙工程的竣工图或施工图、结构计算书、设计变更文件及其他设计文件。

②幕墙工程所用各种材料、附件及紧固件、构件及组件的产品合格证书、性能检测报告、进场验收记录和复验报告。

③进口硅酮结构胶的商检证，国家制定检测机构出具的硅酮结构胶相容性和剥离黏结试验报告。

④后置埋件的现场拉拔检测报告。

⑤幕墙的风压变形性能、气密性、水密性检测报告及其他设计要求的性能检测报告。

⑥打胶、养护环境的温度、湿度记录，双组分硅酮结构密封胶的混匀试验和拉断试验记录。

⑦防雷装置测试记录。

⑧隐蔽工程验收文件。

⑨幕墙构件和组件的加工制造记录，幕墙的安装施工记录。

⑩张拉杆索体系预应力张拉记录。

⑪淋水试验记录。

⑫其他质量保证资料。

(3) 玻璃幕墙工程验收前，应在安装施工过程中完成下列隐蔽项目的隐蔽工程验收并形成验收记录：

①预埋件或后置螺栓连接件。

②立柱、横梁等构件与主体结构的连接节点的安装。

③幕墙四周、幕墙内表面与主体结构之间的封堵。

④幕墙伸缩缝、沉降缝、防震缝及墙面转角的安装。

⑤隐框玻璃幕墙玻璃板块的固定。

⑥幕墙防雷接地节点的安装。

⑦幕墙防火、隔烟节点。

⑧单元式幕墙的封口节点。

(4) 玻璃幕墙工程质量检验进行观感检验和抽样检验，并按下列规定划分检验批，每幅幕墙均应检验。

①相同设计、材料、工艺、施工条件的玻璃幕墙工程按 500～1 000 m^2 为一个检验批，不足 500 m^2 也应划为一个检验批。每个检验批每 100 m^2 至少抽检一处，每处不得小于 10 m^2。

②对同一单位工程的不连续的幕墙工程应单独划分检验批。

③对于异形及有特殊要求的幕墙工程，检验批的划分应根据幕墙的结构、规模及工艺特点由建设、监理、施工单位协商确定。

12.5.2 框支撑玻璃幕墙

1. 框支撑玻璃幕墙观感质量检验应符合下列要求

(1) 明框玻璃幕墙应横平竖直，单元式幕墙的单元拼缝或隐框幕墙分格玻璃拼缝应横平竖直、缝宽均匀并符合设计要求。

（2）铝合金材料不应有脱模现象；玻璃的品种、规格、色彩应与设计相符，整幅幕墙玻璃的色泽应均匀，不应有析碱、发霉和镀膜脱落等现象；幕墙材料的色彩应与设计相符并均匀。

（3）玻璃的安装朝向应正确。

（4）装饰压板表面应平整，不应有肉眼可见的变形、波纹或局部压砸等缺陷。

（5）幕墙的上下边及侧边封口、变形缝的处理及防雷体系应符合设计要求。

（6）幕墙隐蔽节点的遮封装修应整齐、美观。

（7）淋水试验时幕墙不得渗漏。

2. 框支撑玻璃幕墙抽样检验应符合下列要求

（1）铝合金框料和玻璃表面不应有铝屑、毛刺、明显的电焊伤痕、油斑和其他污垢。

（2）玻璃应安装牢固，橡胶条嵌填密实，密封胶填充平整。

（3）每 m^2 玻璃的表面质量应符合表12.3的规定。

表12.3　每 m^2 玻璃表面质量要求

项目	质量要求及检查方法
明显划伤和长度大于100 mm的轻微划伤	不允许，观察
0.1～0.3 mm宽伤痕	长度小于100 mm，不超过8条，钢尺检查
擦伤/mm^2	不大于500 mm，钢尺检查

（4）一个分格的铝合金料的表面质量应符合表12.4的规定钢尺检查。

表12.4　一个分格铝合金框料表面质量要求

项目	质量要求
擦伤、划伤深度	不大于氧化膜的2倍
擦伤总面积/mm^2	不大于500
划伤总长度/mm	不大于150
擦伤和划伤处数	不大于4

（5）铝合金构件安装质量要求应符合表12.1的规定。

（6）隐框玻璃幕墙安装质量应符合表12.5的规定。

表12.5　隐框玻璃幕墙安装质量要求

项目		允许偏差/mm	检查方法
幕墙垂直度	幕墙高度不大于30 m	10	激光仪或经纬仪
	幕墙高度大于30 m、不大于60 m	15	
	幕墙高度大于60 m、不大于90 m	20	
	幕墙高度大于90 m、不大于150 m	25	
	幕墙高度大于150 m	30	
幕墙平面度		2.5	2 m靠尺、钢直尺
竖缝直线度		2.5	2 m靠尺、钢直尺
横缝直线度		2.5	2 m靠尺、钢直尺
拼缝宽度（与设计值相比）		2	卡尺

（7）玻璃幕墙抽检的数量：每幅幕墙的竖向构件和竖向接缝，横向构件和横向接缝各抽查5%，并均不得小于3根；每幅幕墙分格应各抽查5%，并不得少于10根。抽检质量应符合前述要求。

12.5.3 全玻璃幕墙

(1) 幕墙墙面外观应平整，胶缝应平整光滑、宽度均匀。胶缝宽度与设计值的偏差不超过 2 mm。

(2) 玻璃面板与玻璃肋之间的垂直度偏差不应大于 2 mm；相邻玻璃面板的平面高低差不应大于 1 mm。

(3) 玻璃与镶嵌槽的空隙应符合设计要求，密封胶填缝应均匀、密实、连续。

(4) 玻璃与周边结构或装修的间隙不应小于 8 mm，密封胶嵌缝应均匀、密实、连续。

12.5.4 点支撑玻璃幕墙

(1) 玻璃幕墙大面应平整，胶缝应横平竖直、宽度均匀、表面光滑。钢结构焊缝应平滑，防腐涂层应均匀、无破损。不锈钢件的光泽度应与设计相符，且无锈斑。

(2) 钢结构验收应符合现行国家标准《钢结构工程施工质量验收规范》(GB 50205) 的规定。

(3) 拉杆和拉索的预应力应符合设计要求。

(4) 点支撑玻璃幕墙安装允许偏差应符合表 12.6 的规定。

表 12.6 点支撑玻璃幕墙安装允许偏差

项目		允许偏差/mm	检查方法
竖缝及墙面垂直度	高度不大于 30 m	10.0	激光仪或经纬仪
	高度大于 30 m、不大于 50 m	15.0	
平面度		2.5	2 m 靠尺、钢板尺
胶缝直线度		2.5	2 m 靠尺、钢板尺
拼缝宽度		2	卡尺
相邻玻璃平面高低差		1.0	塞尺

(5) 钢爪安装允许偏差应符合表 12.7 的规定。

表 12.7 同层钢爪安装高度允许偏差

水平距离 L/m	允许偏差（×1 000 mm）
$L\leqslant35$	$L/700$
$35<L\leqslant50$	$L/600$
$50<L\leqslant100$	$L/500$

12.5.5 石材幕墙工程验收

(1) 石材工程幕墙验收前应将其表面擦拭干净。

(2) 石材工程幕墙验收应提交下列资料：

①设计图纸、计算书或计算文件、设计变更文件等。

②石材幕墙所用材料、零部件、构件的出厂质量合格证，硅酮结构胶的相容性试验报告及幕墙的物理性能检验报告。

③所用石材的冻融性试验报告。

④隐蔽工程验收记录。

⑤施工安装自检记录。

⑥预制构件出厂质量合格证。

⑦其他质量保证资料。

(3) 石材幕墙安装施工应对下列项目进行隐蔽工程验收：

①预埋件或后置螺栓连接件的位置、数量、牢固程度、拆装等记录。

②主体结构与立柱、横梁连接节点部位的防腐处理或铝合金、不锈钢的节点安装。

③幕墙四周、幕墙内表面与主体结构之间的封口的处理。

④幕墙伸缩缝、沉降缝、防震缝及墙面阴阳角的安装。

⑤隐框玻璃板块的固定。

⑥幕墙防雷接地节点与女儿墙的防雷节点的安装。

⑦幕墙防火、保温安装。

⑧排水系统的安装。

(4) 石材幕墙质量检验应进行观感检验和抽样检验。

①石材幕墙观感质量检验应符合下列要求：

a. 石材幕墙外露框应横平竖直，造型符合设计要求。

b. 石材幕墙胶缝应横平竖直，光滑无污染。

c. 石材颜色均匀，色泽与样板相符，花样图案符合设计要求。

d. 沉降缝、防震缝、伸缩缝的处理应保持外观效果的一致性并符合设计要求。

e. 石材表面不得有凹陷、掉角、裂缝、斑痕。

②石材幕墙抽样检验应符合下列要求：

a. 渗漏检验按每 100 m^2 幕墙面积抽检一处，并在易发生渗漏的部位（如阴阳角处）进行淋水检查。

b. 每 m^2 石材的表面质量应符合表 12.8 的规定。

表 12.8 每 m^2 石材的表面质量

项目	质量要求
0.1～0.3 mm 划伤（石材花纹出现损坏）	长度小于 100 mm 不多于 2 条
擦伤（石材花纹出现模糊）	不大于 500 mm^2

c. 石板的安装质量应符合表 12.9 的要求。

表 12.9 石板的安装质量

项目		允许偏差/mm	检查方法
竖缝和墙面垂直度	幕墙层高小于等于 3 m	≤2	激光仪或经纬仪
	幕墙层高大于 3 m	≤3	
幕墙水平度（层高）		≤2	2 m 靠尺、钢直尺
竖缝直线度（层高）		≤2	2 m 靠尺、钢直尺
横缝直线度（层高）		≤2	2 m 靠尺、钢直尺
拼缝宽度（与设计值比）		≤1	卡尺

d. 石材幕墙的整体安装质量应符合表 12.10 的要求。

表 12.10　金属、石材幕墙的整体安装质量

项目		允许偏差/ mm	检查方法
幕墙垂直度	幕墙高度不大于 30 m	10	激光仪或经纬仪
	幕墙高度大于 30 m、不大于 60 m	15	
	幕墙高度大于 60 m、不大于 90 m	20	
	幕墙高度大于 90 m、不大于 150 m	25	
	幕墙高度大于 150 m	30	
竖向板材直线度		3	2 m 靠尺、塞尺
横向板材水平度	构件长度不大于 2 000 mm	2	水平仪
	构件长度大于 2 000 mm	3	
同高度相邻两根横向构件高度差		1	钢直尺、塞尺
幕墙横向水平度	不大于 3 m 的层高	3	水平仪
	大于 3 m 的层高	5	
分格框对角线差	对角线长不大于 2 000 mm	3	3 m 钢卷尺
	对角线长大于 2 000 mm	3.5	

12.5.6 金属幕墙工程验收

1. 金属幕墙观感质量检验的要求

(1) 技术幕墙外露框应横平竖直，造型符合设计要求。

(2) 幕墙胶缝应横平竖直，光滑无污染。

(3) 铝合金板材无脱模现象，颜色均匀，色差可与同色板相差一级。

(4) 沉降缝、防震缝、伸缩缝的处理应保持外观效果的一致性并符合设计要求。

(5) 金属板材表面应平整，距离幕墙表面 3 m 远肉眼观察不应有可察觉的变形、波纹和局部压砸等缺陷。

2. 金属幕墙抽样检验应符合下列要求

(1) 渗漏检验按每 100 m^2 幕墙面积抽检一处，并在易发生渗漏的部位（如阴阳角处）进行淋水检查。

(2) 每 m^2 金属板的表面质量应符合表 12.11 的要求。

表 12.11　金属板的表面质量

项目	质量要求
明显划伤和长度大于 100 mm 的轻微划伤	不允许
0.1～0.3 mm 宽划伤痕（露出金属基体）	长度小于 100 mm，不超过 8 条
擦伤（没有露出金属基体）	不大于 500 mm^2

(3) 一个分格的铝合金料的表面质量应符合表 12.12 的要求。

表 12.12　一个分格铝合金框料表面质量要求

项目	质量要求
0.1～0.3 mm 宽划伤痕	长度小于 100 mm，不超过 2 条
擦伤总面积	不大于 500 mm^2
划伤（露出铝基体）在同一个分格内	不多于 4 处
擦伤（没有露出铝基体）在同一个分格内	不多于 4 处

【重点串联】

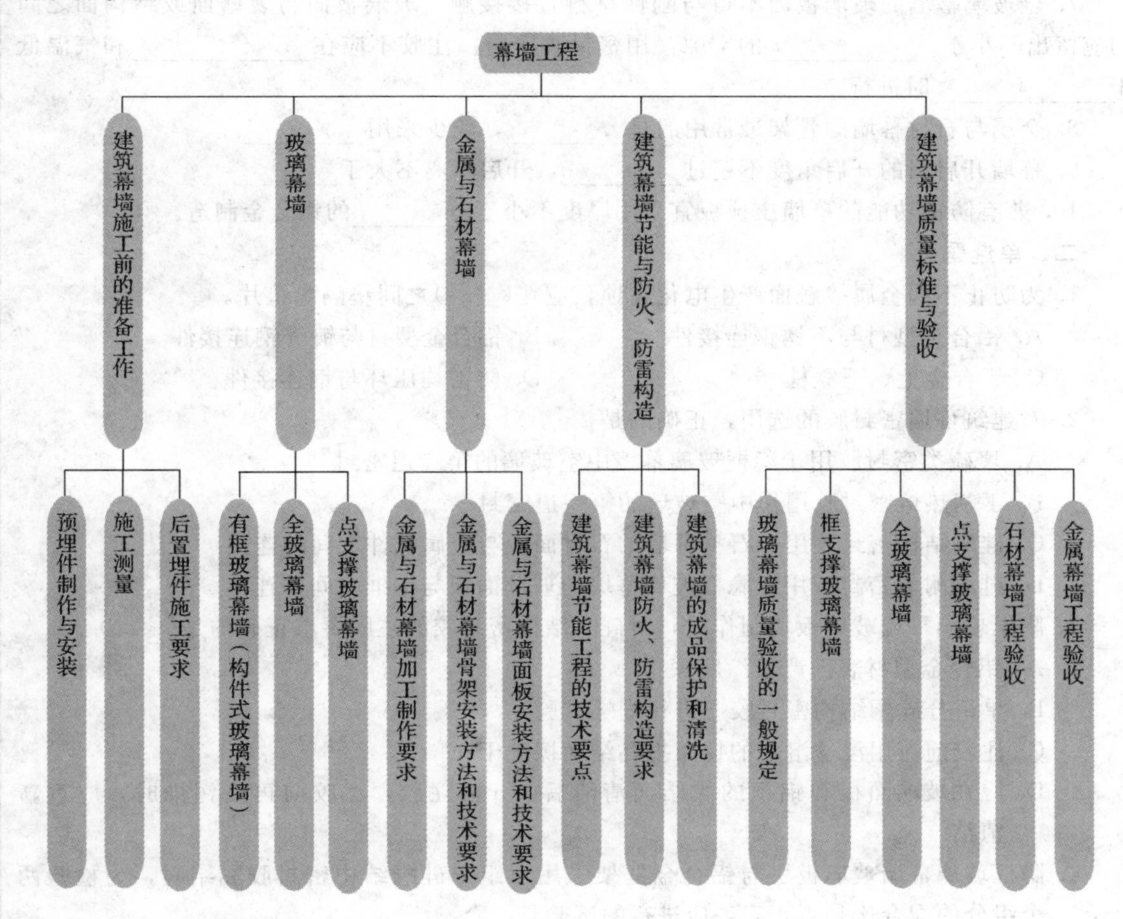

拓展与实训

职业能力训练

一、填空题

1. 玻璃幕墙根据构造不同分为________和________两大类。

2. 为确保预埋件与主体结构可靠连接，连接部位的主体结构混凝土强度等级不应低于________。

3. 预埋件的锚筋应位于主体混凝土构件最外排受力主筋的________，并与构件的________或________连接固定，以防止预埋件在混凝土浇筑过程中产生位移。

4. 金属框架幕墙横梁与立柱的连接一般通过________、________或________连接。

5. 点支撑玻璃幕墙的玻璃面板应采用________或由其合成的________；玻璃肋应采用________。

6. 全玻璃幕墙有坐落式和吊挂式，当玻璃厚度为10、12 mm时，幕墙高度超过________，应采用吊挂式全玻璃幕墙。

7. 全玻璃幕墙的玻璃板面不得与刚性材料直接接触。玻璃板面与装修面或结构面之间均应留出不小于＿＿＿＿＿＿的空隙，用密封胶密封。注胶不应在＿＿＿＿＿＿和气温低于＿＿＿＿＿＿时进行。

8. 金属与石材幕墙的骨架最常用的是＿＿＿＿，较少采用＿＿＿＿。

9. 幕墙开启扇的开启角度不超过＿＿＿＿，开启距离不大于＿＿＿＿。

10. 兼有防雷功能的幕墙压顶板宜采用厚度不小于＿＿＿＿的铝合金制造。

二、单选题

1. 为防止不同金属接触面产生电化腐蚀，应在(　　)之间垫隔离垫片。

A. 铝合金型材与不锈钢连接件　　B. 铝合金型材与镀锌钢连接件

C. 铝合金上、下立柱　　D. 防雷均压环与钢连接件

2. 对建筑幕墙密封胶的选用，正确的是(　　)。

A. 聚硫类密封胶用于隐框玻璃幕墙中空玻璃的第二道密封

B. 丁基热熔密封胶用作中空玻璃的第一道密封

C. 硅酮结构密封胶用于石材幕墙的石材面板与金属挂件之间的连接

D. 硅酮耐候密封胶用于隐框玻璃幕墙的玻璃面板与铝框之间的连接

3. 隐框玻璃幕墙玻璃板块制作时，对硅酮结构密封胶的注胶要求正确的是(　　)。

A. 铝合金型材表面严禁涂底漆

B. 单组分硅酮结构密封胶应进行蝴蝶试验

C. 注胶前应用浸透溶剂的抹布把黏结面擦洗干净

D. 应在玻璃面板和铝框的黏结面清洁后 1 h 内注胶，注胶前再度污染时，应重新清洁

4. 隐框玻璃幕墙玻璃板块与铝合金框架采用双组分硅酮结构密封胶黏结时，为检验两个组分的配合比是否正确，应进行的试验是(　　)。

A. 蝴蝶试验　　B. 胶杯试验　　C. 现场拉拔　　D. 剥离

5. 构件式玻璃幕墙立柱安装的正确要求是(　　)。

A. 开口型材可采用长度不小于 250 mm 的芯柱连接

B. 闭口型材可采用长度不小于 200 mm 的芯柱连接

C. 上、下立柱之间应留出不小于 10 mm 的缝隙

D. 立柱与主体结构之间每个连接部位的受力螺栓不应少于 2 个，螺栓直径不小于 10 mm

6. 隐框、半隐框玻璃幕墙的玻璃面板采用硅酮耐候密封胶嵌缝的正确要求是(　　)。

A. 密封胶的施工宽度不宜小于施工厚度

B. 密封胶在接缝内应与槽底、槽壁三面黏结

C. 密封胶的施工厚度应大于 3.5，一般应控制在 3.5～4.5 mm

D. 结构密封胶可代替耐候密封胶使用，耐候密封胶不允许代替结构密封胶使用

7. 下述做法符合全玻璃幕墙安装技术要求的是(　　)。

A. 吊挂玻璃下端与槽底应留有空隙

B. 玻璃面板与装修面或结构面之间应贴紧，不应有缝隙

C. 不允许在现场打注结构密封胶

D. 采用镀膜玻璃时，可使用酸性硅酮结构密封胶嵌缝

8. 下面构件式玻璃幕墙横梁的安装做法错误的是(　　)。
   A. 横梁一般分段与立柱连接
   B. 横梁应采用不锈钢螺栓与立柱紧密相连
   C. 横梁与立柱连接处留出 1～2 mm 的缝隙，缝隙内填胶
   D. 横梁与立柱连接处设置柔性垫片
9. 采用镀膜玻璃的玻璃幕墙，其玻璃面板安装不正确的是(　　)。
   A. 中空玻璃的镀膜面应朝向玻璃的气体层
   B. 单片离线法生产的低辐射（Low-E）镀膜玻璃的镀膜面应朝向室内一侧
   C. 单片阳光控制镀膜玻璃的镀膜面朝向室内一侧
   D. 玻璃面板之间的分格缝不应采用酸性硅酮耐候密封胶嵌缝
10. 金属幕墙用单层铝板的最小厚度是(　　)。
   A. 2.0 mm　　B. 2.5 mm　　C. 3.0 mm　　D. 4.0 mm
11. 使用双组分硅酮结构密封胶的玻璃板块，注胶后需静置养护(　　)d 后才能运输。
   A. 1～3　　B. 4～6　　C. 7～10　　D. 10～15
12. 幕墙施工中不需进行隐蔽工程验收的是(　　)。
   A. 预埋件和后置埋件　　B. 变形缝的构造节点
   C. 明框玻璃幕墙玻璃板块的固定　　D. 隐框玻璃幕墙玻璃板块的固定
13. 蜂窝铝板的加工，正确的是(　　)。
   A. 应采用机械刻槽
   B. 切除蜂窝铝板的铝芯时，应把铝芯切除干净，不得保留
   C. 直角构件的加工，折角应完成圆弧状，角缝应采用双面胶带密封
   D. 蜂窝铝板面板四周不应折边
14. 双组分硅酮结构密封胶与单组分硅酮结构密封胶相比(　　)。
   A. 固化时间短　　B. 成本高
   C. 固化时间长　　D. 不需做蝴蝶试验和胶杯试验
15. 石材幕墙的面板与骨架的连接方式中，属于薄弱连接的是(　　)。
   A. 钢销式　　B. 通槽式　　C. 短槽式　　D. 背挂式

三、多选题

1. 槽型预埋件的加工精度要求不允许出现负偏差的项目有(　　)。
   A. 预埋件的长度、宽度和厚度
   B. 锚筋的长度
   C. 锚筋与锚板的垂直度
   D. 槽口的长度、宽度和高度
   E. 锚筋的中心线
2. 后置埋件施工的技术要求，正确的有(　　)。
   A. 碳素钢锚栓应经过防腐处理
   B. 锚栓的埋设应牢固、可靠，套管不得外露
   C. 每个连接点不少于 2 个锚栓
   D. 锚栓的直径应通过计算确定，并不应小于 8 mm
   E. 不宜在与化学锚栓接触的连接件上进行焊接作业

3. 建筑幕墙的受力接缝必须采用硅酮结构密封胶的有(　　)。

A. 明框玻璃幕墙玻璃与铝框的连接

B. 隐框玻璃幕墙玻璃与铝框的连接

C. 全玻璃幕墙玻璃面板与玻璃肋的连接

D. 点支撑玻璃幕墙玻璃面板之间的连接

E. 吊挂玻璃幕墙玻璃顶与框架之间的连接

4. 有节能要求的幕墙工程施工，需进行隐蔽工程验收的部位或项目有(　　)。

A. 单元式幕墙的封口节点

B. 防雷连接节点

C. 被封闭的保温材料厚度和保温材料的固定

D. 明框玻璃幕墙玻璃板块固定

E. 冷凝水收集和排放构造

5. 金属与石材幕墙面板安装，正确的有(　　)。

A. 为防止渗水，面板间的缝隙必须嵌填密实，不允许空缝安装

B. 当采用铝合金挂件时，在与钢材接触处应衬垫隔离垫片

C. 面板嵌缝应采用经耐污染试验合格的硅酮耐候密封胶

D. 铝合金面板安装时应按产品指示的箭头安装，保持方向一致

E. 石板与不锈钢或铝合金挂件之间应用硅酮结构密封胶黏结

工程模拟训练

1. 某办公楼外立面装修采用单元式隐框玻璃幕墙。

幕墙设计方案如下：预埋件安装位置图纸设计完成后交给土建施工单位进行预埋。预埋件采用进口埋件，在结构边梁的梁顶及梁底预埋。幕墙的单元板块在公司生产车间加工、组装，完成后运到施工现场进行安装。幕墙全部采用钢化吸热反射中空玻璃，为保证装饰效果，将涂膜层朝向室外。玻璃板块采用自攻螺钉与铝框固定，并采用硅酮结构密封胶黏结牢固。

幕墙施工方案如下：玻璃幕墙安装与主体结构施工交叉进行。结构施工采用工字钢外挑架，外挑宽度为 1.5 m。为保证幕墙施工安全，在结构外挑架的下层工字钢上方满铺木脚手板，并设置一层大网眼、一层密目网两道安全网。硬防护以上为结构施工区，硬防护以下为幕墙施工区。在幕墙施工区的顶层设置小型屋面吊，先将单元板块吊运至楼层内集中堆放，再采用定滑轮等工具将单元板块垂放至作业面进行安装。屋面吊的摆放位置根据幕墙安装的需要进行现场调整。

幕墙安装前进行预埋件校验时发现个别预埋件的位置偏差太大，经设计同意后改为后置锚栓。幕墙的防雷均压环与各立柱的钢支座紧密连接后与主体结构的防雷体系也进行了连接，并增加了防腐垫片。

单元板块安装完成后，幕墙与楼板的接缝采用防火岩棉进行了封堵，为满足装饰需要，岩棉上方用铝塑板和铝框固定在混凝土结构上作为托架，其上浇筑陶粒混凝土垫层，并粘贴石材面层。

幕墙安装完成后，施工单位进行了淋水试验。试验用水由楼层卫生间用塑料软管接至室外，将出水口搭放在幕墙玻璃上进行淋水，淋水 3 min 后未发现渗漏现象。

请你根据所学幕墙知识分析以下问题：

(1) 本工程的幕墙设计中存在哪些问题？

(2) 本工程的幕墙施工中存在哪些不当之处？

(3) 验收时进行的淋水试验是否符合规范要求？应如何做？

2. 某高层建筑写字楼的外墙装饰采用幕墙节能工程。主楼为玻璃幕墙，裙楼为石材和单层铝板幕墙。玻璃幕墙采用穿条工艺生产的隔热铝型材，中空低辐射镀膜玻璃；石材、铝板幕墙内侧采用岩棉保温层。幕墙施工过程中监理公司对下列问题提出了异议：

(1) 隔热铝型材中使用了 PVC 型材，不符合规范要求，要求更换。

(2) 对中空玻璃的传热系数、可见光透射比和岩棉的导热系数等指标虽进行了复验，但未进行见证取样，且检验指标不全。

(3) 幕墙周边与墙体之间的接缝用防水水泥砂浆填充不妥，且未进行隐蔽工程验收。

(4) 未对幕墙的“冷凝水收集和排放构造”提交隐蔽工程验收就擅自进行了封闭，要求对已封闭部分进行拆除检查。

问题：

(1) 隔热型材中可否使用 PVC 材料？为什么？

(2) 监理公司要求对中空玻璃和岩棉的相关指标进行见证取样是否合理？复验缺项的指标应如何处理？

(3) 幕墙周边与墙体的接缝用防水水泥砂浆填塞是否正确？为什么？是否应进行隐蔽工程验收？说明理由。

(4) 幕墙的冷凝水收集和排放构造是否应进行隐蔽工程验收？监理要求对已封闭部分进行拆除检查是否合理？说明理由。

链接职考

建造师考试历年真题

【2010 年度真题】

1. 关于玻璃幕墙玻璃板块制作，正确的有(　　)。

A. 注胶前清洁工作采用“两次擦”的工艺进行

B. 室内注胶时温度控制在 15～30 ℃之间，相对湿度 30%～50%。

C. 阳光控制镀膜中空玻璃的镀膜面朝向室内

D. 加工好的玻璃板块随机抽取 1%进行剥离试验

E. 板块打注单组分硅酮结构密封胶后进行 7～10 d 的室内养护

2. 某办公楼工程，建筑面积 35 000 m^2，地下 2 层，地上 15 层，框架筒体结构，外装修为单元式玻璃幕墙和局部干挂石材。场区自然地面标高为 −2.00 m，基础底标高为 −6.90 m，地下水位标高 −7.50 m，基础范围内土质为粉质黏土层。在建筑物北侧，距外墙轴线 2.5 m 处有一自东向西管径为 600 mm 的供水管线，埋深 1.80 m。施工单位进场后，项目经理召集项目相关人员确定了基础及结构施工期间的总体部署和主要施工方法：土方工程依据合同约定采用专业分包；底板施工前，在基坑外侧将塔吊安装调试完成；结构施工至地上 8 层时安装双笼外用电梯；模板拆至 5 层时安装悬挑卸料平台；考虑到场区将来回填的需要，主体结构外架采用悬挑式脚手架；楼板及柱模板采用木胶合板，支撑体系采用碗扣式脚手架；核心筒采用大钢模板施工。会后相关部门开始了施工准备工作。

合同履行过程中，发生了如下事件。

事件一：施工单位根据工作的总体安排，首先将工程现场临时用电安全专项方案报送监理工程师，得到了监理工程师的确认。随后施工单位陆续上报了其他安全专项施工方案。

事件二：地下一层核心筒拆模后，发现其中一道墙体的底部有一孔洞（大小为 0.30 m×0.50 m），监理工程师要求修补。

事件三：装修期间，在地上 10 层，某管道安装工独自对焊工未焊完的管道接口进行施焊，结果引燃了正下方 9 层用于工程的幕墙保温材料，引起火灾。所幸正在进行幕墙作业的施工人员救火及时，无人员伤亡。

事件四：幕墙施工过程中，施工人员对单元式玻璃幕墙防火构造、变形缝及墙体转角构造节点进行了隐蔽记录，监理工程师提出了质疑。

问题：

(1) 工程自开工至结构施工完成，施工单位应陆续上报哪些安全专项方案？(至少列出 4 项)

(2) 事件二中，按步骤说明孔洞修补的做法。

(3) 指出事件三中的不妥之处。

(4) 事件四中，幕墙还有哪些部位需要做隐蔽记录？

【2009 年度真题】

1. 采用玻璃肋支撑结构形式的点支撑玻璃幕墙，其玻璃肋应采用(　　)玻璃。

A. 夹层　　B. 钢化　　C. 钢化中空　　D. 钢化夹层

2. 建筑幕墙性能检测中，发现由于试件的安装缺陷使某项性能未达到规定要求，最合理的处理是(　　)。

A. 修改设计，修补试件缺陷后重新检测

B. 改进试件安装工艺，修补缺陷后重新检测

C. 修改设计，重新制作试件后重新检测

D. 更换材料，重新制作试件后重新检测

3. 下列关于建筑幕墙构（配）件之间黏结密封胶选用的说法中，正确的有(　　)。

A. 聚硫密封胶用于全玻璃幕墙的传力胶缝

B. 环氧胶黏剂用于石材幕墙板与金属挂件的黏结

C. 云石胶用于石材幕墙面板之间的嵌缝

D. 丁基热熔密封胶用于中空玻璃的第一道密封

E. 硅酮结构密封胶用于隐框玻璃幕墙与铝框的黏结

【2008 年度真题】

场景资料：某高层综合楼外墙幕墙工程，主楼采用铝合金隐框玻璃幕墙，玻璃为 6low－E＋12A＋6中空玻璃，裙楼为 12 mm 厚单片全玻幕墙，在现场打注硅酮结构胶。入口大厅的点支撑玻璃幕墙采用钢管焊接结构，主体结构施工中已埋设了预埋件，幕墙施工时，发现部分预埋件漏埋。经设计单位同意，采用后置埋件替代。在施工中，监理工程师检查发现：

(1) 中空玻璃密封胶品种不符合要求。

(2) 点支撑玻璃幕墙支撑结构焊缝有裂缝。

(3) 防雷连接不符合规范要求。

根据场景资料，回答下列问题：

（1）本工程隐框玻璃幕墙用的中空玻璃第一道和第二道密封胶应分别采用（　　）。

A. 丁基热熔密封胶，聚硫密封胶　　B. 丁基热熔密封胶，硅酮结构密封胶

C. 聚硫密封胶，硅酮耐厚密封胶　　D. 聚硫密封胶，定级热熔密封胶

（2）对本工程的后置埋件，应进行现场（　　）试验。

A. 拉拔　　B. 剥离　　C. 胶杯（拉断）　　D. 抗剪

（3）允许在现场打注硅酮结构密封胶的是（　　）幕墙。

A. 隐框玻璃　　B. 半隐框玻璃　　C. 全玻　　D. 石材

（4）幕墙钢结构的焊缝裂缝产生的主要原因是（　　）。

A. 焊接内应力过大　　B. 焊条药皮损坏

C. 焊接电流太小　　D. 母材有油污

（5）幕墙防雷构造要求正确的是（　　）。

A. 每根铝合金立柱上柱与下柱连接处都应该进行防雷连通

B. 铝合金立柱上柱与下柱连接处在不大于 10 m 范围内，宜有一根立柱进行防雷连通

C. 有镀膜层的铝型材，在进行防雷连接处，不得除去其镀膜层

D. 幕墙的金属框架不应与主体结构的防雷体系连接

参考文献

[1] 张宗森．建筑装饰构造［M］．北京：中国建筑工业出版社，2009.
[2] 韩新建．建筑装饰构造［M］．北京：中国建筑工业出版社，2004.
[3] 朱赛红．建筑装饰构造［M］．北京：机械工业出版社，2002.
[4] 陈祖建．室内装饰工程施工技术［M］．北京：北京大学出版社，2011.
[5] 王军，马军辉．建筑装饰施工技术［M］．北京：北京大学出版社，2009.
[6] 宋志春．装饰材料与施工［M］．北京：北京大学出版社，2009.
[7] 张若美．建筑装饰施工技术［M］．武汉：武汉理工大学出版社，2011.
[8] 张晓丹．地面装饰施工技术［M］．北京：高等教育出版社，2005.
[9] 王萱，王旭光．建筑装饰构造［M］．北京：化学工业出版社，2006.
[10] 蔡丽朋．建筑装饰材料［M］．北京：化学工业出版社，2005.
[11] 马有占，陈乃佑．建筑装饰施工技术［M］．北京：机械工业出版社，2009.
[12] 刘超英．建筑装饰装修构造与施工［M］．北京：机械工业出版社，2008.
[13] 杨正凯，韩飞，张岩．建筑装饰施工技术［M］．徐州：中国矿业大学出版社，2010.
[14] 全国一级建造师执业资格考试用书编写委员会．建筑工程管理与实务［M］．北京：中国建筑工业出版社，2010.
[15] 李宏伟．装饰装修工程设计施工实用图集［M］．北京：机械工业出版社，2008.